高职高专计算机任务驱动模式教材

计算机网络管理

祝迎春　主编
谢根亮 叶勇　副主编

清华大学出版社
北京

内容简介

本书针对中小企业网络管理员岗位，精心选取7个项目，27个典型任务，任务来自中小企业网络管理员岗位的基本工作。相比过去以网络设备管理为主要内容的计算机网络管理教材，本书加入了部分综合布线、网络设备配置管理、服务器管理、网络安全等与中小企业网络管理密切相关的内容；新增了机房环境管理、服务器硬件与操作系统的安装与管理等新内容。

本书适用于高职高专院校计算机应用技术、计算机网络技术、计算机信息管理等专业师生使用。

图书在版编目(CIP)数据

计算机网络管理/祝迎春主编．—北京：清华大学出版社，2011.8
(高职高专计算机任务驱动模式教材)
ISBN 978-7-302-26003-5

Ⅰ．①计… Ⅱ．①祝… Ⅲ．①计算机网络－管理－高等职业教育－教材
Ⅳ．①TP393.07

中国版本图书馆CIP数据核字(2011)第130297号

责任编辑：束传政 张 景
责任校对：袁 芳
责任印制：王秀菊
出版发行：清华大学出版社　　**地　址**：北京清华大学学研大厦A座
http://www.tup.com.cn　　**邮　编**：100084
社 总 机：010-62770175　　**邮　购**：010-62786544
投稿与读者服务：010-62776969，c-service@tup.tsinghua.edu.cn
质 量 反 馈：010-62772015，zhiliang@tup.tsinghua.edu.cn
印 装 者：北京国马印刷厂
经　销：全国新华书店
开　本：185×260　**印　张**：18.25　**字　数**：440千字
版　次：2011年8月第1版　**印　次**：2011年8月第1次印刷
印　数：1～3000
定　价：32.00元

产品编号：032964-01

丛书编委会

出版说明

我国高职高专教育经过近十年的发展，已经转向深度教学改革阶段。教育部于 2006 年 12 月发布了教高[2006]16 号文件“关于全面提高高等职业教育教学质量的若干意见”，大力推行工学结合，突出实践能力培养，全面提高高职高专教学质量。

清华大学出版社作为国内大学出版社的领跑者，为了进一步推动高职高专计算机专业教材的建设工作，适应高职高专院校计算机类人才培养的发展趋势，根据教高[2006]16 号文件的精神，2007 年秋季开始了切合新一轮教学改革的教材建设工作。

目前国内高职高专院校计算机网络与软件专业的教材品种繁多，但切合国家计算机网络与软件技术专业领域技能型紧缺人才培养培训方案并符合企业的实际需要、能够成体系的教材还不成熟。

我们组织国内对计算机网络和软件人才培养模式有研究并且有实践经验的高职高专院校，进行了较长时间的研讨和调研，遴选出一批富有工程实践经验和教学经验的双师型教师，合力编写了这套适用于高职高专计算机网络、软件专业的教材。

本套教材的编写方法是以任务驱动案例教学为核心，以项目开发为主线。我们研究分析了国内外先进职业教育的培训模式、教学方法和教材特色，消化吸收优秀的经验和成果。以培养技术应用型人才为目标，以企业对人才的需要为依据，把软件工程和项目管理的思想完全融入教材体系，将基本技能培养和主流技术相结合，课程设置中重点突出、主辅分明、结构合理、衔接紧凑。教材侧重培养学生的实战操作能力，学、思、练相结合，旨在通过项目实践，增强学生的职业能力，使知识从书本中释放并转化为专业技能。

一、教材编写思想

本套教材以案例为中心，以技能培养为目标，围绕开发项目所用到的知识点进行讲解，对某些知识点附上相关的例题，以帮助读者理解，进而将知识转变为技能。

考虑到是以“项目设计”为核心组织教学，所以在每一学期配有相应的实训课程及项目开发手册，要求学生在教师的指导下，能整合本学期所学的知识内容，相互协作，综合应用该学期的知识进行项目开发。同时在教材中采用了大量的案例，这些案例紧密地结合教材中的各个知识点，循序渐进，由浅入深，在整体上体现了内容主导、实例解析、以点带面的模式，配合课程后期以项目设计贯穿教学内容的教学模式。

软件开发技术具有种类繁多、更新速度快的特点。本套教材在介绍软件开发主流技术的同时，帮助学生建立软件相关技术的横向及纵向的关系，培养学生综合应用所学知识的能力。

二、丛书特色

本系列教材体现目前的工学结合教改思想，充分结合教改现状，突出项目面向教学和任务驱动模式教学改革成果，打造立体化精品教材。

(1) 参照或吸纳国内外优秀计算机网络、软件专业教材的编写思想，采用本土化的实际项目或者任务，以保证其有更强的实用性，并与理论内容有很强的关联性。

(2) 准确把握高职高专软件专业人才的培养目标和特点。

(3) 充分调查研究国内软件企业，确定了基于Java和.NET的两个主流技术路线，再将其组合成相应的课程链。

(4) 教材通过一个个的教学任务或者教学项目，在做中学，在学中做，以及边学边做，重点突出技能培养。在突出技能培养的同时，还介绍解决思路和方法，培养学生未来在就业岗位上的终身学习能力。

(5) 借鉴或采用项目驱动的教学方法和考核制度，突出计算机网络、软件人才培训的先进性、工具性、实践性和应用性。

(6) 以案例为中心，以能力培养为目标，并以实际工作的例子引入概念，符合学生的认知规律。语言简洁明了、清晰易懂，更具人性化。

(7) 符合国家计算机网络、软件人才的培养目标；采用引入知识点、讲述知识点、强化知识点、应用知识点、综合知识点的模式，由浅入深地展开对技术内容的讲述。

(8) 为了便于教师授课和学生学习，清华大学出版社正在建设本套教材的教学服务资源。在清华大学出版社网站(www.tup.com.cn)免费提供教材的电子课件、案例库等资源。

高职高专教育正处于新一轮教学深度改革时期，从专业设置、课程体系建设到教材建设，依然是新课题。希望各高职高专院校在教学实践中积极提出意见和建议，并及时反馈给我们。清华大学出版社将对已出版的教材不断地修订、完善，提高教材质量，完善教材服务体系，为我国的高职高专教育继续出版优秀的高质量的教材。

清华大学出版社

高职高专计算机任务驱动模式教材编审委员会

rawstone@126.com

序

教材是根据课程标准而编写的，而课程又是根据专业培养方案而设置的，高职专业培养方案是以就业为导向，基于职业岗位工作需求而制订的。在高职专业培养方案的制订过程中，必须遵照教育部教高[2006]16号文件的精神，体现工学结合人才培养模式，重视学生校内学习与实际工作的一致性。制订课程标准，高等职业院校要与行业企业合作开发课程，根据技术领域和职业岗位(群)的任职要求，参照相关的职业资格标准，改革课程体系和教学内容。在教材建设方面，应紧密结合行业企业生产实际，与行业企业共同开发融"教、学、做"为一体，强化学生能力培养的实训教材。

教材既是教师教的依据，又是学生学的资料。在教学过程中，教师与学生围绕教材的内容进行教与学。因此，要提高教学质量，必须有一套好的教材赋之于教学实施。

高等职业技术教育在我国仅有10年的历史，在专业培养方案制订、课程标准编制、教材编写等方面还都处于探索期。目前，高职教育一定要在两个方面下工夫，一是职业素质的培养，二是专业技术的培养。传统的教材，只是较为系统地传授专业理论知识与专业技能，大多数是从抽象到抽象，这种教学方式高职院校的学生很难接受，因为高职学生具备的理论基础与逻辑思维能力远不及本科院校的学生，因此传统体系的教材不适合高职学生的教学。

认识的发展过程是从感性认识到理性认识，再由理性认识到能动地改造客观世界的辩证过程。一个正确的认识，往往需要经过物质与精神、实践与认识之间的多次反复。"看图识字"、"素描临摹"、"师傅带徒弟"、"工学结合"都是很好的学习模式，因此以案例、任务、项目驱动模式编写的教材会比较适合高职学生的学习，让学生从具体认识到抽象理解，边做边学，体现"做中学、学中做"，不断循环，从而完成职业素养与专业知识和技能的学习，尤其在技能训练方面得到加强。学生在完成案例、任务、项目的操作工作中，掌握了职业岗位的工作过程与专业技能，在此基础上，教师用具体的实例去讲解抽象的理论，显然是迎刃而解。

清华大学出版社与杭州开元书局共同策划的"高职高专计算机任务驱动模式教材"，就是遵照教育部教高[2006]16号文件精神，综合目前高职院校信息类专业的培养方案、课程标准，组织有多年教学经验的一线教师进行编写。教材以案例、任务、项目为驱动模式，结合最前沿的IT技术，体现职业素养与专业技术。同时，充分考虑教学目标、教师、学生、实训条件，从而使教材的结构与内容适合教师能教、学生能学、实训条件能满足，真正成为高等职业技术教育的合理化教材，以推动高职教材改革和创新的发展。

在教学实施过程中，以案例、任务、项目为驱动已经得到教师与学生的认可，但用教材进行充分体现尚属于尝试阶段。清华大学出版社与开元书局在这方面进行了大胆的开拓，无疑为高职教材建设提供了良好的展示平台。

任何新生事物都有其优点与缺点，但要看事物的总体发展方向。经过不断地完善和高职教育战线上同仁们的支持，相信在不久的将来会涌现出一批符合高职教育的系列化教材，为提高高职教学质量、培养合格的高职专业人才作出贡献。

温州职业技术学院计算机系主任
浙江省高职教育计算机类专业指导委员会副主任委员
李永平

前言

随着计算机技术的不断发展，计算机网络已经成为人们生活中重要的组成部分。计算机网络的组建、管理及应用等都需要大量专业人才。“计算机网络管理”也成为高职计算机网络技术、计算机信息管理等专业的一门核心专业课程。本书从中小企业网络管理的角度出发，采用任务驱动的教学方法，精选中小型企业(行政事业单位)网络管理员工作中的 27 个典型任务，适用于高职计算机类专业使用，学习本书前读者应具备计算机网络技术基础知识。

本书与以往的计算机网络管理教材相比在内容和结构方面做了一些改变，围绕中小企业网络管理岗位实际，本着理论够用的原则，缩减了如 SNMP 网络管理协议、路由协议等理论性的内容，增加了岗位职责、机房环境管理、服务器系统管理等实务性、技能性的内容。同时，根据当前中小企业网络应用实际，增加了光纤线路检测等内容。全书共分为 8 章，主要内容如下：

第 1 章介绍计算机网络管理相关知识，重点讲述计算机网络管理岗位职责、能力素质要求及计算机网络管理的基本概念，力求让读者建立一个完整的计算机网络管理的概念。

第 2 章通过机房设计、空调和电源维护、机房管理制度制订了 3 个典型的机房管理工作任务，介绍计算机网络机房管理维护相关知识，主要包括机房建设相关标准与规范、机房动力设备的类型与特点、机房管理相关制度等。

第 3 章通过网络线路管理、光纤线路故障查找、网络拓扑图绘制 3 个从实际工作中选取的典型工作任务，介绍综合布线、网络线路测试、光纤测试、拓扑图绘制等相关知识。

第 4 章安排交换机基本配置等 6 个工作任务，介绍交换机、路由器配置的相关知识及网络故障分析、互联网接入及园区网规划等相关知识。同时通过案例活动，培养中小企业网络管理所需的网络基本配置、维护与故障分析能力和中小园区网络规划能力。

第 5 章通过网络终端配置、桌面系统管理、打印共享 3 个企业中最典型的终端管理案例，介绍网络终端的常识和管理技术。

第 6 章通过服务器与存储设备选型等 5 个典型工作任务，详细讲述网络服务器的分类、特点与采购，服务器存储与硬盘阵列配置，服务器操作系统的安装与配置，服务器的数字备份与恢复，服务器系统日志分析的知识，培养网络管理员的服务器管理维护技能。

第7章通过DNS、Web服务、DHCP服务、VPN服务这4个典型工作任务，介绍DNS、Web、DHCP、VPN网络服务的原理、应用与Windows Server 2003下的配置与管理知识，培养网络管理员的网络服务管理技能。

第8章介绍网络安全的根本概念和防火墙设置、网络安全扫描、病毒和木马防护3个典型工作任务和扩展任务，基本涵盖了中小企业网络安全管理的工作。

本书为方便教师使用，配有教学PPT和相关的教学视频与理论测试题，需要者可以从清华大学出版社(www.tup.com.cn)网站下载。

本书是集体智慧的结晶，由祝迎春担任主编，谢根亮、叶勇担任副主编。祝迎春主要编写了第1、2、6章并负责全书统稿，谢根亮编写了第3、8章，叶勇编写了第4章，肖文红编写了第5章，麻益文编写了第7章。另外，参与本书资料整理的还有丁利平、吴金泉等，在此一并表示感谢。

由于编者水平有限，加之时间仓促，不足之处在所难免，欢迎广大读者批评指正。

编　者

2011年5月

目录

第1章　计算机网络管理概论

在互联网时代，计算机网络及计算机信息服务与每一个人的工作、学习、生活息息相关，而计算机网络和信息系统的正常运行离不开专业的管理维护人员。本章主要介绍计算机网络管理员岗位与计算机网络管理的基本概念，力求让读者形成一个对计算机网络管理的基本认识。

本章学习目标：

- 了解计算机网络管理员的岗位职责。
- 了解计算机网络管理员的知识、能力、素质要求。
- 了解计算机网络管理 ISO/IEC 7498-4 标准及 SNMP 网络管理协议。
- 了解计算机网络管理系统软件的类型、功能及常用网络管理软件。

1.1　计算机网络管理员职业岗位介绍

各企事业单位的很多业务开展离不开计算机网络和计算机信息系统的支持，目前大部分企事业单位都设立了专业的计算机网络管理员岗位，为本单位的网络和信息管理系统提供管理和维护服务，少数企业将这一服务外包给专业的公司。

国家职业资格对网络管理员（简称网管员）的定义是从事计算机网络运行、维护的人员。但实际的网络管理员工作远远不止这么一点，网络管理员的工作包括企业局域网（包括有线和无线）的规划、组建、运行和升级维护；企业网站（包括 Web、FTP 以及 E-mail 等服务）及各类管理信息系统（ERP、SCM）的实施运行；网络安全的管理到数据库管理、存储管理以及网络和人员管理等制度建立；网络设备到服务器、工作站（PC）的运行管理；网线的制作到操作系统（服务器和 PC）的安装工作等。

依据企业的业务性质与规模不同，对网络管理员的工作要求也有较大的差异。IT 信息系统规模大的企业，分工较细，部分网络管理员可能只需要负责计算机机房的网络运行和维护，另一部分网络管理员负责员工计算机的维护；而一些小型企业只设一个网络管理员，他（她）可能不但要负责 IT 系统运行维护中的设备管理，还要负责网络管理和系统管理；还有的企业需要网络管理员进行一些简单的网站建设和网页制作等工作。总之，对网络管理员的要求基本就是大而全，不需要精通，但什么都得懂一些，一个合格的网络管理员最好在网络操作系统、网络数据库、网络设备、网络管理、网络安全、应用开发 6 个方面具备扎实的理论知识和应用技能，才能在工作中做到得心应手，游刃有余。

政府信息化、企业信息化正在如火如荼地进行，越来越多的企业加入到使用计算机网络的队伍里，这为网络管理员提供了广阔的就业前景。从就业角度来看，网络管理员比 IT 行业其他工种更具有优越性，因为非IT企业也需要网络管理员，高素质的外企网络管理员的年薪甚至可以达到数十万元，因此，可以认为高素质的网络管理员的就业前景非常光明。

计算机网络管理员负责全面管理网络，是网络高效运行的前提和保障，管理的对象不仅指网络链路的畅通、服务器的正常运行等硬件因素，更包括网络应用、数据流转等软件因素；网络管理者必须时刻关注本企业的网络运行，关心企业对网络的应用，让网络能够随时满足企业的需求，跟上并且引导企业的发展。

1. 典型大型企事业对计算机网络管理员岗位职责要求

(1) 网络系统管理员岗位职责

① 负责校园网域名注册审核，根据校园网总体规划，为校内各使用单位合理分配域名。

② 负责DNS、Web、FTP、教学、数据库等服务器的安装、配置和维护，解决校园网应用和管理中的关键技术。

③ 负责教学资源库的开发和维护，协助相关部门开展网络教学工作，并提供技术支持。

④ 协调管理和开发基于Web的大型数据库信息系统的应用及其他各种公共应用服务系统。

⑤ 公共信息服务器的安全监控和日常管理，及时排除各种故障，确保服务器正常运行。

⑥ 备份主要信息资源，为数据安全提供保障。

⑦ 学习网络新技术，优化和扩展校园网功能。

⑧ 负责学院内各单位主机的托管。

⑨ 推动学院网络知识的普及，提供院内各单位和个人的网络知识培训。

⑩ 负责用户账号的管理，提供包括开户、修改、暂停、注销等服务。

⑪ 完成主管领导交办的其他工作。

(2) 网络管理员岗位职责

① 协助网络管理中心主任制定本院校园网建设及网络发展总体规划，组织并实施年度计划。

② 确定网络安全及资源共享策略。

③ 全面规划校园网IP分配策略，负责校园网IP地址分配。

④ 负责公用网络实体，如服务器、交换机、集线器、路由器、防火墙、网关、配线架、网线、接插件等的维护和管理。

⑤ 负责服务器和网络软件的安装、维护、调整及更新。

⑥ 负责网络账号管理、资源分配、数据安全和系统安全。

⑦ 参与网络值班，监视网络运行，调整网络参数，调度网络资源，保持网络安全、稳定、畅通。

⑧ 负责计算机系统备份和网络数据备份；负责计算机网络资料的整理和归档。

⑨ 保管网络拓扑图、网络接线表、设备规格及配置单、网络管理记录、网络运行记录、网络检修记录等网络资料。

⑩ 每年对学院计算机网络的效能进行评价，提出网络结构、网络技术和网络管理的改进措施。

⑪ 完成主管领导交办的其他工作。

(3) 网络维护员岗位职责

① 协助网络管理员处理校园网主干线路和交换设备的故障。

② 接待并处理终端用户报告的网络通信故障。

③ 维护学院多媒体教室的网络通信畅通。

④ 维护和管理网络通信故障处理系统，为用户提供多条故障报错途径。

⑤ 为新开通网络线路连接的用户提供服务。

⑥ 为终端用户计算机操作系统、应用软件和网络通信安装、调试提供有偿服务。

⑦ 完成主管领导交办的其他工作。

2. 典型中小企业对计算机网络管理员岗位职责要求

(1) 负责公司网络设备的维护和管理。

(2) 负责公司网络的安全工作，保护网络数据不被侵入者获取，防止侵入者在网络上发送错误信息，控制公司不同部门人员对网络资源的访问。

(3) 负责做好网络的保密工作，正确运用防火墙技术、加密技术、口令管理、用户账号管理方式，完善网络的使用安全。

(4) 负责公司管理信息系统的维护、管理，数据的备份与恢复，发现故障及时修复，并分析原因，杜绝事故隐患。

(5) 负责公司入网计算机 IP 地址的分配、登记。

(6) 负责做好网络运行，杜绝利用网络从事与生产、开发、管理无关的活动。

(7) 负责解决公司网络用户使用网络的疑难问题。

(8) 负责公司网站的维护。

(9) 坚持学习专业知识，不断提高业务水平。

3. 计算机网络管理员能力素质要求

(1) 素质要求

① 要具备一定的英文基础和良好的语言表达能力，这是查阅资料和内部交流的需要。

② 不放弃求学的上进心和不断变革的思想，这是适应计算机技术飞速发展的需要。

③ 优秀的团体协作能力和吃苦的精神。

(2) 知识能力要求

① 要熟练掌握网络操作系统。如 Windows、Linux、UNIX 等，重点是 Windows 系统，因为 Windows 系统当今的市场占有率是其他系统无法相比的。

② 要具备扎实的网络基础知识。如拓扑图、网络设计、综合布线、网络硬件、网络协议、广域网、局域网、无线网的知识等。

③ 要具备网络设备的维护能力。如路由器、交换机的配置等，其中又以 Cisco(思科)品牌为主。

④ 要具备其他相关知识。如邮件系统、防火墙技术、防病毒、黑客等安全技术，网络管理常用软件、数据库软件、各种办公设备的使用与简单修理等。

作为网络管理员，需要亲自动手的时候非常多。不仅要亲自搭建网络和网络服务，而且必须对交换机和路由器进行设置。虽然布线工程通常由网络公司实施，但往往由于新增设备或网络拓扑结构发生变化，而需要做一些网线跳线、压制一些模块，甚至做一些简单的综合布线。另外，计算机硬件和网络设备的升级(如增加硬盘、内存和 CPU 等)也往往需要管理员亲自动手。而安装操作系统、应用软件和硬件驱动程序等工作更是网络管理员的必修课。

网络管理员必须具有非常敏锐的观察能力，特别是在调试程序或发生软硬件故障时。出错信息、计算机的鸣叫、指示灯的闪烁状态和显示颜色等，都会从一个侧面提示可能的故障原因。对故障现象观察得越细致、越全面，排除故障的机会也就越大。另外，通过及时观察，还可以及时排除潜在的网络隐患。

1.2 计算机网络管理的基本概念

1.2.1 网络管理体系结构

要进行有效的网络管理，网络管理人员必须能及时了解网络的各个运行参数，如各线路的网络流量、线路的连通性；交换路由设备的CPU利用率、路由表；网络服务器的CPU、内存、磁盘利用率；等等。对于复杂或重要的网络，还需要网络管理系统协助。但网络中设备来自不同的厂商，同时也在不断更新换代，网络结构也不断变化，如果网络中没有统一的网络管理体系结构，则网络管理将变成一件无比复杂和困难的事情。基于网络管理体系结构的重要性，许多标准机构、学术或论坛组织都在参加这方面的研究，提出了各种可能的管理体系结构和规范(网络管理体系结构：用于定义网络管理系统的结构及系统成员间相互关系的一套规则)。下面简单介绍目前比较典型的网络管理体系。

1. 基于Internet/SNMP的网络管理体系结构

SNMP管理体系结构由管理者、代理和管理信息库(MIB)三部分组成：管理者(管理进程)是管理指令的发出者，这些指令包括一些管理操作；管理者通过各设备的管理代理对网络内的各种设备、设施和资源实施监视和控制；代理负责管理指令的执行，并且以通知的形式向管理者报告被管对象发生的一些重要事件，其结构如图1-1所示。SNMP在计算机网络中的应用非常广泛，成为事实上的计算机网络管理的标准。

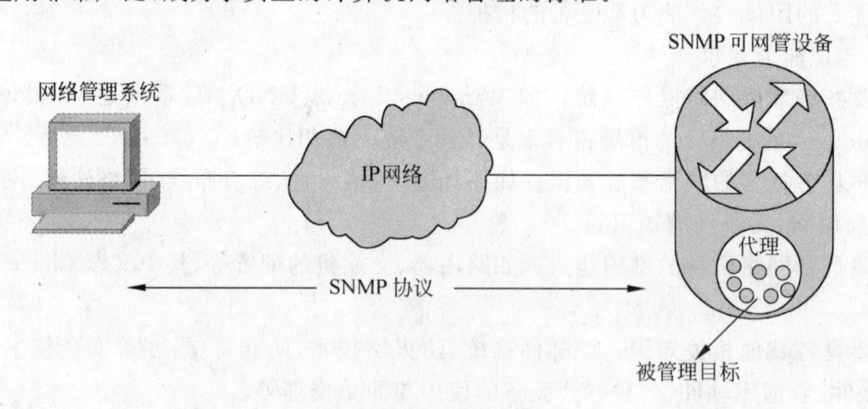

图1-1 SNMP模型示意图

2. 基于OSI/CMIP的网络管理体系结构

OSI/CMIP系统管理体系结构中的基本概念有系统管理应用进程(SMAP)、系统管理应用实体、层管理实体和管理信息库(MIB)，它们的关系如图1-2所示。OSI/CMIP管理体系结构是以更通用、更全面的观点来组织一个网络的管理系统，它的开放性，着眼于网络未来发展的设计思想，使得它有很强的适应性，能够处理任何复杂系统的综合管理。

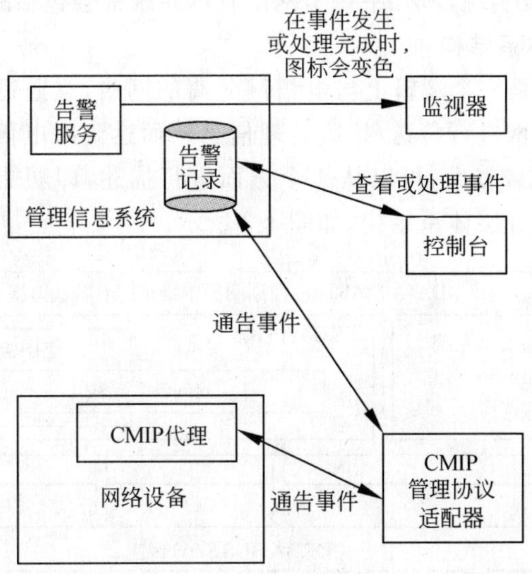

图1-2 CMIP管理体系

在OSI网络管理框架模型中，基本的网络管理功能被分为5个功能域，分别完成不同的网络管理功能，OSI网络管理的功能域(FCAPS)包括如下几个。

(1) 故障管理(Fault Management)：它是网络管理最基本的功能之一，其功能主要是使管理中心能够实时监测网络中的故障，并能对故障作出诊断和进行定位，从而能够对故障进行排除或快速隔离，以保证网络能够连续可靠的运行。故障管理主要包括故障的检测、定位及恢复等功能。具体有告警报告、事件报告管理、日志控制功能、测试管理功能、可信度及诊断测试分类5个标准。

(2) 配置管理(Configuration Management)：是用来定义网络、识别初始化网络、配置网络、控制和检测网络中被管对象的功能集合，它包括客体管理、状态管理和关系管理3个标准。其目的是实现某个特定的功能或使网络性能达到最优，网络管理应具有随着网络变化对网络进行再配置的功能。

(3) 计费管理(Accounting Management)：主要记录用户使用网络情况和统计不同线路、不同资源的利用情况。它对一些公共商用网络尤为重要。它可以估算出用户使用网络资源可能需要的费用和代价。网络管理员还可规定用户可使用的最大费用，从而控制用户过多占用网络资源，这也从另一个方面提高了网络的效率。

(4) 性能管理(Performance Management)：是以提高网络性能为准则，其目的是保证在使用最少的网络资源和具有最小网络时延的前提下，使网络提供可靠、连续的通信能力。它具有监视和分析被管网络及其所提供服务的性能机制的能力，其性能分析的结果可能会触发某个诊断测试过程或重新配置网络以维持网络的性能。

(5) 安全管理(Security Management)：一是为了网络用户和网络资源不被非法使用；二是确保网络管理系统本身不被非法访问，包括安全告警报告功能、安全审计跟踪功能以及访问控制的客体和属性3个标准。

通常一个具体的网络管理系统并不一定都包含网络管理的五大功能，不同的系统可能会选取其中几个功能加以实现，但几乎每个网络管理系统都会包括故障管理的功能。

3. TMN网络管理体系结构

电信管理网(TMN)是一个逻辑上与电信网分离的网络，它通过标准的接口(包括通信协议和信息模型)与电信网进行传送/接收管理信息从而达到对电信网控制和操作的目的。TMN的管理体系结构比较复杂，可以从4个方面进行描述，即功能体系结构、物理体系结构、信息体系结构和逻辑分层体系结构，如图1-3所示。

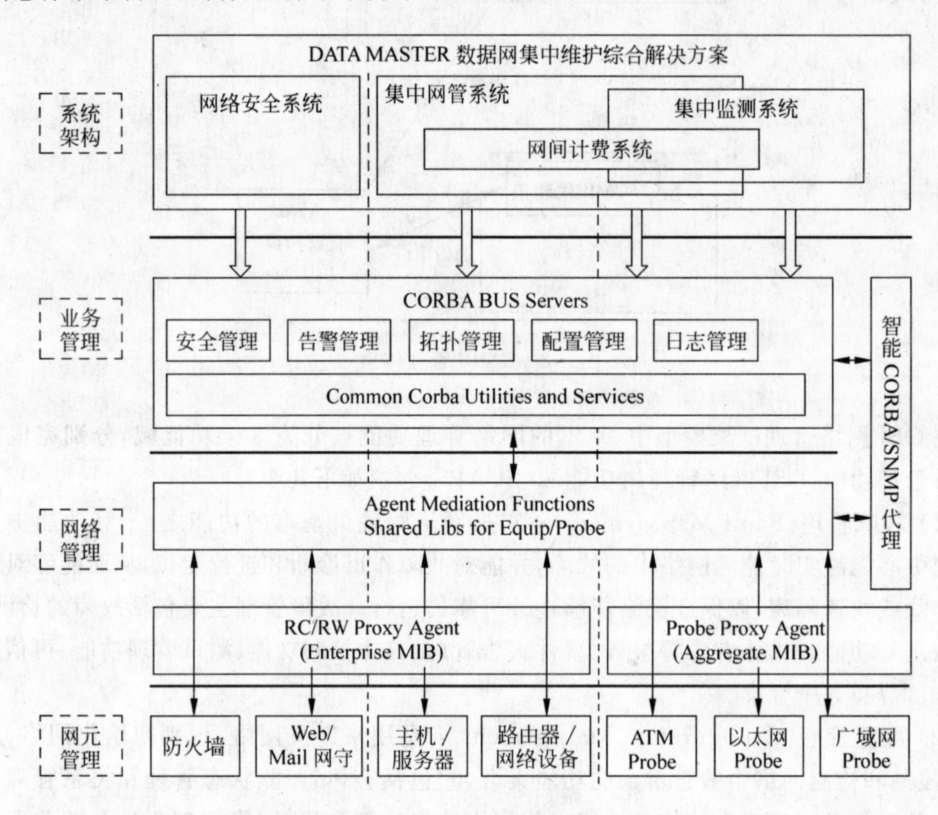

图1-3 TMN管理体系

TMN的信息体系结构基本上采用了OSI系统管理的概念和原则，如面向对象的建模方法、管理者与代理和MIB等。

1.2.2 SNMP协议和RMON协议

1. SNMP

(1) SNMP的发展

SNMP(Sample Network Management Protocol)的发展早在20世纪80年代，负责Internet标准化工作的国际性组织IETF(Internet Engineering Task Force)意识到单靠人工无法管理以爆炸速度增长的Internet。于是经过一番争论，最终决定采用基于OSI的CMIP(Common Management Information Protocol)协议作为Internet的管理协议。为了让它适应基于TCP/IP的Internet，必须进行大量烦琐的修改，修改后的协议被称为CMOT

(Common Management Over TCP/IP)。由于 CMOT 的出台遥遥无期,为了应急,IETF 决定把现有的 SGMP(Simple Gateway Monitoring Protocol)进一步开发成一个临时的替代解决方案,这个在 SGMP 基础上开发的临时解决方案就是著名的 SNMP。

1988 年,IAB 提出了简单网络管理协议(SNMP)的第一个版本,与 TCP 一样,SNMP 也是一个 Internet 协议,是 Internet 网络管理体系中的一部分。SNMP 定义了一种在工作站或 PC 等典型的管理平台与设备之间使用 SNMP 命令进行设备管理的标准。SNMP 具有以下特点。

① 简单性:顾名思义,SNMP 非常简单,容易实现且成本低。

② 可伸缩性:SNMP 可管理绝大部分符合 Internet 标准的设备。

③ 扩展性:通过定义新的"被管理对象",即 MIB,可以非常方便地扩展管理能力。

④ 健壮性(Robust):即使在被管理设备发生严重错误时,也不会影响管理工作站的正常工作。

SNMP 出台后,在短短几年内得到了广大用户和厂商的支持。现在 SNMP 已经成为 Internet 网络管理最重要的标准之一,SNMP 以其简单易用的特性成为企业网络计算中居于主导地位的一种网络管理协议,实际上已是一个事实上的网络管理标准。它可以在异构的环境中进行集成化的网络管理,几乎所有的计算机主机、工作站、路由器、集线器厂商均提供基本的 SNMP 功能。

SNMP v1 如同 TCP/IP 协议簇的其他协议一样,并没有考虑安全问题,因此许多用户和厂商提出了修改初版 SNMP、增加安全模块的要求。于是,IETF 于 1992 年开始了 SNMP v2 的开发工作。IETF 于 1993 年完成了 SNMP v2 的制定工作,在 SNMP v2 中重新定义了安全级并提供了管理程序到管理程序之间通信的支持,解决了 SNMP 网络管理系统的安全性和分布管理的问题。为了提高鉴别控制,SNMP v2 还使用 MD5 鉴别协议,此协议通过对收到的每个与管理有关的信息包的内容进行验证来保证网络的完整性。通过加密和鉴别技术,SNMP v2 提供了更强的安全能力。

1998 年 IETF 完成制定 SNMP v3,RFC 2271 定义了 SNMP v3 的体系结构,SNMP v3 体现了模块化的设计思想,SNMP 引擎和它支持的应用被定义为一系列独立的模块。应用主要有:命令产生器(Command Generator)、通知接收器(Notification Receiver)、代理转发器(Proxy Forwarder)、命令响应器(Command Responder)、通知始发器(Notification Originator)和一些其他的应用。作为 SNMP 实体核心的 SNMP 引擎用于发送和接收消息、鉴别消息、对消息进行解密和加密以及控制对被管对象的访问等。

SNMP v3 可用于多种操作环境,可根据需要增加、替换模块和算法,具有多种安全处理模块,有极好的安全性和管理功能,既弥补了前两个版本在安全方面的不足,又保持了 SNMP v1 和 SNMP v2 易于理解、易于实现的特点。SNMP v3 的进一步扩充和完善必将进一步推动网络管理技术的发展。

(2) SNMP 协议的工作原理

网络管理中的简单网络管理协议模型由 4 个部分组成:管理站(Management Station)、代理(Agent)、管理信息库(Management Information Base,MIB)和管理协议(Management Protocol),如图 1-4 所示。

管理站是网络管理系统的核心,管理站(网管工作站)向网络设备发送各种查询报文,并

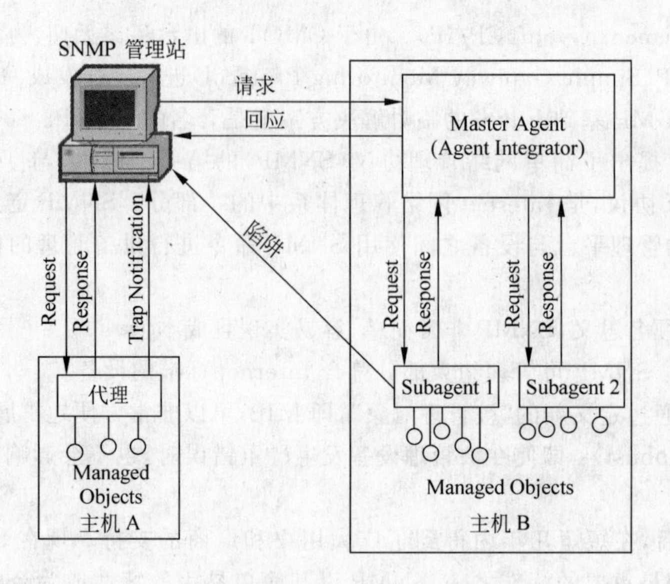

图 1-4　SNMP 协议

接收来自被管设备的响应及陷阱(Trap)报文,将结果显示出来。

代理(Agent)是驻留在被管设备(也称为管理结点,Management Node)上的一个进程,这一进程在服务器上一般是一个后台服务,在交换机、路由器中通常是嵌入式系统中的一个进程。代理负责接收、处理来自网管站的请求报文,然后从设备上其他模块中取得管理变量的数值,形成响应报文,反送给 NMS。在一些紧急情况下,如接口状态发生改变、呼叫成功等时候,主动通知管理站(发送陷阱报文)。

管理协议是定义管理站和代理之间通信的规则集,SNMP 代理和管理站通过 SNMP 协议中的标准消息进行通信,每个消息都是一个单独的数据报。SNMP 使用 UDP(用户数据报协议)作为第四层协议(传输协议),进行无连接操作。SNMP 消息报文包含两个部分:SNMP 报头和协议数据单元(PDU)。数据报结构如图 1-5 所示。

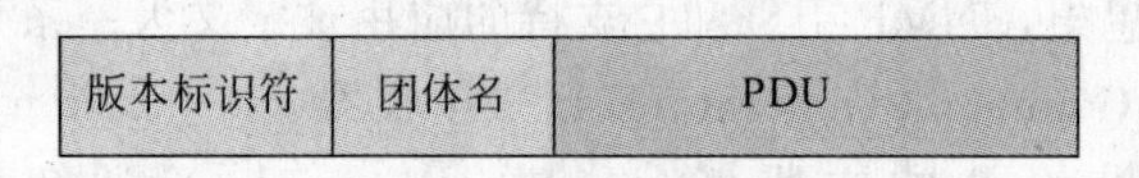

图 1-5　SNMP 报文

(3) SNMP 的操作

SNMP 是一个异步的请求/响应协议,SNMP 实体不需要在发出请求后等待响应到来。SNMP 包括 4 种基本的协议交互过程,即有 4 种操作。

① get 操作用来提取指定的网络管理信息。

② get-next 操作提供扫描 MIB 树和依次检索数据的方法。

③ set 操作用来对管理信息进行控制;网管站使用 set 操作来设置被管设备的参数。

④ trap 操作用于通报重要事件的发生;被管设备遇到紧急情况时主动向网管站发送的消息。网管站收到 trappdu 后要将起变量对偶表中的内容显示出来。一些常用的 trap 类型有冷、热启动,链路状态发生变化等。

在这 4 个操作中，前 3 个是请求由管理者发给代理，需要代理发出响应给管理者，最后一个则是由代理发给管理者，但并不需要管理者响应，具体工作方式如图 1-6 所示。

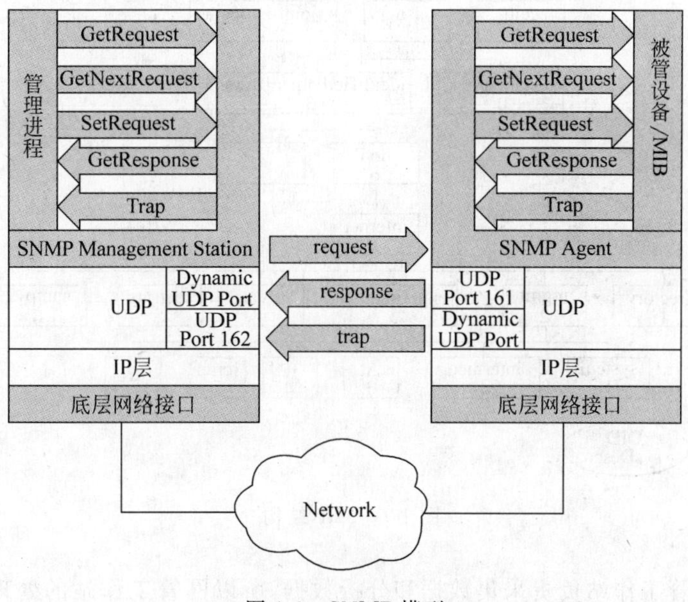

图 1-6　SNMP 模型

(4) SNMP 的 MIB

MIB 是所监控网络设备的标准变量定义的集合。由于网络设备种类繁多，新的数据和管理信息不断增加，因此 SNMP 用层次结构命名方案来识别管理对象，就像一棵树，树的结点表示管理对象，它可以用从根开始的一条路径来唯一地识别一个对象，结点可以非常方便地扩充。

例如，网络设备的 MIB 表中都有的"设备描述"这一信息的结点，其在 MIB 中的路径如图 1-7 所示。

(5) SMI 和 ASN. 1

SNMP 作为一个网络管理协议，要管理从机房空调、电源到路由器、服务器等各类设备，这些设备有不同的 CPU、不同的操作系统，由不同的厂家生产，因此必须有一个与操作系统、CPU、厂家等都无关的数据编码规范，保证在代理和网管站之间能正确解读数据。SNMP 协议中的 SMI(Struct of Management Imformation)，通过定义一个宏 OBJECT-TYPE，规定了管理对象的表示方法，另外它还定义了几个 SNMP 常用的基本类型和值，SMI 是 ASN. 1(抽象语法规范)的一个子集，SNMP 使用 SMI 来描述管理信息库(MIB)和协议数据单元(PDU)。

2. RMON(Remote Monitoring MIBs，远程监控)

(1) RMON 产生的背景

SNMP 是一个基于 TCP/IP 并在 Internet 中应用最广泛的网管协议之一，网络管理员可以使用 SNMP 监视和分析网络运行情况，但是 SNMP 也有一些明显的不足：由于 SNMP 使用轮询采集数据，在大型网络中轮询会产生巨大的网络管理报文，从而导致网络拥塞；SNMP 仅提供一般的验证，不能提供可靠的安全保证；不支持分布式管理，而采用集中式管

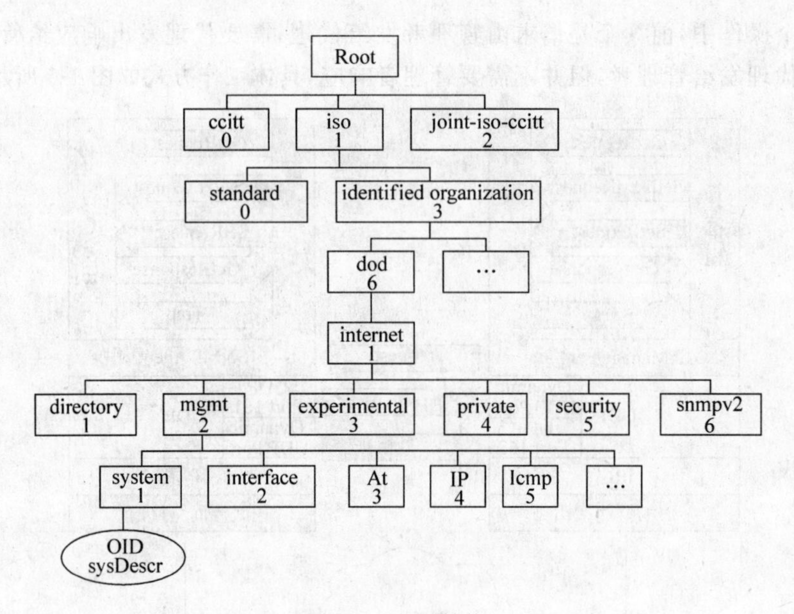

图 1-7 MIB结构

理。由于只由网管工作站负责采集数据和分析数据，所以网管工作站的处理能力可能成为瓶颈。

为了提高传送管理报文的有效性，减少网管工作站的负载，满足网络管理员监控网段性能的需求，IETF 开发了 RMON 以解决 SNMP 在日益扩大的分布式互联中所面临的局限性。

RMON 规范由 SNMP MIB 扩展而来。RMON 中定义了设备必须实现的一组用于监控网络流量等运行状态的 MIB，它可以使各种网络监控器（或称探测器，是一个 SNMP 的 agent）和网管站之间交换网络监控数据。监控数据可用来监控网络流量、利用率等，为网络规划及运行提供调控依据，同时通过分析流量可以协助网络错误诊断。

当前 RMON 有两种版本：RMON v1 和 RMON v2。RMON v1 在目前使用较为广泛的网络硬件中都有，它定义了 9 个 MIB 组服务于基本网络监控；RMON v2 是 MRON 的扩展，集中在 MAC 层以上更高的流量层，它主要强调 IP 流量和应用程序的水平流量。RMON v2 允许网络管理应用程序监控所有网络层的信息包，这与 RMON v1 不同，它只允许监控 MAC 及其以下层的信息包。

(2) RMON 的工作原理

RMON 监视系统由两部分构成：探测器（代理或监视器）和管理站。RMON 代理在 RMON MIB 中存储网络信息，如一台 PC 正运行的程序，它们被直接植入网络设备（如路由器、交换机等）成为带 RMON Probe 功能的网络设备，代理只能看到信息传输流量，所以在每个被监控的 LAN 段或 WAN 链接点都要设置 RMON 代理，网管工作站用 SNMP 的基本命令与其交换数据信息，获取 RMON 数据信息。

RMON 监视器可用两种方法收集数据：一种是通过专用的 RMON 探测器（Probe），网管工作站直接从探测器获取管理信息，这种方式可以获取 RMON MIB 的全部信息；另一种方法是将 RMON 代理直接植入网络设备（路由器、交换机、HUB 等），使它们成为带

RMON Probe 功能的网络设施，网管工作站用 SNMP 的基本命令与其交换数据信息，收集网络管理信息，但这种方式受设备资源限制，一般不能获取 RMON MIB 的所有数据，大多数只收集 4 个组的信息。

图 1-8 给出了网管工作站与 RMON 代理通信的例子。通过运行在网络监视器上的支持 RMON Agent，网管工作站可以获得与被管网络设备接口相连的网段上的整体流量、错误统计和性能统计等信息，从而实现对网络(往往是远程的)的管理。

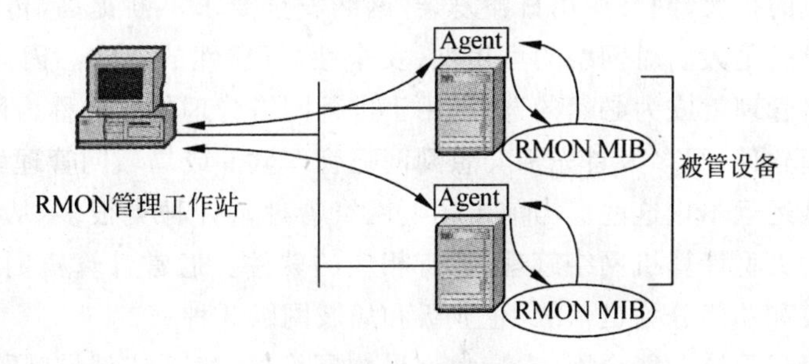

图 1-8　RMON 通信

RMON MIB 由一组统计数据、分析数据和诊断数据组成，MIB 仅提供被管对象大量的关于端口的原始数据，RMON MIB 提供的是一个网段的统计数据和计算结果。RMON MIB 对网段数据的采集和控制通过控制表与数据表完成。RMON MIB 按功能分成 9 个组。每个组有自己的控制表和数据表。其中，控制表可读写，数据表只读，控制表用于描述数据表所存放数据的格式。配置的时候，由管理站设置数据收集的要求，存入控制表。开始工作后，RMON 监控端根据控制表的配置，把收集到的数据存放到数据表。RMON 在监控元素的 9 个 RMON 组中传递信息，各个组通过提供不同的数据来满足网络监控的需要。每个组都是可选项，所以，销售商不必在 MIB 中支持所有的组。

目前大部分网络设备的 RMON Agent 只支持统计量、历史、告警、事件 4 个组，其功能和元素如表 1-1 所示，如 Cisco、3COM、华为的路由器或交换机都已实现这些功能，不但支持网管工作站为 Agent 记录的任何计数和整数类对象设置采样间隔和报警阈值，而且允许网管工作站根据需要以表达式形式对多个变量的组合进行设置。

表 1-1　典型 RMON 组表

RMON 组	功　能	元　素
统计量	包括探测器为该设备每个监控的接口测量的统计值	数据包丢弃、数据包发送、广播数据包、CRC 错误、大小块、冲突以及计数器的数据包。范围为 64～128、128～256、256～512、512～1024 以及 1024～1518 字节
历史	定期地收集统计网络值的记录并为日后处理把统计存储起来	例子的周期、数目和项。提供有关网段流量、错误包、广播包、利用率以及碰撞次数等其他统计信息的历史数据
告警	定期从探测器的变量选取统计例子，并与前面配的阈值相比较	告警类型、间隔、阈值上限、阈值下限
事件	提供关于 RMON 代理所产生的所有事件的表	事件类型、描述、事件最后一个发送的时间

1.3 计算机网络管理软件简介

1.3.1 计算机网络管理软件介绍

随着网络规模的扩大,网络应用日益复杂,网络安全要求不断提高,传统的人工型的网络管理越来越难以满足人们对网络的可用性、安全性、可靠性的要求。因此,使用计算机软件来辅助进行网络管理就成为必然的选择,用于进行网络管理的软件称为网络管理软件。

谈到网络管理软件,很多人首先都会想到网吧管理软件或局域网管理软件,但实际上网络管理软件的类型远远不止这些。当前市场上网络管理软件种类很多,从最简单的局域网管理到覆盖全国的大型计算机网络管理,都有相应的软件。通常计算机网络管理软件根据其支持的网络规模和功能分为电信级、企业级和局域网级 3 种。

电信级网络管理系统功能全面,支持大型异构网络(由光纤广域网、语音、数据、无线等不同结构网络连接成的大型网络),一般支持分级、分布式管理,可扩展性强,支持二次开发和第三方模块。典型的电信级网络管理系统有 HP 公司的 OpenView、IBM 公司的 Tivoli、游龙科技的 SiteView、华为公司的 iMAP(integrated Management Application Platform)平台等。

企业级网络管理系统一般具备故障管理、安全管理、性能管理、设备管理、计费管理功能,但大型异构网络及分布式管理功能较弱,可扩展性较低。典型的企业级网络管理软件有安奈特中国网络有限公司开发的 SNMPC 内网管理工具、思科公司开发的 CiscoWorks 网管软件、实达网络开发的 StarView、SolarWinds 公司开发的 SolarWinds Engineers Toolset 等。

局域网级网络管理软件功能较为单一,以安全管理、性能管理功能为主,仅支持网络管理功能中的几项,拓扑发现、网络设备管理功能较弱,通常不具备扩展能力。典型的局域网级网络管理软件有聚生网管、百络网警、网络执法官等。目前国内的局域网级网络管理软件主要是局域网监控软件,局域监控软件可以监控邮件的收发,阻止垃圾邮件,可以监控 QQ、MSN、Yahoo 通、UC、贸易通等聊天软件,禁止企业员工在上班时间聊天;局域网监控软件能控制和禁止迅雷、BT 等 P2P 软件下载从而不会影响企业的带宽;局域网监控软件还具有查询上网流量(精确到每台计算机的流量)、上网时间、上网日志等有助于企业加强对员工上网行为管理的功能,提高企业网络安全性及员工工作效率。

1.3.2 典型企业级网络管理软件介绍

1. 游龙科技的 SiteView

SiteView 是一款国产的综合性网管软件,针对局域网、广域网和互联网上的网络基础架构、应用系统、数据库、中间件的故障监测和性能管理,全面解决在日常 IT 管理中遇到的问题。内置上千种专门的监测器,采用插件外挂方式与系统集成,用户还能通过 MSL 语言快速开发自己应用系统专门的监测器,实现无所不能的监测。SiteView ECC 是 SiteView 系统软件中功能最全面的一款产品,该软件能较为全面地对网络中的各类网络设备、用户及各类服务(如数据库、Web 应用等)进行监测、分析和报告,实现网络管理的智能化、自动化,产品结构如图 1-9 所示。

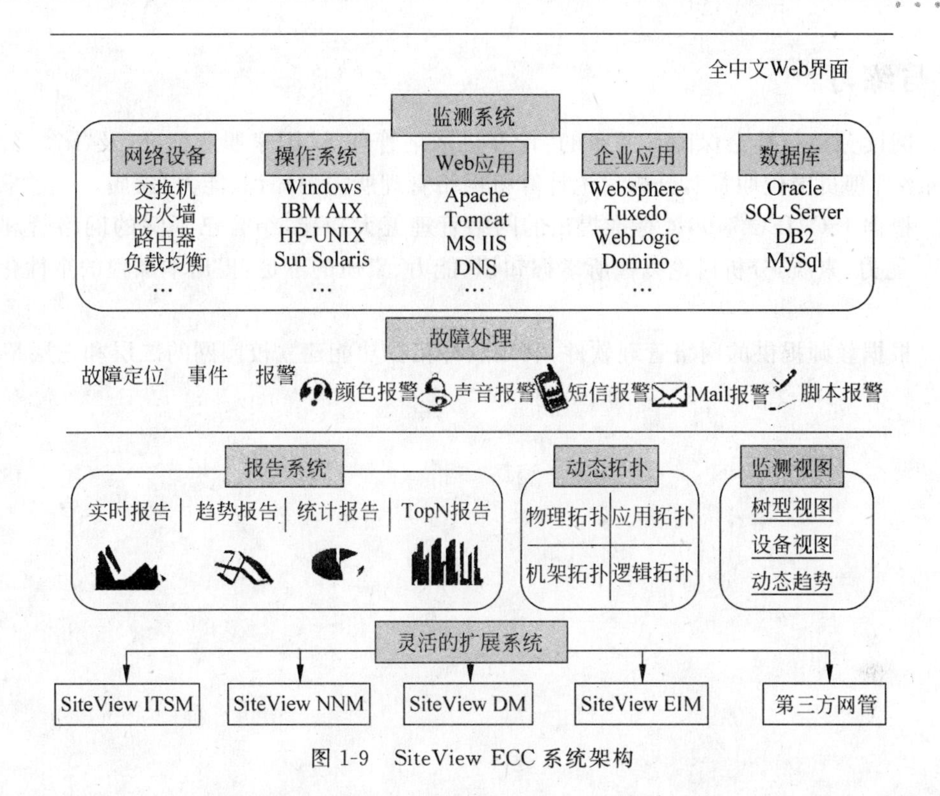

图 1-9　SiteView ECC 系统架构

2．SolarWinds 公司的 SolarWinds Network Management Tools

SolarWinds 的 SolarWinds Network Management Tools(SNMT)软件是世界著名的网络管理工具集。SNMT 工具分为 9 个大类，跨越了带宽管理、网络性能监视和网络识别以及网络错误管理等范围，它们分别被归入到 5 个工具包中。SNMT 工具包是专业为网络工程师设计的，着重于易于使用、快速发现和显示网络中的信息，是很好的网络管理工具。软件界面如图 1-10 所示。

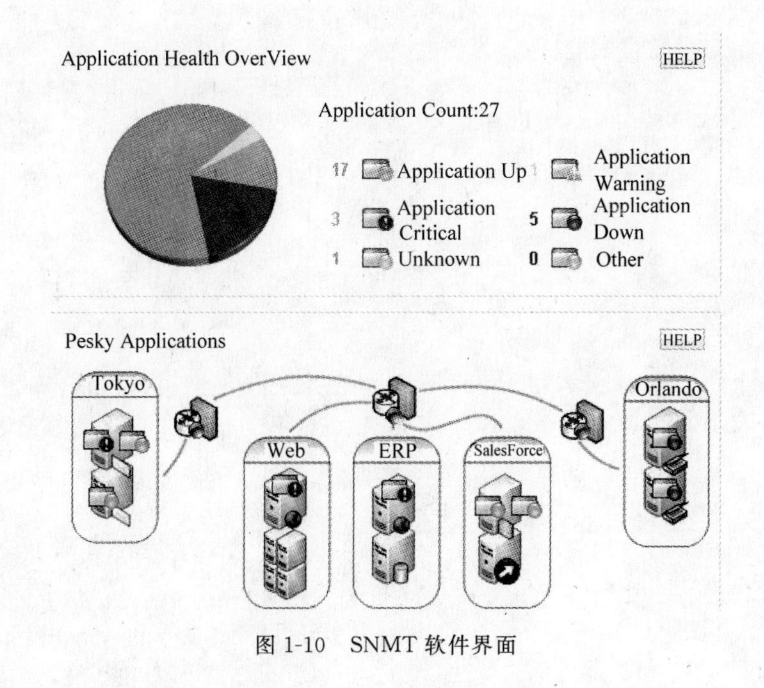

图 1-10　SNMT 软件界面

思考与练习

1. 阅读劳动与社会保障部颁布的“计算机网络管理员”国家职业标准，及“××公司计算机网络管理员岗位职责”，分析讨论计算机网络管理所需的知识、能力、素质。

2. 根据 ISO/IEC 7498-4 标准提出的网络管理五大功能，结合已了解的网络管理所需的知识、能力、素质，分析讨论以往所掌握知识、能力、素质的不足，提出本课程的个性化学习目标。

3. 根据教师提供的网络管理软件，利用软件拓扑功能建立校园网的二层和三层拓扑。

第 2 章　机房环境管理

网络中心机房是企业网络的核心，企业网络的核心交换机、服务器都放在网络中心机房中。为保证电子信息设备的正常工作，要有合理的温度、湿度和空气洁净度。本章通过 3 个典型任务，介绍网络中心机房的建设、管理、维护知识，培养机房环境的管理维护能力。

本章学习目标：

- 掌握网络中心机房环境温度、湿度、洁净度和安全要求，能进行小型机房的布局设计。
- 掌握机房电源、空调的基本知识，能进行机房电源、空调的日常维护。
- 掌握网络中心机房管理维护要求，能制定网络中心机房管理制度。

2.1　任务一：制订某中小企业网络中心机房建设方案

2.1.1　任务描述

A 企业是一家具有自营出口权的家用纺织品生产企业，目前企业共有员工 370 人，年产值 8000 万元，企业原来面向国外市场，从事外贸订单生产，没有自己的品牌。近年来随着企业的发展，企业管理层认为有必要建立自己的品牌，开拓国内市场，同时为提高企业竞争力，企业决定建立分销管理(DRP)系统和企业资源计划(ERP)系统。

随着这两个系统的建立，企业计算机数量将从 12 台增加到 45 台，互联网接入从原来 4Mbps 的 ADSL 改为 100Mbps 的光纤接入，并增加 4 台服务器和防火墙等设备。为保证两个系统的正常运行，作为企业新招聘的企业信息化技术人员，需要制订一个企业网络中心机房建设方案，提交给主管副总经理。

2.1.2　方法与步骤

1. 任务分析

网络中心机房的建设，要考虑机房的安全、防火、建筑的负重、电源、空调、空气洁净度、防雷、操作空间、今后的发展等问题，同时还要考虑企业的资金承受能力。

网络中心机房的设计应参照国家相关部门制定的标准，与网络中心机房直接相关的标准主要有《电子信息系统机房设计规范》(GB 50174—2008)和《电子信息系统机房施工及验收规范》(GB 50462—2008)两个，另外消防、安全防范、防雷、机房布线等网络中心机房的各个子系统还涉及以下一些标准。

(1)《综合布线系统设计标准》GB 50311—2007

(2)《综合布线系统工程验收规范》GB 50312—2007

(3)《电气装置工程施工及验收规范》GBJ 232—1992

(4)《电子计算机场地通用规范》GB 2887—2000

(5)《计算站场安全要求》GB 9361—1998

(6)《计算机机房用活动地板技术条件》SJ/T 10796—1996

(7)《低压配电设计规范》GB 50054—1995

(8)《电信工程制图与图形符号》YT/T 5015—1995

(9)《民用建筑电气设计规范》JGJ/T 16—2008

(10)《信息技术设备包括电气设备的安全》GB 4943—1995

(11)《建筑物电子信息系统防雷技术规范》GB 50343—2004

(12)《数据中心的电信基础设施标准》ANSI/TIA 942—2005

设计网络中心机房时应了解这些标准,尤其是《电子信息系统机房设计规范》中的强制性条款。

2. 机房位置的选择与布局

(1) 机房的一般布局:根据《电子信息系统机房设计规范》,网络中心机房包括放置设备的区域和工作人员办公室。由于机房对防火、温度、湿度、空气洁净度等有较高要求,且机房的噪声及电磁辐射较大,所以要求设备区和办公室相互隔离。一般布局如图 2-1 所示。

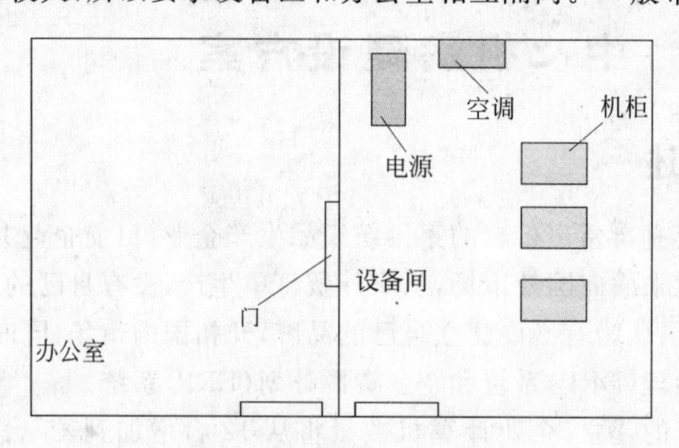

图 2-1 常规网络中心布局

(2) 机房设备间面积需求:中小企业网络中心由于设备数量较少,所以规模一般都不大,主要设备包括 3～10 台服务器、1 台核心交换机及所在大楼的 2～5 台接入交换机、1 个连接其他大楼的光纤配线架,这些设备使用 2～3 个机柜就可以容纳,每个机柜占地面积一般为 60cm×80cm。此外,机房一般还应有一套 UPS 电源设备、一两台空调,每套 UPS 电源及电池占地约 40cm×80cm,每台空调占地约 40cm×60cm。由上可知,机房中设备占地面积约为 $2m^2$,根据《电子信息系统机房设计规范》,本机房属 C 级机房,机房面积为设备占地面积的 5～7 倍,即 A 企业网络中心机房设备间面积约为 $10\sim14m^2$。

(3) 机房管理工作室面积:按每个工作人员 $3.5\sim4m^2$ 计,中小企业网络管理维护人员一般为 1～2 人,预留一人的扩充余地,则工作室面积为 $12m^2$。

(4) 机房的位置选择:由于网络中心机房中有服务器等精密电子设备,因此机房应远离振动、强电磁干扰的位置。同时机房中的电子电气设备对水、潮湿等较为敏感,因此机房不应设置在一楼或顶楼,更不能在地下室,机房不能与浴室、卫生间、厨房等潮湿位置相邻。机房的服务器中保存着企业最重要的生产、销售、财务等信息资产,为便于进行安全防范,机房应远离电梯、主通道楼梯。机房中的UPS后备电池、机柜等重量较大，选择位置时要注意建筑的承重能力（建筑设计载荷）。

(5) 网络中心机房的地面一般应铺设防静电地板，机房的四壁及顶棚应使用不易起灰的材料，如果企业对安全保密有特殊要求，机房的地面、四壁及顶棚还应使用高密度铜丝网做电磁屏蔽处理。

3. 机房空调

(1) 机房的空调热负荷计算

网络中心机房目前有4台服务器、一台交换机、一台防火墙、一台路由器，按每台服务器最大工作功率500W、网络设备最大工作功率300W计，机房目前设备最大工作功率为2.9kW，照明负荷为100W，即空调的设备热负荷最大为3kW。机房面积为12m^2左右，按150W/m^2的传导热负荷计，房间的总传导热负荷计为1.8kW，空调的总热负荷为4.8kW。

(2) 机房空调选择

机房专用精密空调具有送风量大、温度调节精度高、能调节湿度、灰尘过滤性好、可靠性高等优点，但其价格比普通商用空调高出近8倍，一台10kW制冷量的空调（相当于小5匹机）价格近4万元，企业难以承受，因此作为C级机房，可选用普通的6kW制冷量的空调两台，互为备份，可手工切换，也可以用配备专用控制器切换。

4. 机房电源与防雷

(1) 机房电源设计

① 网络中心机房电源是设备正常工作的基础，机房低压配电系统应采用50Hz、220/380V、TN-S或TN-C-S系统，机房要有专用可靠的供电线路，电压波动应小于5%。本机房设备负荷和空调负荷之和为8kW的左右，考虑今后扩展及空调的启动冲击，配电系统设计容量有一倍的余量即16kW，按16kW的设计容量，如使用单相供电，电路电流达73A，如使用三相供电，则每相负荷电流约25A。

② 服务器的突然断电会导致数据损坏，因此机房设备的供电应使用UPS（不间断电源），UPS的功率输出使用VA表示，机房设备负荷正常情况下不应超过UPS额定输出的70%。根据前面的计算，机房设备最大工作功率为2.9kW，则UPS的额定输出不应小于4.1kVA，实际选择5kVA的UPS。UPS类型很多，考虑可靠性，网络中心机房选用在线式UPS。电池根据UPS的要求选用10节12V 100AH的阀控铅酸蓄电池，停电后可支持4小时以上的时间。

(2) 机房的防雷与接地

网络中心机房内集中了大量微电子设备，而这些设备内部结构高度集成化（VLSI芯片），从而造成设备耐过电压、耐过电流的水平下降，对雷电（包括感应雷及操作过电压）浪涌的承受能力下降。感应雷侵入用电设备及计算机网络系统的途径主要有4个方面：交流电源380V、220V电源线引入；信号传输通道引入；地电位反击；空间雷闪电磁脉冲（LEMP），其中最常见的是电源引入。网络中心机房的电源防雷采用在机房的电源配电箱中对电源接防雷器方法进行，信号传输通道引入方面室外连接采用光纤来防止引入。地电位反击的防护采用机房的地板下用铜排作等电位连接，机房所有设备的地线都接到铜排上，铜排连接到建筑物基础地上。

5. 机房安全管理与监控

考虑到本企业网络中心机房规模较小，同时可燃、易燃物不多，采用自动灭火装置投入太大，本机房的消防采用手动气体灭火器，分别在设备间、办公室内外各放置两个如图 2-2 所示的手动气体灭火器。

图 2-2 二氧化碳气体灭火器

本机房安装一套机房动力设备及环境监控系统，当发生停电、空调工作不正常等事件时，监控系统将会通过手机短信远程报警。

网络中心机房将保存企业运营的关键数据，以及服务器、UPS 电源、后备电池等较贵重的物品，因此网络中心机房要有足够的防盗设施：机房的窗户要加防盗网，同时在机房中增加红外探测报警器。

2.1.3 相关知识与技能

1. 计算机机房布局及装修知识

(1) 机房位置要求

根据电子信息系统机房设计规范，机房位置选择一般应满足以下要求。

① 水源充足，电力比较稳定可靠，交通通信方便，自然环境清洁。

② 远离产生粉尘、油烟、有害气体以及生产或储存具有腐蚀性、易燃、易爆物品的工厂、仓库、堆场等。

③ 远离水灾隐患区域。

④ 远离强振源和强噪声源。

⑤ 避开强电磁场干扰。

(2) 机房布局

机房布局的合理与否关系到机房的运行稳定的可靠性，关系到机房工作人员是否拥有一个良好的工作环境，要以国家有关标准及规范为依据。机房布局安排应以专业规范、技术先进、经济合理、安全适用、质量优良、管理方便为目的，中小型网络中心布局一般如图 2-3 所示。进行机房布局要考虑以下几个方面。

① 不同功能区域的分隔。机房中的服务器和网络设备对环境要求较高，因此一般应单独分隔，并尽量保持该功能区的封闭性，减少灰尘的进入。UPS 电源的主机发热较大，对环境要求也高，因此一般也放在设备区，但 UPS 电源的后备电池一般是阀控密封铅酸蓄电池，在充放电不良时会产生少量酸雾，对设备产生不良影响，在有条件的情况下，后备电池应放在单独的分隔区域内，并保证良好的通风。

网络管理人员的操作区域由于经常与外界连通，灰尘较多；而设备间的噪声很大；由于是封闭空间，设备间的空气质量也较差；设备间的电磁辐射也较强；因此网络管理人员的操作间一般与设备间隔断。

② 设备的操作空间。设备间中的设备一般如同抽屉一样安装在机柜中，设备安装和维护时要从前面或后面进行维护，因此在机柜的前后应有足够的空间。一般在机柜前应有大

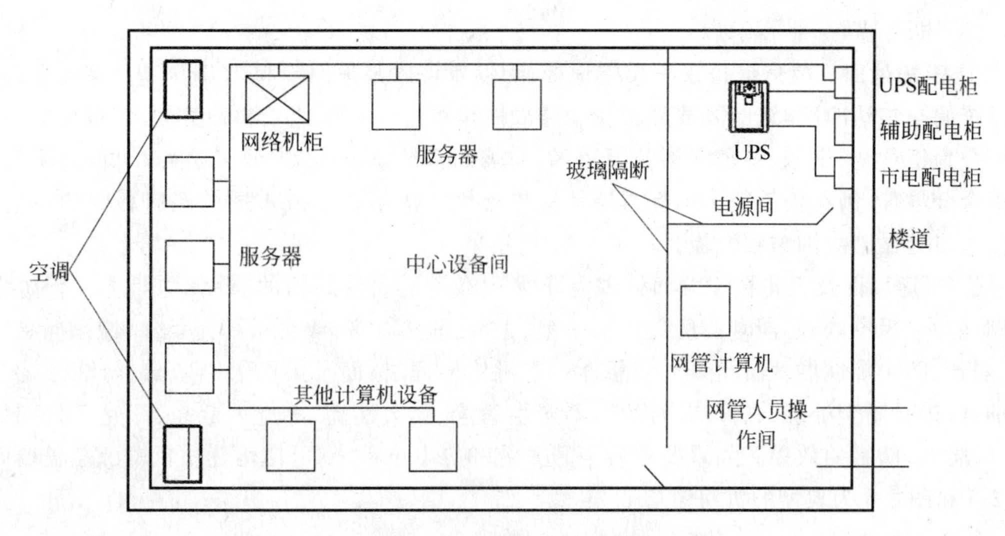

图 2-3　某小型网络中心机房布局平面图

于 1.5m 的空间，在机柜后部应有大于 0.8m 的空间，机柜侧面可以不留操作空间。机柜的放置还要考虑各个机柜之间的网络连接及电源连接的方便性。

③ 冷热空气的交换。目前除专用设备外，一般设备均采用通风冷却的方式带走设备工作产生的大量热量。通常专业的服务器和网络设备内部都有风扇进行强制通风，安装在机柜内的设备通风方式都是从设备前部吸入冷空气，从后部排出热空气。专业的机房空调的冷气输出有上出风和下出风，下出风是指空调将冷空气送入防静电地板下，在机柜正下方开出风口，冷空气从机柜下方的出风口送出；上出风是指空调用专用送风管将冷空气送到机柜的前上方，冷空气从机柜前部进入设备，带走设备热量后从机柜后方送出。在进行机房布局时要考虑空调与设备之间冷热的空气流动，尽量避免冷热空气的混流，提高空调的使用效果，改善设备的工作环境，图 2-4 为某下出风的空气交换形式。

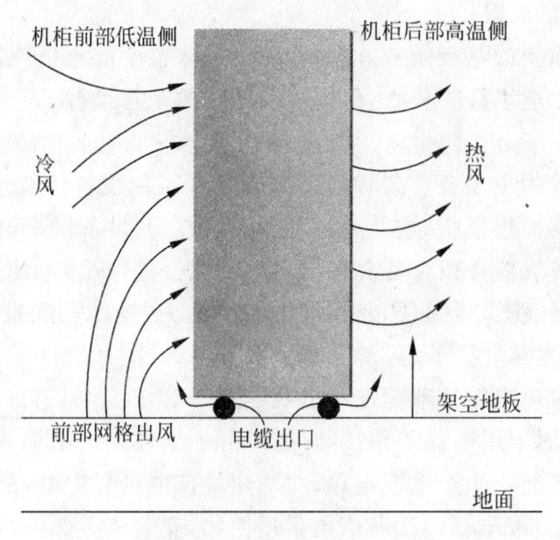

图 2-4　使用下出风时冷热空气交换示意图

(3) 机房装修

① 机房地面。机房地板采用架空地板,为使水泥砂浆地面不起尘、不产尘,保证空调送风系统的空气洁净度,地面需要先刷防尘漆做防尘处理。活动地板的种类较多,根据板基材料可分为铝合金、全钢、中密度刨花板,它们的表面都粘贴 PVC 抗静电贴面,地板的耐久性以铝合金最佳,刨花板最差。地板与墙体交界处用一般不锈钢或木质的踢脚板封边。机房大门入口处做踏步铺塑胶地板。

② 机房墙面及天花板。墙面处理是指采用在主机房建筑物的墙面、柱面上进行防尘、防潮、防水、保温处理,同时使房屋内部平整、光滑、清洁美观,改善采用光条件,增强保温、隔热、隔音、防尘等性能从而改善环境条件。主机房墙面、地面及梁面上刷防霉、防潮漆,涂防水油膏,进行防尘处理、确保洁净度高、不产生粉尘、耐久性高、不产生龟裂、眩光,同时起到防水、防潮、防霉的效果。如果要求有屏蔽系统和等电位系统,可使用优质铝塑板覆盖墙面。图 2-5 和图 2-6 为典型的机房装修效果。

图 2-5 小型网络中心机房装修与布置

图 2-6 大型专业机房装修与布置

2. 计算机机房电源常识

机房电源是机房重要的基础设施,电源故障会导致整个信息系统运行中断,因此在日常维护中要注意对机房供电系统的检查,保证电源系统的正常运行。

(1) 机房供电

计算机机房负载分为主设备负载和辅助设备负载。主设备负载指计算机及网络系统、计算机外部设备及机房监控系统,这部分供配电系统称为"设备供配电系统",其供电质量要求非常高,一般由 UPS 提供并按设备总用电量的 1.3 倍进行预留。辅助设备负载指空调设备、动力设备、照明设备、测试设备等,其供配电系统称为"辅助供配电系统",其供电由市电直接供电。

机房内用电设备供电电源一般为三相五线制或单相三线制,有条件的可以采用双回路供电,提高供电的可靠性;用电设备作接地保护,并入土建大楼配电系统;配电以放射式向用电设备供电。机房应有一个市电配电箱,对机房的市电进行配电,配电箱为机房专用标准配电箱,配备低压开关。配电箱内配有市电备用回路,安装防雷保护器。

机房内的电气施工应选择优质电缆、线槽和插座。插座应分为市电、UPS 及主要设备专用的插座,并注明易区别的标志。照明应选择机房专用的无眩光高级灯具。照明亮度大于300Lux，事故照明亮度应大于60Lux。机房内的配电系统应考虑与应急照明系统的自动切换。

(2) UPS机型选择

目前，市场上的UPS品牌种类繁多，但可从电路主结构、后备时间、输入/输出方式、输出波形和输出容量等5方面进行分类，其中从电路主结构进行分类是目前被广泛接受的，市场上的UPS根据电路主结构分为以下4种。

① 后备式。早期的后备式UPS在市电供电正常时，市电直接通过交流旁路和转换开关供电于负载，交流旁路相当于一条导线，逆变器不工作，此时供电效率高但质量差。在近年的后备式UPS往往在交流旁路上配置了交流稳压电路和滤波电路加以改善。当市电异常(市电电压、频率超出后备式UPS允许的输入范围或市电中断)时，后备式UPS通过转换开关切换到电池状态，逆变器进入工作状态，此时输出波形为交流正弦波或方波。后备式UPS存在切换时间，一般为4～10毫秒，但对一般的计算机设备的工作不会造成影响。由于后备式UPS工作时输出波形大都为方波，供电质量相对较差，只适用于要求不高的场合，并且功率一般都较小，多在2000W以下。但后备式UPS产品比较便宜，适合于小型办公企业和家庭用户使用。

② 在线互动式。在线互动式UPS是介于后备式和在线式工作方式之间的UPS设备，它集中了后备式UPS效率高和在线式UPS供电质量高的优点。在线互动式UPS的逆变器一直处于工作状态，具有双向功能，即在输入市电正常时，UPS的逆变器处于反向工作给电池组充电，起充电器的作用；在市电异常时逆变器立刻投入逆变工作，将电池组的直流电压转换为交流正弦波输出。在线互动式UPS也有转换时间，比后备式UPS短，保护功能较强。采用了铁磁谐波变压器，在市电供电时具有较好的稳压功能。由于充电逆变器共用一个模块，在给电池充电时，由逆变器产生的高频成分很难滤掉，充电效果不是非常令人满意，故不适合做长延时的UPS。在线互动式UPS价格远远低于在线式UPS，只比后备式UPS价格稍高，因此也是一种适合小型办公或家庭使用的UPS。

③ 在线式。在线式UPS电源一般采用双变换模式。当市电正常时，在线式UPS输入交流电压，通过充电电路不断对电池进行充电，同时AC/DC电路将交流电压转换为直流电压，然后通过脉冲宽度调制技术(PWM)由逆变器再将直流电压逆变成交流正弦波电压供给负载，起到无级稳压的作用；而当市电中断时，后备电池开始工作，此时电池的电压通过逆变器变换成交流正弦波或方波供给负载，因此无论是市电供电正常时，还是市电中断由电池逆变供电期间，逆变器始终处于工作状态，这就从根本上消除了来自电网的电压波动和干扰对负载的影响，真正实现了对负载的无干扰、稳压、稳频以及零转换时间。在线式UPS的这种特点使它比较适合于用外加电池或加装优质发电机的方法，改装成长时间不间断供电系统。在线式UPS输出多为正弦波，电压及频率稳定，所以它多被用在供电质量要求很高的场所。

④ 双逆变电压补偿在线式。双逆变电压补偿技术也称为Delta技术，是目前国际上最领先的技术之一。它成功地将交流稳压技术中的电压补偿原理运用到UPS的主电路中，当市电存在时，两组逆变器只对输入电压与输出电压的差值进行调整和补偿，逆变器承担的最大功率仅为输出功率的20%，所以功率强度很小，功率余量大，这就增强了UPS的输出能力和过载能力，不再对负载电流波峰系数予以限制，可从容地对付冲击性负载，不再对负载

功率因数进行限制，输出有功功率可以等于标定的 kVA 值。总而言之，Delta 技术的运用不仅弥补了原来在线式的不足，还使得许多主要指标有了新的突破。

在网络中心机房中，由于对供电的质量要求很高，一般采用在线式和电压补偿在线式 UPS，功率根据机房主要设备负荷而定，中小企业网络中心机房 UPS 功率一般为 2～10kVA。

UPS 还可以根据停电后的后备工作时间分为标准机型和长效机型，标准机型后备电池容量一般为 7～12AH，后备时间在 30min 以内。长效机型后备电池容量一般为 100AH 或以上，后备时间可达 4～8h。

(3) UPS 电池容量计算

UPS 电池是 UPS 在停电时工作的动力来源，一般大功率 UPS 采用免维护铅酸蓄电池串并联而成。铅酸蓄电池单体工作电压为 2V，容量以 AH 计，通俗地讲，即 100AH 的电池以 10A 的电流放电可以放 10 个小时。目前除通信行业外，机房 UPS 一般使用 12V、100AH 的铅酸蓄电池。UPS 电池供电时间与电池的容量有关，目前一般 3kVA 以下的 UPS 蓄电池电压为 96V 或 48V，即 8 节或 4 节 12V 电池串联，5kVA 及以上的蓄电池电压为 192V，即 16 节 12V 电池串联。UPS 逆变时间可按能量守恒定律算出，一般 UPS 逆变工作时效率在 86%左右，以 90%计，则由 8 节 12V、100AH 电池串联供电的 3kVA UPS 在负荷功率为 2kW 时逆变工作时间为：

$$8\times12\times100\times90\%/2000=4.32(\mathrm{h})$$

即在停电后可以支持 4.32h。考虑到电池在使用后容量会衰减，在大电流放电时电池化学能电能转换效率也会降低，可以认为这一配置的逆变工作时间为 4h。

3. 网络机房空调常识

网络中心各设备产生的热量需采用空气冷却（风冷）的方法来解决，设备运行产生的热量都被排放到机房的空气中。网络中心的设备对温度和湿度的变化较为敏感，温度和湿度的变化可能导致系统发生严重问题，必须有专门的设备保证机房的温度和湿度。

网络中心的最佳制冷设备就是机房专用精密空调，如图 2-7 所示。机房专用精密空调与普通家用空调在以下几个方面有较大区别。

图 2-7　机房专用空调的室内机

(1) 普通空调风量过小，导致普通空调出风温度过低，在出风口附近空气中的水蒸气会饱和凝结出水滴，对附近的用电设备造成很大危险；同时，风量小会影响机房中的空气循环，导致机柜附近温度比机房其他部位温度高。而机房专用空调的风量较大，不存在上述问题。

(2) 普通空调没有湿度控制功能，无法进行湿度控制，没有加湿功能，只能进行除湿，在冬季甚至过度除湿，湿度过低产生的静电极易产生设备故障。

(3) 由于热空气比冷空气轻，因此机房专业空调的进风口一般在空调的上部，其出风口一般可接专用风管，通过地板下方空间或风管将冷空气送到需要的位置。而普通空调一般为下进风、上出风，在机房中使用时制冷效果较差。

(4) 普通空调只具备简单的过滤功能，其过滤器的过滤效果根本无法达到机房的要求。机房专用空调严格按照B级设计，配合以每小时30次的风量循环，保障机房洁净。

(5) 普通空调在北方地区无法实现低温(室外)运行。一般标称－5℃以下即无法制冷和加热，而机房是发热量很大的区域，即使在冬天也需要对设备进行降温。

(6) 普通空调在机房内应用，寿命短。在365天/24小时应用的情况下其寿命一般不超过3年(机房专用空调的设计寿命一般为连续运转10年)。

(7) 普通空调耗电量大，机房专用空调选用的工业等级压缩机能效比高达3.3。而普通空调目前业界选用的高等级压缩机能效比约2.9，同时考虑到其他设计差异，如显热比指标，普通空调比同容量的机房专用空调多耗电20%～30%，不仅增加使用成本，也浪费能源。

在机房中使用机房专用精密空调的优点很多，但同样的制冷量，普通空调的价格只有机房专用精密空调的五分之一左右，因此机房空调要根据机房建设经费预算来选用，在经费宽裕的情况下，选用机房专用精密空调，在对网络服务可靠性要求不是特别高、经费紧张的情况下，可选用普通空调代替。

4. 网络中心机房监控

机房的空调系统因故障停止工作后，机房内的温度将会失去控制，南方夏天温度将会升至45℃以上，导致服务器或网络设备损坏，曾有某外资企业的网络机房在夏天由于夜间空调损坏，机房温度过高导致磁盘阵列故障，服务器中阵列中保存的所有产品图纸丢失，造成企业巨大经济损失的案例。如果机房停电，管理员如果没有及时处理，长时间后UPS后备电池耗光，也会导致严重的后果，因此必须有一套对机房的温度、电力供应甚至空调和服务器及交换机的工作情况进行监控并远程报警的设备。图2-8所示为某机房环境监控系统的构成。

机房环境监控系统会对影响系统运行的因素，包括各种设备，如UPS电源、交流稳压电流、发电机组、机房专用空调机组等的工作是否正常，机房的环境(温度、湿度)等也应纳入网络管理范围。在监控网络中，操作者设定所需监测的电压、电流、温度、湿度等监测数据的正常值，当某一部分某个参数的输入值超出设定的正常范围，监控系统就会发出报警信号，提醒机房操作人员，以便及时采取相应的措施。

根据企业机房的具体实际情况，一般纳入环境监控系统管理范围的项目包括：机房网络供电(市电)质量；UPS主机的运行状态；机房恒温、恒湿专用空调的运行状态；机房内所有机柜内部的状态；机房主要工作区域内的温度、湿度控制；计算机房内火灾报警系统中各探测器工作状态；自动气体灭火系统以及机房内水害报警；等等。

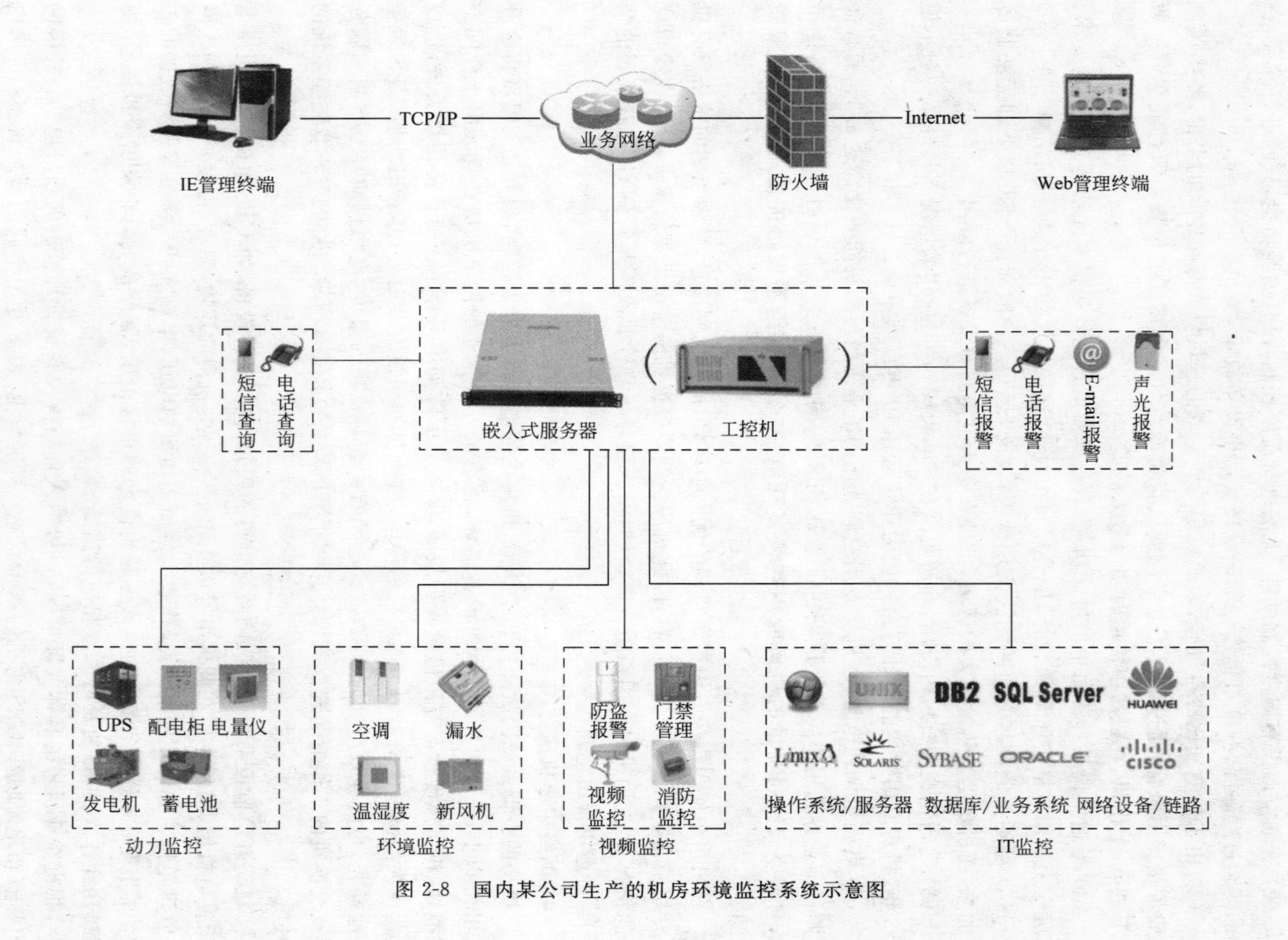

图 2-8 国内某公司生产的机房环境监控系统示意图

思考与练习

1. 从慧聪 360 网或 IT168 网上查找机房建设相关产品的报价资料，对机房建设的投资作一个概算。

2. 企业负责人否决了前面的机房建设方案，认为无法提供 2 个 $12m^2$ 的房间，只能提供一间 $20m^2$ 的房间，请重新制订方案。

2.2 任务二：制订机房电源、空调维护方案

2.2.1 任务描述

A 企业是一家具有自营出口权的家用纺织品生产企业，目前企业共有员工 370 人，年产值 8000 万元，企业原来以面向国外市场，从事外贸订单生产，没有自己的品牌。近年来随着企业的发展，企业管理层认为有必要建立自己的品牌，开拓国内市场，同时为提高企业竞争力，企业建立了分销管理(DRP)系统和企业资源计划(ERP)系统。根据系统需要，企业建立了网络中心机房，至今网络中心机房已经运行了两年，由于缺乏专业人员管理，机房电源和空调设备经常出现故障，导致 DRP 和 ERP 系统停止工作，影响企业的正常运行。为此，企业决定招聘专业网络管理人员负责企业信息系统管理和维护，你前去应聘，企业的副总在面试时要求你制订机房电源和空调维护方案并进行维护，根据你完成这项任务的表现来决定是否录用你。

2.2.2 方法与步骤

1. 任务分析

网络中心的设备一般要求 24 小时开机，一年 365 天不间断工作，因此对设备的日常检查就显得非常重要，每天对重要设备进行日常检查并记录检查结果，将每天的检查结果与前面的检查结果进行对照，可以发现设备的故障前兆，并在非重要的时段进行维护，避免发生影响网络服务的事件，可以建立每套设备的日检表，每天(每周)检查并记录设备工作情况。有些设备如 UPS 和空调需要定期维护，这要求建立定期维护计划表，维护并填写计划表。

2. 空调日检项目的确定与日检表的设计

机房空调日常检查的主要目的是了解空调的工作情况，包括空调的工作噪声主观测量、空调出风口风压的主观测量，空调进风口和出风口的温差的测量，空调各部位有无冷凝水的外观检查等项目，如果使用普通空调，则空调出风口的风压要在风速最高挡进行测试。空调的日检表设计如表 2-1 所示。

在进行空调日常检查时，机房专用空调出风口风压、出风口温度、进风口温度可以在空调的控制面板上查看，普通空调可在空调出风口系一条小缎带，看小缎带飘动情况了解出风口风速，来代替风压，在出风口和进风口放置普通气温计来测量温度。

表 2-1　空调日检表

××企业网络中心机房空调日(周)检表

检查时间：　　年　月　日　　时　　检查人：

检查项目	检查结果	可能存在问题及处理措施	备　　注
室外机工作噪声(空调压缩机工作情况下)			
室内机工作噪声(空调压缩机、风速最高挡)			
空调出风口风压(空调压缩机工作、风速最高挡)			
空调出风口温度(空调压缩机工作情况下)			
机房进风口温度			
空调室内机各部位有无水迹			
空调告警记录			

3. UPS 电源日检项目的确定与日检表的设计

UPS 的日常检查的目的是了解 UPS 的工作情况，包括 UPS 的输入、输出电压、输入/输出频率、UPS 的负载功率、UPS 电池电压、UPS 主机工作温度、UPS 电池环境温度等项目、UPS 主机工作噪声。高档的 UPS 一般自带显示面板，可以显示附电池环境温度和工作噪声外的其他参数；中档的 UPS 一般带 RS-232 口，可通过串口线连接电脑后使用与 UPS 型号对应的 UPS 监控软件读取；低档 UPS 不建议网络中心机房选用。UPS 电源的日检表设计如表 2-2 所示。

表 2-2　UPS 电源日检表

××企业网络中心机房 UPS 日(周)检表

检查时间：　　年　月　日　　时　　检查人：

检查项目	检查结果	可能存在问题及处理措施	备　　注
UPS 输入电压			
UPS 输出电压			
UPS 输入频率			
UPS 输出频率			
UPS 负载功率			
UPS 主机工作温度			
UPS 电池环境温度			
UPS 主机工作噪声			
UPS 故障告警记录			

4. 空调和 UPS 定期维护项目和计划表的设计

(1) 空调的定期维护

空调除担负着机房温度调节功能外，还承担着机房湿度调节和机房空气清洁的功能，因此对于机房空调，还必须定期检查和清洁空调室内机的空气过滤网，蒸汽加湿器的蒸汽罐，空调室外机的冷凝器容易积灰，也要定期清洁。机房空调全年都在工作，各个机械部件比较容易磨损，因此，机房空调机械部分需要定期维护。机房空调维护周期一般为一个季度到一年，由于机房空调的维护比较专业，因此一般请专业的空调维护公司进行维护。如果机房使用普通空调，也要每年请专业的空调维护人员进行一次以上的全面清洁维护。空调定期维护计划表如表2-3所示。

表2-3　空调定期维护计划表

××公司网络中心机房空调定期维护计划表

维护时间		下一次维护时间	
维护内容： 维护人：			

(2) 机房UPS的定期维护

根据UPS使用的铅酸蓄电池的特性，如果长期没有停电，电池就要定期进行放电，一般每3个月进行一次深度放电，放电时要注意监控UPS负载和电池状态，并记录开始放电时间，当UPS电池电量剩下不足10%时，UPS一般会报警，这时应停止放电，将UPS转入充电状态，并记录停止放电时间。根据负载情况和UPS电池放电的时长，并与UPS新电池刚投入使用时的情况进行对比，了解UPS电池的当前容量。由于UPS电池一般都是多节串联，各节电池的性能会有差异，随着使用时间的增加，这种差异会增大，直到出现某一节电池损坏的情况，因此对UPS电池应定期进行单节的性能检测和维护，以提高UPS电池的使用寿命。对UPS电池进行性能检测和维护的技术性强，一般请专业的公司进行。UPS电源定期维护计划表如表2-4所示。

表2-4　UPS电源定期维护计划表

××公司网络中心机房UPS电源定期维护计划表

上次放电时间		本次维护内容	
负载功率： 本次放电开始时间： 本次放电结束时间： 本次放电原因：(停电或电池维护) 电池工作情况分析： 维护人：			

UPS放电和充电状态的转换一般可以通过断开UPS输入电源的方式进行，部分UPS可以通过面板开关或控制软件让UPS进入电池维护状态，对电池进行放电。

2.2.3　相关知识与技能

1. 空调维护常识

机房空调系统是机房温度、湿度、洁净度的基本保障，机房空调工作不正常会导致机房内温度过高，设备不能很好散热，轻则服务器死机、硬盘数据出错、网络设备断网；重则出现电容器爆炸、设备燃烧的事故；空调漏水有可能导致设备短路，人员触电的事故。因此机房空调的日常检查与维护是一项重要工作。空调的日常检查的主要目的是及早发现设备的异常情况，及时处理，避免空调系统重大故障的发生。而空调系统的维护需要专业知识和专用设备，一般由专业公司进行。

机房空调日常检查的主要目的是了解空调的工作情况，包括空调的工作噪声主观测量、空调出风口风压的主观测量，空调进风口和出风口温差的测量，空调各部位有无冷凝水的外观检查等项目。

2. UPS电源使用常识

随着计算机的日益普及，UPS也得到了广泛的应用。UPS在使用时应注意以下事项。

(1) 不接电感性负载。因为电感性负载的启动电流往往会超过额定电流的3～4倍，这样就会引起UPS的瞬时超载，影响UPS的寿命。电感性负载包括夏天常用的电风扇、冰箱等。

(2) 满载或过度轻载。不要按照UPS的额定功率去使用它，不要认为空着的接口不应该闲着而连接其他电器，长期满载状态将直接影响UPS寿命。一般情况下，在线式UPS的负载量应该控制在70%～80%，而后备式UPS的负载量应该控制在60%～70%。注意：过度轻载也不好，虽然没有过载那么严重。

(3) 用好蓄电池。UPS的一个非常重要的组成部分就是蓄电池，长延时UPS系统的采购成本70%左右花在蓄电池上。目前，多数中小型的UPS都采用无须维护的密封式铅酸蓄电池，其正常工作寿命在3～5年；如果使用不当，蓄电池的使用寿命会大大缩短。来自UPS维修部门的数据表明：约30%的UPS损坏实际上只是电池坏了。相比较而言，蓄电池是比较娇贵的，要求在0～30℃环境中工作，25℃时效率最高。因此，在冬、夏两季一定要注意UPS的工作环境。温度高了会缩短电池寿命，温度低了将达不到标称的延时。同时，蓄电池如果经常完全放电尤其是完全放电后长时间没有充电，也会严重影响蓄电池寿命，在使用时要注意尽量不要100%放电，在放电后要及时充电。

3. UPS电源维护

(1) UPS电源维护安全注意事项

用户在维护UPS时，除非UPS已完全切断了同市电电源、交流旁路电源和蓄电池组之间的输入通道，以及切断同用户其他系统总线相连的输出通道，并且放掉了机器内的各种高压滤波电容内储藏电能；否则，在UPS中总是存在有致命的高压电源。用户在对UPS内部执行任何检修操作前，务必仔细阅读所选购产品的用户手册中所描述的各项安全操作事项。

(2) UPS的日检

电源供应是信息系统正常工作的基本保证，对电源的日常检查是网络管理的一项重要工作，电源的日常检查主要内容有如下几项。

① 现场观察UPS显示控制操作面板，确认液晶显示面板上的各项图形显示单元都处于正常运行状态，所有电源的运行参数都处于正常值范围内，在显示的记录内没有出现任何故障和报警信息。

② 检查是否有明显的过热痕迹。

③ 观察UPS所带负载量，如有变化检查有无增加负载、负载现在的运行情况和负载是

否有不明故障。

④ 听听音响噪声是否有可疑的变化，特别注意听 UPS 的输入、输出隔离变压器的响声，当出现异常的“吱吱”声时，则可能存在接触不良或匝间绕阻绝缘不良。当出现有低频的“钹钹”声可能变压器有偏磁现象。

⑤ 确保 UPS 风扇的排空气的过滤网没有任何堵塞物。

⑥ 检查 UPS 的输出电压是否正常，如不正常应与厂家联系。

⑦ 记录上述巡检结果，分析是否有任何明显的偏离正常运行状态的事情发生。

⑧ 测量和记录：UPS 的输入/输出电压、UPS 的输入/输出线电流。

⑨ 测量和记录：蓄电池组的浮充电压值。

(3) UPS 的年检

由于在执行“年检”操作时，可能会涉及 UPS 机内的高压部件，一般来说，应由能充分理解高压部件工作原理的、并经原厂培训过的工程师来执行将负载从 UPS 逆变器供电通道上切换到维修旁路供电通道上的重要操作。

(4) UPS 的保养性维护

如果长期没有停电，UPS 电池将长期处于浮充状态，会导致电池极板的硫酸化，缩短电池的使用寿命，因此当 UPS 在 2～3 个月没有停电时，应进行一次放电操作，放电应进行到电池容量剩余 10%左右。

思考与练习

1. 纸质的空调和电源维护记录表不便于分析，请用 Excel 设计一个方便统计分析的记录表。

2. UPS 的放电维护要注意哪些事项？

3. 如果发现机房空调损坏，网络管理员应如何处理？

2.3　任务三：制订机房管理制度

2.3.1　任务描述

A 企业是一家具有自营出口权的家用纺织品生产企业，目前企业共有员工 370 人，年产值 8000 万元，企业原来以面向国外市场，从事外贸订单生产，没有自己的品牌。近年来随着企业的发展，企业管理层认为有必要建立自己的品牌，开拓国内市场，同时为提高企业竞争力，企业建立了分销管理(DRP)系统和企业资源计划(ERP)系统。根据系统需要，企业建立了网络中心机房，至今网络中心机房已经运行了两年，由于缺乏专业人员管理，机房电源和空调设备经常出现故障，导致 DRP 和 ERP 系统停止工作，影响企业的正常运行。为此，企业决定招聘专业网络管理人员负责企业信息系统管理和维护，你前去应聘，由于你在面试中表现出色，你被该企业聘用为信息中心主任。

进入工作岗位后，你发现该企业的相关管理制度完全空白，为加强管理，有效保障系统的稳定安全运行，你决定先制定一个网络中心机房管理制度。

2.3.2 方法与步骤

1. 任务分析

网络中心机房管理制度面向单位的全体员工，但主要用于规范网络管理和操作人员的行为，一般包括设备使用和维护、人员及物品出入、系统操作规范、安全管理等内容，管理制度的内容与网络中心规模、单位对网络的可靠性要求、单位对网络和信息安全要求有关。

2. 分析单位需求

该企业的两个系统均面向国内市场，由于各专卖店的营业时间不同，需要7×24小时不间断服务，可以认为对系统的可靠性要求较高。系统包含了企业所有的运营数据，涉及企业与各专卖店和代理商的数据及企业生产数据，系统的安全性要求也较高。对系统的可靠性要求较高说明该企业的机房管理制度应突出在保障系统正常工作的电源、空调、服务器和网络设备的日常检查方面的内容，对系统安全性高说明该企业的机房管理制度就应加强在操作系统补丁、各系统密码安全、系统数据备份、人员出入控制方面的内容。

3. 制订管理制度

根据前面分析，参照相关企业的网络中心机房管理制度制订机房管理制度如下。

为科学、有效地管理机房，促进网络系统安全的应用、高效运行，特制定本规章制度，请遵照执行。

××企业网络中心机房管理制度

(1) 路由器、交换机和服务器以及通信设备是网络的关键设备，须放置计算机机房内，不得自行配置或更换，更不能挪作他用。

(2) 计算机房要保持清洁、卫生，并由专人7×24小时负责管理和维护(包括温度、湿度、电力系统、网络设备等)，无关人员未经管理人员批准严禁进入机房。

(3) 严禁易燃易爆和强磁物品及其他与机房工作无关的物品进入机房。

(4) 网管人员对机房设备，建立配置档案，所有设备配置的变更均要及时记录到设备配置档案中。未发生故障或故障隐患时当班人员不可对中继、光纤、网线及各种设备进行任何调试，发生故障后对所发生的故障、处理过程和结果等做好详细登记。

(5) 网管人员应做好网络安全工作，严格保密服务器的各种账号。监控网络上的数据流，从中检测出攻击的行为并给予响应和处理。及时做好操作系统的补丁修正工作。

(6) 网管人员统一管理计算机及其相关设备，完整保存计算机及其相关设备的驱动程序、保修卡及重要随机文件。

(7) 计算机及其相关设备的报废需经过管理部门或专职人员鉴定，确认不符合使用要求后方可申请报废。

(8) 由专人负责数据的备份和保管，对数据实施严格的安全与保密管理，防止系统数据的非法生成、变更、泄露、丢失及破坏。

2.3.3 相关知识与技能

1. 企业网络中心相关管理制度

××企业网络管理制度

为科学、有效地管理机房，促进网络系统安全的应用、高效运行，特制定本规章制度，请遵照执行。

(1) 机房管理制度

① 路由器、交换机和服务器以及通信设备是网络的关键设备，须放置计算机机房内，不得自行配置或更换，更不能挪作他用。

② 计算机房要保持清洁、卫生，并由专人7×24小时负责管理和维护(包括温度、湿度、电力系统、网络设备等)，无关人员未经管理人员批准严禁进入机房。

③ 严禁易燃易爆和强磁物品及其他与机房工作无关的物品进入机房。

④ 建立机房登记制度，对本地局域网络、广域网的运行，建立档案。未发生故障或故障隐患时当班人员不可对中继、光纤、网线及各种设备进行任何调试，对所发生的故障、处理过程和结果等做好详细登记。

⑤ 网管人员应做好网络安全工作，严格保密服务器的各种账号。监控网络上的数据流，从中检测出攻击的行为并给予响应和处理。

⑥ 做好操作系统的补丁修正工作。

⑦ 网管人员统一管理计算机及其相关设备，完整保存计算机及其相关设备的驱动程序、保修卡及重要随机文件。

⑧ 计算机及其相关设备的报废需经过管理部门或专职人员鉴定，确认不符合使用要求后方可申请报废。

⑨ 制定数据管理制度。对数据实施严格的安全与保密管理，防止系统数据的非法生成、变更、泄露、丢失及破坏。当班人员应在数据库的系统认证、系统授权、系统完整性、补丁和修正程序方面实时修改。

(2) 计算机病毒防范制度

① 网络管理人员应有较强的病毒防范意识，定期进行病毒检测(特别是邮件服务器)，发现病毒立即处理并通知管理部门或专职人员。

② 采用国家许可的正版防病毒软件并及时更新软件版本。

③ 未经上级管理人员许可，当班人员不得在服务器上安装新软件，若确为需要安装，安装前应进行病毒例行检测。

④ 经远程通信传送的程序或数据，必须经过检测确认无病毒后方可使用。

(3) 数据保密及数据备份制度

① 根据数据的保密规定和用途，确定使用人员的存取权限、存取方式和审批手续。

② 禁止泄露、外借和转移专业数据信息。

③ 制定业务数据的更改审批制度，未经批准不得随意更改业务数据。

④ 每周五当班人员制作数据的备份并异地存放，确保系统一旦发生故障时能够快速恢复，备份数据不得更改。

⑤ 业务数据必须定期、完整、真实、准确地转储到不可更改的介质上，并要求集中和异地保存，保存期限至少两年。

⑥ 备份的数据必须指定专人负责保管，由管理人员按规定的方法同数据保管员进行数据的交接。交接后的备份数据应在指定的数据保管室或指定的场所保管。

⑦ 备份数据资料保管地点应有防火、防热、防潮、防尘、防磁、防盗设施。

2. 某高校网络安全管理规定

××学校计算机互联网络安全保密管理规定

为进一步加强我校计算机互联网络的管理，保障校内外计算机信息交流的健康发展，在网络使用中维护国家安全和做好保密工作，特制定本规定，请遵照执行。

(1) 校内外计算机互联网络的单位、部门和个人，应当遵守《国家安全法》和《保密法》，严格执行学校关于安全保密的工作要求，不得利用互联网络从事危害国家安全、泄露国家秘密等违法犯罪活动，不得制作、查阅、复制和传播妨碍社会治安的信息及淫秽色情等信息。

(2) 加强计算机互联网络的安全保密管理，凡本校使用互联网络、装有结点的单位、部门，必须有一位领导分管并指定专人负责本单位或本部门网络结点内安全保密工作，经常进行监督、检查，处理本单位涉及网络安全保密的有关事宜，并协助学校主管部门开展安全保密工作的检查指导。

(3) 各单位、各部门要及时、有效地做好入网人员的安全保密宣传教育工作，不断增强入网人员的国家安全意识和保密观念，网络操作人员应参加以安全保密为内容的学习培训，把好网络入口关，切实做到警钟长鸣。常备不懈，自觉维护国家利益。

(4) 凡属国家秘密文件、资料一律不得输入计算机互联网络，本单位、本部门科学研究方面的文件、资料、成果必须依据国家《科学技术保密规定》和《科技成果密级评定方法》进行确定，如属国家秘密范围，不得进入互联网络，各单位、各部门涉密人员必须做好秘密文件、资料及涉密科研项目、成果的保管工作，管好秘密源头。

(5) 凡属预备上网资料，必须首先送校宣传部审查，经审核通过后方可上网。

(6) 各单位、各部门要加强对计算机介质(软盘、磁带、光盘、磁卡等)的管理，对储存有秘密文件、资料的计算机等设备要有专人或兼职人员操作，采取必要的防范措施，严格对涉密储存介质的管理，建立规范和管理制度，存储有涉密内容的介质一律不得进入互联网络使用。

(7) 各单位、各部门和个人在网络使用过程中无意识地收到反动宣传品和具有淫秽色情内容的东西，要及时采取删除措施，报告单位主管领导，并将收到的材料送学校保密部门集中处理，不得扩散。

(8) 学校各单位部门应根据本单位、本部门具体情况，制定相应的管理制度并大力加强计算机网络安全保密防护方法的研究，在加强安全保密工作的同时，逐步配备现代化的保密设备，利用现代化的科学技术，保证涉密信息的安全，防止泄露事件的发生。

(9) 学校主管部门将对各单位、各部门贯彻执行《××学校计算机互联网络安全保密管理规定》的情况进行检查，凡违反本规定的单位、部门或个人，学校将视情节轻重，给予严肃处理。

思考与练习

1. 请制订任务三所述企业的网络管理制度，规范单位内部计算机使用与维护行为。
2. 请为任务三所述企业制订网络中心管理员岗位职责。

第3章 网络线路管理

随着各企业、单位信息化的推进,承担企业、单位各应用业务的局域网逐渐增多,规模不断扩大,随着网上业务系统的不断增加,大家对网络的依赖程度也在增强。综合布线系统作为网络运行的基础和高速数据传输的基础,在建设初始就应当受到高度的重视。同时在各服务器、应用系统正常运行的情况下,如何维护网络线路,保障网络传输线路的稳定与正常,就显得尤其重要。如何保障网络线路正常工作,如何管好网络线路,特别是使用中的网络线路,发生故障后如何第一时间找到问题、解决问题,使其能在最短时间内恢复正常工作成为一个大家关注的热点。

本章学习目标:

- 掌握园区网络综合布线系统的组成,能分析线路各组成部分的功能。
- 掌握常用双绞线测试工具的使用,能使用工具对双绞线线路进行测试。
- 了解光纤的类型及连接设备类型。会对光纤线路进行简单的分析测试,能检查排除简单光纤线路故障。
- 能绘制网络拓扑图。

3.1 任务一:建立综合布线系统链路对应表

3.1.1 任务描述

B企业是一家小型玩具生产公司,公司近几年的产品销量不断提升,经营状况良好。现公司有1幢3层办公楼和1幢生产产房,2幢楼房共有信息点80多个,均于2001年时由计算机公司帮助架设局域网,期间有过几次新增信息点与交换设备,一直使用至今。因当时安装时考虑不周,未曾将信息点端的网线与交换设备端的网线一一标识对应,且因长时间使用未对线路进行维护与更新,因线路原因导致的网络故障时常发生。于是每次故障原因和网络线路有关时,例如网线制作不规范、线路接口接触不良等,均要花费大量的时间与人力去查找线路,检查线路,处理一次故障从出现问题到发现问题常常需要半天时间,而解决问题往往只需较少时间。

现在你是该公司新招的网络管理员,主要负责公司局域网的运行与维护,你现在的第一个任务是着手设计、建立公司目前的布线系统链路对应表,以方便日后的管理与维护。

3.1.2 方法与步骤

1. 任务分析

综合布线作为网络运行的基础和数据传输的保障,其重要性不言而喻。按规定综合布线一般是要在网络建设初始就进行规划设计，随着用户的需求和布线的具体环境不同，设计方案在实施时可能会有各种变化，但任何综合布线方案在设计时都要满足以下几点要求：实用性、灵活性、扩展性、开放性。

任务要求对公司现有的网络链路进行标识，首先应该对现场环境及信息点进行统计，如员工人数、服务器、办公室、信息点数量等。同时为了公司的综合布线系统日后维护查找线缆方便，现在要求对每一根光缆、双绞线线缆都进行编号。综合布线标识编码规则：由楼号、层号、房间号、点数组成。在同一房间内，信息点的顺序为从门的左边绕墙壁一周到门的右边，顺序为 1、2、3……

任务结束后按照标准规定需要编制如下文档。

(1)《房间信息点与双绞线对照表》用于查询房间信息点对应的双绞线和配线架口。

(2)《信息点跳线记录表》记录每次跳线修改活动。

(3)《布线系统维护记录表》用来记录所有的维护操作，出现问题时将有助于查对失误的操作，以追踪和修改错误。

综合布线设计施工时参考的主要标准如下：

(1)《综合布线系统设计标准》GB 50311—2007。

(2)《综合布线系统工程验收规范》GB 50312—2007。

2. 信息统计

统计公司各楼、各房间信息点分布数据，并记录在信息点分布统计表中，如表 3-1 所示。

表 3-1　信息点分布统计表

楼房	房间号	信息点数量	合计	备注
1 幢	101	2	5	
1 幢	102	3		
…	…	…	…	…
2 幢	101	3	6	
2 幢	102	3		
…	…	…	…	…

根据任务要求，首先应对公司内的所有建筑、楼层房间信息、信息点数量进行一次统计，统计相关内容、要求可按照表 3-1 进行。统计完成后就对公司的网络信息点数量、分布有了一个基本了解，对后面的网线标号、日常管理维护都非常有用。

3. 设计编码规则并为每根网线确定唯一编号

要建立链路对应表，首先要为各网线编号，每根网线要获得唯一的一个标识，要保证网线获得唯一标识关键要看设计的编码规则是否规范，符合要求。

根据实际布线情况，首先按大楼、房间号等信息制定编码规则。

(1) 对公司所有楼房按要求进行标识，如 1 幢办公楼标识为 1，2 幢就标识为 2。

(2) 每层标识相应的楼层数字，如二层就标识为 2。

(3) 房间号也应相应标识，一般采用原有房间号(房间号中一般已经包含层号、编号，故层号可省略)作为网线标识号。

(4) 根据以上编号规则，则 2 幢 301 房间的第 2 根网线所属的网线编号是：楼号-房间号-线号(2-301-2)。

4. 使用专用查线工具查找网线、使用测线工具检测线路质量并作编号

综合布线系统常用的测试工具有很多种，价格也不尽相同，从几十元到十几万元都有，根据价格的差异这些工具的测试故障的能力也不尽相同。下面分别使用最常见的网络测试工具——网线查线仪和网线测试仪来完成任务一。

(1) 使用查线仪查线

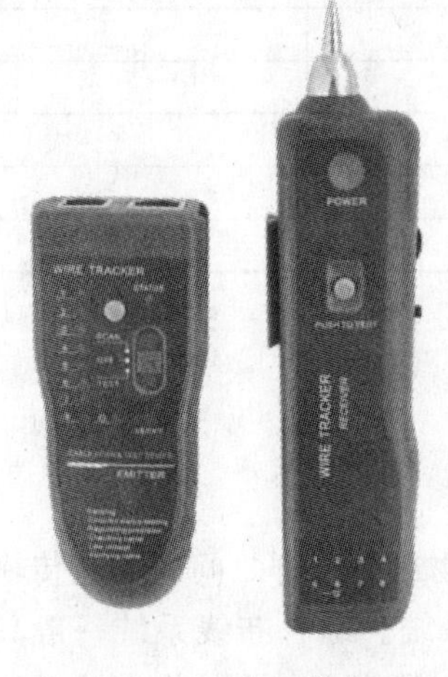

图 3-1　网线查线仪

网线查线仪外观如图 3-1 所示，分为主探测器和副探测器，它主要用于查找网络电缆、电话线路、汽车电路、无强电状态下的所有金属电缆线对。

① 快速地在众多紊乱的线路中找出需要的那一对线路高音频振幅级别，适合长距离电缆定位。

② 两个鳄鱼嘴夹，一个 RJ-11 接口，可直接连接电话线。

③ 可以测试电话线路极性、连通性。

网线查线仪由信号振荡发声器(主探测仪)和寻线器(副探测仪)组成。它可以迅速、高效地从大量的线束线缆中找到所需线缆。查线仪主探测器利用 RJ-45/RJ-11 接入目标线缆的端口，在目标线缆周围产生一环绕的信号场。然后利用副探测仪(高灵敏度感应式寻线器)很快在线路沿途和末端识别出信号场，同时发出尖锐的高音频声音，从而找到这条目的线缆。使用感应寻线原理来寻找线缆不需打开线缆的绝缘层，在线缆外皮上的不同部位就可以找到它。

根据这一原理，二人为一组，持主探测仪到房间网络线一端，接上仪器并开机，持副探测仪到交换机侧的网线端，将仪器探测头依次触碰网线捆的每根线，根据探测器发出的声音强度可判断是否为对线。声音较弱且低沉的线多为紧邻目标线的网线，可从邻近线入手继续查找；一般声音尖锐且强烈的为同根线，即需要寻找的目标网线。

(2) 使用测线仪测线

图 3-2 中的工具就是较常见的测线仪，左边的是主测线仪，它上面有一开关，分为 3 种状态，从左到右依次为关、开、慢速测试。右侧的带有数字和指示灯的是显示检测状态用的，需要配合远程检测模块上的指示灯一起使用。

图 3-2　网线测线仪

测试工作同样需要二人配合才能完成，一人在房间网线端，一人在交换机网线端，同时将网线两端的水晶头分别接入端口测试，此时主测线仪与远程测试模块的连接状态指示灯开始闪亮。若测试的是直连线且线路正常，那么主测线仪的连接状态指示灯与远程测试模块的指示灯也会从数字标号 1～8 逐一闪亮，说明网线正常可使用；如果有灯不亮或者跳跃闪亮，则说明线路有故障，需要重新制作才能使用。

(3) 给网络编号

经测线仪测试信号灯正常有序闪亮，则说明这两端网线为同一根网线，可正常使用，也可对其进行编号。如果条件许可单位可购置专业标签打印机，打印标签号码；如果条件不允许则使用普通标签纸编号标记，然后两端根据编码规则编号，同时粘贴标记即可。

其余网线经过同样的操作步骤，为公司所有未标记网线逐一编号，同时记入如表 3-2 所示的《信息点跳线记录表》，以备查询。

表 3-2　信息点跳线记录表

场　所	交换机信息		连接房间号	备　注
	名　称	端口		
网管中心	华为 6000	1	1 幢 101 室	
网管中心	华为 6000	2	2 幢 302 室	
…	…	…	…	

3.1.3　相关知识与技能

1. 综合布线基础知识

(1) 综合布线的概念

综合布线系统是一个模块化的、灵活性极高的、设置于建筑物或建筑群之间的信息传输通道，用于语音、数据、影像和其他信息技术的标准结构化布线系统。综合布线系统一般具有可靠性、先进性、灵活性、可扩充性、易管理性及经济性等特点。原则上整个综合布线系统由工作区子系统、水平干线子系统、管理子系统、主干子系统、设备间子系统及建筑群子系统 6 个子系统构成。

(2) 综合布线系统的组成

综合布线系统由工作区、设备间、管理、配线(水平)子系统、干线(垂直)子系统和建筑群子系统 6 个部分组成，如图 3-3 所示。

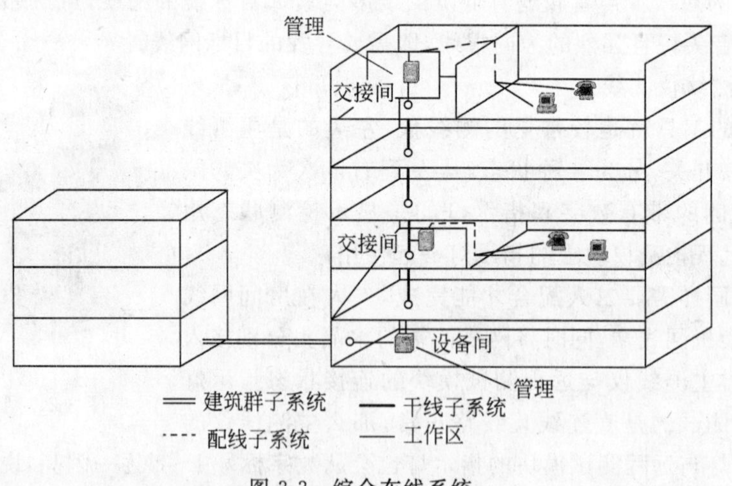

图 3-3　综合布线系统

① 工作区子系统。工作区子系统由终端适配器、工作站、电话终端、数据和语音连接线及相关的布线附件组成，如图 3-4 所示。一个独立的需要设置终端设备的区域可划分为一个工作区。工作区子系统由信息插座延伸到工作站终端的用户连接电缆及适配器组成。

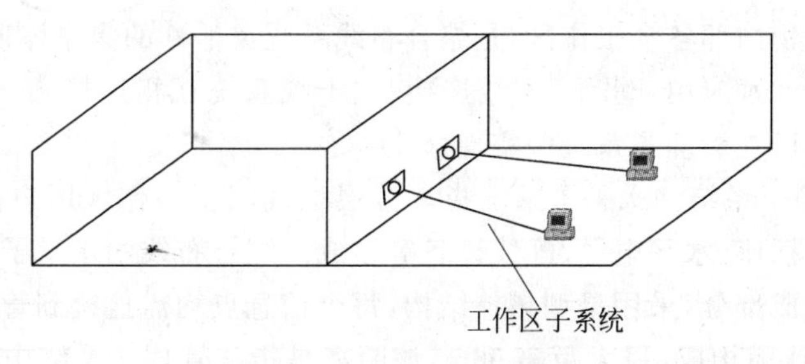

图 3-4　　工作区子系统

② 设备间子系统。设备间子系统是安装各种设备的房间，如图 3-5 所示。在一栋大楼的适当位置(最好是建筑物的物理中心)设置设备间，用以放置交换设备、计算机网络设备和建筑物配线设备，并进行网络管理。对综合布线而言，设备间主要安装建筑物配线架、电话、计算机等各种主机设备及引入设备。

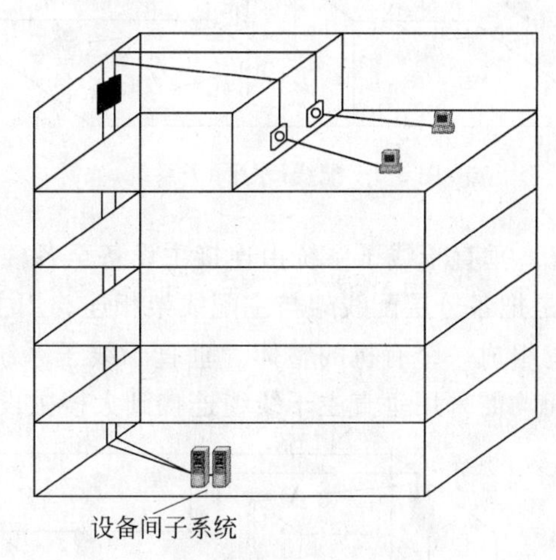

图 3-5　设备间子系统

③ 管理子系统。管理子系统设置在楼层配线房间，是水平系统电缆端接的场所，也是主干系统电缆端接的场所；由大楼主配线架、楼层分配线架、跳线、转换插座等组成，如图 3-6 所示。用户可以在管理子系统中更改、增加、交接、扩展线缆，用于改变线缆路由。建议采用合适的线缆路由和调整件组成管理子系统。

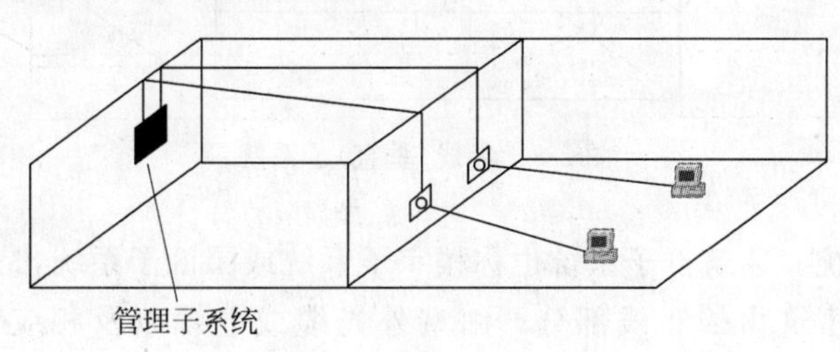

图 3-6　管理子系统

管理子系统提供了与其他子系统连接的手段，使整个布线系统与其连接的设备和器件构成一个有机的整体。调整管理子系统的交接则可安排或重新安排线路路由，因而传输线路能够延伸到建筑物内部各个工作区，是综合布线系统灵活性的集中体现。

管理子系统的 3 种应用：水平/干线连接、主干线系统互相连接、入楼设备的连接。线路的色标标记管理可在管理子系统中实现。

④ 配线（水平）子系统。水平子系统指从楼层配线间至工作区用户信息插座，如图 3-7 所示。由用户信息插座、水平电缆、配线设备等组成。综合布线中水平子系统是计算机网络信息传输的重要组成部分，采用星型拓扑结构，每个信息点均需连接到管理子系统。配线子系统通常由 UTP 线缆构成，最大距离 90m，该距离是指从管理子系统中的配线架的端口至工作区的信息插座的电缆长度。综合布线的水平线缆可采用五类、超五类双绞线，也可采用屏蔽双绞线，甚至可以采用光纤到桌面。

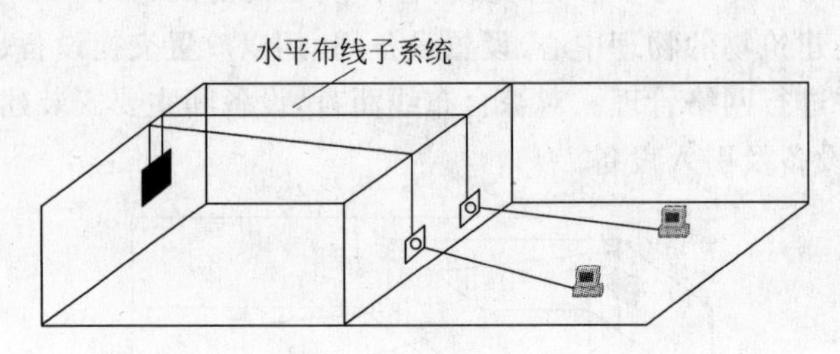

图 3-7　配线（水平）子系统

⑤ 干线（垂直）子系统。垂直干线子系统由连接主设备至各楼层配线间的线缆构成，如图 3-8 所示。其功能主要是把各分层配线架与主配线架相连。用主干电缆提供楼层之间通信的通道，使整个布线系统组成一个有机的整体。垂直干线子系统拓扑结构采用分层星型拓扑结构，每个楼层配线间均需采用垂直主干线缆连接到大楼主设备间。

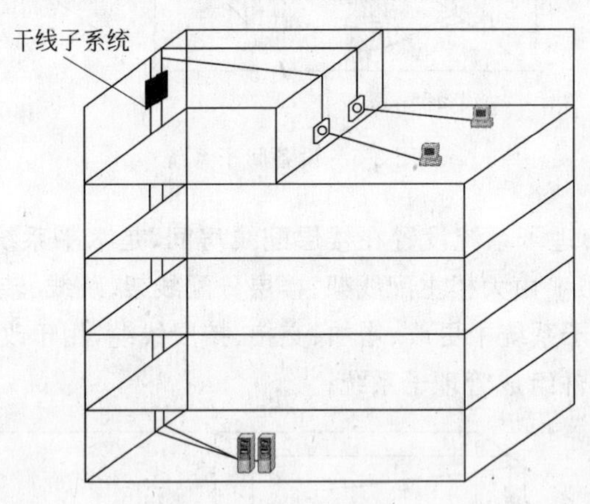

图 3-8　干线（垂直）子系统

⑥ 建筑群子系统。建筑群子系统也称楼宇子系统或园区子系统，是将一个建筑物中的线缆延伸到另一个建筑物的布线部分。由室外光缆或电缆以及相应设备组成，如图 3-9 所示。

2. 综合布线线缆常识

布线是信息网络系统的关键环节之一，因此布线系统设计人员必须根据网络的特性、线缆性能、系统总投资综合规划设计。因网络布线系统设计不佳，线缆选择不当而造成的网络

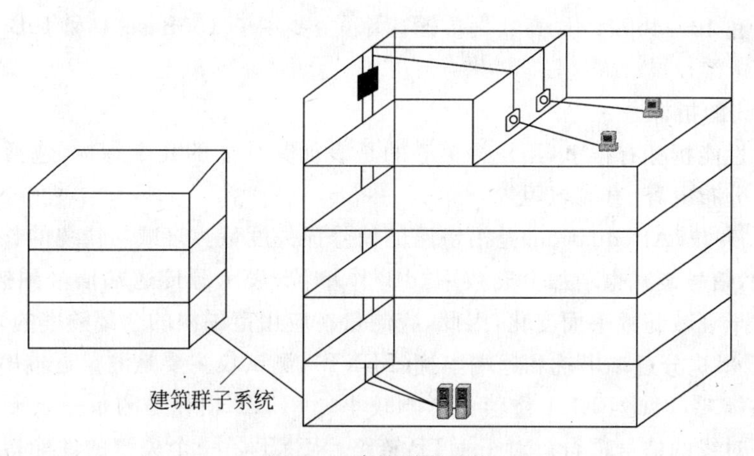

图 3-9 建筑群子系统

性能不良，或使系统性价比下降是最常见的状况之一，所带来的影响也是最大的，因此重视网络布线设计，选择合适线缆是保证信息网络具有高质量、高性能的基础。

(1) 综合布线常用线缆分类

综合布线常用线缆类别较多，通常使用以下 3 种分类方式进行分类。

① 双绞线按其绞线对数可分为 2 对、4 对、25 对(2 对的用于电话，4 对的用于网络传输，25 对的用于电信通信)。

② 按是否有屏蔽层可分为屏蔽双绞线(STP)与非屏蔽双绞线(UTP)两大类。

③ 按频率和信噪比可分为三类、四类、五类、超五类及六类，如图 3-10～图 3-12 所示。用在计算机网络通信方面至少是三类以上，以下列出各类线说明。

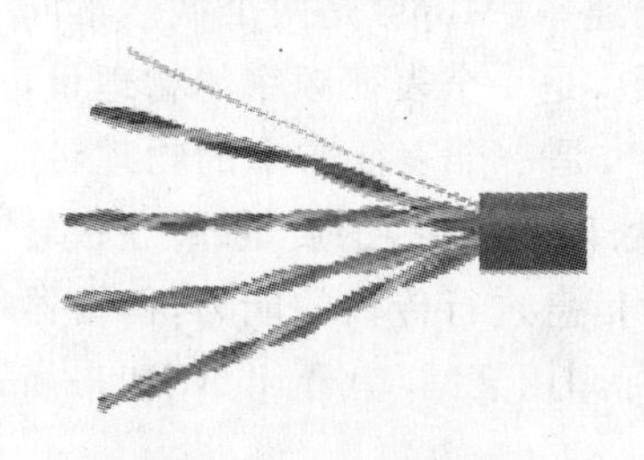

图 3-10 超五类网线

图 3-11 六类 4 对非屏蔽双绞线

图 3-12 五类 25 对多对数双绞线

一类：主要用于传输语音(一类标准主要用于 20 世纪 80 年代初之前的电话线缆)，不用于数据传输。

二类：传输频率为 1MHz，用于语音传输和 4Mbps 的最高数据传输速率，常见于使用 4Mbps 规范令牌传递协议的旧的令牌网。

三类：指目前在 ANSI 和 EIA/TIA 568 标准中指定的电缆。该电缆的传输频率为 16MHz，用于语音传输及为 10Mbps 的最高数据传输速率，主要用于 10Base-T。

四类：该类电缆的传输频率为 20MHz，用于语音传输和 16Mbps 的最高数据传输速率，主要用于基于令牌的局域网和 10Base-T/100Base-T。

五类：该类电缆增加了绕线密度，外套一种高质量的绝缘材料，传输频率为 100MHz，用于语音传输和100Mbps的最高数据传输速率,主要用于100Base-T和10Base-T,这是最常用的以太网电缆。

(2) 双绞线的指标

双绞线的性能指标有很多,用户最关心的是表征其性能的几个指标,包括衰减、近端串扰、特性阻抗、分布电容、直流电阻等。

① 衰减。衰减(Attenuation)是沿链路的信号损失度量。衰减与线缆的长度有关系,随着长度的增加,信号衰减也增加。衰减用"dB"作单位,表示源传送端信号到接收端信号强度的比率。由于衰减随频率而变化,因此,应测量在应用范围内的全部频率的衰减。

② 串扰。串扰分近端串扰和远端串扰(FEXT),测试仪主要是测量近端串扰(NEXT),由于存在线路损耗,因此FEXT量值的影响较小。NEXT损耗是测量一条UTP链路中从一对线到另一对线的信号耦合。对于UTP链路,NEXT是一个关键的性能指标,也是最难精确测量的一个指标。随着信号频率的增加,其测量难度将加大。

③ 特性阻抗。特性阻抗指链路在规定工作频率范围内呈现的电阻。综合布线用缆线为100Ω,无论三类、四类、五类、超五类或六类线缆,其每对芯线的特性阻抗在整个工作带宽范围内应保证恒定、均匀。链路上任何点的阻抗不连续性将导致该链路信号反射和信号畸变。链路特征阻抗与标准值之差小于等于20Ω。

④ 直流环路电阻。无论三类、四类、五类、超五类或六类宽带线缆,在基本链路方式、永久链路方式或是通道链路方式下,线缆每个线对的直流环路电阻在20~30℃环境下的最大值:三类链路不超过170Ω,三类以上链路不超过30Ω。

(3) 线缆选择的考虑因素

① 传输频率与传输速率。传输频率和传输速率是结构化布线系统设计中接触最多的两个基本概念。线缆的频带带宽(MHz)和线缆上的数据传输速率(Mbps)是两个截然不同的概念。MHz表示的是单位时间内线路中的信号振荡的次数,是一个表征频率的物理量,而Mbps表示的是单位时间内线路中传输的二进制位的数量,是一个表征速率的物理量。传输频率表示传输介质提供的信息传输的基本带宽,带宽取决于所用导线的质量、每一根导线的精确长度及传输技术。而传输速率则在特定的带宽下对信息进行传输的能力,衡量器件传输性能的指标包括衰减和近端串音,整体链路性能的指标则用衰减/串音比ACR来衡量。带宽越宽,传输越流畅,容许数据传输速率越高。

② 线缆的技术性能、负载能力。选择线缆应根据系统的技术性能、投资概算、产品工程业绩以及售后服务质量等加以综合考虑。超五类和六类的选择:对于超五类所测试的参数极限与实验的数据已经相近,超五类系统可以支持千兆位以太网的运行,六类价格较超五类昂贵,但其带宽却扩大25%。

③ 其他因素。网络集线器和结点(信息口)之间的最大距离;在管道和地板、天花板中的布线可用空间;环境电磁干扰(EMI)的程度;网络要求的生命周期;电缆走线的限制和线缆弯曲半径的限制。

综上所述,究竟使用五类、超五类还是六类双绞线,是使用屏蔽系统还是非屏蔽系统,这些都要根据业主的应用场所、应用需求、应用保密性需求、辐射干扰源、对未来的预期及投资状况等方面综合考虑。

3. 线缆测试工具介绍与使用

(1) 线缆测试仪分类

到目前为止，线缆测试仪按检测功能可区分为如下两种。

① 认证测试工具：能依据布线标准要求，基本上是对布线链路进行高频电气性能测试的过程，以此确定其是否满足诸如超五类、六类、七类(ISO Class D、E、F)等标准的要求。测量参数包括近端串扰、回波损耗(RL)及衰减等，对布线系统明确给出"合格"与"不合格"的结论，这类仪器价格通常较高，只有专业的网络公司或电信公司才会配备。

② 验证测试工具：一种基本的诊断工具，用于检查普通布线问题。此类仪表没有内存，不能提供有关线缆性能的信息，这类仪器价格较低，中小企业也可以采购。

(2) 常用测试工具介绍

① 网线认证测试仪。当前国内网络综合布线认证测试仪主要由福禄克(Fluke)和理想(IDEAL)公司生产，下面以支持六类双绞线分析的 Fluke DSP-4000 为例介绍网线认证测试仪的使用。

Fluke Networks 公司的 DSP-4000 series lan cableanalyzers 局域网电缆分析仪(以下简称为测试仪)是手持式的仪器，它支持超五类、六类新标准中要求的所有测试参数。具有 350MHz 的超高带宽测试能力和极大的动态量程内置双向语音通信功能，方便在测试现场进行远程通话，提供清晰的通话效果。可选的测试连接适配器，可以与各个厂家的专用连接系统进行匹配的故障诊断能力，其提供的 HDTDX(高精度的时域串扰分析)、HDTDR(高精度的时域反射分析)故障诊断测试技术具有较高的精确度，可用来对安装的局域网(LAN)双电缆线或同轴电缆进行认证、测试以及故障诊断。

测试仪的主要功能如下所述。

a. 根据 IEEE、ANSI、TIA、ISO/IEC 标准认证 LAN 基本连接和频道配置。

b. 通过使用可选光纤测试适配器，可以验证 LAN 的基本光纤链路是否符合 TIA/EIA 和 ISO/IEC 标准。

c. 在简单的菜单系统显示测试选项和结果。

d. 用英、德、法、西班牙、葡萄牙文、意大利文或日文来显示和打印报告。

e. 自动运行所有关键的测试、诊断程序帮助确定和定位缺陷。

f. 给出双向自动测试的结果。

g. 由于有了"talk"(交谈)性能，用户可以利用一台光纤测试适配器，使主单元和远端单元通过双绞线电缆或光纤进行双向语音通信。

h. 存储的测试结果可传至 PC 或直接输出至串口打印机。

i. 包括常用的铜线和光纤装置的测试标准和电缆类型的资料。闪烁 EPROM 接受试验标准和软件升级。

j. 高精度时域串扰(HDTDX)分析仪可在电缆上找出串扰的位置。

k. 提供 NEXT、ELFEXT、PSNEXT、PSELFEXT、衰减串扰比(ACR)、PSACR 和 R1 的曲线绘图。可显示直至 350MHz 的 NEXT、ELFEXT、PSNEXT、PSELFEXT、ACR 和 PSACR 衰减的结果。给出 NEXT、PSNEXT、ACR 和 R1 的远端结果。

l. 使用可选 DSP-LIA013 适配器，用户可以在 10/100Base-TX 以太网系统上监测网络通信量，在双绞线电缆上监测脉冲噪声。此适配器可以帮助用户识别集线器端口连接并判定集线器端口的连接支持哪种标准。

m. 音频发生器配合用户的音频检测设备如 Fluke Networks 140 a-bug TONE PROBE 可检查局域网电缆的安装情况。

② 使用测试仪进行双绞电缆自动测试。屏蔽双绞电缆和非屏蔽双绞电缆的自动测试是相同的。如果选择屏蔽电缆则需要在 Setup 菜单中选择电缆类型并启动其屏蔽测试功能,测试仪能测试屏蔽的连续性。参照图 3-13 进行双绞电缆自动测试并按下列步骤操作。

a. 将合适的连接接口适配器连接到主单元和远端单元。

b. 打开远端单元。

c. 将远端单元连接到电缆连接的远端。对于通道测量,使用网络设备带状电缆。

d. 主机旋钮开关转至 AUTOTEST 的位置。

e. 检查显示的设置是否正确。这些设置可在 SETUP 模式中更改。

f. 将主单元连接到电缆连接的近端头。对于通道测量,使用网络设备带状电缆。

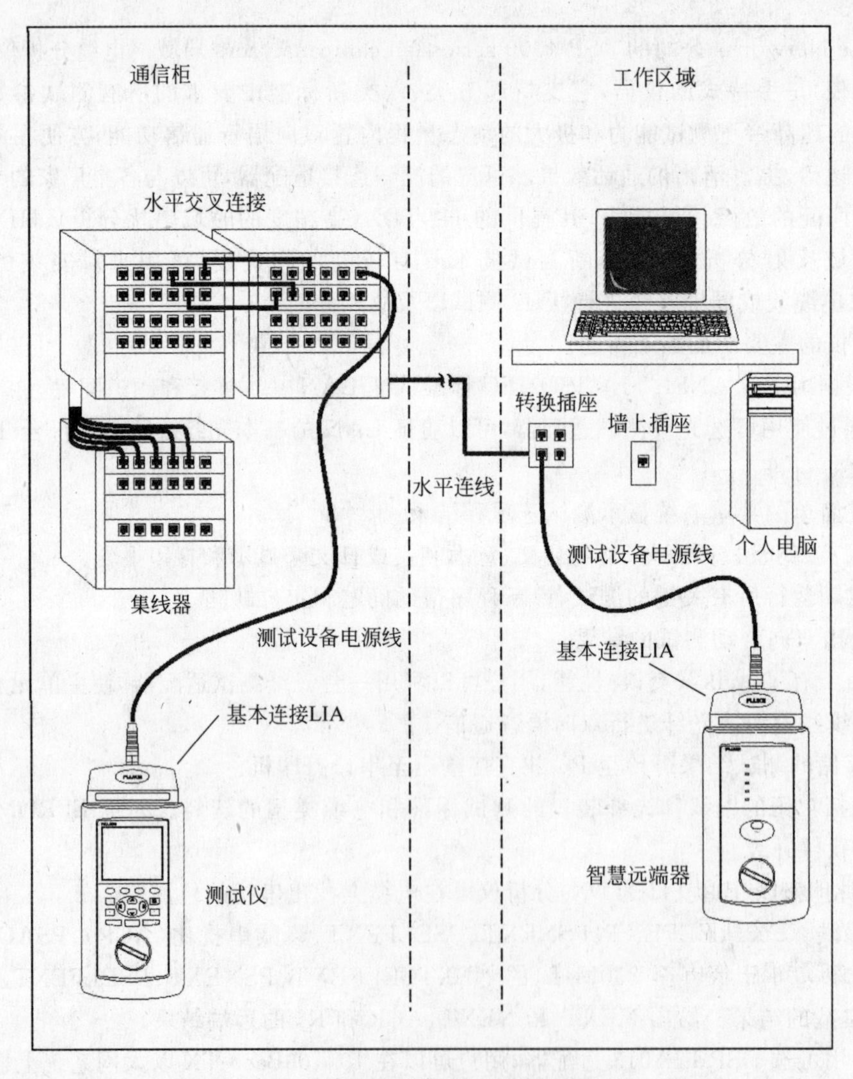

图 3-13　综合布线测试仪典型链路连接

g. 按 TEST 按钮进行测试。

(3) 网线验证测试仪

综合布线认证测试仪由于要对网线进行高频的定量分析，因此价格很高，当前一台设备需要近 10 万元，因此在一般的场合通常使用只能进行网线定性测量的网络线缆验证测试仪。网络线缆验证测试仪生产厂家较多，下面主要介绍福禄克公司的 LinkMaster PRO。

LinkMaster PRO 测试仪可测试线缆的线序、线缆识别以及线缆的任何物理故障，如图 3-14 所示。

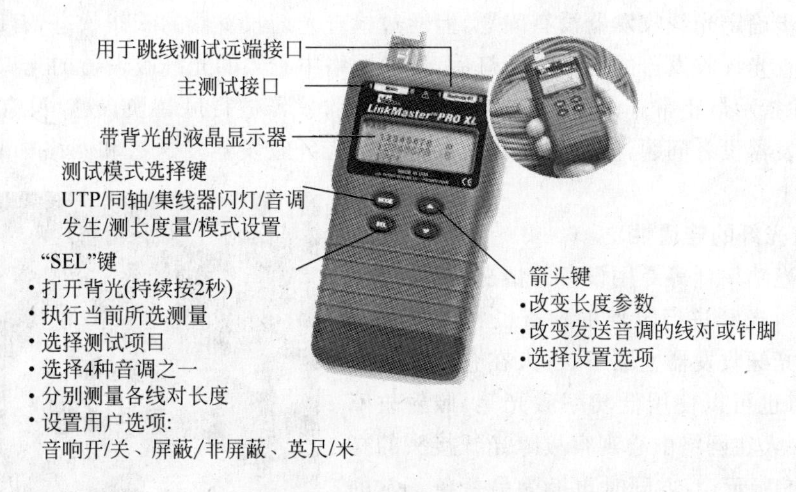

图 3-14　网络线缆验证测试仪

思考与练习

1. 如果与互联网连接的线路出现问题，应当如何处理？

2. 了解你所在的大楼综合布线系统使用什么类型的双绞线，水平系统和垂直系统如何连接。

3. 了解当地 3 个大型办公楼的综合布线系统情况。

3.2　任务二：光纤线路故障的查找

3.2.1　任务描述

B 企业的网络中心设在行政办公楼的三楼，有 3 个生产车间和一个仓库分别通过 6 芯架空多模光缆连接到网络中心，光纤为多模光纤，光纤两头都通过光纤收发器连接到交换机上，某日上班过程中你的同事发现仓库到网络中心的网络连接突然中断，通过替换法更换两边的光纤收发器也不能解决问题，初步判断故障是在光纤上，你的同事邀请你帮忙排除故障。

3.2.2 方法与步骤

1. 任务分析

光纤一般作为网络的主干连接,如果发生故障,影响面很大,必须尽快排除。光纤链路的连接顺序一般是:核心网络交换机—光纤收发器—光纤跳线—尾纤—光缆—尾纤—光纤跳线—光纤收发器—接入网络交换机,整个连接中任何一个环节出现问题,都会影响网络的通畅。光纤线路故障的查找一般使用观察法、替换法进行查找。

2. 检查光纤收发设备工作情况

虽然初步确定光纤收发器没有问题,但通过检查光纤收发器的工作状态,有助于判断故障原因。检查光纤收发器的各个指示灯后,发现网络中心侧的光纤收发器的光口(RX)指示灯不亮,其他指示灯正常。由于已经对两边的光纤收发器进行过替换,故障没有排除,可以肯定光纤收发器没有问题,故障发生在连接仓库的光纤收发器发送口和网络中心收发器接收口的光纤上。

3. 检查光纤的连通性

在没有光功率计等专用设备的情况下,可以使用常用工具对光纤进行定性的检查。将两条光纤的接头都从光纤收发器上取下,一人在仓库使用高亮的手电筒(也可以使用低功率激光笔)照射故障光纤接头,一人在网络中心观察故障光纤接头的亮点,如图 3-15 所示,双方同时更换为另一条正常的光纤,对比光纤的亮度。检查发现故障光纤的亮度较正常光纤弱很多,这表明故障光纤的光损耗很大。

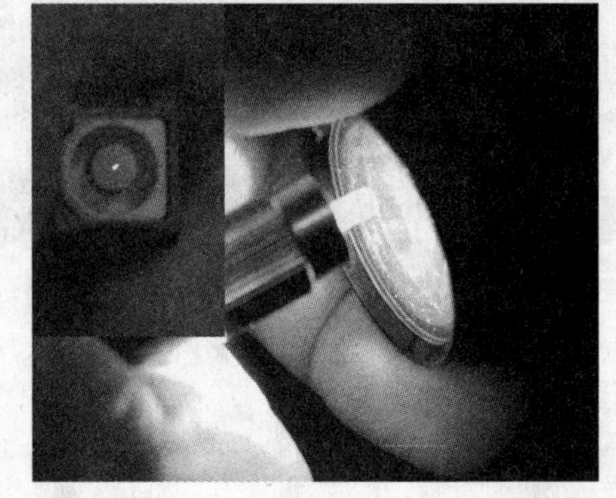

图 3-15 使用手电筒检查光纤的连通性

4. 分段检查光纤

B 企业的光缆与尾纤采用熔接方式连接,尾纤接口为 FC,尾纤通过 FC 耦合器连接光纤跳线。将故障光纤的两端跳线与尾纤断开,分别在尾纤两端用手电筒检查光纤,发现高度正常,由此可以肯定故障在光纤跳线上,检查两条光纤跳线发现仓库侧的光纤跳线有折痕。

5. 故障分析

为何光纤有折痕呢?经向仓库管理人员了解,放置仓库的网络机柜平时不上锁,部分人员由于好奇会打开机柜进行观察,光纤跳线较长且没有固定,在关闭机柜的门时被门夹住,导致光纤变形,增加光纤传输损耗。

6. 故障处理

更换一条 FC-SC 多模光纤跳线,网络连接恢复正常,将跳线盘好后用扎带固定,锁好机柜,避免类似故障发生。

3.2.3 相关知识与技能

1. 光纤通信基础知识

(1) 光纤的分类

光纤的种类很多,分类方法也是各种各样的,其中以光纤材料和光纤中光的传输模式分类最为人们所熟悉。

① 按照制造光纤所用的材料分：石英系光纤、多组分玻璃光纤、塑料包层石英芯光纤、全塑料光纤和氟化物光纤等。

全塑料光纤是用高度透明的聚苯乙烯或聚甲基丙烯酸甲酯(有机玻璃)制成的。它的特点是制造成本低廉，相对来说芯径较大，与光源的耦合效率高，耦合进光纤的光功率大，使用方便。但由于损耗较大，带宽较小，这种光纤只适用于短距离低速率通信，如短距离计算机网链路、船舶内通信等。目前通信中普遍使用的是石英系光纤。

② 按光在光纤中的传输模式分：单模光纤和多模光纤。

多模光纤的纤芯直径为50～62.5μm，包层外直径为125μm，单模光纤的纤芯直径为8.3μm，包层外直径为125μm。光纤的工作波长有短波长0.85μm、长波长1.31μm和1.55μm。光纤损耗一般随波长加长而减小，0.85μm的损耗为2.5dB/km，1.31μm的损耗为0.35dB/km，1.55μm的损耗为0.20dB/km，这是光纤的最低损耗，波长1.65μm以上的损耗趋向加大。由于OH^-的吸收作用，0.90～1.30μm和1.34～1.52μm范围内都有损耗高峰，这两个范围未能充分利用。20世纪80年代起，倾向于多用单模光纤，而且先用长波长1.31μm。

多模光纤(Multi Mode Fiber)：中心玻璃芯较粗(50μm或62.5μm)，可传多种模式的光，但其模间色散较大，这就限制了传输数字信号的频率，而且随距离的增加会更加严重。例如，600MHz/km的光纤在2km时则只有300MHz的带宽了。因此，多模光纤传输的距离就比较近，一般只有几千米。

单模光纤(Single Mode Fiber)：中心玻璃芯很细(芯径一般为9μm或10μm)，只能传一种模式的光。因此，其模间色散很小，适用于远程通信，但还存在着材料色散和波导色散，这样单模光纤对光源的谱宽和稳定性有较高的要求，即谱宽要窄，稳定性要好。后来又发现在1.31μm波长处，单模光纤的材料色散和波导色散一为正、一为负，大小也正好相等。这就是说在1.31μm波长处，单模光纤的总色散为零。从光纤的损耗特性来看，1.31μm处正好是光纤的一个低损耗窗口。这样，1.31μm波长区就成了光纤通信的一个很理想的工作窗口，也是现在实用光纤通信系统的主要工作波段。1.31μm常规单模光纤的主要参数是由国际电信联盟ITU-T在G652建议中确定的，因此这种光纤又称G652光纤。

光纤的结构如图3-16所示。

(2) 光缆类型与结构

光缆是为了满足光学、机械或环境的性能规范而制造的，它是利用置于包覆护套中的一根或多根光纤作为传输介质并可以单独或成组使用的通信线缆组件。光缆的类型有很多，按敷设方式分：自承重架空光缆、管道光缆、铠装地埋光缆和海底光缆；按光缆结构分：束管式光缆、层绞式光缆、紧抱式光缆、带式光缆、非金属光缆和可分支光缆；按用途分：长途通信用光缆、短途室外光缆、混合光缆和建筑物内用光缆。图3-17和图3-18即为两种常用光缆结构。

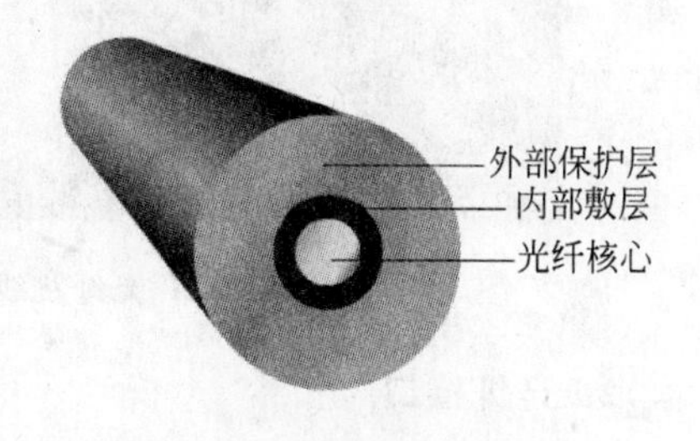

图3-16 光纤结构示意图

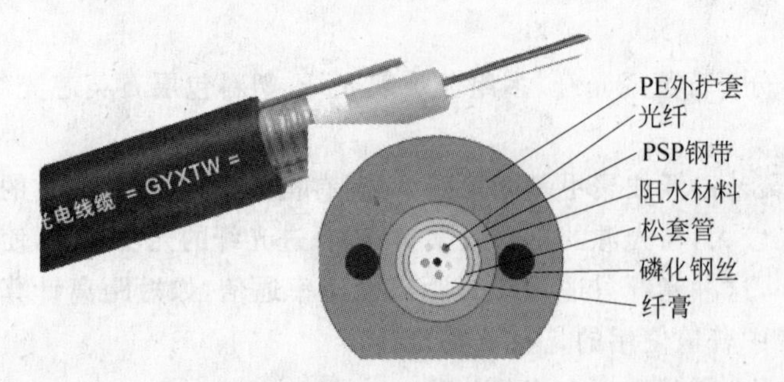

图 3-17　室外铠装光缆结构

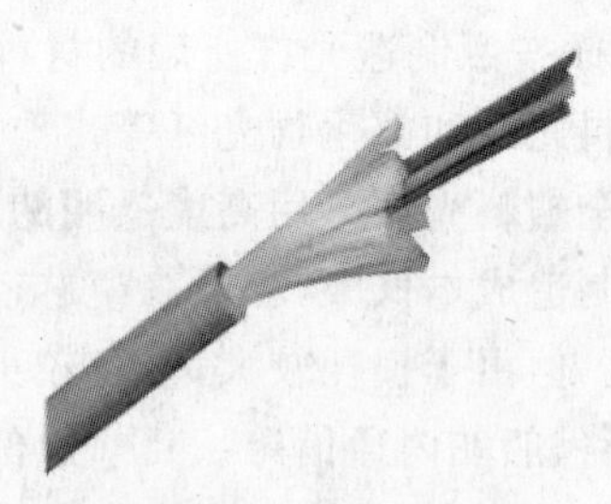

图 3-18　室内光缆结构

光缆中的光纤极细，外径仅 125μm，非常脆弱，通常称为裸纤，必须加以精心保护。通常的保护方式是将光缆固定在如图 3-19 所示的光缆端接盒，将光缆中的裸纤与尾纤连接，将尾纤从端接盒中引出，或通过如图 3-20 所示的耦合器和如图 3-21 和图 3-22 所示的光纤跳线连接到网络设备上。

图 3-19　机架式光缆端接盒

图 3-20　FC 口光纤耦合器

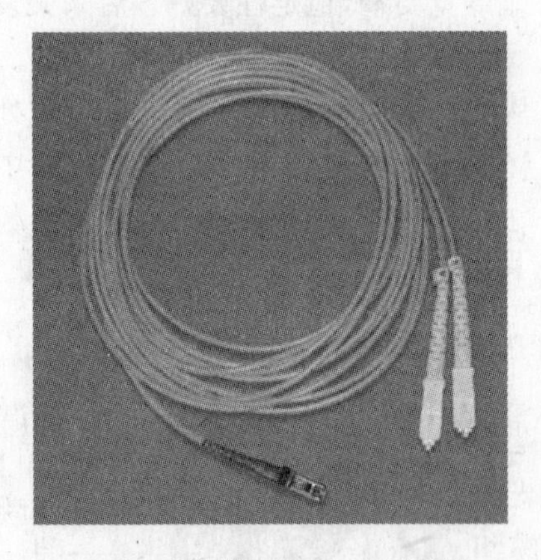

图 3-21　单模 SC-LC 光纤跳线

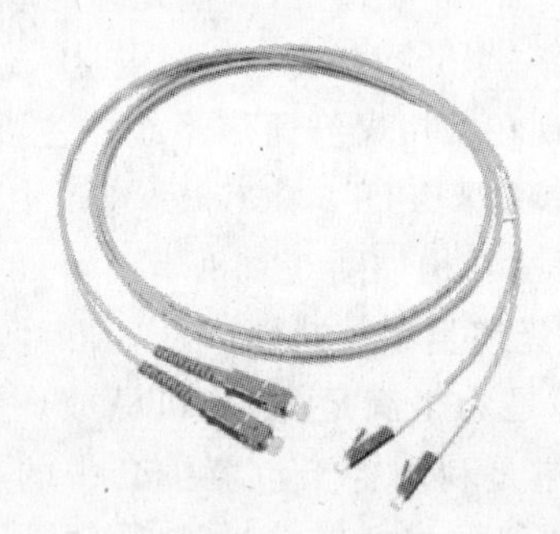

图 3-22　多模 MT-RJ-SC 光纤跳线

2. 光纤接口

光纤的裸纤又细又脆，在连接设备时还必须保证接口完全对准纤芯。因此必须有一个能保护光纤并保证光纤位置精度的接头，如图 3-23 所示为常见的光纤接头，目前常用的光纤接头有如下几种。

(1) FC 型光纤连接器：外部加强方式是采用金属套，紧固方式为螺丝扣。这种连接器连接可靠性较高，在配线架上用得最多。

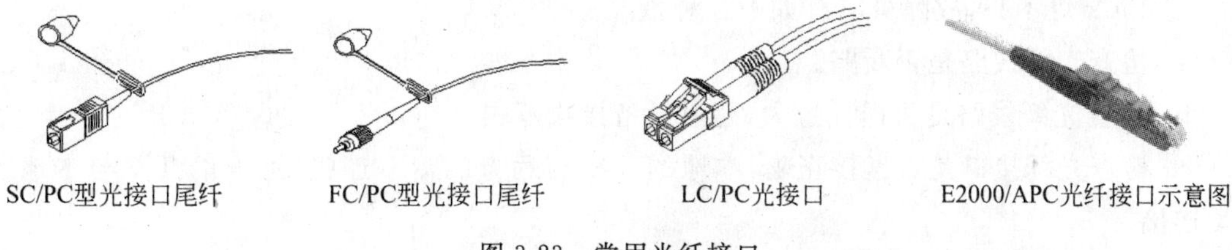

图 3-23 常用光纤接口

(2) SC 型光纤连接器：连接 GBIC 光模块的连接器，它的外壳呈矩形，紧固方式是采用插拔销闩式，不须旋转。这种连接器连接方便，在路由器交换机上用得最多。

(3) ST 型光纤连接器：常用于光纤配线架，外壳呈圆形，紧固方式为 90°转动卡接式。老的 10Base-F 连接的连接器通常是 ST 类型，在较早路由器交换机上使用。

(4) LC 型光纤连接器：是 SC 接头的小型化产品，通常用于连接 SFP 模块（微型 GBIC 模块）。

(5) MT-RJ 方型：双纤收发一体化，在 3COM 的产品上较为多见。

3. 光纤跳线

光纤跳线用于光缆尾纤和交换机（光纤收发器）及交换机与交换机之间的连接，根据接口不同，常用的有 LC-FC、FC-FC、FC-SC、SC-LC 等，根据光纤传输模式类型可分为多模和单模光纤跳线，多模光纤跳线外皮颜色一般为橙红色，单模光纤跳线外皮颜色一般为黄色，常用的光纤跳线如图 3-21 和图 3-22 所示。

4. 光纤传输模式

双光纤传输：使用两条光纤，分别传输两个方向的网络信号，根据光纤不同激光波长分为单模，波长 1310、1550；多模，SM 波长 850。

单光纤传输：在长途传输或光纤资源紧张的情况下，为节约光纤资源，可采用波分复用的方式使用一条单模光纤同时传输双向信号，即使用波长 1310、1550 的两种激光分别传输两个方向的信号。

多模双纤收发器和单模单纤收发器如图 3-24 和图 3-25 所示。

图 3-24 多模双纤收发器

图 3-25 单模单纤收发器

5. 光纤故障分析

(1) 光纤收发器检查

① Power 灯不亮：电源故障。

② Link 灯不亮，故障可能有如下几种情况。

a. 检查光纤线路是否断路。

b. 检查光纤线路是否损耗过大，超过设备接收范围。

c. 检查光纤接口是否连接正确，本地的 TX 与远方的 RX 连接，远方的 TX 与本地的 RX 连接。

d. 检查光纤连接器是否完好插入设备接口，跳线类型是否与设备接口匹配，设备类型是否与光纤匹配，设备传输长度是否与距离匹配。

③ 电路 Link 灯不亮时，可能有如下情况。

a. 检查网线是否断路。

b. 检查连接类型是否匹配：网卡与路由器等设备使用交叉线。

c. 交换机、集线器等设备使用直通线。

d. 检查设备传输速率是否匹配。

④ 网络丢包严重时可能的故障。

a. 收发器的电端口与网络设备接口，或两端设备接口的双工模式不匹配。

b. 双绞线与 RJ-45 接口有问题，进行检测。

c. 光纤连接问题，跳线是否对准设备接口，尾纤与跳线及耦合器类型是否匹配等。

⑤ 光纤收发器连接后两端不能通信时可能的故障。

a. 光纤接反了，TX 和 RX 所接光纤对调。

b. RJ-45 接口与外接设备连接不正确(注意直通与绞接)。

c. 光纤接口(陶瓷插芯)不匹配，此故障主要体现在 100Mbps 带光电互控功能的收发器上，如 APC 插芯的尾纤接到 PC 插芯的收发器上将不能正常通信，但接非光电互控收发器没有影响。

⑥ 时通时断现象。

a. 可能为光路衰减太大，此时可用光功率计测量接收端的光功率，如果在接收灵敏度范围附近，1～2dB 范围之内可基本判断为光路故障。

b. 可能为与收发器连接的交换机故障，此时把交换机换成 PC，即两台收发器直接与 PC 连接，两端对 Ping，如未出现时通时断现象可基本判断为交换机故障。

c. 可能为收发器故障，此时可把收发器两端接 PC(不要通过交换机)，两端对 Ping 没有问题后，从一端向另一端传送一个较大文件(100MB)以上，观察它的速度，如速度很慢(200MB 以下的文件传送 15min 以上)，可基本判断为收发器故障。

⑦ 通信一段时间后死机，即不能通信，重新启动后恢复正常。

此现象一般由交换机引起，交换机会对所有接收到的数据进行 CRC 错误检测和长度校验，检查出有错误的包将丢弃，正确的包将转发出去。但这个过程中有些有错误的包在 CRC 错误检测和长度校验中都检测不出来，这样的包在转发过程中将不会被发送出去，也不会被丢弃，它们将会堆积在动态缓存(Buffer)中，永远无法发送出去，等到 Buffer 中堆积满了，就会造成交换机死机。因为此时重新启动收发器或重新启动交换机都可以使通信恢复正常，所以用户通常都会认为是收发器的问题。

⑧ 收发器测试方法。如果发现收发器连接有问题，可按以下方法进行测试，以便找出故障原因。

a. 近端测试。两端计算机对 Ping，如可以 Ping 通证明光纤收发器没有问题。如近端测试都不能通信则可判断为光纤收发器故障。

b. 远端测试。两端计算机对 Ping，如 Ping 不通则必须检查光路连接是否正常及光纤收发器的发射和接收功率是否在允许的范围内。如能 Ping 通则证明光路连接正常，即可判断故障问题出在交换机上。

c. 远端测试判断故障点。先把一端接交换机，两端对 Ping，如无故障则可判断为另一台交换机的故障。

(2) 光缆、光纤跳线检查

① 光缆通、断检测。用激光笔、手电筒对着光缆接头或耦合器的一头照光，在另一头看是否有可见光：如有可见光则表明光缆没有断；如光纤无可见光或可见光极弱，应对整个光纤链路进行分断检查，进一步确定故障所在位置。

② 用光功率计检测。使用光功率计可以有效地检测光纤传输质量，如图 3-26 所示，信号通过每个连接器会有 0.5dB 的衰减，最大衰减为 0.75dB；信号通过每个光纤结合处会有 2dB 的衰减；如果使用单模光纤，预计每 600 英尺衰减 0.1dB；如果使用多模光纤，预计每 100 英尺衰减 0.1dB。

图 3-26　使用光功率计检测光纤

光纤收发器或光模块在正常情况下的发光功率：多模，－10～18dB 之间；单模 20 千米，－8～15dB 之间；单模 60 千米，－5～12dB 之间；如果在光纤收发器的发光功率在－30～45dB 之间，那么可以判断这个收发器有问题。同时以下原因也可能导致接收端光功率过低。

a. 由于外力物理挤压或过度弯折导致光纤断裂。

b. 光纤铺设距离过长导致损耗过大。

c. 光纤接头和连接器(Connectors)故障可能造成损耗过大。

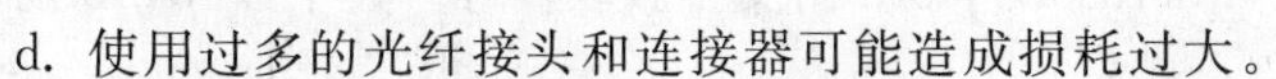

d. 使用过多的光纤接头和连接器可能造成损耗过大。

e. 光纤弯曲半径过小，多模小于 30mm。

f. 光纤配线盘(Patchpanel)或熔接盘(Splicetra)连接处故障。

g. 结合处制作水平低劣或结合次数过多造成光纤衰减严重。

h. 由于灰尘、指纹、擦伤、湿度等因素损伤了连接器。

思考与练习

1. 分析在企业园区网络中使用单模光纤和多模光纤的优缺点，讨论在什么情况下使用单模光纤。

2. 讨论如何保护光纤链路，保证网络正常工作。

3. 使用手电筒定性检查光纤的通、断。

3.3 任务三：企业网络拓扑图的绘制

3.3.1 任务描述

B公司是一中型企业，你是该企业的网络管理员，较为熟悉公司的网络结构，公司负责人为便于大家了解企业的网络建设情况，展示企业网络建设成果，要求你绘制一幅本公司的网络拓扑图，企业网络基本情况如图3-27所示。

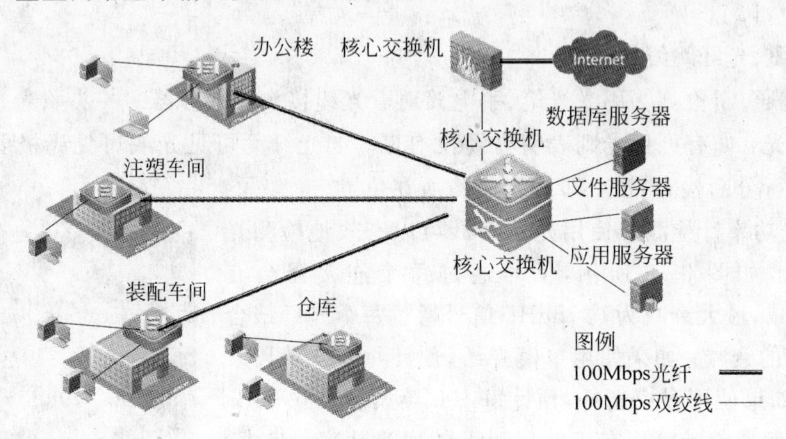

图3-27　B公司网络拓扑图

3.3.2 方法与步骤

1. 任务分析

图形绘制有很多种方式，可以手工绘制，也可以使用计算机绘制，网络管理员一般缺乏专业美术功底，手工绘制较为困难，一般使用计算机绘制。计算机绘图软件很多，可用于网络拓扑图绘制的软件有Photoshop、CorelDRAW、AutoCAD等专业设计类绘图软件，Microsoft Visio流程图绘图软件，Microsoft Word图文排版软件等。其中以Word的使用最为简便。

为了让拓扑图更为美观、生动，通常使用形象的图形代替文本，如使用不同的计算机图形代替PC，使用图标代替"防火墙"。很多网络公司如Cisco、华为等为方便绘图，开发了较为全面的图形库，本任务使用锐捷公司开发的图形库。

2. 建立文档

(1) 打开Word，在Word中新建一个文档，文件名为"B公司网络拓扑图"。

(2) 在Word的"文件"→"页面设置"菜单项中设置页面为横向。

3. 插入调整图形

(1) 选择Word的"插入"→"图片"→"绘制新图形"选项，得到如图3-28所示的结果。

(2) 选择Word的"插入"→"图片"→"来自文件"选项，从对话框中选择需要的图形并插入，如图3-29所示。

图 3-28　绘制图形

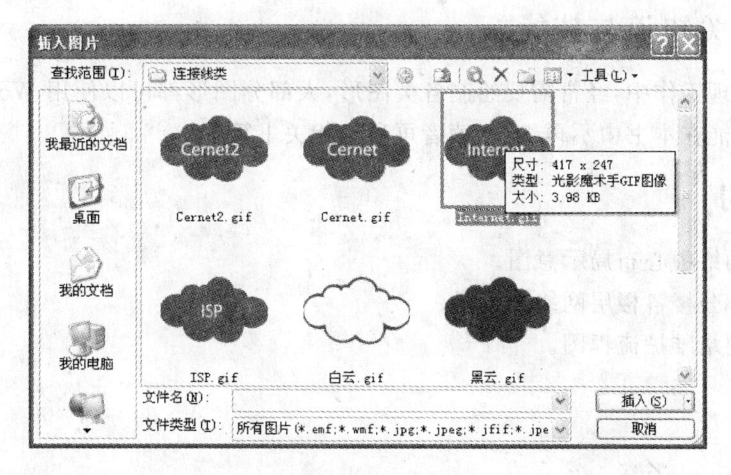

图 3-29　插入图形

(3) 调整图形大小和位置,依次插入其他图形。

(4) 在重叠的图形上右击,通过弹出菜单中的"叠放次序"选项来调整图形的上、下关系。

4. 连接图标

(1) 在绘图工具栏中单击直线绘图工具 ,将需要连接的图形用直线连接。

(2) 在所绘制的直线上右击,在弹出菜单中选择"自选图形属性"选项,在"设置自选图形格式"对话框中设置线条样式,如图 3-30 所示。

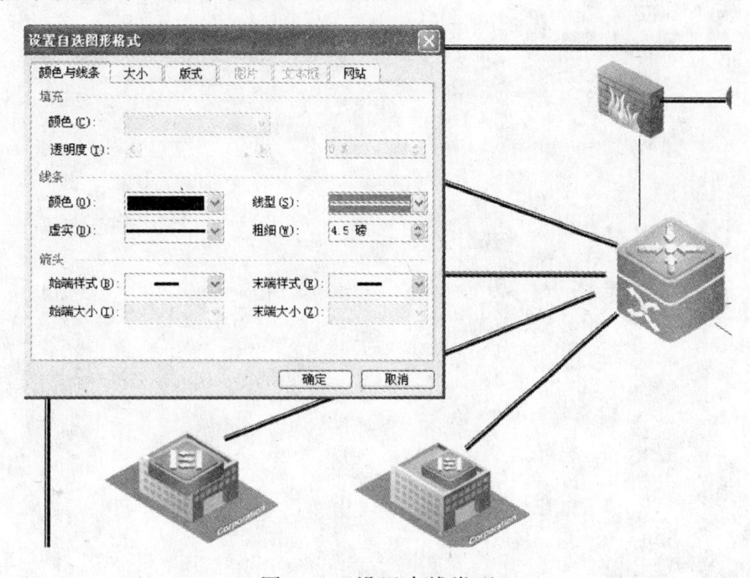

图 3-30　设置直线类型

5. 添加文字说明

(1) 在图形各图标对应位置处插入矩形框,在矩形框上右击,在弹出的菜单中选择"添加文字"选项,输入样图对应的文字。

(2) 设置各矩形框的"自选图形格式",将填充色设为"透明",线条色设为"无"。

(3) 最后结果如图 3-27 所示。

3.3.3 相关知识与技能

在网络管理工作中,经常需要绘制各类图形,大部分图形都可以使用 Word 完成,Word 绘图知识与技能在本书中不再细述,读者可参考相关书籍。

思考与练习

1. 绘制网络中心布局示意图。
2. 绘制办公楼各楼层网络连接图。
3. 绘制网络维护流程图。

第 4 章　网络设备管理

网络设备管理是网络管理员日常工作中的一项重要内容，网络设备的配置与管理是网络管理员的一项核心技能。本章从园区网络规划与设计项目开始，通过网络互联设备分类与选型、交换机基本配置与管理、网络隔离与广播风暴控制、管理交换网络中的冗余链路等项目完成网络交换技能训练；通过路由器基本配置与管理、路由器静态路由的建立、路由器动态路由协议配置、三层交换机路由配置完成网络路由技能训练；通过网络接入安全设置、网络安全策略部署与数据流量过滤、局域网访问互联网 NAT 现实等项目完成网络安全技能训练；最后至园区网络故障排除完成整个网络技能训练。

本章学习目标：

- 初步掌握常用网络管理工具软件的使用。
- 了解园区网交换机及路由器的主要技术参数的选型知识。
- 初步掌握园区网交换机及路由器的基本设置。
- 初步掌握园区网无线网的规划与设备配置。
- 初步具备一般网络故障分析的排查能力。

4.1　任务一：交换机的基本配置

4.1.1　任务描述

由于某园区网络管理人员较少，且经常需要出差外地维护办事处网络系统，同时为了减轻现有人员的工作量，以便管理人员在办公室就可以监视交换机的工作情况，因而需对交换机进行设置以实现远程管理。

4.1.2　方法与步骤

1. 方法描述

通过超级终端登录到交换机后，需对交换机管理 IP 地址、登录及特权密码进行设置然后就可通过 PC 命令行采用 Telnet 登录方式远程管理主、交换机了。

2. 操作方法

(1) 配置交换机的主机名。

```
① Switch>enable                          !从用户模式进入特权模式
② Switch#configure terminal              !从特权模式进入全局配置模式
③ Switch(config)#hostname hxswitch       !将交换机名字配置为"hxswitch"
```

(2) 配置交换机管理 IP 地址。

```
① Hxswitch(config)# interface Vlan1      !进入 Vlan1 的配置模式
② Hxswitch(config-if)# ip address 192.168.168.3  255.255.255.0  !为管理接口配置 IP 地址
③ Hxswitch(config-if)# no shutdown      !打开管理接口
```

(3) 配置交换机远程登录密码。

```
Hxswitch(config)# enable secret 1  0  abc
```

其中,参数"1"表示设置远程登录密码;"0"表示以明文形式表示远程登录密码;"abc"表示交换机登录密码。

(4) 配置交换机特权密码。

```
Hxswitch(config)# enable secret 15 0 abc
```

其中,参数"15"表示设置特权密码;"0"表示以明文形式表示远程登录密码;"abc"表示交换机特权密码。

(5) 在远程 PC 的命令窗口输入命令即可登录交换机的管理操作界面。

```
C:\> telnet 192.168.168.3              !192.168.168.3 为交换机的管理地址
```

4.1.3 相关知识与技能

1. 交换机的组成

交换机相当于一台特殊的计算机,同样有 CPU、存储介质和操作系统,只不过这些都与 PC 有些差别而已。交换机也由硬件和软件两部分组成。

软件部分主要是 IOS 操作系统,硬件主要包含 CPU、端口和存储介质。交换机的端口主要有以太网端口(Ethernet)、快速以太网端口(Fast Ethernet)、吉比特以太网端口(Gigabit Ethernet)和控制台端口。存储介质主要有 ROM(Read-Only Memory,只读储存设备)、FLASH(闪存)、NVRAM(非易失性随机存储器)和 DRAM(动态随机存储器)。

其中,ROM 相当于 PC 的 BIOS,交换机加电启动时,将首先运行 ROM 中的程序,以实现对交换机硬件的自检并引导启动 IOS。该存储器在系统掉电时程序不会丢失。

FLASH 是一种可擦写、可编程的 ROM,FLASH 包含 IOS 及微代码。FLASH 相当于 PC 的硬盘,但速度要快得多,可通过写入新版本的 IOS 来实现对交换机的升级。FLASH 中的程序在掉电时不会丢失。

NVRAM 用于存储交换机的配置文件,该存储器中的内容在系统掉电时也不会丢失。

DRAM 是一种可读/写存储器,相当于 PC 的内存,其内容在系统掉电时将完全丢失。

2. Cisco IOS 简介

Cisco Catalyst 系列交换机所使用的操作系统是 IOS(Internetwork Operating System,互联网际操作系统)或 COS(Catalyst Operating System),其中以 IOS 使用最为广泛,该操作系统和路由器所使用的操作系统都基于相同的内核和 shell。

IOS 的优点在于命令体系比较易用。利用操作系统所提供的命令,可实现对交换机的配置和管理。Cisco IOS 操作系统具有以下特点。

(1) 支持通过命令行(Command-Line Interface,CLI)或 Web 界面对交换机进行配置和管理。

(2) 支持通过交换机的控制端口或 Telnet 会话来登录连接访问交换机。

(3) 提供用户模式(User Level)和特权模式(Privileged Level)两种命令执行级别,并提供全局配置、接口配置、子接口配置和 VLAN 数据库配置等多种级别的配置模式,以允许用户对交换机的资源进行配置。

(4) 在用户模式下仅能运行少数的命令,允许查看当前配置信息,但不能对交换机进行配置。特权模式允许运行提供的所有命令。

(5) IOS 命令不区分大小写。

(6) 在不引起混淆的情况下,支持命令简写。如 enable 通常可简写为 en。

(7) 可随时使用"?"来获得命令行帮助,支持命令行编辑功能,并可将执行过的命令保存下来,供进行历史命令查询。

3. 搭建交换机配置环境

在对交换机进行配置之前,首先应登录连接到交换机,这可通过交换机的控制端口(Console)连接或通过 Telnet 登录来实现。

(1) 通过 Console 口连接交换机。对于首次配置交换机,必须采用该方式。对交换机设置管理 IP 地址后,就可采用 Telnet 登录方式来配置交换机。

对于可管理的交换机一般都提供一个名为 Console 的控制台端口(或称配置口),该端口采用 RJ-45 接口,是一个符合 EIA/TIA-232 异步串行规范的配置口,通过该控制端口,可实现对交换机的本地配置。

交换机一般都随机配送了一根控制线,它的一端是 RJ-45 水晶接口,用于连接交换机的控制台端口,另一端提供了 DB-9(针)和 DB-25(针)串行接口插头,用于连接 PC 的 COM1 或 COM2 串行接口。Cisco 的控制线两端均是 RJ-45 水晶接口,但配送有 RJ-45 到 DB-9 和 RJ-45 到 DB-25 的转接头。

通过该控制线将交换机与 PC 相连,并在 PC 上运行超级终端仿真程序,即可实现将 PC 仿真成交换机的一个终端,从而实现对交换机的访问和配置。

Windows 系统一般都默认安装了超级终端程序,对于 Windows 2000 Server 系统,该程序位于"开始"→"程序"→"附件"→"通讯"群组下面,若没有,可利用控制面板中的"添加/删除程序"来安装。选择"通讯"群组下面的"超级终端"选项,即可启动超级终端程序。

首次启动超级终端时,会要求输入所在地区的电话区号,输入后将显示如图 4-1 所示的连接创建对话框,在"名称"输入框中输入该连接的名称,并选择所使用的示意图标,然后单击"确定"按钮。

此时将弹出对话框,要求选择连接使用的 COM 端口,根据实际连接使用的端口进行选择,如 COM1,如图 4-2 所示,然后单击"确定"按钮。

交换机控制台端口默认的通信波特率为 9600Baud/s,因此需将 COM 端口的通信波特率设置为 9600,数据流控制选择"无"。也可直接单击"还原为默认值"按钮来进行自动设置。

设置好后,单击"确定"按钮,此时就开始连接登录交换机了,对于新购或首次配置的交换机,没有设置登录密码,因此不用输入登录密码就可连接成功,从而进入交换机的命令行

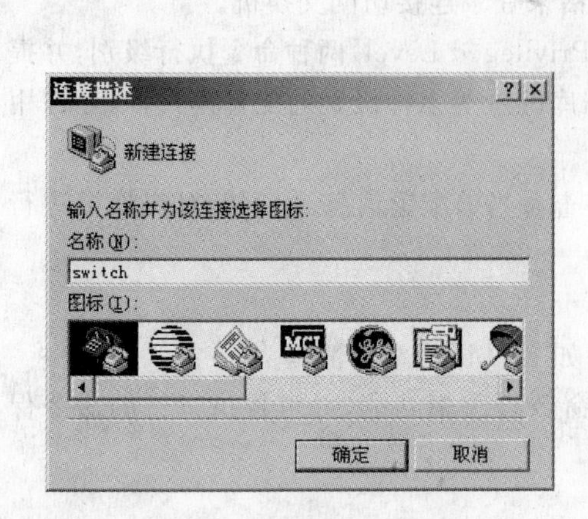

图 4-1 创建超级终端连接

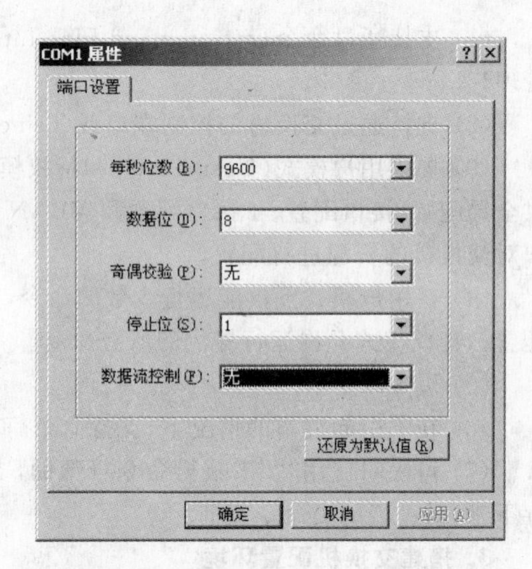

图 4-2 设置 COM1 端口的属性

状态"Switch >",此时就可通过命令来操控和配置交换机了,如图 4-3 所示。

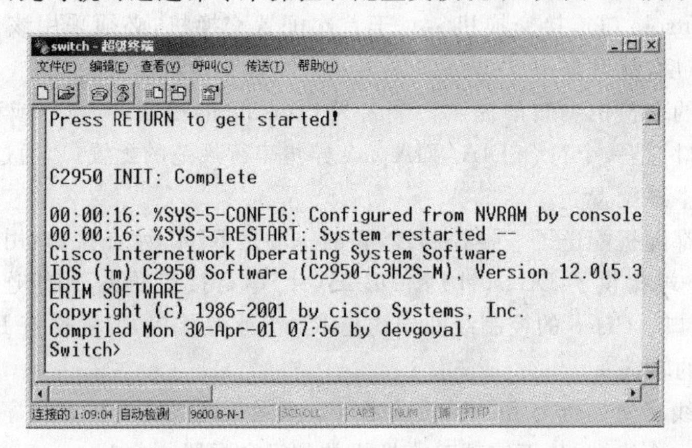

图 4-3 连接成功后的超级终端

(2) 通过 Telnet 连接交换机。在首次通过 Console 控制口完成对交换机的配置,并设置交换机的管理 IP 地址和登录密码后,就可通过 Telnet 会话来连接登录交换机,从而实现对交换机的远程配置。

可在 PC 中利用 Telnet 来登录连接交换机,也可在登录一台交换机后,再利用 Telnet 命令,来登录连接另一台交换机,实现对另一台交换机的访问和配置。

进入 Windows 的 MS-DOS 方式,这可利用 Windows"开始"→"运行"菜单项,通过执行 command(Windows 9x 系统)或 cmd(Windows 2000)命令来实现。然后在 MS-DOS 方式下执行"telnet 交换机 IP 地址"命令来登录连接交换机。

假设交换机的管理 IP 地址为 192.168.168.3,利用网线将交换机接入网络,然后在 DOS 命令行输入并执行命令 telnet 192.168.168.3,此时将要求用户输入 telnet 登录密码,密码输入时不会回显,校验成功后,即可登入交换机,出现交换机的命令行提示符,如图 4-4 所示。

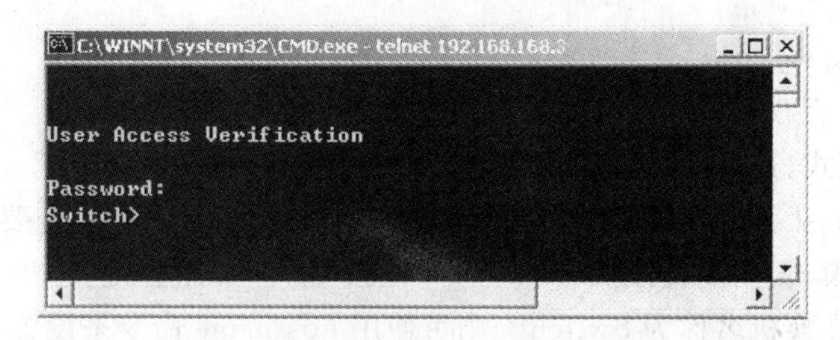

图 4-4 命令行提示符

若要退出对交换机的登录连接，执行 exit 命令。

另外，也可在利用超级终端登入一台交换机后，再执行“telnet 192.168.168.3”命令，来登录和访问 IP 地址为 192.168.168.3 的交换机。

4. 交换机的基本命令

Cisco IOS 提供了用户 EXEC 模式和特权 EXEC 模式两种基本的命令执行级别，同时还提供了全局配置、接口配置、Line 配置和 VLAN 数据库配置等多种级别的配置模式，以允许用户对交换机的资源进行配置和管理。

(1) 用户 EXEC 模式。当用户通过交换机的控制台端口或 Telnet 会话连接并登录到交换机时，此时所处的命令执行模式就是用户 EXEC 模式。在该模式下，只执行有限的一组命令，这些命令通常用于查看显示系统信息、改变终端设置和执行一些最基本的测试命令，如 ping、traceroute 等。

用户 EXEC 模式的命令状态行是：SwitchA>。

其中的 SwitchA 是交换机的主机名，对于未配置的交换机默认的主机名是 Switch。在用户 EXEC 模式下，直接输入“?”并按 Enter 键，可获得在该模式下允许执行的命令帮助。

(2) 特权 EXEC 模式。在用户 EXEC 模式下，执行 enable 命令，将进入到特权 EXEC 模式。在该模式下，用户能够执行 IOS 提供的所有命令。特权 EXEC 模式的命令状态行为：SwitchA#。

```
SwitchA>enable
Password:
SwitchA#
```

在前面的启动配置中，设置了登录特权 EXEC 模式的密码，系统提示输入用户密码，密码输入时不回显，输入完毕按 Enter 键，密码校验通过后，即进入特权 EXEC 模式。

若进入特权 EXEC 模式的密码未设置或要修改，可在全局配置模式下，利用 enable secret 命令进行设置。

在该模式下输入“?”，可获得允许执行的全部命令的提示。可执行 exit 或 disable 命令离开特权模式，返回用户模式。

可执行 reload 命令，重新启动交换机。

(3) 全局配置模式。在特权模式下，执行 configure terminal 命令，即可进入全局配置模式。在该模式下，只要输入一条有效的配置命令并按 Enter 键，内存中正在运行的配置就会立即改变生效。该模式下的配置命令的作用域是全局性的，对整个交换机起作用。

全局配置模式的命令状态行为

```
SwitchA(config)#
SwitchA#config terminal
SwitchA(config)#
```

在全局配置模式,还可进入接口配置、Line配置等子模式。从子模式返回全局配置模式,执行exit命令;从全局配置模式返回特权模式,执行exit命令;若要退出任何配置模式,直接返回特权模式,则要直接执行end命令或按Ctrl+Z组合键。

例如,若要设交换机名称为SwitchB,则可使用hostname命令来设置,其配置命令为

```
Switch(config)#hostname SwitchB
SwitchB(config)#
```

若要设置或修改进入特权EXEC模式的密码为12345,则配置命令为

```
SwitchB(config)#enable secret 123456
```

或

```
Switch(config)#enable password 12345
```

其中,enable secret命令设置的密码在配置文件中是加密保存的,强烈推荐采用该方式;而enable password命令所设置的密码在配置文件中是采用明文保存的。

对配置进行修改后,为了使配置在掉电重新启动后仍生效,需要将新的配置保存到NVRAM中,其配置命令为

```
SwitchA(config)#exit
SwitchA#write
```

(4) 接口配置模式。在全局配置模式下,执行interface命令,即进入接口配置模式。在该模式下,可对选定的接口(端口)进行配置,并且只能执行配置交换机端口的命令。接口配置模式的命令行提示符为:SwitchA(config-if)#。

例如,若要设置交换机的0号模块上的第3个快速以太网端口的端口通信速度设置为100MB/s,全双工方式,则配置命令为

```
SwitchA (config)#interface   fastethernet 0/3        !进入端口配置模式
SwitchA (config-if)#speed 100                        !端口工作速度设置为100MB/s
SwitchA (config-if)#duplex full                      !端口工作模式为全双工方式
SwitchA (config-if)#end
SwitchA #write
```

(5) Line配置模式。在全局配置模式下,执行line vty或line console命令,将进入Line配置模式。该模式主要用于对虚拟终端(vty)和控制台端口进行配置,其配置主要是设置虚拟终端和控制台的用户级登录密码。

Line配置模式的命令行提示符为:SwitchA(config-line)#。

交换机有一个控制端口,其编号为0,通常利用该端口进行本地登录,以实现对交换机的配置和管理。为安全起见,应为该端口的登录设置密码,设置方法为

```
SwitchA #config terminal
SwitchA (config)#line console 0
SwitchA (config-line)#?
exit        exit from line configuration mode
login       Enable password checking
```

```
password        Set a password
```

从帮助信息可知,设置控制台登录密码的命令是 password,若要启用密码检查,即让所设置的密码生效,则还应执行 login 命令。退出 Line 配置模式,执行 exit 命令。

下面设置控制台登录密码为 54321,并启用该密码,则配置命令为

```
SwitchA (config-line)#password  54321
SwitchA (config-line)#login
SwitchA (config-line)#end
SwitchA #write
```

设置该密码后,以后利用控制台端口登录访问交换机时,就会首先询问并要求输入该登录密码,密码校验成功后,才能进入到交换机的用户 EXEC 模式。

交换机支持多个虚拟终端,一般为 16 个(0～15)。设置了密码的虚拟终端,就允许登录,没有设置密码的,则不能登录。如果对 0～4 条虚拟终端线路设置了登录密码,则交换机就允许同时有 5 个 Telnet 登录连接,其配置命令为

```
SwitchA (config)#line vty 0 4
SwitchA (config-line)#password  12345
SwitchA (config-line)#login
SwitchA (config-line)#end
SwitchA #write
```

若要设置不允许 Telnet 登录,则取消对终端密码的设置即可,为此可执行 no password 和 no login 命令来实现。

在 Cisco IOS 命令中,若要实现某条命令的相反功能,只需在该条命令前面加 no,并执行前缀有 no 的命令即可。

为了防止空闲的连接长时间存在,通常还应给通过 Console 口的登录连接和通过 vty 线路的 Telnet 登录连接,设置空闲超时的时间,默认空闲超时的时间是 10min。

设置空闲超时时间的配置命令为:exec-timeout 分钟数 秒数。

例如,要将 vty 0～4 线路和 Console 的空闲超时时间设置为 3 分钟 0 秒,则配置命令为

```
SwitchA #config t
SwitchA(config)#line vty 0 4
SwitchA(config-line)#exec-timeout 3  0
SwitchA(config-line)#line console 0
SwitchA(config-line)#exec-timeout 3  0
SwitchA(config-line)#end
SwitchA#
```

(6) VLAN 数据库配置模式。在特权 EXEC 模式下执行 vlan database 配置命令,即可进入 VLAN 数据库配置模式,此时的命令行提示符为:SwitchA(vlan)#。

在该模式下,可实现对 VLAN(虚拟局域网)的创建、修改或删除等配置操作。可执行 exit 命令,退出 VLAN 配置模式,返回到特权 EXEC 模式。

① 设置主机名。设置交换机的主机名可在全局配置模式,通过 hostname 配置命令来实现,其用法为:hostname 自定义名称。

默认情况下,交换机的主机名默认为 Switch。当网络中使用了多个交换机时,为了以示区别,通常应根据交换机的应用场地,为其设置一个具体的主机名。

例如,若要将交换机的主机名设置为 SwitchA-1,则设置命令为

```
SwitchA(config)#hostname SwitchA-1
SwitchA-1(config)#
```

② 配置管理 IP 地址。在二层交换机中,IP 地址仅用于远程登录管理交换机,对于交换机的正常运行不是必需的。若没有配置管理 IP 地址,则交换机只能采用控制端口进行本地配置和管理。

默认情况下,交换机的所有端口均属于 VLAN1,VLAN1 是交换机自动创建和管理的。每个 VLAN 只有一个活动的管理地址,因此,对二层交换机设置管理地址之前,首先应选择 VLAN1 接口,然后再利用 ip address 配置命令设置管理 IP 地址,其配置命令为

```
interface vlan vlan-id
ip address address netmask
```

其中,*vlan-id* 代表要选择配置的 VLAN 号;*address* 为要设置的管理 IP 地址;*netmask* 为子网掩码。

Interface vlan 配置命令用于访问指定的 VLAN 接口。二层交换机,如 2900/3500XL、2950 等没有三层交换功能,运行的是二层 IOS,VLAN 间无法实现相互通信,VLAN 接口仅作为管理接口。

若要取消管理 IP 地址,可执行 no ip address 配置命令。

(7) 配置默认网关。为了使交换机能与其他网络通信,需要给交换机设置默认网关。网关地址通常是某个三层接口的 IP 地址,该接口充当路由器的功能。

设置默认网关的配置命令为

```
ip default-gateway gateway address
```

在实际应用中,二层交换机的默认网关通常设置为交换机所在 VLAN 的网关地址。假设 student1 交换机为 192.168.168.0/24 网段的用户提供接入服务,该网段的网关地址为 192.168.168.1,则设置交换机的默认网关地址的配置命令为

```
student1(config)#ip default-gateway 192.168.168.1
student1(config)#exit
student1#write
```

对交换机进行配置修改后,应在特权模式下执行 write 或 copy run start 命令,对配置进行保存。若要查看默认网关,可执行 show ip route default 命令。

(8) 设置 DNS。为了使交换机能解析域名,需要为交换机指定 DNS。

① 启用与禁用 DNS。

启用 DNS,配置命令:ip domain-lookup

禁用 DNS,配置命令:no ip domain-lookup

默认情况下,交换机启用了 DNS,但没有指定 DNS 的地址。启用 DNS 并指定 DNS 地址后,在对交换机进行配置时,对于输入错误的配置命令,交换机会试着进行域名解析,这会影响配置,因此在实际应用中通常禁用 DNS。

② 指定 DNS 地址。配置命令为

```
ip name-server serveraddress1 [serveraddress2 … serveraddress6]
```

交换机最多可指定6个DNS的地址，各地址间用空格分隔，排在最前面的为首选DNS服务器。

例如，若要将交换机的DNS的地址设置为61.128.128.68和61.128.192.68，则配置命令为

```
student1(config)#ip name-server 61.128.128.68  61.128.192.68
```

(9) 启用与禁用HTTP服务。对于运行IOS操作系统的交换机，启用HTTP服务后，还可利用Web界面来管理交换机。在浏览器中输入交换机管理IP地址，此时将弹出用户认证对话框，用户名可不指定，然后在密码输入框中输入进入特权模式的密码，之后就可进入交换机的管理页面。

交换机的Web配置界面功能较弱且安全性较差，在实际应用中，主要还是采用命令行来配置。交换机默认启用了HTTP服务，因此在配置时，应注意禁用该服务。

启用HTTP服务，配置命令：ip http server

禁用HTTP服务，配置命令：no ip http server

(10) 查看交换机信息。对交换机信息的查看，使用show命令来实现。

① 查看IOS版本。系统信息主要包括系统描述、系统上电时间、系统的硬件版本、系统的软件版本、系统的Ctrl层软件版本和系统的Boot层软件版本。可以通过这些信息来了解这个交换机系统的概况。

查看命令：

```
show version
```

② 查看配置信息。要查看交换机的配置信息，需要在特权模式运行show命令，其查看命令为

```
show running-config        !显示当前正在运行的配置
show startup-config        !显示保存在 NVRAM 中的启动配置
```

例如，若要查看当前交换机正在运行的配置信息，则查看命令为

```
SwitchA #show running-config
SwitchA #show  interfaces          !显示交换机端口状态命令
```

对于调试和故障排除来说，这是最重要的命令。尽管show running-configuration命令也查明发生了什么事情，但是show interfaces命令可以查明交换机当前的状态。应该注意到，这里的示例输出仅仅是一个端口的有关情况。该命令的实际输出包括所有端口的情况，一个接一个地排列。

```
show interface vlan  !命令用于显示交换机 VLAN 状态信息
```

(11) 查看交换机的MAC地址表。

配置命令：

```
show mac-address-table [dynamic|static] [vlan vlan-id]
```

该命令用于显示交换机的MAC地址表，若指定dynamic，则显示动态学习到的MAC地址，若指定static，则显示静态指定的MAC地址表，若未指定，则显示全部。

若要显示交换表中的所有MAC地址，即动态学习到的和静态指定的，则查看命令为

```
show mac - address - table
```

(12) 选择多个端口。对于 Cisco 2900、Cisco 2950 和 Cisco 3550 交换机,支持使用 range 关键字来指定一个端口范围,从而实现选择多个端口,并对这些端口进行统一的配置。

同时选择多个交换机端口的配置命令为

```
interface range typemod/startport - endport
```

startport 代表要选择的起始端口号,endport 代表结尾的端口号,用于代表起始端口范围的连字符"-"的两端,应注意留一个空格,否则命令将无法识别。

例如,若要选择交换机的第 1 口至第 24 口的快速以太网端口,则配置命令为

```
student1 # config t
student1(config) # interface range fa0/1  - 24
```

(13) 备份交换机配置文件。交换机系统文件存储在 FLASH 中,如何管理 FLASH 的相关文件是网络管理员的重要工作之一。

① 显示文件信息。在对具体文件进行操作之前,可以先查看文件相关信息。例如,在复制一个参数文件之前,可以先验证文件系统中是否存在这个参数文件,是否有与要复制的目的文件同名的文件等。在交换机特权模式下执行 dir 命令显示文件信息。

例如,显示交换机当前文件系统相关文件信息。

```
Switch # dir
 - rwx 2490607 Mar 01  1993  00:36:27 s2126g.bin
 - rwx 1500 Mar 08 1993  11:38:32  vlan.dat
 - rwx 6078 Mar 07 1993  16:58:13  config.text
 - rwx 6078 Mar 06 1993  16:41:52  cc.text
7741440 bytes total(3556864  bytes free)
```

② 复制文件。在交换机特权模式下,使用 copy source-url destination-url 命令复制文件。

用 copy running-config startup-config 命令将当前运行的参数保存到交换机 Flash 中,用于系统重新启动时初始化交换机。

对指定的文件系统(Xmodem、TFTP)执行复制操作。目前支持在 Xmodem、TFTP、FLASH 之间互相复制。

③ 删除文件。使用命令 delete flash: filename 可以永久性地删除 FLASH 中不需要的文件。

如果删除参数文件 config.text,然后在没有保存参数的情况下交换机复位,将导致交换机以前的配置全部丢失。如果不慎将 config.text 删除,在交换机仍然运行的情况下,可以通过保存当前的配置重新建立 config.text,也可以通过下载以前备份的 config.text 来恢复以前的设置。

删除主程序文件 s2126.bin 将导致交换机复位后不能启动,如果不慎将该文件删除,在交换机仍然运行的情况下,可以通过 TFTP 或 Xmodem 下载 s2126g.bin。如果交换机已经复位,则系统自动进入监控层,在监控层通过 Xmodem 下载。

(14) 使用 TFTP 传输文件。通过 TFTP 将文件从本地主机下载到交换机或者从交换机上传到本地主机。首先需要在 TFTP 服务器软件,并进行相关参数配置,然后在保证

TFTP 服务器与交换机保持连通的状态下，进行文件传输。

从本地主机下载文件到交换机的操作如下：

步骤 1　在本地主机上打开 tftp server。

步骤 2　选定参数文件所在目录。

步骤 3　登录到交换机，在特权模式下使用以下命令下载文件。

```
copy tftp://location/filename flash:filename
```

没有指明 location 则需要单独输入 tftp server 的 IP 地址。

从交换机上传输文件到本地主机的操作如下：

步骤 1　在本地主机上打开 tftp server。

步骤 2　选定需要保存参数文件的目录。

步骤 3　登录到交换机，在特权模式下使用以下命令上传文件。

```
copy flash:filename tftp://location/filename
```

(15) 配置接口的速率、双工、流控。在特权模式下，可配置接口的速率、双工和流控模式。

① 接口的速率配置。

```
speed{10|100|1000|auto}       !进入接口的速率参数，或者设置为 auto
```

【注意】 1000 只对千兆位口有效

② 接口的双工配置。

```
duplex{auto|full|half}         !设置接口的双工模式
```

其中，auto 设置接口的自适应模式；

full 设置接口的全双工模式；

half 设置接口的半双工模式。

③ 接口的流控配置。

```
flowcontrol{auto|on|off}  !设置接口的流控模式
```

【注意】 当 speed、duplex、flowcontrol 都设为非 auto 模式时，该接口关闭自协商过程。

在接口配置模式下使用 no speed、no duplex 和 no flowcontrol 命令，将接口的速率、双工和流控配置恢复为默认值(自协商)。使用 default interface interface-id 命令将接口的所有设置恢复为默认值。

例如，将 fastethernet 1/1 的速率设为 100Mbps，双工模式设为全工，流控关闭。

```
Switch# configure terminal
Switch(config)# interfaces fastethernet 1/1
Switch(config-if)# speed 100
Switch(config-if)# duplex full
Switch(config-if)# flowcontrol off
Switch(config-if)# end
Switch#
```

(16) 配置交换机虚拟端口 SVI。通过 interface vlan vlan-id 创建一个 SVI 或修改一个已经存在的 SVI。在特权模式下按照如下步骤进行 SVI 的配置。

步骤 1　configure terminal　进入全局配置模式。

步骤 2　interface vlan vlan-id　进入 SVI 接口配置模式。

步骤 3　ip address IP　配置 IP 地址和子网掩码。

例如,进入接口配置模式,并且给 SVI 100 分配 IP 地址。

```
Switch#configure terminal
Switch(config)#interface vlan 100
Switch(config-if)#ip address 192.168.1.1   255.255.255.0
Switch(config-if)#end
Switch#
```

思考与练习

1. 简述交换机与集线器的区别。
2. 设置交换机的管理 IP 地址,并用 Telnet 登录到该交换机,以实现远程管理交换机。

4.2　任务二：VLAN 类型及规划

4.2.1　任务描述

假设某企业有两个主要部门：销售部和技术部。其中销售部门的个人计算机系统分散连接,它们之间需要相互通信,但为了数据安全,销售部和技术部需要进行相互隔离,现要在交换机上做适当配置来实现这一目标,网络结构示意图如图 4-5 所示。

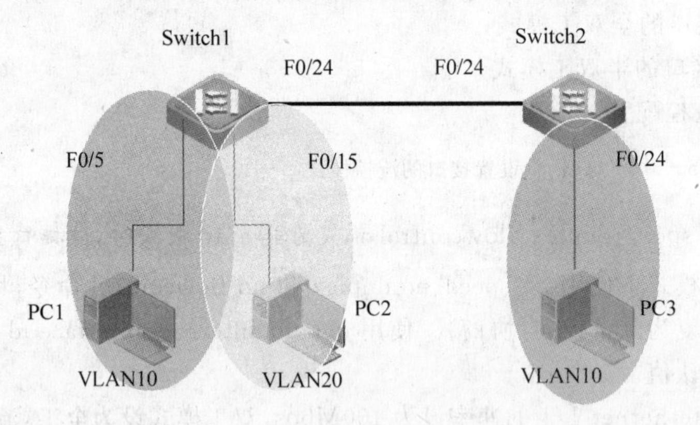

图 4-5　某企业网络结构示意图

4.2.2　方法与步骤

1. 任务分析

使在同一 VLAN 里的计算机系统能跨交换机进行相互通信,而在不同 VLAN 里的计算机系统不能进行通信。

VLAN 是一种用于隔离广播域的技术,配置了 VLAN 的交换机内,相同 VLAN 内主机之间可以直接访问,同时对于不同 VLAN 的主机进行隔离。VLAN 遵循 IEEE 802.1q 协议的标准。在利用配置了 VLAN 的接口进行数据传输时,需要在数据帧内添加 4 字节的 802.1q 标签信息,用于标识该数据帧属于哪个 VLAN,以便于对端交换机接收到数据帧后进行准确的过滤。

2. 方法与步骤

(1) VLAN 的规划

① 在本网络中创建两个 VLAN,分别是 VLAN10 和 VLAN20,其中 VLAN10 名称为 sales,VLAN20 的名称为 technical。

② 将交换机中指定端口分别划分到 VLAN10 或 VLAN20 中。交换机 SwitchA 的 fastethernet0/5 与 SwitchB 中的 fastethernet0/5 端口划分到 VLAN10;交换机 SwitchA 的 fastethernet0/15 端口划分到 VLAN20。

③ 将两个交换机相连接端口分别设置为 Trunk 模式。SwitchA 的 fastethernet0/24 与 SwitchB 的 fastethernet0/24 端口设为 Trunk 模式。

(2) 操作步骤

第一步:在交换机 SwitchA 上创建 VLAN10,并将 0/5 端口划分到 VLAN10 中。

```
SwitchA#configure terminal
SwitchA(config)# vlan 10
SwitchA(config-vlan)# name sales
SwitchA(config-vlan)#exit
SwitchA(config)#interface fastethernet0/5
SwitchA(config-if)#switchport access vlan 10
SwitchA#show vlan 10                          !查看某一个 VLAN 的信息
VLAN        Name                     Status    Ports
------------------------------------------------------------
10          sales                    active    Fa0/5
```

第二步:在交换机 SwitchA 上创建 VLAN20,并将 0/15 端口划分到 VLAN20 中。

```
SwitchA(config)# vlan 20
SwitchA(config-vlan)# name technical
SwitchA(config-vlan)#exit
SwitchA(config)#interface fastethernet0/15
SwitchA(config-if)#switchport access vlan 20
SwitchA#show vlan 20
VLAN        Name                     Status    Ports
------------------------------------------------------------
20          sales                    active    Fa0/15
```

第三步:把交换机 SwitchA 与交换机 SwitchB 相连的 F0/24 端口定义为 Trunk 模式。

```
SwitchA(config)#interface fastethernet0/24
SwitchA(config-if)#switchport mode trunk
!将 fastethernet0/24 端口设为 Trunk 模式
SwitchA#show interfaces fastethernet0/24   switchport
Interface  Switchport  Mode   Access  Native  Protected  VLAN Lists
----------------------------------------------------------------------
Fa0/24     Enabled     Trunk  1       1       Disabled   All
```

第四步:在交换机 SwitchB 上创建 VLAN10,并将 0/5 端口划分到 VLAN10 中。

```
SwitchB#configure terminal
SwitchB(config)# vlan 10
SwitchB(config-vlan)# name sales
SwitchB(config-vlan)#exit
SwitchB(config)#interface fastethernet0/5
SwitchB(config-if)#switchport access vlan 10
SwitchB#show vlan id 10
VLAN           Name                 Status    Ports
--------------------------------------------------------
10             sales                active    Fa0/5
```

第五步：把交换机 SwitchB 与交换机 SwitchA 相连的 F0/24 端口定义为 Trunk 模式。

```
SwitchB(config)#interface fastethernet0/24
SwitchB(config-if)#switchport mode trunk
SwitchB#show interfaces fastethernet0/24  switchport
Interface Switchport  Mode   Access  Native  Protected  VLAN Lists
--------------------------------------------------------------------
Fa0/24    Enabled     Trunk    1       1     Disabled   All
```

第六步：验证测试。验证 PC1 与 PC3 能互相通信，但 PC2 与 PC3 不能互相通信。

```
C:\>ping 192.168.10.30                        !在 PC1 的命令行方式下验证能 Ping 通 PC3
Pinging 192.168.10.30 with 32  bytes of data:
Reply from 192.168.10.30:bytes=32  time<10ms TTL=128
Reply from 192.168.10.30:bytes=32  time<10ms TTL=128
Reply from 192.168.10.30:bytes=32  time<10ms TTL=128
Reply from 192.168.10.30:bytes=32  time<10ms TTL=128
Ping statistics for 192.168.10.30:
    Packets:Sent=4,Received=4,Lost=0(0% loss),
Approximate round trip times in milli-seconds:
    Minimum = 0ms,Maximum 0ms,Average = 0ms
C:\>ping 192.168.10.30                        !在 PC2 的命令行方式下验证能 Ping 通 PC3
Pinging 192.168.10.30 with 32  bytes of data:
Request timed out.
Request timed out.
Request timed out.
Request timed out.
Ping statistics for 192.168.10.30:
    Packets:Sent=4,Received=0,Lost=4(100% loss),
Approximate round trip times in milli-seconds:
    Minimum = 0ms,Maximum 0ms,Average = 0ms
```

第七步：显示配置。

```
SwitchA#show running-config                !显示交换机 SwitchA 的全部配置
Building configuration…
Current configuration : 284bytes
version 1.0
Hostname SwitchA
Vlan 1
Vlan 10                                    !创建 VLAN10
name sales
Vlan 20                                    !创建 VLAN20
```

```
Name technical
interface fastethernet 0/5
Switchport access vlan 10                 !将 F0/5 加入 VLAN10
interface fastethernet 0/15
Switchport access vlan 20                 !将 F0/15 加入 VLAN20
interface fastethernet 0/24
Switchport mode trunk                     !将 F0/24 设为 Trunk,支持 TAG
VLAN!
End
SwitchB# show running - config           !显示交换机 SwitchB 的全部配置
Building configuration…
Current configuration : 284byte
version 1.0!
Hostname SwitchB
Vlan 1!
Vlan 10                                   !创建 VLAN10
name sales!
interface fastethernet 0/5
Switchport access vlan 10                 !将 F0/5 加入 VLAN10
interface fastethernet 0/24
Switchport mode trunk                     !将 F0/24 设为 Trunk,支持 TAG
VLAN
End
```

【注意】

a. 两台交换机之间相连的端口应该设置为 tag vlan 模式。

b. 交换机的 Trunk 接口在默认情况下支持所有 VLAN 的传输。

4.2.3 相关知识与技能

1. 交换机配置基础

(1) VLAN 技术

① VLAN 概述。VLAN 是虚拟局域网(Virtual Local Area Network)的简称,它是在一个物理网络上划分出来的逻辑网络,按照功能、部门及应用等因素划分成工作组,或者说形成一个个虚拟网络,为这些虚拟网络上的设备或用户提供服务,而不需要考虑各自所处的物理位置。VLAN 的划分不受网络端口的实际物理位置限制,VLAN 有着和普通物理网络同样的属性,除了没有物理位置的限制,它和普通局域网一样。一个 VLAN 是一个广域网,第二层的单播、广播和多播帧在同一 VLAN 内转发、扩散,而不会直接进入其他 VLAN 之中。所以,如果一个端口所连接的主机想要同和它不再同一个 VLAN 的主机通信,则必须通过一个路由器或者三层交换机,如图 4-6 所示。

在交换机组成的网络中,优点是由于交换机速度快,可以提高数据的交换速度,但是问题是在由交换机组成的交换网络中,所有的主机都在一个广播域,也就是说,一台主机向外发送的广播包其他所有主机都能收到,在网络规模不大的时候此问题并不严重,但是当网络规模较大时,网络中的大量广播包占用网络资源,严重影响网络性能,这个问题严重影响了交换网络的发展,但是,VLAN 技术很好地解决了交换网络中划分广播域的问题,运用

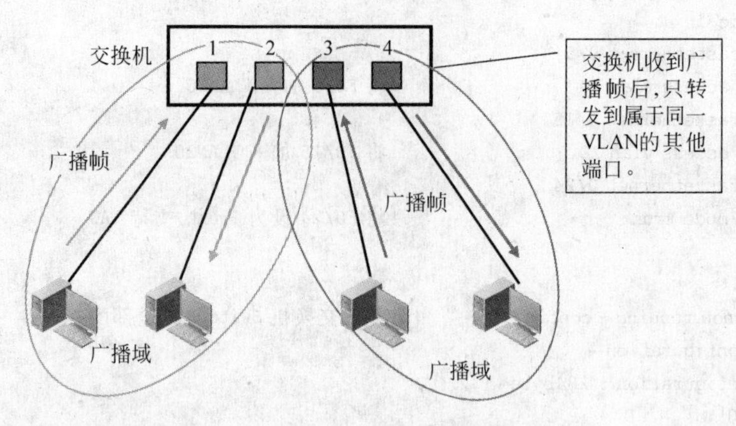

图 4-6　VLAN 示意图

VLAN 技术可以对交换网络进行隔离，划分广播域，划分到同一个 VLAN 中的主机属于一个广播域，这种划分出来的逻辑网络是第二层网络，并且划分 VLAN 的端口不受地理位置的限制，也就是说，不同交换机上的端口可以划分到一个 VLAN 中。划分 VLAN 的种类有很多，如基于端口的划分、基于协议的划分、基于 MAC 的划分等，目前主流应用的是基于端口的划分，因为基于端口的划分简单易用。

VLAN 建立在局域网交换机的基础上，同时 VLAN 技术的采用又使得在保持局域网原来低延迟、高吞吐量特点的基础上，从根本上改善了网络性能。VLAN 充分体现了现代网络技术的重要特征，高速、灵活、管理简便和扩展容易。

VLAN 具体的优点包括以下几个方面。

a. 控制网络的广播流量。整个局域网是一个广播域，即广播流量会送到交换机的每一个接口。采用 VLAN 技术，可将某个交换机端口划到某个 VLAN 中，由于一个 VLAN 的广播不会扩散到其他 VLAN 中，因此端口不会接收其他 VLAN 的广播。这样，大大减小了广播的影响，提高了带宽的利用效率。同时，通过控制 VLAN 中端口的数量，可以控制广播域的大小。

b. 简化网络管理，减少管理开销。当 VLAN 中的用户位置变动时，不需要或只需少量的重新布线、配置和调试。因此，网络管理员能借助 VLAN 技术轻松地管理整个网络，减少了在移动、添加和修改用户时的开销。

c. 控制流量和提高网络的安全性。共享式局域网之所以很难保证网络的安全性，是因为只要用户插入一个活动端口，就能访问网络，甚至获得网络中所有的数据流量。而 VLAN 技术能将重要资源或应用放在一个安全的 VLAN 内，限制用户的数量与访问，而且 VLAN 能控制广播组的大小和位置，甚至能锁定某台设备的 MAC 地址。由于 VLAN 之间不能直接通信，通信流量被限制在 VLAN 内，VLAN 之间的通信必须通过路由器，通过在路由器上设置访问控制，使得可以在访问有关 VLAN 的主机地址、应用类型、协议类型时进行控制，因此 VLAN 能提高网络的安全性。

d. 提高网络的利用率。一方面，通过 VLAN 划分，可以较好地利用过去使用的大量集线器设备，以节省设备；另一方面，通过将不同应用放在不同的 VLAN 内的方法，可以在一个物理平台上运行多种相互之间要求相对独立的应用，而且各应用之间不会互相影响。

可以把一个端口定义为一个 VLAN 的成员，所有连接到一个特定端口的终端都是虚拟网络的一部分，并且整个网络可以支持多个 VLAN。当增加、删除和修改用户的时候，不必从物理上调整网络配置。

和一个物理网络一样，VLAN 通常和一个 IP 子网联系在一起。一个典型的例子是，所有在同一个 IP 子网中的主机属于同一个 VLAN。VLAN 之间的通信必须通过三层设备(路由器或者三层交换机)。三层交换机可以通过 SVI 接口(Switch Virtual Interfaces)来进行 VLAN 之间的 IP 路由。

② VLAN 成员类型。基于端口划分 VLAN 有两种类型，Port VLAN 和 tag VLAN。被设置为 Port VLAN 的端口只能属于一个 VLAN，一般用于连接主机，设为 Port VLAN 的端口叫 Access 端口。在交换机的 MAC 地址表里，除了交换机端口和端口下所接主机的 MAC 地址外，还有一栏信息是 VID，即 VLAN 编号，通过查看 MAC 地址表，交换机可以对发往不同 VLAN 的数据不转发，例如，端口 F0/1 上的主机属于 VLAN10，若向属于 VLAN20 的 F0/2 上的主机发送数据，交换机对于这种数据不转发，同时对于正常的数据报文也是控制在同一 VLAN 中。

可以通过配置一个端口在某个 VLAN 中的 VLAN 成员类型，来确定这个端口能通过怎样的帧，以及一个端口可以属于多少个 VLAN。

a. Access 端口。一个 Access 端口，只能属于一个 VLAN，并且是通过手工设置指定 VLAN 的。

b. Trunk(802.1q)端口。一个 Trunk 端口，在默认情况下属于本交换机的所有 VLAN，它能够转发所有 VLAN 的帧，但是可以通过设置许可列表(allowed-VLANs)来加以限制。

③ VLAN 的配置。一个 VLAN 是以 VLAN ID 来标识的，可以添加、删改 VLAN 从 1～4094。而 VLAN1 则由交换机自动创建，并且不可被删除。

可以使用 interface 配置模式来配置一个端口的 VLAN 成员类型，加入或移动一个 VLAN。

在特权命令模式下输入 copy running-config startup-config 命令后，VLAN 的配置信息便被保存进配置文件。要查看 VLAN 配置信息，可以使用 show vlan 命令。

a. 默认的 VLAN 配置，如表 4-1 所示。

表 4-1 默认的 VLAN 配置

参　数	默 认 值	范　围
VLAN ID	1	1～4094
VLAN name	VLAN ××××，××××是 VLAN ID 数	无范围
VLAN state	Active	Active,Inactive

b. 创建、修改一个 VLAN。在特权模式下，通过如下步骤，可以创建或者修改一个 VLAN。

步骤 1　Configure terminal　进入全局配置模式。

步骤 2　Vlan vlan-id　输入一个 VLAN ID。如果输入的是一个新的 VLAN ID，则交换机会创建一个 VLAN，如果输入的是已经存在的 VLAN ID，则修改相应的 VLAN。

步骤 3　Name vlan-name　(可选)为 VLAN 取一个名字。如果没有进行这一步，则交换机会自动为它起一个名字 VLAN ××××，其中××××是用 0 开头的 4 位 VLAN ID 号。

比如,VLAN0004 就是 VLAN4 的默认名字。

步骤 4　End　回到特权命令模式。

步骤 5　Show vlan{id vlan-id}　检查刚才的配置是否正确。

步骤 6　Copy running-config startup config　将配置保存进配置文件。

如果把 VLAN 的名字改回默认名字,只需输入 no name 命令即可。

例如,创建一个 VLAN,将它命名为 vlan100,并且保存进配置文件。

```
Switch# configure terminal
Switch(config)# vlan 100
Switch(config-vlan)# name  vlan100
Switch(config-vlan)# end
Switch# copy running-config startup-config
```

c. 删除一个 VLAN,不能删除默认 VLAN(VLAN1)。在特权模式下按如下步骤可以删除一个 VLAN。

步骤 1　configure terminal　进入全局配置模式。

步骤 2　no vlan vlan-id　输入一个 VLAN ID,删除它。

步骤 3　End　回到特权命令模式。

步骤 4　Show vlan　检查是否正确删除。

步骤 5　Copy running-config startup config　(可选)将配置保存进配置文件。

d. 向 VLAN 分配 Access 接口。如果把一个接口分配给一个不存在的 VLAN,那么这个 VLAN 将自动被创建。在特权模式下,利用如下步骤可以将一个端口分配给一个 VLAN。

步骤 1　configure terminal　进入全局配置模式。

步骤 2　Interface interface-id　输入想要加入 VLAN 的 interface id。

步骤 3　switchport mode access　定义改接口的 VLAN 成员类型(二层 Access 口)。

步骤 4　Switchport access vlan vlan-id　将这个口分配给一个 VLAN。

步骤 5　End　回到特权命令模式。

步骤 6　Show interface interface-id switchport　检查接口的完整信息。

步骤 7　Copy running-config startup config　(可选)将配置保存进配置文件。

例如,把 fastethernet 0/10 作为 Access 口加入 VLAN20。

```
Switch# configure terminal
Switch(config)# interface fastethernet0/10
Switch(config-if)# switchport mode access
Switch(config-if)# switchport access vlan20
Switch(config-if)# end
```

可用下面的命令显示检查配置情况。

```
Switch# show interfaces fastethernet0/1  switchport
```

(2) 交换机接口分类与配置

① 交换机的接口可分为以下两大类。

a. 二层接口(L2 interface)。交换机二层端口又分为 Switch Port 及 Aggregate Port

两种。

Switch Port 由交换机上的单个物理端口构成,只有两层交换功能,分为 Access Port 和 Trunk Port。Access Port 和 Trunk Port 必须手动配置。通过 Switchport 接口命令可对 Switch Port 进行配置。

每个 Access Port 只能属于一个 VLAN,Access Port 只传输属于这个 VLAN 的帧。Access Port 只接收以下 3 种帧,untagged 帧,vid 为 0 的 tagged 帧,vid 为 Access Port 所属 VLAN 的帧。Access 只发送 untagged 帧。

Trunk Port 只能属于多个 VLAN 的帧,默认情况下 Trunk Port 将传输所有 VLAN 的帧,可通过设置 VLAN 列表来限制 Trunk Port 传输哪些 VLAN 的帧。每个接口都属于一个 Native VLAN,就是指在这个接口上收发的 untag 报文,都被认为是属于这个 VLAN 的。Trunk Port 可接收 tagged 和 untagged 帧,若 Trunk Port 接收到的帧不带 IEEE 802.1Q tag,那么帧将在这个接口的 Native VLAN 中传输,每个 Trunk Port 的 Native VLAN 都可设置。若 Trunk Port 发送的帧所带的 VID 等于该 Trunk Port 的 Native VLAN,则帧从该 Trunk Port 发送出去时,tag 将被剥离。Trunk Port 发送的非 Native VLAN 的帧是带 tag 的。

L2 Aggregate Port 是由多个物理端口构成的 Switch Port。对于二层交换来说,L2 Aggregate Port 就好像一个高带宽的 Switch Port,通过 L2 Aggregate Port 发送的帧将在 L2 Aggregate Port 的成员端口上进行流量平衡,当一个成员端口链路失效后,L2 Aggregate Port 可以为 Access Port 或 Trunk Port,但 L2 Aggregate Port 成员端口必须为同一类型。可以通过 interface aggregateport 命令来创建 L2 Aggregate Port。

b. 三层接口(L3 interface)。三层接口(L3 interface)可以分为物理端口和虚拟端口。物理三层端口对于三层交换机而言,通过相关命令可以将二层交换端口设置成三层路由口;虚拟三层接口 SVI(Switch Virtual Interface)是和某个 VLAN 关联的 IP 接口。每个 SVI 只能和一个 VLAN 关联,对于二层交换机来说,SVI 是交换机的管理接口,通过该管理接口,管理员可管理交换机。可通过 interface vlan 接口配置命令来创建 SVI,然后给 SVI 分配 IP 地址。

② 配置交换机接口。

a. 接口编号规则,对于 Switch Port,其编号由两个部分组成:插槽号、端口在插槽上的编号。例如,端口所在的插槽编号为 2,端口在插槽上的编号为 3,则端口对应的接口编号为 2/3。插槽的编号规则是:面对交换机的面板,插槽按照从前至后、从左至右、从上至下的顺序依次排列,对应的插槽号从 0 开始依次增加。静态模块(固定端口所在模块)编号为 0。插槽上的端口编号是从 1 到插槽行的端口数,编号顺序是从左到右,也可以通过 show 命令来查看插槽以及插槽上的端口信息。

对于 Aggregate Port,其编号的范围为 1 到交换机支持的 Aggregate Port 个数。对于 SVI,其编号就是这个 SVI 对应的 VLAN 的 VID。

b. 接口配置命令的使用。在全局配置模式下使用 interface 命令进入接口配置模式,根据如下操作步骤进入接口配置模式。

步骤 1　Configure terminal　进入全局配置模式。

步骤 2　Interface 接口 ID　在全局配置模式下输入 interface 命令,进入接口配置模式。用户也可以在全局配置模式下使用 interface range 或 interface rangmacro 命令配置一定范围的接口。

步骤 3　相关设置命令　在接口配置模式下，可以对指定的接口配置相关的协议或者进行某些应用。使用 end 命令可以回到特权模式。

例如，进入 gigabitethernet2/1 接口，在接口配置模式下可配置接口的相关属性。

```
Switch(config)# interface gigabiethernet2/1
Switch(config-if)#
```

在全局配置模式下使用 interface range 命令同时配置对个接口。当进入 interface range 配置模式时，此时设置的属性适用于所选范围内的所有接口。

在特权模式下，按照如下操作步骤使一定范围内的接口具备相同的属性。

步骤 1　Configure terminal　进入全局配置模式。

步骤 2　Interface range port-range　输入一定范围的接口。interface range 命令可以指定若干范围段。每个范围段可以使用逗号(,)隔开，同一条命令中的所有范围段中的接口必须属于相同类型。

步骤 3　End　使用通常的接口配置模式命令来配置一定范围内的接口，然后通过 end 命令回到特权模式。

当使用 interface range 命令时，请注意 range 参数的格式。有效的接口范围模式格式如下所示。

- vlan vlan-ID-vlan-ID，VLAN ID 范围 1～4094；
- fastethernet slot/{第一个 port} - {最后一个 port}；
- gigabitethernet slot/{第一个 port} - {最后一个 port }；
- Aggregate Port Aggregate Port 号- Aggregate Port 号，Aggregate Port 范围 1～n。

在一个 interface range 中的接口必须是相同类型的，即或者全是 fastethernet 或 gigabitethernet，或者全是 Aggregate Port，或者全是 SVI。

在全局配置模式下使用 interface range 命令。

```
Switch# configure terminal
Switch(config)# interface range fastethernet 0/1 - 10
Switch(config-if-range)# no shutdown
Switch(config-if-range)#
```

使用分隔符号(,)隔开多个 range。

```
Switch# configure terminal
Switch(config)# interface range fastethernet 0/1 - 5,0/7 - 8
Switch(config-if-range)# no shutdown
Switch(config-if-range)#
```

(3) Trunk 技术

① Trunk 概述。Trunk 是将一个或多个以太网交换接口和其他网络设备(如路由器或交换机)连接的点对点链路，一个 Trunk 可以在一条链路上传输多个 VLAN 的流量。

将端口设为 Port VLAN 可以实现在同一台交换机上同一 VLAN 的主机间通信，但是需要注意的是，当跨交换机的同 VLAN 的两台主机通信时，交换机相边的端口必须属于此

VLAN,如果此连接端口属于一个VLAN,那么需要为两台交换机上的所有VLAN都配置属于本VLAN端口,当两台交换机上有3个VLAN时,需要用3条链路连接两台交换机,此方法显然不现实。另一种解决方法是用一条链路连接两台交换机,并且设置此链路属于本VLAN,这种VLAN叫Tag VLAN,设为Tag VLAN的端口叫Trunk端口。Tag VLAN的特点是可以传输多个VLAN信息,默认属于所有VLAN,可以实现跨交换机的同一VLAN内主机的通信,但是需要注意的是,配置Tag VLAN的端口速率要求至少100Mbps。VLAN技术目前的标准是IEEE 802.1p,遵循此标准的VLAN数据包都被打上4字节的Tag标签,标签插入在正常以太网数据帧中间,位置在源目的MAC地址后面,4个字节中前2个字节为协议标识,后2个字节控制信息,其中最重要的信息是VLAN ID,共12比特,取值范围是0～4095,其中,0和4095保留未被使用。在跨交换机转发VLAN数据时,在交换机从Trunk口转发数据前会在数据中插入Tag标签,在到达另一交换机后,交换机可以通过Tag标签中的VLAN ID来知道此数据包属于哪个VLAN,从而可以控制此数据包的转发范围,但是,交换机在从Access口转发数据前会剥去数据帧中的Tag标签,因为主机并不支持802.1p,无法识别带有802.1p标签的数据帧。这个通过打802.1p标签的方式传输数据对用户是完全透明的。配置Tag VLAN,只需要将端口的模式设置为Trunk,Trunk默认属于所有VLAN,但是可以通过配置使Trunk端口不属于某些VLAN。

在跨交换机的同VLAN通信中,数据都需要打上Tag标签,这对数据的转发速度会产生一定的影响。如果将某一个VLAN设为Native VLAN后,那么此VLAN的主机跨交换机通信的数据帧不需要打Tag标签。假设VLAN10被设为Native VLAN,那么交换机收到数据中凡是没有打标签的数据帧均属于VLAN10,从而可以提高VLAN10数据的转发速度。通常是跨交换机流量较大的VLAN被设为Native VLAN。每个Trunk端口默认是VLAN1,是Native VLAN,配置Trunk链路时,需要确保连接链路两端的Trunk端口属于相同的Native VLAN。一个采用Trunk连接起来的网络如图4.5所示。

可以把一个普通的以太网端口设为Trunk端口。如果要把一个端口在Access模式和Trunk模式之间切换,请用switchport mode命令。命令格式如下:

```
Switchport mode access[vlan vlan-id]        !将一个接口设置成为Access模式
Switchport mode trunk                       !将一个接口设置成为Trunk模式
```

作为Trunk端口,这个端口要属于一个Native VLAN,就是指在这个接口上收发的untag报文,都被认为是属于这个VLAN的。同时,在Trunk上发送属于Native VLAN的帧,则必然采用untag的方式。每个Trunk端口的默认Native VLAN是VLAN1。

在配置Trunk链路时,应确认连接链路两端的Trunk端口属于相同的Native VLAN。

② 配置交换机Trunk端口。

a. Trunk端口基本配置。在特权模式下,按如下操作步骤可将一个配置成一个Trunk端口。

步骤1　configure terminal　进入全局配置模式。

步骤2　interface interface-id　输入想要配成Trunk口interface id。

步骤3　switchport mode trunk　定义该接口的类型为二层Trunk口。

步骤4　switchport trunk native vlan vlan-id　为这个口指定一个Native VLAN。

步骤 5 end 回到特权命令模式。

步骤 6 show interface interface-id switchport 检查接口的完整信息。

步骤 7 show interfaces interface-id trunk 显示这个接口的 Trunk 设置。

步骤 8 copy running-config startup config （可选）将配置保存进 startup config 文件。

如果把一个 Trunk 端口的所有 Trunk 相关属性都复位成默认值，可使用 no switchport trunk 接口配置命令。

b. 定义 Trunk 端口的许可 VLAN 列表。一个 Trunk 端口默认可以传输本交换机支持的所有 VLAN(1～4094)的流量。但是，用户也可以通过设置 Trunk 端口的许可 VLAN 列表来限制某些 VLAN 的流量不能通过这个 Trunk 端口。

在特权模式下，利用如下操作步骤可以修改一个 Trunk 端口的许可 VLAN 列表。

步骤 1 configure terminal 进入全局配置模式。

步骤 2 interface interface-id 输入想要修改许可 VLAN 列表的 Trunk 端口的 interface id。

步骤 3 switchport mode trunk 定义该接口的类型为二层 Trunk 端口。

步骤 4 end 回到特权命令模式步骤。

步骤 5 show interfaces interface-id switchport 检查接口的信息。

如果把 Trunk 的许可 VLAN 列表改为默认的许可所有 VLAN 的状态，使用 no switchport trunk allowed vlan 接口配置命令。

例如，把 VLAN2 从端口 0/15 中移出。

```
Switch(config)# interface fastethernet0/15
Switch(config-if)# switchport trunk allowed vlan remove 2
Switch(config-if)# end
Switch# show interfaces fastethernet0/15 switchport
Interface Switchport Mode Access Native Protected VLAN lists
…
Fa0/15 Enabled Trunk 1   1   Enabled 1.3-4094
```

c. 配置 Native VLAN。一个 Trunk 端口能够收发 tag 或者 untag 的 802.1p 帧，其中 untag 帧用来传输 Native VLAN 的流量。默认的 Native VLAN 是 VLAN1。

在特权模式下，利用以下所示的步骤可以为一个 Trunk 端口配置 Native VLAN。

步骤 1 configure terminal 进入全局配置模式步骤。

步骤 2 interface interface-id 输入配置 Native VLAN 的 Trunk 端口的 interface id。

步骤 3 switchport trunk native vlan vlan-id 配置 Native VLAN。

步骤 4 end 回到特权命令模式。

步骤 5 show interfaces interface-id switchport 验证配置。

步骤 6 copy running-config startup config 将配置保存进配置文件。

如果想把 Trunk 的 Native VLAN 列表改回默认的 VLAN1，可使用 no switchport trunk native vlan 接口配置命令。

如果一个帧带有 Native VLAN 的 VLAN ID，在通过这个 Trunk 端口转发时，会自动被剥去 tag。

当把一个接口的 Native VLAN 设置为一个不存在的 VLAN 时，交换机不会自动创建此 VLAN。此外，一个接口的 Native VLAN 可以不在接口的许可 VLAN 列表中。此时，

Native VLAN 的流量不能通过该接口。

d. 显示 VLAN。在特权模式下才可以查看 VLAN 的信息。显示的信息包括 VLAN id、VLAN 状态、VLAN 成员端口以及 VLAN 配置信息。显示命令格式如下。

```
show vlan[id vlan-id]      显示所有或指定 VLAN 参数
```

例如,显示 VLAN。

```
Switch# show vlan
VLAN name Status Ports
…
1  default active Fa0/2,Fa0/3,Fa0/4
Fa0/6,Fa0/7,Fa0/8,Fa0/9
Fa0/10,Fa0/11,Fa0/12,Fa0/13
Fa0/14,Fa0/15,Fa0/16,Fa0/17
Fa0/18,Fa0/19,Fa0/20,Fa0/21
Fa0/22,Fa0/23,Fa0/24,Gi0/1
Gi0/2
2  VLAN0002  active Fa0/5
4  VLAN0004  active
5  VLAN0005  active
Switch# show vlan id 2
Vlan Name Status Ports
…
2  VLAN0002  active Fa0/5
```

2. 访问控制列表概述

访问控制列表(ACL)是在交换机和路由器上经常采用的一种防火墙技术,它可以对经过网络设备的数据包根据一定规则进行过滤。它有以下一些作用:在网内部署安全策略,保证内网安全权限的资源访问;内网访问外网时,进行安全的数据过滤;防止常见病毒、木马攻击对用户的破坏。

ACL 的配置就和普通的规则定义一样,有两个步骤:首先定义规则,再将规则应用于接口。在应用于接口的时候,需要注意是入栈应用(进入设备方向)还是出栈应用(从设备输出方向)。

从安全的角度来看,访问列表可以基于源地址、目的地址或服务类型允许或禁止为特定的用户提供特定的资源,有可能只允许 FTP 流量提供给特定的一台主机,或者可能只允许 HTTP 流量进入 Web 服务器而不是 E-mail 服务器。

IP 访问控制列表可以在路由器上配置,也可以在三层交换机上配置,在路由器上配置的访问控制列表是由编号来命名的,也叫命名访问控制列表;每种访问控制列表都分为 IP 标准访问控制列表和 IP 扩展访问控制列表。

(1) 标准访问控制列表

访问控制列表是在路由器上建立的访问控制列表,其编号取值范围为 0～99 之间的整数值。标准控制访问列表只根据源 IP 地址过滤流量,这个 IP 地址可以是一台主机、整个网络或者特定网络上的特定主机。

当路由器交换收到一个数据包时,根据该数据包的 IP 地址从访问控制列表上面第一条语句开始逐条检查各条语句。如果检查到匹配语句，根据语句中是允许或禁止流量通过来处理该数据包：如果坚持到最后一条语句还没有匹配的语句，则该数据包被丢失。

【注意】 在标准或扩展访问列表的末尾，总是有一个隐含的 Deny all。这意味着如果数据包源地址与任何允许语句下匹配，则隐含的 Deny all 将会禁止该数据包通过。

① 定义访问控制列表。所有访问控制列表都在全局配置模式下设置，IP 标准访问列表的格式如下所示。

```
Switch(config)#access - list access - list number {permit/deny}  source{source  mask}
```

其中，access -list number 是访问列表序号，IP 标准访问列表的序号是 1～99。

permit/deny 表示访问控制列表是允许还是禁止满足条件的数据包通过。

source 是要被过滤数据包的源 IP 地址。

source mark 是通配屏蔽码，1 表示不检查位，0 表示必须匹配位。

其他可提供选项参数是 any 和 host，它们可用于 permit 和 deny 语句之后来说明任何主机或一台特定主机。这两条命令简化了语句，因为它们不需要一个通配屏蔽码。any 命令等同于通配屏蔽码 255.255.255.255，host 命令等同于通配屏蔽码 0.0.0.0。

例如，定义访问控制列表 1 允许来自网络 192.168.10.0 的流量通过。

```
Switch (config)#access - list 1  permit 192.168.10.0  0.0.0.255
```

例如，定义访问控制列表 2 特别禁止来自网络 192.168.10.0 的流量通过。

```
Switch(config)#access - list 2  deny 192.168.10.0  0.0.0.255
Switch (config)#access - list 2  permit  any
```

例如，定义访问控制列表 1 拒绝特定主机 192.168.10.1 的流量，但允许其他的所有主机。

```
Switch (config)#access - list 1  deny host 192.168.10.1
Switch (config)#access - list 1  permit any
```

例如，定义访问控制列表 2 拒绝从 192.168.0.0～192.168.255.255 的所有流量通过，但允许 192.167.0.0～192.167.255.255 的流量通过。

```
Switch (config)#access - list 2  deny 192.168.0.0  0.0.255.255
Switch (config)#access - list 2  permit  192.168.0.0  0.0.255.255
```

② 应用访问控制列表。一旦建立了标准访问控制列表，需要将它们应用到交换机的一个接口上。应用到一个接口上可选择入栈(IN)或出栈(OUT)两个方向。对于某一个接口，当要将从设备外的数据经接口流入设备内时做访问控制，就是入栈应用，当要将从设备内的数据经接口流出设备时做访问控制，就是出栈应用。路由器一个接口一个方向上只能应用一个访问控制列表。

例如，将访问控制列表 1 应用到交换机的接口 fastethernet 0 的入栈方向上。

```
Switch #configure terminal
Switch (config)# interface fastethernet0
Switch(config - if)#ip  access - group 1  in
Switch (config - if )#end
```

```
Switch #
```

③ 查看访问控制列表。配置 IP 访问列表后，用户会想知道是否正确。可以使用 show access-lists 命令来检验 IP 访问列表。

例如，查看交换机的访问控制列表。

```
Switch # how access - lists
permit  132.103.1.1   0.0.0.0 - (rule  1)
Is empty
…
```

（2）扩展访问控制列表

扩展访问控制列表简述。扩展访问控制列表是可以在路由器上创建的，其编号范围为 100～199。扩展 IP 访问控制列表可以基于数据包源 IP 地址、目的 IP 地址、协议及端口号等信息来过滤流量。

当路由器收到一个数据包时，路由器根据数据包的源 IP 地址、目的地址、协议及端口号等从访问控制列表中自上而下检查控制语句。如果检查到与一条 permit 语句匹配，则允许该数据包通过，如果报文与一条 deny 语句匹配，则该数据包被丢弃；如果检查到最后一条条件语句后还没有找到匹配的，则该数据包也将丢弃。一旦控制列表允许数据包通过，路由器将数据包的目标网络地址与路由器上的内部路由表相比较，就可以把数据包路由到它的目的地。

a. 配置扩展访问控制列表。和标准 IP 访问列表一样，扩展 IP 访问列表也在全局配置模式下输入。扩展 IP 访问列表配置命令格式如下：

```
Switch(config) # access - list listnumber{permit|deny}protocol  source  source - wildcard - mark
destination  destination - mask[operator  operand]
```

其中，listnumber 为规定序号，扩展访问列表的规则序号范围为 100～199。

permit 和 deny 表示允许或禁止满足该规则的数据包通过。

protocol 可以指定为 0～255 之间的任一协议号。对于常见协议（如 IP、TCP 和 UDP），可以直观地指定协议名，若指定为 IP，则该规则对所有 IP 包均起作用。

operator operand 用于指定端口范围，默认为全部端口号 0～65535，只有 TCP 和 UDP 协议需要指定端口范围，支持的操作符及其语法如表 4-2 所示。

表 4-2　操作符及语法

操作符及语法	意　义
Eg　portnumber	等于端口号 portnumber
Gt　portnumber	大于端口号 portnumber
It　portnumber	小于端口号 portnumber
Neg　portnumber	不等于端口号 portnumber
Range　portnumber1 portnumber2	介于端口号 portnumber1 和 portnumber2 之间

b. 应用访问控制列表。在路由器接口上应用访问控制表命令如下：

```
Ip access - group listnumber in          !指定接口上过滤接收报文的规则
No ip access - group listnumber in       !取消接口上过滤接收报文的规则
```

```
ip access - group listnumber   out            !指定接口上过滤发送报文的规则
No ip access - group listnumber out           !取消接口上过滤发送报文的规则
```

参数 in/out 表示是入栈还是出栈,如果想让访问列表对两个方向都有用,则两个参数都要加上,一个表示入栈,一个表示出栈,对于每个协议的每个接口的每个方向,只能应用一个访问列表。

例如,在路由器 R 上配置访问控制列表,实现只允许从 192.168.0.0 网段的主机向 203.39.160.0 网段的主机发送 www 报文,禁止其他报文通过。

```
R(config)#Access-list100 permit tcp 192.168.0.0   0.0.0.255   203.39.160.0   0.0.0.255 eq www
R(config)#interface fastethernet0
R(config-if)#ip access-group100 in
R(config-if)#end
R#show access -lists
```

c. 命令扩展访问控制列表。创建命名扩展访问控制表。在交换机的特权模式下,可以通过如下步骤来创建一个命令扩展访问控制表。

第一步:进入全局配置模式。

```
Switch#configure terminal
Switch(config)#
```

第二步:用名字来定义一个命令扩展访问控制表,并进入扩展访问控制列表配置模式。

```
Switch (config)#ip access  -list extended{name}
```

第三步:定义访问控制列表条件。

```
Switch(config-ext-nacl)#{deny|permit}protocol
{source   source-wildcard host   source |any }[operator port]
{destination destination  -wildcard host   destination|any}[operator port]
Switch (config-ext-nacl)#exit
Switch(config)#
```

其中,deny 为禁止通过;

permit 为允许通过;

protocol 为协议类型,TCP 为 tcp 数据流,UDP 为 udp 数据流,IP 为任务 IP 数据流;

source 为数据包源 IP 地址;

source-wildcard 为源 IP 地址通配符;

host source 代表一台源主机,其默认 source-wildcard 为 0.0.0.0;

host destination 代表一台目标主机,其默认 destination-wildcard 为 0.0.0.0;

source-wildcard 和 destination-wildcard 最大值都为 255.255.255.255;

operator 为操作符,只能为 eq。

如果操作符在 source source-wildcard 之后,则报文的源端口匹配指定值时条件生效。

如果操作符在 destination destination-wildcard 之后,则报文的目的端口匹配指定值时条件生效。

port 为十进制值,它代表 TCP 或 UDP 的端口号,值的范围为 0～65535。

第四步:应用访问控制列表。

```
Switch(config)#interface vlan n
```

其中,n 是指 VLANn,以实现 SVI 模式。

```
Switch(config-if)#ip  access-gruop[name][in|out]
```

其中,name 为访问控制列表名称；in 或 out 为控制接口流量方向。

```
Switch(config-if)#
```

第五步：退回到特权模式。

```
Switch(config-if)#end
Switch#
```

第六步：显示访问控制列表。

```
Switch#show  access-lists[name]
```

如果不指定 name 参数,则显示所有访问控制列表。

例如,在交换上配置访问控制列表实现只允许 192.168.20.0 网段上主机访问 IP 地址为 182.16.1.100 的 Web 服务器,而禁止其他任意主机使用。

```
Switch(config)#ip  access-list extended allow_2.0
Switch(config -ext -nacl)#permit tcp 192.168.20.0  0.0.0.255 host 182.16.1.100 eq www
```

思考与练习

1. 简述 VLAN 在园区网中的实际应用与意义。
2. 简述交换机建立 VLAN 的步骤。
3. 在多台交换机上创建多个 VLAN,通过 Trunk 端口相连,Trunk 端口是如何实现控制的?

4.3　任务三：配置园区网三层交换

4.3.1　任务描述

为减小广播包对网络的影响,网络管理员在公司内部按部门对网络进行了 VLAN 的划分。完成 VLAN 的划分后,发现不同 VLAN 之间无法相互访问。网络拓扑结构如图 4-7 所示。

4.3.2　方法与步骤

1. 任务分析

对于这一工作,根据要求在交换机上建立两个 VLAN：VLAN10 分配给 PC1,VLAN20 分配给 PC2。为了实现两部门的主机能够互相访问,在三层交换机上开启路由功能,查看三层交换机路由表,会发现在三层交换机路由表内有两条直

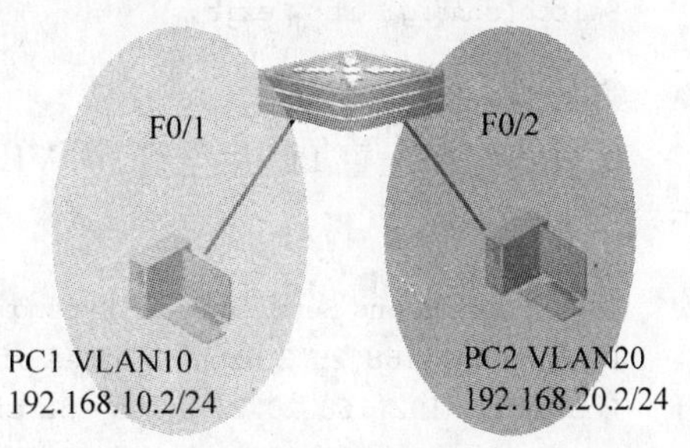

图 4-7　公司内部网络

连路由信息，实现在不同网络之间路由数据包，从而使两个部门的主机可以相互访问。

假设 PC1 为 VLAN10，其网络地址为 192.168.10.2，子网掩码为 255.255.255.0，与三层交换机的 F0/1 端口相连；PC2 为 VLAN20，其网络地址为 192.168.20.2，子网掩码为 255.255.255.0，与三层交换机的 F0/2 端口相连；VLAN10 的地址为 192.168.10.1，VLAN20 的地址为 192.168.20.1。

VLAN 间的主机通信为不同网段间的通信，需要通过三层设备对数据进行路由转发才可以实现。通过在三层交换机上为各 VLAN 配置 SVI 接口，利用三层交换机的路由功能可以实现 VLAN 间的路由。

2. 操作步骤

第一步：在全局模式下，开启三层交换机路由功能。

```
Switch# configure terminal
Switch(config) # ip routing
```

第二步：在三层交换机上创建 VLAN。

```
Switch# configure terminal
Switch(config) # vlan 10
Switch(config - vlan) # vlan 20
Switch(config - vlan) # exit
```

第三步：在三层交换机上将端口划分到相应的 VLAN。

```
Switch(config) # interface fastethernet 0/1
Switch(config - if) # switchport access vlan 10
Switch(config - if) # exit
Switch(config) # interface fastethernet 0/2
Switch(config - if) #  switchport access vlan 20
Switch(config - if) #  exit
```

第四步：在三层交换机上给 VLAN 配置 IP 地址。

```
Switch(config) # vlan 10
Switch(config - if) # ip address 192.168.10.1   255.255.255.0
Switch(config - if) # no shutdown
Switch(config - if) # exit
Switch(config - if) # interface vlan 20
Switch(config - if) # ip address 192.168.20.1   255.255.255.0
Switch(config - if) # no shutdown
Switch(config - if) # exit
```

第五步：验证测试。

按拓扑结构配置 PC 并连线，从 VLAN10 中的 PC1 ping VLAN20 中的 PC2，结果如下所示。

```
C:\Documents and Settings\shil > ping 192.168.20.2
Pinging 192.168.20.2 with 32 bytes of data:
Reply from 192.168.20.2: bytes = 32 time < 1 ms TTL = 64
Reply from 192.168.20.2: bytes = 32 time < 1 ms TTL = 64
Reply from 192.168.20.2: bytes = 32 time < 1 ms TTL = 64
```

```
Reply from 192.168.20.2: bytes = 32 time < 1 ms TTL = 64
Ping statistics for 192.168.20.2:
    Packets: Sent = 4,Received = 4,Lost = 0 (0% loss)
Approximate round trip times in milli - seconds:
    Minimum = 0ms,Maximum = 0ms,Average = 0ms
```

从上述测试结果可以看到通过在三层交换机上配置SVI接口实现了不同VLAN之间的主机通信。

【注意】 VLAN中PC的IP地址需要和三层交换机上相应VLAN的IP地址在同一网段，并且主机网关配置为三层交换机上相应VLAN的IP地址。因此，在配置主机网络参数，主机PC1的IP地址为192.168.10.2，掩码为255.255.255.0，网关为VLAN10的IP地址(192.168.10.1)；主机PC2的IP地址为192.168.20.20，掩码为255.255.255.0，网关为VLAN20的IP地址(192.168.20.2)。在PC的命令提示符ping对方PC的IP地址。

4.3.3 相关知识与技能

1. 三层交换概述

(1) 什么是三层交换

三层交换(也称多层交换技术，或IP交换技术)是相对于传统交换概念而提出的。众所周知，传统的交换技术是在OSI网络标准模型中的第二层——数据链路层进行操作的，而三层交换技术是在网络模型中的第三层实现了数据包的高速转发。简单地说，三层交换技术就是二层交换技术＋三层转发技术。

三层交换技术的出现解决了局域网中网段划分之后，网段中子网必须依赖路由器进行管理的局面，解决了传统路由器低速、复杂所造成的网络瓶颈问题。

(2) 三层交换原理

一个具有三层交换功能的设备，是一个带有第三层路由功能的第二层交换机，但它是二者的有机结合，并不是简单地把路由器设备的硬件及软件叠加在局域网交换机上。

其原理是：假设两个使用IP协议的站点A、B通过第三层交换机进行通信，发送站点A在开始发送时，把自己的IP地址与B站的IP地址比较，判断B站是否与自己在同一子网内。若目的站B与发送站A在同一子网内，则进行二层的转发。若两个站点不在同一子网内，如发送站A要与目的站B通信，发送站A要向“默认网关”发出ARP(地址解析)封包，而“默认网关”的IP地址其实是三层交换机的三层交换模块。当发送站A对“默认网关”的IP地址广播出一个ARP请求时，如果三层交换模块在以前的通信过程中已经知道B站的MAC地址，则向发送站A回复B的MAC地址。否则三层交换模块根据路由信息向B站广播一个ARP请求，B站得到此ARP请求后向三层交换模块回复其MAC地址，三层交换模块保存此地址并回复给发送站A，同时将B站的MAC地址发送到二层交换引擎的MAC地址表中。从这以后，当A向B发送的数据包便全部交给二层交换处理，信息得以高速交换。由于仅仅在路由过程中才需要三层处理，绝大部分数据都通过二层交换转发，因此三层交换机的速度很快，接近二层交换机的速度，同时比相同路由器的价格低很多。

(3) 三层交换技术的特点

① 线速路由：和传统的路由器相比，第三层交换机的路由速度一般要快十倍或数十

倍,能实现线速路由转发。传统路由器采用软件来维护路由表,而第三层交换机采用 ASIC (Application Specific Integrated Circuit)硬件来维护路由表,因而能实现线速的路由。

② IP 路由:第三层交换机既能像二层交换机那样通过 MAC 地址来标识转发数据包,也能像传统路由器那样在两个网段之间进行路由转发。而且由于是通过专用的芯片来处理路由转发,第三层交换机能实现线速路由。

③ 路由功能:第三层交换机就会自动把子网内部的数据流限定在子网之内,并通过路由实现子网之间的数据包交换。管理员也可以通过人工配置路由的方式:设置基于端口的 VLAN,给每个 VLAN 配上 IP 地址和子网掩码,就产生了一个路由接口。随后,手工设置静态路由或者启动动态路由协议。

④ 路由协议支持:第三层交换机可以通过自动发现功能来处理本地 IP 包的转发及学习邻近路由器的地址,同时也可以通过动态路由协议 RIP1、RIP2、OSPF 来计算路由路径。

⑤ 自动发现功能:有些第三层交换机具有自动发现功能,该功能可以减少配置的复杂性。第三层交换机可以通过监视数据流来学习路由信息,通过对端口入站数据包的分析,第三层交换机能自动地发现和产生一个广播域、VLAN、IP 子网和更新它们的成员。

⑥ 过滤服务功能:过滤服务功能用来设定界限,以限制不同的 VLAN 的成员之间和使用单个 MAC 地址和组 MAC 地址的不同协议之间进行帧的转发。帧过滤依赖于一定的规则,交换机根据这些规则来决定是转发还是丢弃相应的帧。

⑦ 二层(链路层)VLAN:在第二层,可以支持基于端口的 VLAN 和基于 MAC 地址的 VLAN。基于端口的 VLAN 可以快速划分单个交换机上的冲突域,基于 MAC 地址的 VLAN 可以支持笔记本电脑的移动应用。

⑧ 三层(网络层)VLAN:三层 VLAN 可以按照如下方式划分:IP 子网地址;网络协议;组播地址。

第三层交换机的第三层 VLAN,不仅可以手工配置,也可以由交换机自动产生。交换机通过对数据包的分析后,自动配置 VLAN,自动更新 VLAN 的成员。

2. 三层交换机的路由配置

(1) 路由的基本配置

三层交换机上的路由器功能默认是开启的,也可以用 no ip routing 命令关闭。在三层交换机上可以用两种方式配置路由接口,一种是通过命令开启三层交换机接口的路由功能(默认是关闭的),然后可以在接口上配置 IP 地址。在接口的三层路由功能开启前是无法配置地址的,后者是采用 Svi 配置 IP,Svi 是交换虚拟口的意思,可以理解为给 VLAN 配置 IP 后,在三层交换机上生成一个虚拟接口,此接口具有路由功能。

利用三层交换机的路由功能可以实现 VLAN 间的路由,有两种方法。第一种方法是,每个 VLAN 都连接在三层交换机的一个端口上,开启此接口的三层功能,配置 IP 即可;第二种方法是,在三层交换机上创建每个 VLAN 的 SVI 接口,即在三层交换机上创建每个 VLAN,并且给 VLAN 配 IP,然后三层交换机和二层交换机之间用 Trunk 连接。

三层交换机和路由器相连同样有两种方式。第一种方式是开启三层交换机端口的三层功能,在三层口上配置 IP,通过三层端口连接路由器;第二种方式是通过 SVI 的方式连接路由器,具体方法为,将端口加入某一 VLAN,给此 VLAN 配置 IP,将此物理端口和路由器相连。

三层交换机上可以配置 RIP 和 OSPP 路由协议，配置方法与路由器配置路由协议方法类似。需要注意的是，在三层交换机上配置 RIPv2 时，没有关闭路由自动汇总的命令。

(2) IP 和 MAC 地址绑定

地址绑定功能是将 IP 地址和 MAC 地址绑定起来，如果将一个 IP 地址和一个指定的 MAC 地址绑定，则当设备收到源 IP 地址为这个 IP 地址的帧时，当帧的源 MAC 地址不为这个 IP 地址绑定的 MAC 时，这个帧将会被设备丢弃。

利用地址绑定这个特性，可以严格控制设备的输入源的合法性校验。需要注意的是，通过地址绑定控制设备的输入，将优先于 802.1x、端口安全以及 ACL 生效。

① 配置地址绑定。在全局模式下，可以通过以下命令来设置地址绑定。

```
Sw(config)# address - bind ip - address mac - address
```

可以在全局配置模式下使用 no address-bind ip-address mac-address 命令取消该 IP 地址和 MAC 地址的绑定。

② 查看地址绑定表。可以在特权模式下使用 show address-bind 命令显示设备中已经设置了的 IP 地址和 MAC 地址的绑定。

```
sw# show address - bind
```

(3) 交换机接口配置

接口类型分两大类：二层接口和三层接口(三层设备支持)。

① 二层接口的类型又分为：switch port 及 L2 aggregate port。switch port 由设备的单个物理端口构成，只有两层交换功能。该端口可以是一个 access port 或一个 trunk port，可以通过 switch port 接口配置命令，把一个端口配置为一个 access port 或者 trunk port。switch port 被用于管理物理接口和与之相关的第二层协议，并且不处理路由和桥接。L2 aggregate port 是由多个物理成员端口聚合而成的。可以把多个物理连接捆绑在一起形成一个简单的逻辑连接，这个连接称为一个 Aggregate Port(以下简称 AP)。对于两层交换来说，AP 就好像一个高宽带的 switch port，它可以把多个端口的带宽叠加起来使用，扩展了链路宽带。此外，通过 L2 aggregate port 发送的帧还将在 L2 aggregate port 的成员端口上进行流量平衡，如果 AP 中的一条成员链路失效，L2 aggregate port 会自动将这个链路上的流量转移到其他有效的成员链路上，提高了连接的可靠性。

② 三层接口的类型分别分为 SVI(Switch Virtual Interface)、routed port 及 L3 aggregate port。

a. SVI(Switch Virtual Interface)是交换虚拟接口，用来实现三层交换的逻辑接口。SVI 可以作为本机的管理接口，通过该管理接口管理员可管理设备。也可以建立 SVI 为一个网关接口，就相当于对应各个 VLAN 的虚拟的子接口，可实现三层设备中跨 VLAN 的路由。要建立一个 SVI，可在 interface vlan 接口配置命令来建立 SVI，然后给 SVI 分配 IP 地址来建立 VLAN 之间的路由。

```
Switch(config)# vlan 10
Switch(config - if)# ip address 192.168.10.1  255.255.255.0
Switch(config - if)# no shutdown
```

即 VLAN10 就是一个 SVI 接口，且 IP 地址为 192.168.10.1，子网掩码为 255.255.255.0。

b. routed port 是一个物理端口，就如同三层设备的一个端口，能用一个三层路由协议配置。在三层设备上，可以把某个端口设置为 routed port，作为三层交换的网关接口。一个 routed port，与一个特定 VLAN 没有关系，而是作为一个访问的端口。routed port 不具备二层交换的功能，可以通过 no switchport 命令将一个二层接口 switch port 转变为 routed port，然后给 routed port 分配 IP 地址来建立路由。

【注意】 当使用 no switchport 接口配置命令时，该端口关闭并重启，将删除该端口的所有二层特征。

```
Switch(config-if)# no switchport
```

c. L3 aggregate port 是由多个物理成员端口汇聚过程的一个逻辑上聚合端口组，汇聚的端口必须为同类型的三层接口，对于三层交换来说，AP 作为三层交换的网关接口，它相当于把同一聚合组内的多条物理链路视为一条逻辑链路，是链路带宽扩展的一个重要途径。此外，通过 L3 aggregate port 发送的帧，同样能在 L3 aggregate port 的成员端口上进行平衡，当 AP 中的一条链路失效后，L3 aggregate port 会自动将这个链路上的流量转移到其他有效的成员链路上，提高了连接的可靠性。

L3 aggregate port 不具备二层交换的功能。可通过 no switch 将一个无成员二层接口 L2 aggregate port 转变为 L3 aggregate port，接着将多少个 routed port 加入此 L3 aggregate port，然后给分配地址来建立路由。

③ 配置 SVI 端口。

```
Switch (config)# interface vlan vlan-id     !创建一个 SVI 或修改一个已经存在的 SVI
Switch (config)# ip address ip-address subnet-mask      !配置 IP 地址和子网掩码
Switch (config-if)# no shutdown                         !打开端口
```

例如，显示如何进入接口端口模式，并且给 SVI100 分配 IP 地址。

```
Switch #  config terminal
Switch (config)# interface vlan 100
Switch (config-if)# ip address 192.168.10.1   255.255.0.0
Switch (config-if)# end
```

④ 配置交换机路由端口。将该端口 shutdown，并且重新转换成三层模式，该命令只适合于 switchport 和 L2 aggregate port。

```
Switch (config-if)# no switchport                        !将端口转换成三层模式
Switch (config-if)# ip address ip_address subnet-mask    !配置 IP 地址和子网掩码
Switch (config-if)# no ip address                        !删除一个三层端口的 IP 地址
```

【注意】 一个 L2 aggregate port 的成员口，不能进行 no switchport 操作。

例如，将一个二层接口配置成 Routed Port 并且给该接口分配 IP 地址。

```
Switch #  configure terminal
Switch (config)# interface fastethernet1/1
Switch (config-if)# no switchport
Switch (config-if)# ip address 192.168.10.1   255.255.0.0
Switch (config-if)# end
```

⑤ 配置 L3 aggregate port。在接口模式下使用 no switchport 将某个 L2 aggregate port 转化 L3 aggregate port。

```
Switch (config - if) # no switchport                        !将端口转化成三层模式
Switch # (config - if) ip address ip - address subnet - mask   !配置 IP 地址和子网掩码
```

例如，创建 L3 aggregate port，并且给该接口分配 IP 地址。

```
Switch # config terminal
Switch (config - if) # interface aggregateport 2
Switch (config - if) # no switchport
Switch (config - if) # ip address 192.168.1.1   255.255.255.0
Switch (config - if) # no shutdown
Switch (config - if) # end
```

(4) 三层交换机与路由器间动态路由协议的配置举例

① 工作任务。某园区局域网由若干交换机构成，现学校需要将校园网接入互联网，学校在出口使用一台路由器连接互联网。请做动态路由器协议 RIP 配置，实现三层交换机通过 SVI 路由器之间的互通。

② 任务分析。首先在三层交换机上划分为两个 VLAN，一个(VLAN10)与局域网 PCI 相连；另一个(VLAN20)与路由器相连。在两个 VLAN 中分别设置 IP 地址，VLAN10 中的 IP 地址与 PC1 在一个网络内；VLAN20 中的 IP 地址与相联路由器接口的 IP 地址在一个网段内。在三层交换机和路由器内分别配置动态协议 RIP。这样，两台 PC 再做相应配置就可以互通了，网络拓扑结构如图 4-8 所示。

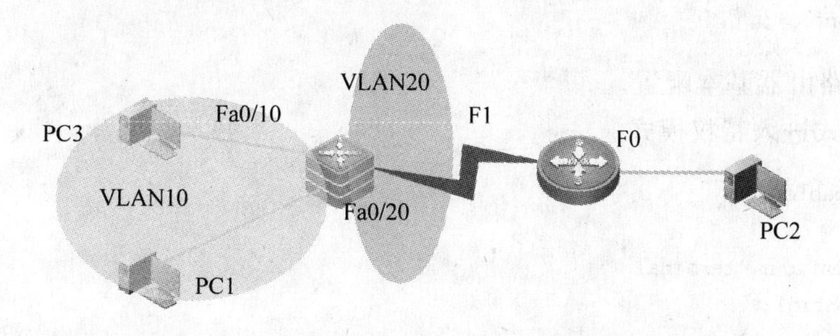

图 4-8 三层交换机与路由器动态路由配置图

其中，交换机 fastethernet 0/10 的端口地址为 192.168.10.1，子网掩码为 255.255.255.0；

交换机 fastethernet 0/10 的端口地址为 192.168.20.1，子网掩码为 255.255.255.0；

路由器 fastethernet 1 的端口地址为 192.168.20.2，子网掩码为 255.255.255.0；

路由器 fastethernet 1 的端口地址为 192.168.30.1，子网掩码为 255.255.255.0。

③ 操作步骤。

第一步：在全局配置模式下，开启三层交换机路由功能。

```
Switch# configure terminal
Switch (config) # ip routing
```

第二步：建立 VLAN。

```
Switch (config) # vlan10                  !建立 vlan10
Switch (config - vlan) # name lan          !将 vlan10 的名称设定为 LAN
Switch (config - vlan) # exit              !退出 VLAN 配置模式
Switch (config) # vlan20                  !建立 VLAN20
```

```
Switch (config-vlan)# name router                  !将 VLAN10 的名称设定为 router
Switch (config-vlan)# exit                         !退出 VLAN 配置模式
Switch (config)# interface fastethernet 0/10       !进入交换机端口 Fa0/10 配置模式
Switch (config-if)# switchport mode access         !设置交换机端口 Fa 0/10 为 Access 类型
Switch (config-if)# switchport access vlan10       !将交换机端口 Fa 0/10 分配到 VLAN10 中
Switch (config-if)# exit                           !退出端口配置模式
Switch (config)#  interface fastethernet 0/20      !进入交换机端口 Fa 0/20 配置模式
Switch (config-if)# switchport mode access         !设置交换机端口 Fa 0/20 为 Access 类型
Switch (config-if)# switchport access vlan20       !将交换机端口 Fa 0/20 分配到 VLAN20 中
Switch (config-vlan)# exit                         !退出 VLAN 配置模式
Switch (config)#
```

第三步：配置三层交换机端口的路由功能。

```
Switch(config)# interface vlan10
Switch(config-if)# ip address 192.168.10.1   255.255.255.0
Switch(config-if)# no shutdown
Switch(config-if)# exit
Switch(config)#
Switch(config-if)# interface vlan20
Switch(config-if)# ip address 192.168.20.1   255.255.255.0
Switch(config-if)# no shutdown
Switch(config-if)# exit
Switch(config)#
```

第四步：路由器基本配置。

从用户模式进入特权模式。

```
Router> enable
Router#
Router# configure terminal
Router (config)#
Router (config)# hostname RouterA
RouterA(config)#
RouterA(config)# interface fastethernet 0
RouterA(config-if)# ip address 192.168.30.1   255.255.255.0
RouterA(config-if)# no shutdown
RouterA(config-if)# Exit
RouterA(config)#
RouterA(config)# interface fastethernet 1
RouterA(config-if)# ip address 192.168.20.1   255.255.255.0
RouterA(config-if)# no shutdown
RouterA(config-if)# Exit
RouterA(config)#
RouterA(config)# line VTY  0  4
RouterA(config-line)# login
RouterA(config-line)# enable  password  100
RouterA(config)# enable secret level 15 0 100
```

第五步：动态路由协议 RIP 配置。

在三层交换机上动态路由协议 RIP 配置。

```
Switch (config) # router rip
Switch (config - router) # network 192.168.10.0
Switch (config - router) # network 192.168.20.0
Switch (config - router) # end
Switch #
```

在路由器上动态路由协议 RIP 配置。

```
RouterA(config) #  router rip
RouterA(config - router) # network 192.169.20.0
RouterA(config - router) # network 192.168.30.0
RouterA(config - router) # end
RouterA #
```

第六步：查看路由表。

```
Switch # show ip route                    !查看三层交换机上的路由信息
RouterA # show ip route                   !查看路由器上的路由信息
```

第七步：在两台 PC 上做相应的网络参数配置，包括 IP 地址、子网掩码、网关等。然后分别在两台 PC 上 ping 对方 PC 的 IP 地址，验证网络的连通性。

思考与练习

1. 简述三层交换机与路由器的区别。
2. 配置三层交换机的路由功能，使不同 VLAN 之间能互连互通。

4.4 任务四：园区网典型网络故障分析

4.4.1 任务描述

某园区进行了一次网络改造，网络用户报告说有几台计算机无法访问服务器。网络结构如图 4-9 所示。

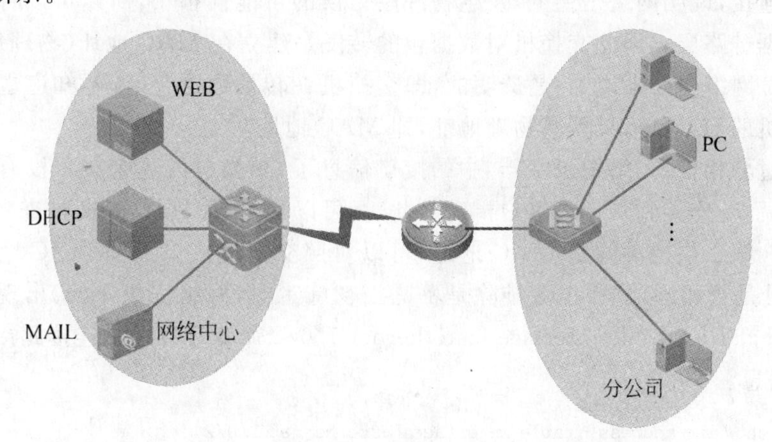

图 4-9 园区网络故障图

4.4.2 方法与步骤

1. 任务分析

由于分公司的大部分客户端都能访问到网络中心的服务器,而只有部分客户端无法访问,所以应该确认服务器的应用程序没有问题。同时,从网络中心至分公司的通信线路也完好。所以可以根据 OSI 的七层模型的工作原理,采用"从下至上"的方法排除网络故障,即从物理层开始。当确保网卡和网络连接没有问题的时候,再"上升一层"排除问题,直至找到故障原因。

2. 故障解决思路与步骤

客户端无法访问网络的情况在企业网络故障中应该是最常见的一种,这首先要怀疑连接这台客户端的物理层链路出现了问题。

(1) 物理层检查

首先要求用户检查网络客户端网络的物理连接是否正常,查看网线是否与墙上端口和设备相连,连接点是否牢靠等。然后再查看交换机端口的工作状态。

由于交换机端口的指示灯状态工作正常,没有反映出故障原因。所以只能登录到这台交换机,利用 show ip interface brief 命令查看其端口是否工作正常。

一般持续绿色代表链路正常运行,如果闪烁绿色则表明正在发送或者接收数据。

```
Switch# show ip interface brief
Interface           IP-Address    OK?  Method  Status             Protocol
fastethernet1/0/1   unassigned    YES  unset    up                   up
fastethernet1/0/2   unassigned    YES  unset    up                   up
fastethernet1/0/3   unassigned    YES  unset    up                   up
fastethernet1/0/4   unassigned    YES  unset    up                   up
```

从这条命令的执行结果中看到,fastethernet1/0/2 状态(Status)和协议(Protocol)工作都是 up 状态,这证明此终端的线缆连接到交换机是正常的,初步可以排除是物理层的问题。

(2) 检查数据链路层

既然有连接,说明网络是通的,发生物理层错误的可能性很小,所以可以将故障排查上升一层到数据链路层。因此交换机对数据包的转发是建立在 MAC 地址(物理地址)基础之上的,对于 IP 网络协议来说,它是透明的,即交换机在转发数据包时,不知道也无须知道信源机和信宿机的 IP 地址,只需其物理地址,即 MAC 地址。

是不是过分相信《网络记录文档》中的接口信息了,交换机的这个接口没有真正连接到这台客户端,而是连接到其他的客户端呢?此时,可以利用第二层信息的排查来确定这个错误是否存在。第二层的关键是 MAC 地址,可以对照交换机接口上的 MAC 地址和客户端的 MAC 地址是否相同,这样也能排除是不是当初施工时《网络记录文档》出现了问题。使用 show mac address-table interface fastethernet 1/0/2 命令可以显示连接此接口计算机的 MAC 地址信息。

```
Switch# show mac address-table interface fastethernet 1/0/2
                Mac Address Table
   -----------------------------------
```

```
Vlan     Mac Address      Type       Ports
---      ---------        -------    -----
 10      0014.2275.57ac   DYNAMIC    fastethernet 1/0/2
Total Mac Addresses for this criterion: 1
```

此时在客户端上查看本机的MAC地址，如果不匹配则说明交换机上的接口并不是真的连接了这台客户端。用户在客户端上执行IPCONFIG/ALL命令，然后将MAC地址和上面的进行对比，发现MAC地址是相同的。可能在数据链路层还有其他的错误，但至少《网络记录文档》并没有出错，交换机端口和客户端主机是对应的。

(3) 检查网络层

接下来查看第三层。在PC上使用IPCONFIG/ALL命令进行检查，输出结果显示如下：

```
C:\Documents and Settings\Administrator> ipconfig /all
Windows IP Configuration
    Host Name . . . . . . . . . . . . : officetm1
    Primary Dns Suffix . . . . . . . :
    Node Type . . . . . . . . . . . . : Hybrid
    IP Routing Enabled. . . . . . . . : No
    WINS Proxy Enabled. . . . . . . . : No
    DNS Suffix Search List. . . . . . : No
Ethernet adapter 本地连接:
    Connection-specific DNS Suffix .: lszjy.com.cn
    Description . . . . . . . . . . . : Realtek RTL8168/8111  PCI-E Gigabit Ethernet NIC
    Physical Address. . . . . . . . . : 00-14-22-75-57-AC
    Dhcp Enabled. . . . . . . . . . . : Yes
    Autoconfiguration Enabled . . . . : Yes
    IP Address. . . . . . . . . . . . : 10.10.2.41
    Subnet Mask . . . . . . . . . . . : 255.255.255.0
    Default Gateway . . . . . . . . . : 10.10.2.62
    DHCP Server . . . . . . . . . . . : 10.88.56.1
    DNS Servers . . . . . . . . . . . : 10.88.56.1
    Primary WINS Server . . . . . . . : 10.88.56.1
```

这里，可以看到PC有IP地址，这台PC通过DHCP获得10.88.x.x范围内的地址，但是现在地址却是10.10.x.x。

终于发现了故障原因，DHCP服务器分发的IP地址不属于子网。这种问题多出现在PC从某个子网挪到另一个子网时，PC依然请求旧的IP地址就产生了问题，因此可以断定问题出现在网络层。

因此，可以让PC的网络接口租用的IP地址重新交付给DHCP服务器(即归还IP地址)。使用IPCONFIG/RELEASE命令，然后使用IPCONFIG/RENEW命令，PC就会获得正确的IP地址，所有的网络应用就都可以使用了。

4.4.3 相关知识与技能

1. 网络故障诊断概述

计算机网络是一个复杂的综合系统，它的故障诊断工作也是一个综合性的技术问题，是一个涉及网络技术的、比较困难的和复杂的工作。网络管理工作者都往往遇到过网络异常的困扰。如果发现网络运行速度慢,或者经常出现莫名其妙的现象,则网络就可能存在故障隐患。网络故障诊断是以网络原理、网络配置和网络运行知识为基础的。从故障现象出发,以网络诊断工具为手段获取诊断信息,确定网络故障点,查找问题的根源,排除故障,恢复网络的正常运行。保证网络的正常运行,提高网络的利用率,使网络发挥最大的作用。

(1) 网络故障诊断的目的

网络故障诊断应该有3个方面的目的。

① 确定网络的故障点,恢复网络的正常运行。

② 发现网络规划和配置中的问题,改善和优化网络的性能。

③ 观察网络的运行状况,及时预测网络通信质量。

(2) 产生网络故障的原因

产生网络故障的原因很多,可能是交换机的端口故障使有差错的数据包增多;还可能是服务器、硬盘的故障使网络瘫痪;软件的设置错误或其他错误更会引发各种问题;一条链路负载量大,也可能形成整个网络的瓶颈。网络故障通常有以下几种可能。

① 物理层问题,由于物理设备相互连接失败或者硬件及线路本身而引起的问题。

② 数据链路层问题,包括网络设备接口的配置等问题。

③ 网络层问题,由于网络协议配置或操作引起的错误。

④ 传输层问题,由于性能或通信拥挤引起传输超时问题。

⑤ 应用层问题,包括网络操作系统(NOS)、网络应用程序或网际操作系统(IOS)自身中的软件错误。

前4种是OSI数据通信模型中的第一层的物理层至第四层的传输层所出现的问题,第5种是OSI数据通信模型中上三层中所出现的问题。因此诊断网络故障的过程通常的方法是应该先从OSI数据通信模型的物理层开始逐层向上进行。首先检查物理层,然后检查数据链路层,以此类推,将能够查清出现故障的位置。

(3) 一般故障排除步骤

网络故障诊断的一个重要问题是确定从何处开始相关的工作。下面就介绍在大多数情况下可以使用的一套故障诊断的框架,具体采用什么样的方法和措施要根据实际情况灵活处理。一般故障排除步骤如下。

第一步:故障定位。

故障的定位就是要清楚故障的性质及其影响范围,将故障范围缩小到一个网段、某一个结点或每一个网络设备。缩小故障范围是解决问题的开始,还需要确认故障是否会出现在其他结点上,故障是局限与一个结点还是某个网络设备。明确故障的范围不仅可以帮助确定解决问题的方法的起点,还可以确定解决问题的优先顺序。如整个网络的交换机或服务器故障就比单独的工作站的故障优先考虑。

第二步:收集相关信息。

当分析网络故障时,要先了解故障的情况,应该详细说明故障的现象症状,向用户、网络管理员、管理者和其他人了解一些和故障有关的问题,最初收集到的相关信息可能大多都来自客户。向用户所提出问题内容的差异和提问方式的不同会对解决问题有着较大的影响。如以前工作是否正常;故障发生的时间;是否发生了任何改变;确定正常的工作方式;等等。

第三步：考虑故障的可能原因。

确定了故障源，收集了足够的信息后，就可以根据故障现象和收集到的信息考虑引发故障的可能原因及其有关的帮助信息，并通过分析，推断出最后产生故障的可能原因，并识别出故障的类型。

第四步：确定解决方案。

当确定了最后可能引发故障的原因之后，就可以方便地制订出相关故障的解决方案。

第五步：实施解决方案。

在完成前面的步骤后，就可着手对解决方案进行实施或应用。在这一阶段还会遇到一些中间测试环节。在测试过程中，应用设计的一些中间环节，以便可以在一些关键点进行限额时，而不是对整个解决方案的测试过程结束之后再对结果作出评价。逐步对一些个别测试远比对整个解决方案进行测试要简单得多。解决应用问题的一种比较好的方法是制订一个逐步执行的计划，以便于能够对中间环节进行测试。

第六步：测试验证解决方案，即检验故障是否被排除。

故障是否被排除，要通过操作人员的测试验证。检验故障是否依然存在，这可以确保是否整个故障都已被排除。只是简要地请用户按正常方法操作有关网络设备即可，同时请用户快速地执行其他几种正常操作。要记录相关的信息。有时解决一个地方的问题会引出别处的问题。有时问题是解决了，但也有可能会掩盖其他故障。

第七步：记录解决方案。

将测试过程中的相关记录以及测试步骤整合成一篇记录文献或文档，故障已经排除，问题得到了解决，不能忽视了记录和文献记载，因为同样的故障将来极有可能还会出现。通过记录文档可以方便地解决类似问题。

第八步：确定预防措施。

当完成了故障排除和文献记录等工作之后，就应该着手制定预防措施，以防止同样的故障再次发生。预防措施是最简单的，也是有效的方法。设计预防措施是一种主动的网络管理方式，而不是一种被动的管理方式。

(4) 网络故障诊断的工具

网络故障诊断（包括故障排除）可以使用包括局域网或广域网分析仪等在内的多种工具。

① 路由器诊断命令。网络管理工具和其他故障诊断工具，包括网络测试及监视工具。Cisco 所提供的工具能够排除绝大多数网络故障。

查看路由表是解决网络故障开始的好地方。

Internet 控制信息协议（ICMP）的 ping、trace 命令和 Cisco 的 show 命令、debug 命令是获取故障诊断有用信息的网络工具。

通常使用一个或多个命令收集相应的信息，例如：

ping 命令是测定设备是否可到达目的地的常用方法。ping 从源点向目标出发 ICMP 信息包，如果成功的话，返回的 ping 信息包就证实从源点到目标之间所有物理层、数据链路层和网络层的功能都运行正常。

show interface 命令可以非常容易地获得待检查的每个接口的信息。

show buffer 命令提供定期显示缓冲区大小、用途及使用状况等。

show proc 命令和 show proc mem 命令可用于跟踪处理器和内存的使用情况，可以定期收集这些数据，在故障出现时，用于诊断参考。网络故障以某种症状表现出来，故障症状包括一般性的(如用户不能接入某个服务器)和较特殊的(如路由器不在路由表中)。对每一个症状使用特定的故障诊断工具和方法都能查找出一个或多个故障原因。

随时记录所看到的、学到的内容是很重要的。特别是计算机及网络维护人员养成坚持记录的习惯是非常有用的。尤其是对故障的处理及有关技巧尤为重要，因为同样的事件必然会重复发生。

互联网是世界上最大的电子信息仓库，所以通过互联网的搜索引擎等，有时可以在互联网的知识库中得到故障的解决方法。

② 网络记录。如果想了解网络故障的原因以及相应的解决方法，任何方法都不能取代网络记录。一个详细的网络记录对于缩短故障处理的时间有比较大的帮助。网络的安装、维护、故障分析过程等内容，应该都有相应的记录。这对于网络管理员而言，网络记录应该像用户手册一样。

2. 按照网络故障的对象分类

按照网络故障的对象分类，网络故障分为线路故障、路由器故障和主机故障。

(1) 线路故障。线路故障最常见的情况就是线路不通，诊断这种情况首先检查该线路上流量是否还存在，然后用 ping 检查线路远端的路由器端口能否响应，用 tracert 命令检查路由器配置是否正确，找出问题逐个解决。

(2) 路由器故障。路由器的路由配置错误等原因引起的故障，以至于路由循环找不到远端地址，或者是路由掩码设置错误等原因。线路故障中很多情况都涉及路由器，因此也可以把一些线路故障归结为路由器故障。

(3) 主机故障。主机故障是主机(服务器或客户机)上的网络故障。主机故障常见的现象就是主机的配置不当，如主机配置的 IP 地址与其他主机冲突，或 IP 地址根本就不在子网范围内，由此导致主机无法连通。主机的另一故障就是安全故障。例如，非法用户的攻击等。攻击者可以通过某些进程的正常服务或 bug 攻击该主机，甚至得到 Administrator 的权限等。另外不要轻易共享本机硬盘，因为这将导致恶攻击者非法利用该主机的资源。发现主机故障一般比较困难，特别是别人恶意的攻击。

3. 网络故障的分层检查

(1) 物理层

物理层是 OSI 分层结构体系中的第一层，它建立在通信媒体的基础上，实现系统和通信媒体的物理接口。数据链路实体之间进行透明传输，为建立、保持和拆除计算机与网路之间的物理连接提供服务。

① 线路方面的故障。线路方面的故障主要表现在没有连接电缆：电缆连接方式错误，如集线设备之间的连接线该用交叉线却用了直通线等错误(如果是用双绞线连接，大多是用交叉电缆连接)；连接电缆不正确，如双绞线采用标准(EIA/TIA 568-A 和 EIA/TIA 568-B)不一致；违反以太网接线规则和布线标准；网线、跳线或信息座故障。

② 端口设置方面的故障。速率和双工设备不匹配；数据收/发的线路没有接通，如路由器中的端口表现为 down 状态等。

③ 交换机故障。连接距离过长造成的网络故障，如局域网的连接范围较大时，可以通

过集线器之间的级联扩大网路的传输距离。

④ 端口出现故障。若某个接口有问题，可以换一个接口试一试。另外有些集线器或交换机的级联口和与之紧靠的一个端口不是独立的两个端口，而是属于同一个端口（虽然存在两个独立的物理端口）。如果将其中一个端口作为级联端口使用，则另一个端口将无效。

可以观察交换机或集线器的指示灯作为工作正常与否的依据。通常，一般情况下，绿灯亮表示工作正常，红灯亮表示有故障。

⑤ 电源方面的故障。如掉电、超载、欠压等故障。

⑥ 网卡故障。网卡为计算机和其他设备提供了连接到网络介质的接口。网卡接收比特信号并将其发送到数据链路层。网卡发生故障的原因可能是网卡参数设置错误。网卡的参数设置包括全双工状态、绑定帧类型、中断号(IRQ)、I/O端口、DMA通道设置，如果这些参数设置错误，就会导致系统设备之间的冲突，网卡就不能正常工作。

(2) 数据链路层

数据链路层的主要任务是在不可靠的物理线路上进行可靠的数据传输，即网络层无须了解物理层的特征而获得可靠的传输。数据链路层为通过链路层的数据进行打包和解包、差错检测并具备一定的校正能力，并协调共享介质。在数据链路层交换数据之前，协议关注的是形成帧和同步设备。数据链路层故障检查包括以下几个方面：数据链路层数据帧的问题，包括帧错发、帧重发、丢帧和帧碰撞；流量控制问题；数据链路层地址的设置问题；链路协议的建立问题，在连接端口应该使用同一数据链路层协议封装。

查找和排除数据链路层的故障，需要查看路由器的配置，检查连接端口的共享同一数据链路层的封装情况。每对接口要和与其通信的其他设备有相同的封装。通过查看路由器的配置检查其封装，或者使用show命令查看相应接口的封装情况。

(3) 网络层

供建立、保持和释放网络层连接的手段，包括路由选择、流量控制、传输确认中断、差错及故障恢复等。

网络层故障检查的基本方法是：沿着从源到目标的路径，查看路由器路由表，同时检查路由器接口的IP地址。如果路由没有在路由表中出现，应该通过检查来确定是否已经输入适当的静态路由、默认路由或者动态路由。然后手动配置一些丢失的路由，或者排除一些动态路由选择过程的故障，包括RIP或者IGRP路由协议出现的故障。例如，对于IGRP路由选择信息只在同一自治系统号(AS)的系统之间交换数据，查看路由器配置的自治系统号的匹配情况。

(4) 传输层

传输层故障检查主要包括以下几个方面：差错检查方面如数据包的重发等；通信拥塞或上层协议在网络层协议上的捆绑方面，如微软文件和打印共享协议在IPX协议上的绑定等。

(5) 应用层

应用层故障检查主要包括以下几个方面：操作系统资源（如CPU、内存、输入输出系统、核心进程等）的运行状况；应用层对系统资源的占用和调度；管理方面问题，如安全管理、用户管理等。

思考与练习

1. 简述解决网络故障的方法与步骤。
2. 简述网络层故障检查的基本方法。

4.5 任务五：园区网的互联网接入

4.5.1 任务描述

1. 背景描述

某园区为了扩大经营规模，在另一城市又新建了一园区，作为其分部，要求两园区的网络通过路由器相连，现要求在路由器上做适当的配置，实现两园网内部主机相互通信。网络拓扑结构图如图 4-10 所示。

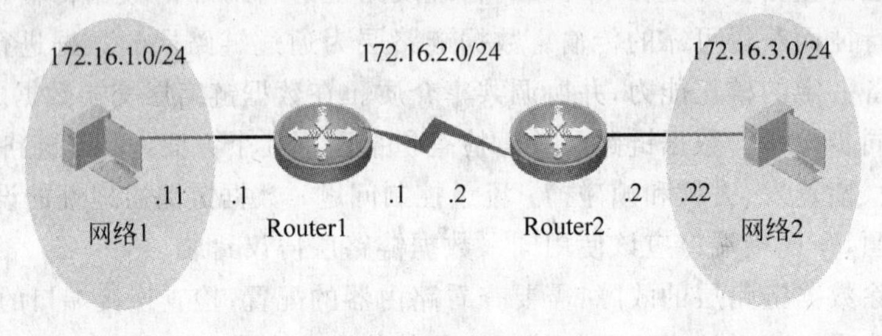

图 4-10 园区互联网接入图

2. 需求分析

实现网络的相互连通，从而实现信息的共享和传递。针对这一任务，通过路由器广域端口 S0 连接两园区，分别对两台路由器的端口分配 IP 地址，并配置静态路由，这样对两园网内的主机设置 IP 地址和网关就可以实现相连相通了。

4.5.2 方法与步骤

1. 网络 IP 地址规划

(1) 网络 1 地址规划。地址范围：172.16.1.0，子网掩码：255.255.255.0。其中 Router1 的 fastethernet 1/0 端口地址为 172.16.1.1/24。

(2) 网络 2 地址规划。地址范围：172.16.3.0，子网掩码：255.255.255.0。其中 Router1 的 fastethernet 1/0 端口地址为 172.16.3.2/24。

(3) 网络互联地址规划。地址范围：172.16.2.0，子网掩码：255.255.255.0。其中 Router1 的 serial 1/2 端口地址为 172.16.2.1/24，Router 2 的 serial 1/2 端口地址为 172.16.2.2/24。

2. 网络配置步骤

(1) 路由器 Router1 配置

第一步：为路由器 Router1 配置主机名。

```
R>enable                                    !从用户模式进入特权模式
R#configure terminal                        !从特权模式进入全局配置模式
R(config)#hostname Router1                  !设路由器 1 的主机名为 Router1
```

第二步：在路由器 Router1 上配置接口的 IP 地址和串口上的时钟频率。

```
Router1(confing)# interface fastethernet 1/0
Router1(confing-if)# ip address 172.16.1.1   255.255.255.0  !路由器 fastethernet 1/0 端口
                                                              配置 IP 地址
Router1(confing-if)# no shutdown
Router1(confing)# interface serial 1/2
Router1(confing-if)# ip address 172.16.2.1   255.255.255.0  !路由器 serial 1/2 端口配置 IP
                                                              地址
Router1(confing-if)#clock rate 64000     !配置 Router1 的时钟频率(DCE)
Router1(confing-f)# no shutdown
```

第三步：路由器 Router1 上配置静态路由。

```
Router1(config)#ip route 172.16.3.0 255.255.255.0 172.16.2.2
```

或

```
Router1(config)#ip route 172.16.3.0 255.255.255.0 serial 1/2
Router1#show ip route
Codes:C-connected,S-static ,R-RIP
O-OSPF,iA-OSPF inter area
N1-OSPF NSSA extemal type 1,N2-OSPF NSSA extemal type 2
E1-OSPF extemal type 1,E2-OSPF extemal type 2
 *-candidate default
Gateway of last resort is no set
C  172.16.1.0/24   is directly connected,fastethernet 1/0
C  172.16.1.1/32   is local host.
C  172.16.2.0/24   is directly connected serial 1/2
C  172.16.2.1/32   is local host
S  172.16.3.0/24[1/0]via 172.16.2.2
```

(2) 路由器 Router2 配置

第一步：为路由器 Router2 配置主机名。

```
R>enable                                    !从用户模式进入特权模式
R#configure terminal                        !从特权模式进入全局配置模式
R(config)#hostname Router2                  !设路由器 2 的主机名为 Router2
```

第二步：在路由器 Router2 上配置接口的 IP 地址和串口上的时钟频率。

```
Router2(config)#interface fastethernet 1/0
Router2(config-if)#ip address 172.16.3.2   255.255.255.0
Router2(config-if)#clock rate 64000      !配置 Router1 的时钟频率
Router2(config-if)#no shutdown
Router2(config-if)#exit
Router2(config)#interface serial 1/2
Router2(config-if)#ip address 172.16.2.2    255.255.255.0
Router2(config-if)#no shutdown
```

第三步：在路由器 Router2 上配置静态路由。

```
Router2(config)#ip route 172.16.1.0 255.255.255.0 172.16.2.1
```

或

```
Router2(config)#ip route 172.16.1.0 255.255.255.0 serial 1/2
Router2#show ip route                                        !验证 Router2 上的静态路由
Codes: C - connected,S- static ,R- RIP
O-OSPF,Ia-OSPF inter area
N1-OSPF NSSA external type 1,N2-OSPF NSSA extemal type 2
E1-OSPF extemal type 1,E2-OSPF extemal type 2
 * - candidate default
Gateway of last resort is no set
S     172.16.1.0/24[1/0]via 172.16.2.1                       !配置的静态路由
C     172.16.2.0/24   is directly connected,serial 1/2
C     172.16.2.2/32   is local host
C     172.16.3.0/24   is directly connected,fastethernet 1/0
C     172.16.3.2/32   is local host
```

(3) 测试网络的互联互通性

```
C:\>ping 172.16.3.22
Pinging 172.16.3.22  with 32  bytes of data:
Reply from 172.16.3.22:bytes=32   time<10ms TTL=126   !从 pc1   ping  pc2
Reply from 172.16.3.22:bytes=32   time<10ms TTL=126
Reply from 172.16.3.22:bytes=32   time<10ms TTL=126
Reply from 172.16.3.22:bytes=32   time<10ms TTL=126
C:\>ping 172.16.1.11
Pinging 172.16.1.11  with 32  bytes of data:
Reply from 172.16.1.11   bytes=32   time<10ms TTL=126     !从 pc2   ping  pc1
Reply from 172.16.1.11   bytes=32   time<10ms TTL=126
Reply from 172.16.1.11   bytes=32   time<10ms TTL=126
Reply from 172.16.1.11   bytes=32   time<10ms TTL=126
```

【注意】 如果两台路由器通过串口直接互联,则必须在其中一端设置时钟频率(DCE)。

(4) 检查配置

完成上述配置之后,可通过下面命令检查路由器配置情况。

```
Router1#show running-config                              !显示路由器 Router1 的全部配置
Building configuration…
Current configuration:517 bytes
!
Version 8.32(building 53)
Hostname Router1
Interface serial 1/2
Ip address 172.16.2.1  255.255.255.0
Clock rate 64000
Interface serial 1/3
Clock rate 64000
!
Interface fastethernet 1/1
Duplex auto
Speed auto
```

```
Shutdown
!
Interface Null 0
!
Ip route 172.16.3.0  255.255.255.0  172.16.2.2
!
Line con 0
Line aux 0
Lin vty 0 4
Login
!
End
Router2 # show running - config                !显示路由器 Router2 的全部配置
Building configuration
Current configuration : 498 bytes
!
Version 8.32(building 53)
Hostname Router2
Interface serial 1/2
Ip address 172.16.2.2  255.255.255.0
Interface serial 1/3
Clock rate 64000
!
Interface fastethernet 1/0
Ip address 172.16.3.2  255.255.255.0
Duplex auto
Speed auto
Interface fastethernet 1/1
Duplex auto
Speed auto
Shutdown
!
Interface Null 0
!
Ip route 172.16.1.0  255.255.255.0  172.16.2.1
!
Line con 0
Line aux 0
Line vty 0 4
Login
!
end
```

4.5.3　相关知识与技能

1. 路由器启动过程

当路由器加电后，将首先执行加电自检并在终端显示出有关信息。然后加载并运行启动代码。接下来要定位 IOS 软件、加载 IOS 软件。有一些路由器的 IOS 以压缩形式存储在闪存中，另外一些路由器的 IOS 存储在闪存中并直接在闪存中运行。接下来要定位启动配置文件，一般启动配置文件存储在 NVRAM 中，有时也可以存储在网络中的 TFTP 服务器中。当找到启动配置文件后，路由器加载并运行启动配置文件，该过程是将启动配置文件逐条读入内存中变成运行配置文件,并依次解释运行配置文件中的命令。当配置文件运行完成后,路由器的启动过程也就结束了。路由器开始经过配置的 IOS 软件并接收用户的 CLI 命令。

2. 路由器配置方式

可以用多种方式对路由器进行配置,如利用控制台(Console,CON)端口在本地配置路由器,利用辅助端口通过调制解调器从远程对路由器进行配置或利用虚拟终端协议 Telnet 登录到路由器进行配置,也可以利用网管软件对路由器进行配置,还可以通过 FTP/TFTP 服务器上载配置文件。下面介绍两种常用的配置方式。

(1) 通过超级终端进行配置

对于第一次初始安装的路由器来说,只能通过控制台端口对其进行初始配置。在配置之前,首先必须用路由器附带的控制台电缆连接路由器和终端(一般为 PC)。

将控制台电缆的 RJ-45 接头的一端连接到路由器的控制台端口,另一端连接到计算机的串行接口 COM1 或 COM2 等,如图 4-11 所示。

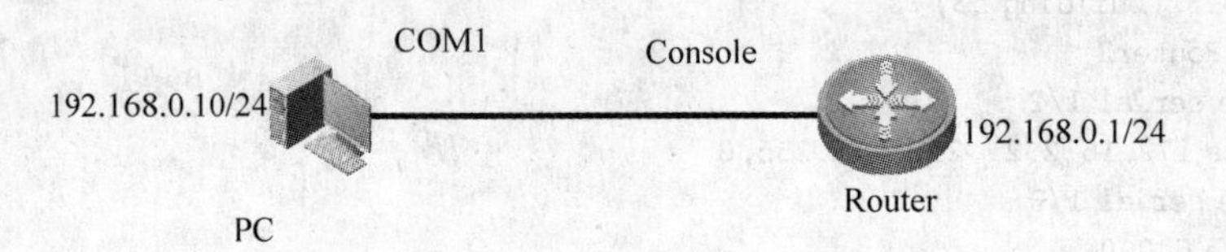

图 4-11　通过超级终端进行配置

正确连接线缆之后,在工作站端(Windows 98/2000 等)启动"超级终端"应用程序,对其进行配置。

(2) 通过 Telnet 进行配置

当为路由器的某个接口设置了 IP 地址后,可以通过虚拟终端从任何地点 Telnet 到路由器上对其进行配置,如图 4-12 所示。

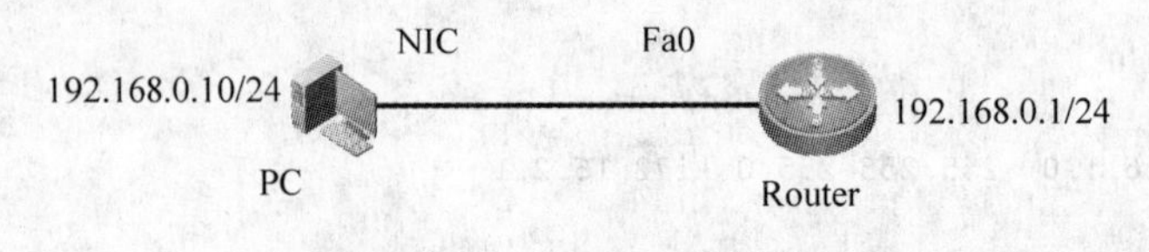

图 4-12　通过 Telnet 进行配置

3. IOS 配置基础

使用路由器配置向导可以方便、快捷地对路由器进行初始配置。但是,配置向导只被设计用来执行一些基本的初始配置。对于更为详细的参数、选项设置,只能由路由器管理员通过 IOS 配置界面手动完成。

(1) 路由器命令解释器及路由器配置模式

命令解释器(Command Interpreter)负责解释用户输入的路由器配置命令。命令解释器也被称为 EXEC,当用户输入一条命令并按 Enter 键后,命令解释器检测该命令,如果命令正确,用户所输入的命令被执行。

当通过控制台或 Telnet 成功登录到路由器后,将会看到提示符 Router>。此时路由器的配置模式称为用户 EXEC 模式(User EXEC Mode)。用户 EXEC 模式是一种只读模式,用户可以浏览关于路由器的某些信息,但不能进行任何修改。

在用户 EXEC 模式提示符后输入 enable 命令并按提示输入使能密码(若设置了加密使能密码,则要求输入加密使能密码)后将进入特权 EXEC 模式(Privileged EXEC Mode),此时路由器的提示符为 Router#。在此模式下可以查看路由器的详细信息,可以更改路由器的配置,还可以执行测试及调试命令。在此模式下输入 disable 命令可以回到普通用户模式。

在特权 EXEC 模式下输入 configure terminal 命令可以进入全局配置模式,此时的路由器提示符为 Router(config)#。在全局配置模式下可以配置路由器的全局参数,如设置路由器名称、设置时区、域名等。

在全局配置模式下输入 interface 命令可以进入接口配置模式,此时的路由器提示符为 Router(config-if)#。接口配置模式主要用来对路由器各个接口的参数,如 IP 地址、封装方式等进行配置。

在全局配置模式下输入 router 命令可以进入路由协议配置模式,此时的路由器提示符为 Router(config-router)#。路由协议配置模式主要用来对运行在路由器上的各种路由协议(如 RIP、OSPF、IS-IS、BGP 等)的各个参数进行配置,如对路由器 ID、网络声明等进行配置。

图 4-13 描述了路由器常见的几种配置模式及各种配置模式之间的转换方法。

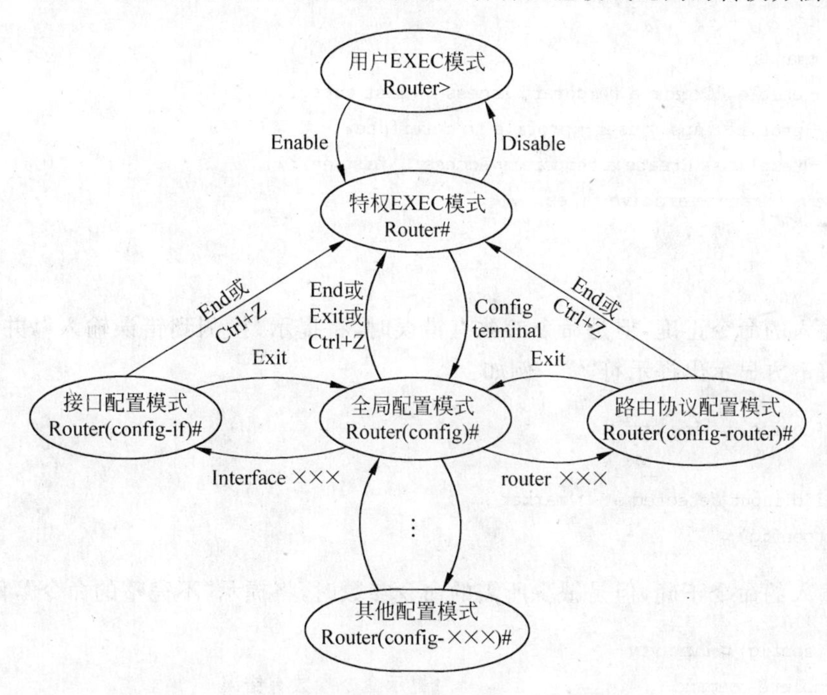

图 4-13 几种配置模式及各种配置模式之间的转换方法

除了上述 5 种模式外,还有很多其他模式,如线类命令配置模式和 VLAN 配置模式等。

此外,路由器还可以工作在 RXBOOT 模式下。这是一种维护模式,可以在特殊的情况下使用,如用于恢复丢失的密码。

(2) 路由器的上下文帮助

路由器允许使用命令的缩写形式。原则上只要不和其他命令混淆,可以使用尽量短的命令形式。如命令 interface 可以缩写为 int；命令 erase 可以缩写为 eras 或 era，甚至 er。如果给出的缩写过于简单导致歧义，系统将会给出“Ambiguous command（命令歧义）”的提示。此外，如果忘记某个命令的部分拼写，在输入该命令的前几个字母后紧接着输入一个问号，这时可以列出所有可能的命令列表。

在一个命令后加一个空格，再输入一个问号还可以列出一个命令所有可能的参数或子命令。例如：

```
Router#e?                    !使用问号获得以某字母开头的命令列表
enable erase exit
Router#e
```

如果记不清某个命令的具体拼写，可以采用 Tab 键的方式将不完整的命令拼写补全。方法是输入一个命令足够多的缩写字母后，按 Tab 键，IOS 将会把其余的字符补齐。

如果因为某条命令输入的字母太少而导致了歧义，系统会提示命令歧义，此时就算按 Tab 键，系统也不会将命令补全。

此外，在 CLI 提示符后直接输入“?”命令还可以获得当前配置模式可用的命令列表。如在特权模式下输入“?”的命令列表。

```
Router#?
Exec commands:
access-enable   Create a temporary Access - List entry
access-profile   Apply user-profile to interface
access-template   Create a temporary Access - List entry
archive      manage archive files
…
 --More--
```

如果输入的命令正确，但是命令参数有错误时，将提示“检测到错误输入”，并在第一个错误的字符下方显示出提示符“^”。例如：

```
Router(config)#line ctt 0 4
                      ^
 % Invalid input detected at '^'marker.
Router(config)#
```

如果输入的命令正确，但是缺少所需的命令参数时，将提示“不完整的命令”，例如：

```
Router(config)#line vty
 % Incomplete command.                 !提示命令参数有错误
```

(3) 常用路由器基本配置命令

下面介绍一些常用的路由器基本配置命令。在学习以下命令时，必须注意命令使用的配置模式。

① enable。普通用户模式命令，用于转换到特权用户模式。例如：

```
Router>enable
Router#
```

② disable。特权用户模式命令，用于转换到普通用户模式。例如：

```
Router#disable
Router.>
```

③ hostname name。全局配置模式命令，用于设置路由器名称，也就是出现在路由器CLI提示符中的名字。例如：

```
Router(config)#hostname  Center
Center(config)#
```

④ enable secret password。全局配置模式命令，用于设置路由器的加密使能密码。当用户处于普通用户模式而想进入特权用户模式时，需要提供此密码。此密码会以 MD5 的形式加密，因此，当用户查看配置文件时，无法看到明文形式的密码。例如：

```
Router(config)#enable secret passwd
```

⑤ enable password password。全局配置模式命令，用于设置路由器的使能密码。当用户处于普通用户模式而想进入特权用户模式时，需要提供此密码。此密码没有经过加密，当用户查看配置文件时，可以看到明文形式的密码。当设置了加密使能密码时，此密码无效。例如：

```
Router(config)#enable  password passwd
```

⑥ configure terminal。特权配置模式命令，用于进入全局配置模式，常可以缩写为conft。例如：

```
Router#conft
Enter configuration commands,one per line . End with CNTL/z.
Router(config)#                                 !进入全局配置模式
```

⑦ interface type slot/number。全局配置模式命令，用于进入接口配置模式。要对输入/输出接口进行配置需要使用 interface 命令。在低端的、非模块化的路由器中可以通过接口编号进行直接引用。例如：

```
Router(config)# Interface serial 0              !进入第一个同步串行接口配置
```

在模块化的路由器中，插入到路由器槽中的适配卡通常拥有一组接口。因此，引用接口时需要使用槽号(slot)和接口号。可以使用下面的格式指定某个特定的串行接口：

```
interface serial slot# / port adaptor# /  port#
```

本命令中的接口类型字段还可以是 ethernet(以太网)、fasteernet(快速以太网)、tokenring、fddi、hssi、loopback、dialer、null、atm、tunnel、bri、async 等。

例如，路由器上引用串行接口 serial 0/0。

```
Router(config)#interface serial0/0
Router(config-if)#
```

⑧ ip address subnet-mask。接口配置模式命令，用于设置接口的 IP 地址。例如，将串行接口 serial 0/0 的 IP 地址设置为 210.31.224.1/24。

```
Router(config)# interface serial0/0
Router(config-if)# ip address 210.31.224.1.225.225.225.0
```

⑨ shutdown。接口配置模式命令，shutdown 命令可以用于临时将某个接口关闭。当执行命令后不久，系统会在终端控制台显示信息，通知接口转换为关闭状态。例如：

```
Router(config)# interface fastethernet 0/0
Router(config-if)# shutdown
Router(config-if)#
 * Mar 107:39:52.618: %LINK -5- CHANGED:Interface fastethernet 0/0,changed state to
Administratively down
 * Mar 107:39:52.618: %LINEPROTO-5-UPDOWN:Lineprotocol on Interface
Fastethernet0/0,
Changed state to down
```

⑩ no shutdown。接口配置模式命令。当为某个接口配置了IP 地址后，该接口并不会立刻自动启动并开始工作而是处于"管理性关闭"状态(逻辑环接口等除外)。必须手动启动(激活)接口。当执行此命令后不久，系统会终端控制台信息，通知接口被启动的结果。例如：

```
Router(config)# interface fastethernet 0/0
Router(config-if)# no shutdown
Router(config-if)#
 * Mar 107:41:25.410: %LINK -3- UPDOWN:Interface fastethernet 0/0,changed state to up
 * Mar107:41:26.410: %LINEPROTO-5-UPDOWN:Line protocol on Interface fastethernet0/0,
Changed state to up
```

此外，此命令中的关键词"no"也常常用于其他命令的否定形式。如命令"no ip address..."用于删除某接口 IP 地址，命令"no router rip"用于删除动态路由器协议 RIP 配置等。

⑪ line type number。全局配置模式命令，line 命令用于进入线命令配置模式。例如：

```
Router(config)# line?        !紧跟着的问号列出了可以配置线的列表
<0-134> First Line number
aux     auxiliary line
console    Primary terminal line
tty  terminal controller
vty  virtual terminal
x/y   Slot/Port for Modems
```

其中，aux 表示辅助端口；console 表示控制台端口；tty 表示终端控制器端口线(如内置的调制解调器号)；vty 表示虚拟终端线路。Cisco 路由器允许同时有 5 个虚拟终端的连接会话，即同时可以有 5 个 Telnet 会话连接到同一个路由器。

当输入一条完整的线命令并按 Enter 键后，便进入了路由器的另外一种配置模式：线命令配置模式。如显示怎样进入控制台路配置模式。

```
Router(config)# line console 0
Router(config-line)#
```

下面显示的则是同时对 5 条(0 号～4 号)虚拟终端线进行配置。

```
Router(config)# line vty 0 4
Router(config-line)#
```

⑫ password。线命令配置模式，设置登录终端线时的密码。此密码没有经过加密，当用户查看配置文件时，可以看到明文形式的密码。例如，设置虚拟终端0号～4号线登录的用户密码为abcd(实际工作中，不应该使用如此简单的密码)。

```
Router(config)#line vty 04
Router(config-line)#password abcd
```

⑬ login。线命令配置模式，设置登录终端线时检查密码，此命令一般用于线命令配置模式。例如，设置从虚拟终端0号～4号线登录的用户要检查密码。实际上，对于vty虚拟终端线路来说，登录密码必须设置并检查。否则，用户将无法通过Telnet协议登录到路由器进行配置。

```
Router(config)#line vty 0 4
Router(config-line)#login
```

⑭ exec-timeout minutes seconds。线命令配置模式，设置终端线超时时间。在设置的时间内，如果没有检测到键盘输入，IOS将断开用户和路由器之间的连接。

例如，设置5分30秒钟没有键盘输入则强制断开用户的虚拟终端连接，操作如下：

```
Router(config)#line vty 0 4
Router(config-line)#exec-timeout 5 30
```

如果想要设置终端线永不超时，可以使用命令exec-timeout 00或命令no exec-lineout。

⑮ exit。此命令用于退到前一个路由器模式，如从接口配置模式退到全局配置模式或者从全局配置模式退到特权用户模式等，例如：

```
Router(config-if)#exit              !从当前配置模式退出
Router(config)#exit                 !从当前配置模式退出
Router#
```

⑯ end。此命令用于直接退回到特权配置模式。例如：

```
Router(config-if)#end
Router#                             !退回到特权配置模式
```

⑰ ping。普通用户模式、特权用户模式命令，用来测试设备间的物理连通性。ping不是路由器专有的命令，而是诊断基本的网络连通性的一个重要的，也是最常用的网络测试命令。ping命令发送一个特殊数据包(ICMP请求)给目的主机。然后，等待一个来自目的主机的响应数据包(ICMP应答)，以判断能否到达目的主机或目的主机是否运行。ping命令还可以获得到目的主机的路径的可靠性、路径延时等信息。

以下显示了一个简单ping命令的使用方法。

```
RouterA#ping 193.1.1.2
Type escape   sequence   to abort
!!!!!
Sending 5   100-byte ICMP Echos   To 193.1.1.2   Timeout is 2 seconds
Success rate is 100 percent(5/5)   Round-trip min/avg/max = 1456/1464/1468 ms
```

其中，Sending 5为发送包数。

100-byte ICMP Echos 为包大小及类型。

To 193.1.1.2 为目标 IP。

Timeout is 2 seconds 为超时时间。

Success rate is 100 percent(5/5) 成功率。

Round-trip min/avg/max=1456/1464/1468 ms 为往返所需时间。

如果收到的是一个或多个点号(.),则表示本地路由器没有在规定的时间内收到对方的响应数据包,例如:

```
Router# Ping 211.90.30.3
Type escape sequence to abort
Sending5,100 - byte ICMP.Echos to 211.90.30.3,timeout is 2seconds:
…
Success rate ispercent(0/5)
Router#
```

除了上述两种情况外,还有可能出现如 TTL 超时等错误情况。

⑱ traceroute。普通用户模式,特权用户模式命令,用来跟踪、显示路由信息。traceroute 命令是一个查询网络上数据传输路径的工具。它跟踪、显示数据包(ICMP)请求向目的主机传输过程中经过的每一个路由器结点信息(IP)地址,这在路由器有多个外网出口的情况下对诊断路由信息有帮助。

⑲ show interfaces。普通用户模式,特权用户模式命令,该命令用来显示路由器接口的参数和状态信息。下面给出该命令输出结果的一部分。

```
Router# show interfaces fastethernet 0/0
Fastethernet0/0 is up,line protocol is up
Hardware is AmdFE,address is 000b.fbb2.9c81(bia 000b.fdd2.9c81)
Description:Line to Liang Tong 10M.
Internet address is 61.240.133.178/28
MTU 1500 bytes,BW 100000 Kbit,DLY 100usec,
Reliability 255/255,txload 2/255,rxload 1/255
Encapsulation APPA,loopback not set
Keepalive set(10 sec)
Full - duplex,100Mb/s,100BaseTX/FX
…
```

⑳ show clock/clock set。普通用户模式命令(clock set 为特权用户模式命令),用来显示路由器的系统时间。例如:

```
Router# clock set 18:21:18 may 1  2008
Router3# show clock
18:21:18.136Uon May 1  2008 Router
```

㉑ bandwidth。接口配置模式命令,该命令用于设置路由器接口的宽带描述,单位是 bps。例如,设置路由器的串行接口 serial 0/0 的宽带描述为 64000bps。

【注意】 该命令并不会改变某个接口的实际数据传输速率。但是,像 OSPE 这样的动态路由协议会根据该值计算链路的等价值。

```
Router(config)# interface seial 0/0
Router(config-if)# BANDWIDTH 64000
```

㉒ erase startup-config。特权配置模式命令，用于删除启动配置文件的内容。按 Enter 键确认后，路由器的启动配置文件内容将被删除。

```
Router# erase statup-config
Erasing the nvram filesystem willremove all files! Continue?[confirm][OK]
Erase of nvram:complete
Router#
```

㉓ reload。特权配置模式命令，用于重新启动路由器（热启动）。如果之前对路由器的运行配置文件做了修改，则系统会提示是否保存修改内容。例如：

```
Router# reload
System configuration has been modified. Save?[yes/no]:
```

㉔ show version。普通用户模式，特权配置模式命令，用于显示器硬件配置、软件版本等信息。例如：

```
Router# show version
Cisco Internetwork Operating System Software
IOS(tm)C2600 Software (C2600-I-M),Version12.2(8)T5,RELEASE SOFTWRE(fc1)
TAC Support:http://www.cisco.com/tac
Copyright(c)1986-2002   by cisco Systems, Inc
Compiled Fri 21-Jun-02   08:50 by ccai
Image text-base:0x80008074,data-base:0x80A2BD40
ROM:Systen Bootstrap, Version 11.3(2)XA4, RELEASE SOFTWRE(fc1)
Router uptime is 1   minute
System returned to ROM by power-on
System image file is "flash:C2600-i-mz.122-8.T5.bin"
Cisco 2611(MPC860) processor(revision 0x203) with 28672K/4096K bytes of memory
Processorboard ID JAD035105I0(1108224124)
M860 processor:part number 0,mask 49
Bridging software
X.25 software, Version 3.0.0
2   Ethernet/IEEE 802.3   interface(s)
1   Serial network interface(s)
32K bytes of non-volatile cofiguration memory.
16384K bytes of processor board System fkash (Read/Write)
Configuration register is 0x2104
```

(4) 配置文件管理

配置文件存在两种类型：启动配置文件和运行配置文件。可以利用 show 命令观察当前路由器的配置文件内容。例如，下面是利用 show running-config 命令观察到的运行配置文件的一部分。

```
Router# show running-config
Building configuration...
!
Current configuration : 1532bytes
```

```
!
version 12.2
service timestamps debug datetime msec
service timestamps log datetime msec
   !
  no service password - encryption
   !
   …
 -- More --
```

可以看到当配置文件太大，无法在一屏内完全显示时，当前屏幕最后一行会显示“--More--”，提示还有更多内容。此时，可以按 Enter 键显示下一行或按 Space 键显示下一屏，也可以按此之外的任意键退出当前显示，直接回到 IOS 提示符下。

此外，show running-config 命令还支持其他一些可选参数。如显示运行配置文件中快速以太网接口 0/0 的相关配置信息。

```
Router # show running - config interface fastethernet 0/0
     Building configuration...
     Current configuration : 98ytes
     !
     interface fastethernet 0/0
     ip address 192.168.0.254  255.255.255.0
     duplex auto
     speed
     end
     Router #
```

下面是带行号显示运行配置文件的内容。

```
Router# show running - config ?linenum
Building configuration...
Current configuration : 1140bytes
!
1:!
2: version 12.3
3: service timestamps debug datetime msec
4: service timestamps log datetime msec
5: no service password - encryption
6:!
7:hostname R1
8:!
9:boot - start - marker
10: boot - start - marker
11:!
12:enable secret 5  $ 1 $ G5rx $ wPcf3qFHNHDwTffsI5fHl.
…
```

当通过路由器的命令行接口对路由器进行配置时，配置命令被立即执行，同时添加到驻留在路由器内存中的运行配置文件中。但是，这些新添加的配置命令不会被自动保存到非易失性内存 NVRAM 中。当路由器断电或重新启动后，对路由器配置所做的修改就会完全丢失。因此,通常当对路由器进行了重新配置或修改后应该将当前的运行配置保存到NVRAM中变成启动配置文件。

可以使用命令 copy running-config startup-config 将当前 RAM 中的运行配置文件储存在 NVRAM 中。例如,当执行该命令后,系统会提示目标文件名。采用系统提供的默认值 startup-config,即直接按 Enter 键。当前内存中的运行配置文件就会完全覆盖 NVRAM 中的启动配置文件。

```
Router#copy running-config   startup-config
Destination filename [startup-config] ?
   Building configuration...
[OK]
Router#
```

此外,也可以利用 copy startup-config running-config 命令,将 NVRAM 中的启动配置文件的内容复制到当前的 RAM 中。例如,采用系统提供的默认值 running-config,即直接按 Enter 键。

```
Router#copy   startup-config running-config
Destination filename [running-config]?
1532   bytes copied in 0.608 secs (2520 bytes/sec)
Router#
```

要注意的是,从 NVRAM 到内存的配置文件复制并不覆盖当前的运行配置文件内容,而只是添加当前的运行配置文件中没有的内容。对于相同的部分,则用于启动配置文件的语句改写运行配置文件中的语句。

配置文件时路由器软件中必不可少的组成部分。路由器操作系统依靠配置文件中的内容配置、运行路由器的各种进程。随着配置文件中的命令增多,复杂性增强,配置文件的安全和备份也越来越重要。经常需要在某处保存一份配置文件的副本,以便出现故障时快速恢复它的运行。

可以利用 FTP 或者 TFTP 服务器保存运行配置文件或启动配置文件。

4. 路由配置

路由器在转发数据包时,要先在路由表中查找相应的路由,才能知道数据包应该从哪个端口转发出去。路由器建立路由表基本上有以下 3 种途径。

① 直连网络:路由器自动添加和自己直接连接的网络路由。

② 静态路由:管理员手动输入到路由器的路由。

③ 动态路由:由路由协议动态建立的路由。

(1) 静态路由配置

静态路由既然是由管理员输入到路由器的,那么网络拓扑发生变化而需要改变路由时,管理员就必须手工改变路由信息,这就是静态路由的缺点,即不能动态反应网络拓扑。然而,静态路由也有它的应用场合,静态路由不会占用路由器的 CPU 和 RAM,也不占用线路的带宽。而动态路由会在路由器之间发送路由更新信息,这些信息占用了线路的带宽。同时,由于路由器必须对这些路由更新信息进行处理,增加了 CPU 的运算量,也增加了 RAM 的开销。

使用静态路由还有另外一些原因。动态路由协议会在路由器之间交换路由信息，不可避免地会把网络拓扑暴露出去。如果出于安全的考虑隐藏网络的某些部分，可以使用静态路由。在一个小而简单的网络中，也常使用静态路由，因为配置静态路由会更为简洁。

静态路由就是手动配置的路由，使得到指定目标网络的数据包的传送，按照预定的路径进行。给所有没有确切路由的数据包配置一个默认路由，是一种通常的做法。

命令格式为：

```
Router(config)# ip route network mask {ip - address | interface - type interface - number }
[distance] [permanent]
```

作用：配置静态路由。

```
Router(config)# no ip route network mask
```

作用：删除静态路由。

其中，network 是目的的网络或子网；

mask 是子网掩码；

ip-address 是下一跳路由器的 IP 地址；

interface-type 是用来访问目的网络接口的类型名称；

interface-number 是接口号；

distance 是一个可选参数，用来定义管理距离；

permanent 是一个可选参数，用于确保某个路由不会被删除，即便是它的相关接口已经被关掉。

例如，配置路由器静态路由。

```
Router(config)# ip route 172.16.1.0  255.255.255.0  172.16.2.1
```

其中，ip route 为静态路由命令；172.16.1.0 指定了目的网络；255.255.255.0 表示子网掩码；172.16.2.1 指出了在通往目的网络路径上的下一跳路由器的 IP 地址。

默认路由是一类特殊的静态路由，它用于以下几种情况。

由源到上目的地的路由是未知的，或者在路由选择表中存放所有可能路由的足够信息是不可行的。

要配置默认路由，应输入如下命令。

```
RouterB(config)# ip route 0.0.0.0  0.0.0.0  172.16.2.2
```

其中，ip route 标识静态路由命令；0.0.0.0 去往一个未知的子网的路由；0.0.0.0 指定表示默认路由的特殊掩码；172.16.2.2 指定转发数据包下一跳路由器的 IP 地址。

如果没有执行删除动作，NOS 软件将永久保留静态路由。但是，可以用动态路由协议学到更好的路由来替代静态路由。更好的路由是指管理距离更小的路由。

(2) 监视和维护 IP 网络

用户可以删除一些特定缓冲、表、数据库的全部内容，也可以显示指定的网络状态。监视和维护 IP 网络的内容包括两个方面。

① 清除 IP 路由表。路由表的更新是靠路由协议自动维护的，但有时用户可能觉得路由表中存在无效路由，或者一些特殊的配置要求执行该动作来体现最新的变化，这时需要手动清除路由表以刷新路由表。

要清除路由表，在命令执行模式中操作如下命令。命令格式为：

```
Router#clear ip route { network[mask] | * }
```

作用：清除路由表。

【注意】 执行清除 IP 路由表一定要非常谨慎，因为该动作的结果会造成网络临时中断，能通过清除部分路由达到目标，就尽量不要清除全部的路由。

② 显示系统和网络统计量。用户可以显示 IP 路由表、缓冲、数据库的所有内容，这些信息对网络故障的排除十分有帮助。通过显示本地设备网络的可达到性，可以知道数据包在离开本设备后将往哪条路径发送。

要显示系统和网络统计量，在命令执行模式中操作如下命令。命令格式为：

```
Router#show ip route[network[mask][longer-prefixes]][protocol[process-id]]
```

作用：显示 IP 路由表当前状态。

例如，显示 RIP 路由信息。

```
RouterD#sh ip route
RouterD#
```

(3) RIP 路由协议

RIP(Routing Information Protocol)路由是一种相对古老在小型以及同介质网络中得到了广泛应用的路由协议。RIP 采用距离向量算法，是一种距离向量协议。RIP 使用 udp 路由交换路由信息，udp 端口号为 520。通常情况下，RIPv1 报文为广播报文，而 RIPv2 报文为组播报文，组播地址为 224.0.0.9。RIP 每隔 30s 向外发送一次更新报文。如果路由器经过 180s 没有收到来自对端的路由更新报文，则将所有来自此路由器的路由信息标准为不可达，若在 240s 内仍未收到更新报文就将这些路由从路由表中删除。

RIP 使用跳数来衡量到达目的地的距离，成为路由量度。在 RIP 中，路由器与它直接相连网络的跳数为 0；通过一个路由器可达的网络的跳数为 1，其余依次类推；不可达网络的跳数为 16，就不会通报任何更新报文。RIP 有 RIPv1 和 RIPv2 两个版本，RIPv2 支持明文认证、MD5 密文认证和可变长子网掩码。

为了防止形成环路路由，RIP 采用水平分割、毒性逆转和路由抑制时间等手段。

① RIP 配置命令。创建 RIP 路由进程，路由器要运行 RIP 路由协议，首先需要创建 RIP 路由进程，并定义与 RIP 路由进程关联的网络。要创建 RIP 路由进程，在全局配置模式中配置，命令步骤如下：

第一步：Router(config)#router rip　创建 RIP 路由进程。

第二步：Router(config-router)#network network number　定义关联网络。

其中，network 命令定义的关联网络有两层含义；RIP 只有对外通告关联网络的路由信息；RIP 只向关联网络所属接口通告路由信息。例如，对如图 4-14 所示的网络路由器进行 RIP 配置。

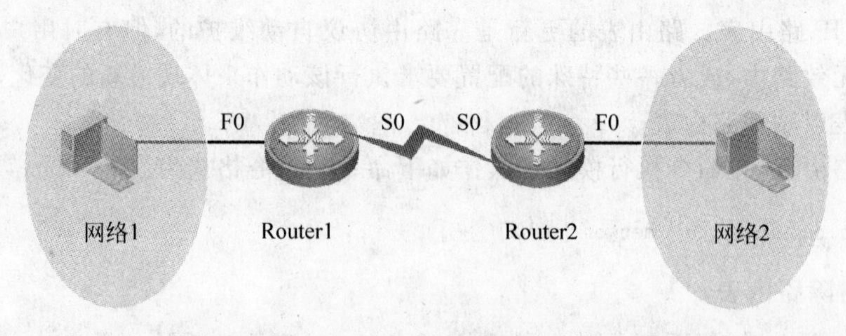

图 4-14　动态路由协议 RIP 配置

其中,网络 1 的地址为 192.168.1.0,子网掩码为 255.255.255.0,网关为 192.168.1.1；网络 2 的地址为 192.168.2.0,子网掩码为 255.255.255.0,网关为 192.168.2.1；网络互联地址为 192.168.12.0,子网掩码为 255.255.255.0。

Router1 路由器的配置步骤如下。

第一步：路由器基本配置。

```
R >enable
R #configure terminal
R(config)#hostname Router1
Router1  (config)#interface fastethernet 0
Router1  (config-if)#ip address 192.168.1.1  255.255.255.0
Router1  (config-if)#no shutdown
Router1  (config-if)#Exit
Router1(config)#
Router1  (config)#interface fastethernet 1
Router1  (config-if)#ip address 192.168.12.1  255.255.255.0
Router1(config-if)#no shutdown
Router1  (config-if)#Exit
Router1  (config)#
```

第二步：配置动态路由协议 RIP。

```
Router1  (config)#router rip
Router1  (config-router)#network 192.168.1.0
Router1  (config-router)#network 192.168.12.0
Router1  (config-router)#end
RouterA #
```

【注意】 Router2 的配置与 Router1 相同。

② RIP 报文单播配置。RIP 通常为广播协议,如果 RIP 路由需要通过非广播网传输,则需要配置路由器,以便支持 RIP 利用单播通告路由信息更新报文。要配置 RIP 报文更新单播通告在 RIP 路由进程配置中执行以下命令：

```
Router(config-router)#neighbor ip-address        !配置 RIP 报文单播通告
```

配合该命令的使用,用户还可以控制哪些接口允许通告 RIP 路由更新报文,限制一个接口通告广播式的路由更新报文,需要在路由进程配置模式下配置 passive-interface 命令。

【说明】 在配置 FR、X.25 网络时，如果地址映射时指定了 Broadcast 关键字，则无须配置 neighbor。neighbor 命令的作用更多地体现在减少广播报文和路由过滤上。

③ 水平分割配置。多台路由器连接在 IP 广播类型上，同时又运行距离向量路由协议时，就有必要采用水平分割的机制以避免路由环路的形成。水平分割可以防止路由器将某些路由信息从学习到这些路由信息的接口通告出去，这种行为优化了多个路由器之间的路由信息交换。

然而对于非广播多路访问网络，水平分割可能造成部分路由器学习不到全部的路由信息。在这种情况下，可能需要关闭水平分割。如果一个接口配置了几次 IP 地址，也需要注意水平分割的问题。

要配置关闭或打开水平分割，在接口配置模式中执行如下命令：

```
Router(config-if)# no ip split-horizon                    !关闭水平分割
Router(config-if)# ip split-horizon                       !打开水平分割
```

④ RIP 版本的定义。Cisco 支持 RIP 版本 1 和 RIP 版本 2，RIP2 可以支持认证、密匙、管理、路由汇聚、CIDR 和 VLSMs。

默认情况下，Cisco 可以接收 RIPv1 和 RIPv2 的数据包，但是只发送 RIPv1 的数据包。可以通过配置，只接收和发送 RIPv1 的数据包，也可以只接收和发送 RIPv2 的数据包。要配置只接收和发送指定版本的数据包，在路由进程配置模式中执行如下命令：

```
Router(conf-router)# version(1)(2)                        !定义 RIP 版本
```

以上命令使软件默认只接收和发送指定版本的数据包，如果需要，可以更改每个接口的默认行为。

要配置接口只发送某个版本的数据包，在接口配置模式中执行如下操作，对 RIP 发送进行控制。

```
Router(config-if)#  ip rip receive version1               !指定只接收 RIPv1 数据包
Router(config-if)#  ip rip receive version2               !指定只接收 RIPv2 数据包
Router(config-if)#  ip rip receive version1 2             !指定只接收 RIPv1 和 RIPv2 数据包
```

5. NAT(Network Address Translation)操作

目前互联网的一个重要问题是 IP 地址需求急剧膨胀，IP 地址空间衰竭，NAT 的使用缓解了该问题。NAT 的使用使得一个组织的 IP 网络呈现给外部网络的 IP 地址(全球唯一 IP)，可以与正在使用的内部 IP 地址(私有 IP)空间完全不同。这样一个组织就可以将本来非全局可路由 IP 地址通过 NAT 这后，变为全局可路由 IP 地址，实现了原有网络与互联网的连接，而不需要重新给每台主机分配 IP 地址。

NAT 的主要应用包括以下两个方面。

① 主机没有全局唯一的可路由 IP 地址，却需要与互联网连接。NAT 使得用非注册 IP 地址构建的私有网络可以与互联网连通，这也是 NAT 最重要的用处之一。NAT 在连接内部网络和外部网络的边界路由器上进行配置，当内部网络主机访问外部网络时，将内部网络地址转换为全局唯一的可路由 IP 地址。

② 需要做 TCP 流量的负载均衡，又不想购买昂贵的专业设备。用户可以将单个全局 IP 地址对应到多个内部 IP 地址，这样 NAT 就可以通过轮询的方式实现 TCP 流量的负载

均衡。

应用 NAT 存在的问题包括以下几个方面：

① 影响网络速度。NAT 的应用可能使 NAT 设备成为网络的瓶颈，随着软、硬件技术的发展，该问题已经逐渐得到改善。

② 跟某些应用不兼容。如果一些应用在有效载荷中协商下次会话的 IP 地址和端口号，NAT 将无法对内嵌 IP 地址进行转换，造成这些应用不能正常运行。

③ 地址转换不能处理 IP 报头加密的报文。

④ 无法实现对 IP 端到端的路径跟踪，经过 NAT 地址转换之后，对数据包的路径跟踪将变得十分困难。

(1) NAT 的基本概念

① 内部网络(Inside)：这些网络的地址需要被转换。在内部网络，每台主机都分配一个内部 IP 地址，但与外部网络通信时又表现为另外一个地址。每台主机的前一个地址又称为内部本地地址，后一个地址又称为外部全局地址。

② 外部网络(Outside)：是指内部网络需要连接的网络，一般指互联网。

③ 内部本地地址(Inside Local Address)：是指分配给内部网络主机的 IP 地址，该地址可能是非法的未经相关机构注册的 IP 地址，也可能是合法的私有网络地址。

④ 内部全局地址(Inside Global Address)：合法的全局可路由地址，在外部网络代表着一个或多个内部本地地址。

⑤ 外部本地地址(Outside Local Address)：外部网络的主机在内部网络中表现的 IP 地址，该地址是内部可路由地址，一般不是注册的全局唯一地址。

⑥ 外部全局地址(Outside Global Address)：外部网络分配给外部主机的 IP 地址，该地址为全局可路由地址。

(2) 内部源地址 NAT 配置

当内部网络需要与外部网络通信时，需要配置 NAT，将内部私有 IP 地址转换成全局唯一 IP 地址。用户可以配置静态或动态的 NAT 来实现互联互通的目的，内部源地址 NAT 的工作过程如图 4-15 所示。

静态 NAT 建立内部本地地址和内部全局地址的一对一永久映射。当外部网络需要通过固定的全局可路由地址访问内部主机时，静态 NAT 就显得十分重要。

动态 NAT 建立内部本地地址和内部全局地址池的临时映射关系，过一段时间没有用就会删除映射关系。

当内部网络一台主机 192.168.12.2 访问外部网络主机 168.168.12.1 的资源时，具体工作过程如下：

第一步：主机 192.168.12.2 发送一个数据包到路由器。

第二步：路由器接收到以 192.168.12.2 为源地址的第一个数据包时，路由器检查 NAT 映射表，若该地址配置静态映射，就执行第三步；如果没有静态映射，就进行动态映射，路由器就从内部全局地址池中选择一个有效的地址，并在 NAT 映射表中创建 NAT 转换记录。

第三步：路由器用 192.168.12.2 对应的 NAT 转换记录中的全局地址，替换数据包源地址，经过转换后，数据包的源地址变为 200.168.12.2，然后转发该数据包。

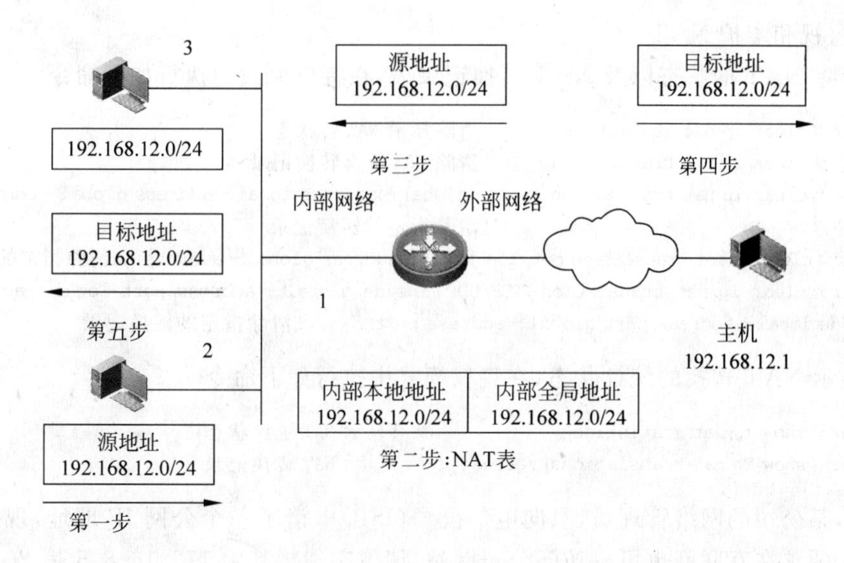

图 4-15 内部源地址 NAT

第四步：168.168.12.2 主机接收到数据包后，将向 200.168.12.2 发送响应包。

第五步：当路由器接收到内部全局地址的数据包时，将以内部全局地址 200.168.12.2 为关键字查找 NAT 记录表，将数据包的目的地址转换成 192.168.12.2 并转发给 192.168.12.2。

第六步：192.168.12.2 接收到应答包，并继续保持会话。第一步到第五步将一直重复，直到会话结束。

① 静态 NAT 配置。配置静态 NAT，在全局配置模式下执行如下步骤。

第一步：R(config)#ip nat inside source static local-address global-address　定义内部源地址静态转换关系。

第二步：R(config)#interface interface-type interface-number　进入接口配置模式。

第三步：R(config-if)#ip nat inside　定义接口连接内部网络。

第四步：R(config)#interface-type interface-number　进入接口配置模式。

第五步：R(config-if)#ip nat outside　定义接口连接外部网络。

② 动态 NAT 配置。配置动态 NAT，在全局配置模式下执行如下步骤。

第一步：R(config)#ip nat pool address-pool start-address end-address{netmask mask/prefix-length prefix-length}　定义全局 IP 地址池。

第二步：R(config)#access-list access-list-number permit ip-address wildcard　定义访问列表，只有匹配该列表的地址才转换。

第三步：R(config)#ip nat inside sourcelist access-list-numberpool address-pool　定义内部源地址动态转换关系。

第四步：R(config)#interface interface-type interfacenumber interface-number　进入接口配置模式。

第五步：R(config-if)#ip nat inside　定义接口连接内部网络。

第六步：R(config)#interface interface-type interface-number　进入接口配置模式。

第七步：R(config-if)#ip nat outside　定义接口连接外部网络。

(3) 监视和维护 NAT

① 清除 NAT 的状态以及 NAT 转换记录表,在特权模式中执行如下命令。

```
Router#clear ip nat statistics          !清除显示 NAT 转状态
Router#clear ip nat translation *       !清除 NAT 所有转换记录
Router#clear ip nat translation inside global-address local-address global-address
                                        !清除指定的转换记录
Router#clear ip nat translation outside local-address global-address  !清除指定的转换记录
Router#clear ip nat translation{TCP/UDP} inside global-address port local-address port
outside local-address port global-address port       !清除指定的转换记录
```

② 显示 NAT 转换的统计状态,在特权模式中执行如下命令。

```
Router#show ip nat statistics                   !显示 NAT 统计状态
Router#show ip nat translations[verbose]        !显示 NAT 转换记录
```

例如,某公司的网络管理员,只向电信公司(ISP)申请了一个公网 IP 地址,现公司的网站在内网,要求在互联网也可以访问公司网站,请你实现。其中 172.16.8.5 是 Web 服务器的 IP 地址,结构如图 4-16 所示。

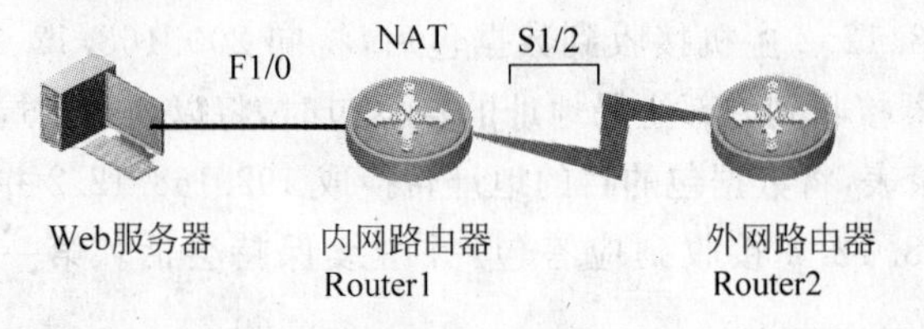

图 4-16 某公司内外网连接图

第一步:Router1 基本配置。

```
Router(config)#hostname Router1
Router1(config)#interface fastethernet 1/0
Router1(config-if)#ip address 172.16.8.1  255.255.255.0
Router1(config-if)#no shutdown
Router1(config-if)#exit
Router1(config)#interface serial 1/2
Router1(config-if)#ip address 200.1.8.7  255.255.255.0
Router1(config-if)#no shutdown
Router1(config-if)#exit
```

第二步:Router2 基本配置。

```
Router(config)#hostname Router2
Router2(config)#interface fastethernet 1/0
Router2(config-if)#ip address 63.19.6.1  255.255.255.0
Router2(config-if)#no shutdown
Router2(config-if)#exit
Router2(config)#interface serial 1/2
Router2(config-if)#ip address 200.1.8.8  255.255.255.0
Router2(config-if)#clock rate 640000
Router2(config-if)#no sh
Router2(config-if)#end
```

```
Router1(config)#ip route 0.0.0.0  0.0.0.0 serial 1/2  !Router1 上配置默认路由
Router2r#ping 200.1.8.7                              !验证测试
Type escape sequence to abort
Sending 5,100-byte ICMP Echos to 200.1.8.7,timeout is 2 seconds;
!!!!!
```

第三步：配置反向 NAT 映射。

```
Router1(config)#interface fastethernet 1/0
Router1(config-if)#ip nat inside
Router1(config-if)#exit
Router1(config)#interface serial 1/2
Router1(config-if)#ip nat outside
Router1(config-if)#exit
Router1(config)#ip nat pool web_server 172.16.8.5  172.16.8.5 netmask 255.255.255.0
!定义内网服务器地址池
Router1(config)#access-list 3  permit host 200.1.8.7
!定义外网的公网 IP 地址
Router1(config)#ip nat inside destination list 3  pool web_server
!将外网的公网 IP 地址转换为 Web 服务器地址
Router1(config)#ip nat inside source static tcp 172.16.8.5  80  200.1.8.7 80
!定义访问外网 IP 的 80 端口时转换为内网的服务器 IP 的 80 端口
```

第四步：验证测试。

在内网主机配置 Web 服务。在外网的 1 台主机通过 IE 浏览器访问内网的 Web 服务器。

查看路由器的地址转换记录如下：

```
Lan-router#show ip nat translations
Pro Inside global      Inside local       Outside local      Outside global
Tcp 200.1.8.7:80       172.16.8.5:80      63.19.6.2:1026     63.19.6.2:1026
```

【注意】 不要将 inside 和 outside 应用的接口弄错；配置目标地址转换后，需要利用静态 NAPT 配置静态的端口地址转换。

思考与练习

1. 某企业由于扩大了经营规模，在外地建立了分厂，现要将分厂的网络与总厂进行联网，请做好规划。采用静态路由协议，使网络进行通信。

2. 将上题中的静态路由协议改为用 RIP 协议进行联网。

4.6 任务六：典型园区网规划方案

4.6.1 任务描述

某企业计划建设自己的企业园区网络，希望通过这个新建的网络，提供一个安全、可靠、可扩展、高效的网络环境，将两个办公地点连接到一起，使企业内能够方便快捷地实现网络资源共享、全网接入 Internet 等目标，同时实现公司内部的信息保密隔离，以及对于公网的安全访问。网络拓扑结构图如图 4-17 所示，为了确保这些关键应用系统的正常运行、安全和发展，网络必须具备如下特性。

(1) 采用先进的网络通信技术完成网络的建设，连接两个相距较远的办公地点。

(2) 为了提高数据的传输效率，在整个企业网络内控制广播域的范围。

(3) 在整个企业集团内实现资源共享，并保证骨干网络的高可靠性。

(4) 企业内部网络中实现高效的路由选择。

(5) 在企业网络出口对数据流量进行一定的控制。

(6) 能够使用较少的公网 IP 接入 Internet。

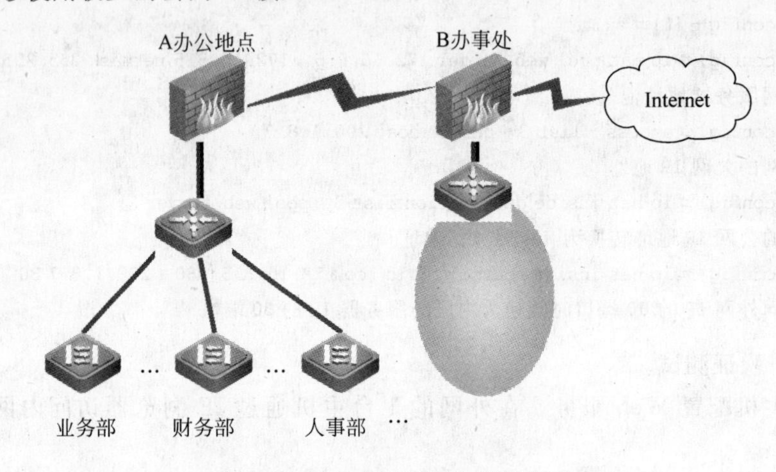

图 4-17　企业园区网络拓扑结构图

该企业的具体环境如下：

(1) 企业具有两个办公地点，且相距较远。

(2) A 办公地点具有的部门较多，如业务部、财务部、综合部等，为主要的办公场所，因此这部分的交换网络对可用性和可靠性要求较高。

(3) B 办事处只有较少办公人员，但是 Internet 的接入点在这里。

(4) 公司已经申请到了若干公网 IP 地址，供企业内网接入使用。

(5) 公司内部使用私网地址。

4.6.2　方法与步骤

1. 任务分析

典型的园区网解决方案是整体性的，既考虑了园区网建设，又注重广域互联及多种接入手段。在设计网络方案时还需要综合考虑网络安全、网络管理和网络优化等方面的问题。网络建设本着模块化设计思想，将网络的易管理性、高安全性和高性能协调地统一起来。园区网的具体特点要求网络产品和技术符合以下特点。

(1) 园区网的连通性：企业各计算机等终端设备之间良好的连通性是需要满足的基本条件。

(2) 园区网的可靠性：不仅要考虑如何实现数据传输，还要充分考虑网络的冗余与可靠，否则一旦运行过程中网络发生故障，系统又不能很快恢复工作就很麻烦。

(3) 园区网的安全性：很多企业在局域网和广域网络中传递的数据都是相当重要的信息，因此要保证数据安全、保密，防止非法窃听和恶意破坏，在网络建设的开始就应考虑采用严密的网络安全措施。

(4) 园区网的可管理性：主动控制网络，不仅能够进行定性管理，而且能够定量分析网络流量，发现网络上的问题，并将其消灭于萌芽状态，降低网络故障所带来的损失。

(5) 园区网的扩展性：随着企业规模的扩大、业务的增长，网络的扩展和升级是不可避免的问题。通过模块化的网络结构设计和模块化的网络产品，能为网络提供很强的扩展和升级能力。

(6) 园区网的多媒体支持：由于视频会议、视频点播、IP电话等多媒体技术的日趋成熟，多媒体网络传输成为世界网络技术的趋势。企业对网络的多媒体支持是有很多需求的。

(7) 园区网的高性能：随着互联网的发展，上网用户不断增多，访问和数据传输量剧增，网络负荷也相应加重；如果网络没有高性能，会导致系统反应缓慢，甚至在业务量突增时，发生系统崩溃、中止和异常等问题。

2. 网络设计步骤

网络设计思路有两个，一个是网络方案采用模块化设计，各个模块完成各自的功能。在实施时，可以根据需要将相应的模块添加到网络中，也可以暂时不使用某些模块，而在需要时再增加。同时，模块化设计易于维护，某个模块出现故障也不会影响整个网络的安全。另一个思路是网络采用层次体系，整个网络通过主干网连接起来，各个子网通过接口与主干网连接，实现各自的功能，在子网内部以及与主干网进行数据通信。

以太网是目前发展最快的一种网络技术，交换机取代了传统使用路由器和网桥连接子网的方法，有效地解决了网络瓶颈的问题。交换以太网可以应用于桌面系统的大型工作组，同时也可以构造规模较小的局域网络主干，同时可以实现虚拟网络。

交换以太网可以使用户在以下方面受益。

(1) 用户数不断增加时，LAN的性能不会受大的影响，因为可以通过增加网段的方法来增大网络的容量。

(2) 和现有的以太网完全兼容。

(3) 完成现有多个局域网的互联。

(4) 虚拟网络技术，可以很方便地调整网络的逻辑结构。

(5) HUB之间或HUB和服务器之间的连接可以调整带宽，从而消除网络瓶颈。

目前交换以太技术通常在主干到工作组之间采用，如交换以太、FDDI-交换以太网、100Mbps交换以太网、10Mbps交换以太网等网络结构。

3. 中型局域网设计中的主要问题

当局域网的规模扩大后，网络设计的技术问题就变得比较突出了，其主要的问题体现在如下几个方面。

(1) 网络规模的扩大使通信变得复杂起来，服务器和客户端机器数目的增加，直接导致数据访问方式的复杂性。

(2) 基于管理和降低通信瓶颈提高通信需要将其划分成多个网段。

中型局域网的设计方案的共同点是：采用路由器结合交换机的解决方案，交换机负责划分网段，即 VLAN 划分，路由器负责网段间通信以及接入互联网。

4. 网络互联分析

在设计中要考虑到所有的 LAN 均通过路由器接入主干网。整个主干划分成几个网段，跨越主干的通信均通过路由器实现。

中型局域网通常由中心交换机和边缘交换机组成。在交换以太骨干环境中，中心交换机一般为高端以太交换机，边缘交换机通常为具有快速以太接口的局域网交换机。二者配合使用，为用户提供中型局域网解决方案。

在这种环境当中，为连接不同的 VLAN、IP 子网和互联网，仍然需要路由功能，同时为保证园区网络的安全，需要防火墙对外来数据进行过滤。因此，采用"交换机＋路由器＋防火墙"的混合解决方案。

"交换机＋路由器＋防火墙"解决方案的主要思路是：以交换机为主，路由器作为辅助设备；交换、VLAN 划分、子网划分等均在交换机内实现；网络互联、防火墙等在路由器中实现；数据帧从局部的交换以太网进入交换机后，如果目的结点和源结点在同一个 VLAN 中，则由交换机进行数据交换；否则，需经过路由器进行路由后，到达目的网络的交换机。

这种方案的优点大体有如下几点：

① 容易实现：交换机和路由器均不用做过多的改变。连接一个 LAN、VLAN 或 IP 子网，只要增加一条路由器到交换机的连接，这时路由器和交换机均未做任何变化。

② 结构清晰：从网络构架上看，每一个路由器和一个交换机形成一个"交换—路由＋防火墙"功能组，网络的组成结构非常清晰。

③ 价格适中：这是相对而言的，因为路由器与交换机之间的连接方式为以太网，端口价格比较低。

5. 设备的选型

根据网络的实际需要以及现有的布线情况，选用如下设备：

① 一台 Cisco 三层交换机作为中心交换机，实现 VLAN 的互通。

② 一台 Cisco 具有路由功能的防火墙作为 Internet 接入路由器。这种设备功能完备，性能稳定，支持多种路由协议，保证各种路由协议之间路由信息的重分配；支持多种队列算法，保障关键业务对带宽的需求，同时具有丰富的网络安全特性，为用户网络提供了可靠的安全保障。其所提供的丰富的 QoS 功能，可以保障关键业务的流畅运行。

③ 若干台二层交换机作为接入交换机，与各结点相连接。同时可开启端口的 VLAN 功能实现广播风暴的控制以及网络安全的实现，必要的情况下进行相连提供冗余，从而彻底消除网络的单点故障，充分保证网络的可靠性。

4.6.3 相关知识与技能

1. 交换机的概念和原理

交换(Switching)是按照通信两端传输信息的需要，用人工或设备自动完成的方法，把要传输的信息送到符合要求的相应路由上的技术统称。广义的交换机(Switch)就是一种在通信系统中完成信息交换功能的设备。

交换机拥有一条很高带宽的背部总线和内部交换矩阵。交换机的所有端口都挂接在这条背部总线上，控制电路收到数据包以后，处理端口会查找内存中的地址对照表以确定目的MAC(网卡的硬件地址)的NIC(网卡)挂接在哪个端口上，通过内部交换矩阵迅速将数据包传送到目的端口，目的MAC若不存在才广播到所有的端口，接收端口回应后交换机会"学习"新的地址，并把它添加到内部MAC地址表中。

使用交换机也可以把网络"分段"，通过对照MAC地址表，交换机只允许必要的网络流量通过交换机。通过交换机的过滤和转发，可以有效地隔离广播风暴，减少误包和错包，避免共享冲突。

总之，交换机是一种基于MAC地址识别，能完成封装转发数据包功能的网络设备。交换机可以"学习"MAC地址，并把其存放在内部地址表中，通过在数据帧的始发者和目标接收者之间建立临时的交换路径，使数据帧直接由源地址到达目的地址。

(1) 网络交换机的方式

交换机通过以下3种方式进行交换。

① 直通式：直通方式的以太网交换机可以理解为在各端口间纵横交叉的线路矩阵电话交换机。它在输入端口检测到一个数据包时，检查该包的包头，获取包的目的地址，启动内部的动态查找表转换成相应的输出端口，在输入与输出交叉处接通，把数据包直通到相应的端口，实现交换功能。由于不需要存储，延迟非常小、交换非常快，这是它的优点。它的缺点是，因为数据包内容并没有被以太网交换机保存下来，所以无法检查所传送的数据包是否有误，不能提供错误检测能力。由于没有缓存，不能将具有不同速率的I/O端口直接接通，而且容易丢包。

② 存储转发：存储转发方式是计算机网络领域应用最为广泛的方式之一。它把输入端口的数据包先存储起来，然后进行CRC(循环冗余码校验)检查，在对错误包处理后才取出数据包的目的地址，通过查找表转换成输出端口送出包。正因如此，存储转发方式在数据处理时延时大，这是它的不足，但是它可以对进入交换机的数据包进行错误检测，有效地改善网络性能。尤其重要的是它可以支持不同速度的端口间的转换，保持高速端口与低速端口间的协同工作。

③ 碎片隔离：这是介于前两者之间的一种解决方案。它检查数据包的长度是否够64个字节，如果小于64字节，说明是假包，则丢弃该包；如果大于64字节，则发送该包。这种方式也不提供数据校验。它的数据处理速度比存储转发方式快，但比直通式慢。

(2) 交换机的重要技术参数

下面将对交换机的重要技术参数作介绍，方便大家在选购交换机时比较不同厂商的不同产品。每一个参数都影响到交换机的性能、功能和不同集成特性。

① 转发技术：交换机采用直通转发技术或存储转发技术？

② 延时：交换机数据交换延时多少？

③ 管理功能：交换机提供给用户多少可管理功能？

④ 单/多MAC地址类型：每个端口是单MAC地址，还是多MAC地址？

⑤ 外接监视支持：交换机是否允许外接监视工具管理端口、电路或交换机所有流量？

⑥ 扩展树：交换机是否提供扩展树算法或其他算法，检测并限制拓扑环？

⑦ 全双工：交换机是否允许端口同时收/发，全双工通信？

⑧ 高速端口集成：交换机是否提供高速端口连接关键业务服务器或上行主干？

下面逐项介绍各项参数。

① 转发技术(Forwarding Technologies)：是指交换机所采用的用于决定如何转发数据包的转发机制，各种转发技术各有优缺点。

② 直通转发技术(Cut-through)：交换机一旦解读到数据包目的地址，就开始向目的端口发送数据包。通常，交换机在接收到数据包的前 6 个字节时，就已经知道目的地址，从而可以决定向哪个端口转发这个数据包。直通转发技术的优点是转发速率快、减少延时和提高整体吞吐率。其缺点是交换机在没有完全接收并检查数据包的正确性之前就已经开始了数据转发。这样，在通信质量不高的环境下，交换机会转发所有的完整数据包和错误数据包，这实际上是给整个交换网络带来了许多垃圾通信包，交换机会被误解为发生了广播风暴。总之，直通转发技术适用于网络链路质量较好、错误数据包较少的网络环境。

③ 存储转发技术(Store-and-Forward)：存储转发技术要求交换机在接收到全部数据包后再决定如何转发。这样一来，交换机可以在转发之前检查数据包的完整性和正确性。其优点是没有残缺数据包转发，减少了潜在的不必要数据转发。其缺点是转发速率比直接转发技术慢。所以，存储转发技术比较适用于普通链路质量的网络环境。

④ 延时(Latency)：交换机延时是指从交换机接收到数据包到开始向目的端口复制数据包之间的时间间隔。有许多因素会影响延时大小，如转发技术等。采用直通转发技术的交换机有固定的延时，因为直通式交换机不管数据包的整体大小，而只根据目的地址来决定转发方向。所以，它的延时是固定的，取决于交换机解读数据包前 6 个字节中目的地址的解读速率。采用存储转发技术的交换机由于必须要接收完了完整的数据包才开始转发数据包，所以它的延时与数据包大小有关。数据包大，则延时大；数据包小，则延时小。

⑤ 管理功能(Management)：交换机的管理功能是指交换机如何控制用户访问交换机，以及用户对交换机的可视程度如何。通常，交换机厂商都提供管理软件或满足第三方管理软件远程管理交换机。一般的交换机满足 SNMP MIB Ⅰ/MIB Ⅱ统计管理功能，而复杂一些的交换机会增加通过内置 RMON 组(mini-RMON)来支持 RMON 主动监视功能。有的交换机还允许外接 RMON 探监视可选端口的网络状况。

⑥ 单/多 MAC 地址类型(Single-versus Multi-MAC)：单 MAC 交换机的每个端口只有一个 MAC 硬件地址。多 MAC 交换机的每个端口捆绑有多个 MAC 硬件地址。单 MAC 交换机主要设计用于连接最终用户、网络共享资源或非桥接路由器。它们不能用于连接集线器或含有多个网络设备的网段。多 MAC 交换机在每个端口有足够存储体记忆多个硬件地址。多 MAC 交换机的每个端口可以看做是一个集线器，而多 MAC 交换机可以看做是多个集线器的集线器。每个厂商的交换机的存储体 Buffer 的容量大小各不相同。这个 Buffer 容量的大小限制了这个交换机所能够提供的交换地址容量。一旦超过了这个地址容量，有的交换机将丢弃其他地址数据包，有的交换机则将数据包复制到各个端口不做交换。

⑦ 外接监视支持(Extendal Monitoring)：一些交换机厂商提供“监视端口”(Monitoring Port)，允许外接网络分析仪直接连接到交换机上监视网络状况，但各个厂商的实现方法各不相同。

⑧ 扩展树(Spanning Tree)：由于交换机实际上是多端口的透明桥接设备，所以交换机也有桥接设备的固有问题——“拓扑环”问题(Topology Loops)。当某个网段的数据包通过某个桥接设备传输到另一个网段，而返回的数据包通过另一个桥接设备返回源地址。这个

现象就叫"拓扑环"。一般，交换机采用扩展树协议算法让网络中的每一个桥接设备相互知道，自动防止拓扑环现象。交换机通过将检测到的"拓扑环"中的某个端口断开，达到消除"拓扑环"的目的，维持网络中的拓扑树的完整性。在网络设计中，"拓扑环"常被推荐用于关键数据链路的冗余备份链路选择。所以，带有扩展树协议支持的交换机可以用于连接网络中关键资源的交换冗余。

⑨ 全双工(Full Duplex)：全双工端口可以同时发送和接收数据，但这要交换机和所连接的设备都支持全双工工作方式。具有全双工功能的交换机具有以下优点。

a. 高吞吐量(Throughput)：两倍于单工模式通信吞吐量。

b. 避免碰撞(Collision Avoidance)：没有发送/接收碰撞。

c. 突破长度限制(Improved Distance Limitation)：由于没有碰撞，所以不受 CSMA/CD 链路长度的限制，通信链路的长度限制只与物理介质有关。

现在支持全双工通信的协议有快速以太网、千兆以太网和 ATM。

⑩ 高速端口集成(High-Speed Intergration)：交换机可以提供高带宽"管道"(固定端口、可选模块或多链路隧道)满足交换机的交换流量与上级主干的交换需求，防止出现主干通信瓶颈。常见的高速端口有如下几种。

a. FDDI：应用较早，范围广，但有协议转换花费。

b. Fast Ethernet/Gigabit Ethernet：连接方便，协议转换费用少，但受到网络规模限制。

c. ATM：可提供高速交换端口；但协议转换费用大。

2. 路由器的概念

路由器的英文名为 Router，是互联网络的枢纽。路由就是指通过相互连接的网络把信息从源地点移动到目标地点的活动。一般来说，在路由过程中，信息会经过一个或多个中间结点。通常，人们会把路由和交换进行对比，这主要是因为在普通用户看来两者所实现的功能是完全一样的。其实，路由和交换之间的主要区别就是交换发生在 OSI 参考模型的第二层(数据链路层)，而路由发生在第三层，即网络层。这一区别决定了路由和交换在移动信息的过程中需要使用不同的控制信息，所以两者实现各自功能的方式是不同的。

路由器是互联网的主要结点设备，路由器通过路由决定数据的转发。转发策略称为路由选择(Routing)，这也是路由器名称的由来(Router，转发者)。作为不同网络之间互相连接的枢纽，路由器系统构成了基于 TCP/IP 的国际互联网 Internet 的主体脉络，也可以说，路由器构成了 Internet 的骨架。它的处理速度是网络通信的主要瓶颈之一，它的可靠性则直接影响着网络互联的质量。因此，在园区网、地区网乃至整个 Internet 研究领域中，路由器技术始终处于核心地位，其发展历程和方向成为整个 Internet 研究的一个缩影。

接入网络使得家庭和小型企业可以连接到某个互联网服务提供商；企业网中的路由器连接一个校园或企业内成千上万的计算机；骨干网上的路由器终端系统通常是不能直接访问的，它们连接长距离骨干网上的 ISP 和企业网络。路由器有如下几种类型。

(1) 接入路由器

接入路由器连接家庭或 ISP 内的小型企业客户。接入路由器已经开始不只是提供 SLIP 或 PPP 连接，还支持诸如 PPTP 和 IPSec 等虚拟私有网络协议，这些协议要能在每个端口上运行，诸如 ADSL 等技术将很快提高各家庭的可用宽带，这将进一步增加接入路由器的负担。

(2) 企业级路由器

企业或校园级路由器连接许多终端系统，其主要目标是以尽量便宜的方法实现尽可能多的端点互连，并且进一步要求支持不同的服务质量。许多现有的企业网络都是由HUB或网桥连接起来的以太网段。尽管这些设备价格便宜、易于安装、无须配置，但是它们不支持服务等级。相反，有路由器参与的网络能够将机器分成多个碰撞域，并因此能够控制一个网络的大小。此外，路由器还支持一定的服务等级，至少允许分成多个优先级别。但是路由器的每端口造价要贵些，并且在能够使用之前要进行大量的配置工作。因此，企业路由器的成败就在于是否提供大量端口且每端口的造价很低，是否容易配置，是否支持QoS。另外还要求企业级路由器有效地支持广播和组播。企业网络还要处理历史遗留的各种LAN技术，支持多种协议，包括IP、IPX和Vine。它们还要支持防火墙、包过滤以及大量的管理和安全策略以及VLAN。

(3) 骨干级路由器

骨干级路由器实现企业级网络的互联。对它的要求是速度和可靠性，而代价则处于次要地位。硬件可靠性可以采用电话交换网中使用的技术，如热备份、双电源、双数据通路等来获得。这些技术对所有骨干路由器而言差不多是标准的。骨干IP路由器的主要性能瓶颈是在转发表中查找某个路由所耗的时间。当收到一个包时，输入端口在转发表中查找该包的目的地址以确定其目的端口，当包越短或者当包要发往许多目的端口时，势必增加路由查找的代价。因此，将一些常访问的目的端口放到缓存中能够提高路由查找的效率。不管是输入缓冲还是输出缓冲路由器，都存在路由查找的瓶颈问题。除了性能瓶颈问题，路由器的稳定性也是一个常被忽视的问题。

下面将对路由器的重要技术参数作一一介绍，方便大家在选购交换机时比较不同厂商的不同产品。每一个参数都影响到交换机的性能、功能和不同集成特性。

① 接口种类：路由器能支持的接口种类体现路由器的通用性。常见的接口种类有：通用串行接口（通过电缆转换成RS-232 DTE/DCE接口、V.35 DTE/DCE接口、X.21 DTE/DCE接口、RS-449 DTE/DCE接口和EIA530 DTE接口等）、10M以太网接口、快速以太网接口、10/100自适应以太网接口、千兆以太网接口、ATM接口（2M、25M、155M、633M等）、POS接口（155M、622M等）、令牌环接口、FDDI接口、E1/T1接口、E3/T3接口、ISDN接口等。

② 用户可用槽数：该指标指模块化路由器中除CPU板、时钟板等必要系统板或系统板专用槽位外用户可以使用的插槽数。根据该指标以及用户板端口密度可以计算该路由器所支持的最大端口数。

③ CPU：无论在中低端路由器还是在高端路由器中，CPU都是路由器的心脏。通常在中低端路由器中，CPU负责交换路由信息、路由表查找以及转发数据包。在上述路由器中，CPU的能力直接影响路由器的吞吐量（路由表查找时间）和路由计算能力（影响网络路由收敛时间）。在高端路由器中，通常包转发和查表由ASIC芯片完成，CPU只实现路由协议、计算路由以及分发路由表。

④ 内存：路由器中可能有多种内存，如Flash、DRAM等。内存用作存储配置、路由器操作系统、路由协议软件等内容。在中低端路由器中，路由表可能存储在内存中。通常来说路由器内存越大越好（不考虑价格）。

⑤ 端口密度：该指标体现路由器制作的集成度。由于路由器体积不同，该指标应当折合成机架内每英寸端口数。但是出于直观和方便，通常可以使用路由器对每种端口支持的最大数量来替代。

⑥ 路由信息协议（RIP）：RIP 是基于距离向量的路由协议，通常利用跳数来作为计量标准。RIP 是一种内部网关协议，在 RFC 1058 中规定。由于 RIP 实现简单，是使用范围最广泛的路由协议之一。该协议收敛较慢，一般用于规模较小的网络。

⑦ 策略路由方式：路由器除将目的地址作为选路的依据以外，还可以根据 TOS 字段、源和目的端口号（高层应用协议）来为数据包选择路径。策略路由可以在一定程度上实现流量工程，使不同服务质量的流或者不同性质的数据（语音、FTP）走不同的路径。

⑧ 距离矢量组播路由协议（DVMRP）：DVMRP 是基于距离矢量的组播路由协议，基本上基于 RIP 开发。DVMRP 利用 IGMP 与邻居交换路由。

⑨ 全双工线速转发能力：路由器最基本且最重要的功能是数据包转发。在同样端口速率下转发小包是对路由器包转发能力的最大考验。全双工线速转发能力是指以最小包长（以太网 64 字节、POS 口 40 字节）和最小包间隔（符合协议规定）在路由器端口上双向传输同时不引起丢包，该指标是路由器性能的重要指标。

⑩ 设备吞吐量：指设备整机包转发能力，是设备性能的重要指标。路由器的工作在于根据 IP 包头或者 MPLS 标记选路，所以性能指标是每秒转发包数量。设备吞吐量通常小于路由器所有端口吞吐量之和。

⑪ 端口吞吐量：端口吞吐量是指端口包转发能力，通常使用 pps——包每秒来衡量，它是路由器在某端口上的包转发能力。通常采用两个相同速率接口测试，但是测试接口可能与接口位置及关系相关。如同一插卡上端口间测试的吞吐量可能与不同插卡上端口间吞吐量不同。

⑫ 路由表能力：路由器通常依靠所建立及维护的路由表来决定如何转发。路由表能力是指路由表内所容纳路由表项数量的极限。由于在 Internet 上执行 BGP 协议的路由器通常拥有数十万条路由表项，所以该项目也是路由器能力的重要体现。

⑬ 背板能力：背板能力是路由器的内部实现。背板能力能够体现在路由器吞吐量上——背板能力通常大于依据吞吐量和测试包场所计算的值。

3. 网络设计

网络建设的总体思路以及如何总体设计工程项目是提高网络建设的关键任务之一。

(1) 网络设计的主要内容

① 进行用户研究和需求调查，弄清楚用户的性质、任务和特点，对网络环境进行准确的描述，明确系统建设的需求和条件。

② 在应用需求分析的基础上，确定不同网络服务类型，进而确定系统建设的具体目标，包括设施、站点设置、开发应用和管理等方面的目标。

③ 确定网络拓扑结构和功能，根据用户需求、建设目标和主要建筑分布特点，进行系统分析和设计。

④ 确定技术设计的原则要求，如在技术选型、布线设计、设备选择、软件配置等方面的标准和要求。

(2) 规划网络建设的实施步骤

建设网络对每个企业来说不是一件容易的事情，都要经过周密的论证、谨慎的决策和紧张的施工，而对网络有一个明晰且有层次的设计，更能让网络建设事半功倍。

① 层次化网络拓扑设计。在设计园区网络时，为了使网络工作更有效率，普遍采用三层结构，即接入层、汇聚层和核心层。每一层都具有特定的功能和应用，同时为其他层提供服务，互相协调工作带来最高的网络性能。接入层提供网络接口使终端用户能够接入网络，并且可以运用ACL、端口安全等技术来部署接入安全，此外接入层的另一个工作是建立组主机和汇聚层的联系。汇聚层负责将接入层路径进行汇聚和集中，以及连接接入层和核心层，除此之外，汇聚层可以通过VLAN来划分广播域，更重要的是，可以利用三层功能实现接入层不同网段间的通信，以减轻核心层转发不同网段数据的压力，并且汇聚层可以采用ACL等安全技术实现某网段和某几个网段的安全访问策略，即工作组级的安全访问控制。核心层主要完成网络中的数据高速转发任务，同时核心设备承担着整个网络的转发任务，因此核心层需要具备高可靠、可冗余、能快速升级等特点，以保证网络数据的高速转发和网络的稳定性。

② 接入层特点：可提供接入安全控制。接入层直接连接的是用户主机，安全问题比较突出，如病毒、网络侵入等，因此接入安全非常重要。在接入层通过采用端口安全、ACL等技术，可以实现用户的接入控制，只有被认为是安全的主机才可以接入到网络中，从而提高网络的安全性。

③ 汇聚层特点：可提供冗余。汇聚层提供冗余主要是提供和核心层连接的线路冗余，采用的技术主要有MSTP、VRRP、OSPE等，从而使汇聚层到核心层的一条链路发生故障时能很快地切换到另一条线路上使用，从而保证网络的稳定性。

④ 核心层特点：可提供冗余。核心层的冗余分两方面：一方面是提供和汇聚层之间的连接线的冗余；另一方面是核心设备本身的冗余。通常核心层会有多台设备冗余，当一台设备发生故障时，可以及时的切换到另一台设备，不会因为核心设备的故障导致全网瘫痪，从而提高网络的稳定性。

⑤ 安全设计。为保证网络系统运行的安全，要具有检测、预防安全攻击或系统恢复、备份等功能，同时要考虑一种或多种安全机制以抵御安全攻击、提高数据处理系统、存储系统和信息传输安全的服务。

⑥ 网络设备选型。网络是由设备组建起来的，在了解层次化网络结构后，在相应的网络层次选择合适的网络设备显得非常重要，网络设备的选择与各网络层次需要提供的功能有关。接入层需要提供二层数据的快速转发，支持多用户接入，提供和链路层的设备连接的高速设备，支持ACL、端口安全等安全功能，保证安全接入，支持网络远程管理。汇聚层需要提供不同的IP网络之间的数据转发，高效的安全策略管理能力，提供高带宽链路，支持提供负载均衡和自动冗余链路，支持远程网络管理。由于需要提供IP网络之间的数据转发，因此满足这些需要的是三层交换机。核心层设备需要提供高速数据交换、高稳定性、路由功能，以及提供数据负载均衡和自动冗余链路。

在某些网络环境中，汇聚层并不一定采用三层设备，采用二层设备也可以实现。采用三层设备是为了分担核心层的路由压力，使网络规划和管理更灵活。

思考与练习

1. 简述网络规划设计步骤和方法。

2. 某企业现有员工 500 余人,年产值 8000 万元。在本部设有销售部、财务部、技术部、仓库以及 10 个生产车间,在外地设有 3 个办事处,请大家为该企业设计一个网络建设方案,画出网络拓扑结构图,并作出一个初步资金预算。

第5章 网络终端管理

网络技术的飞速发展使计算机网络在人们的生活和工作中占据了越来越重要的地位。网络运行的稳定性、可靠性就显得至关重要，于是网络管理应运而生。随着各企事业单位的网络规模日益扩大，网络管理员的职责也越来越复杂，如基础设施管理、操作系统管理、应用系统管理、系统用户管理、信息安全保障、备份数据管理、机房管理等。其中直接与用户相关的网络终端管理显得复杂而琐碎。如何保证网络终端的可用、可靠，使之成为得力的工作助手是每个网管人员所追求的目标。

本章学习目标：

- 了解常用网络终端类型(计算机、终端、网络打印机等)。
- 初步掌握 Windows 终端的配置。
- 了解 UNIX 终端与无盘工作站的知识。
- 了解网络终端的一般维护知识。

5.1 任务一：建立网络终端配置方案

5.1.1 任务描述

某地方职业技术学院，由于近几年招生规模扩大，现要增加一个学生实验机房和一个教师办公室。其中实验机房 PC60 台，教师办公室 PC8 台，打印机一台，网络拓扑如图 5-1 所示。要求这两个工作室的 PC 能访问校园网和 Internet，每个教师能打印教案。

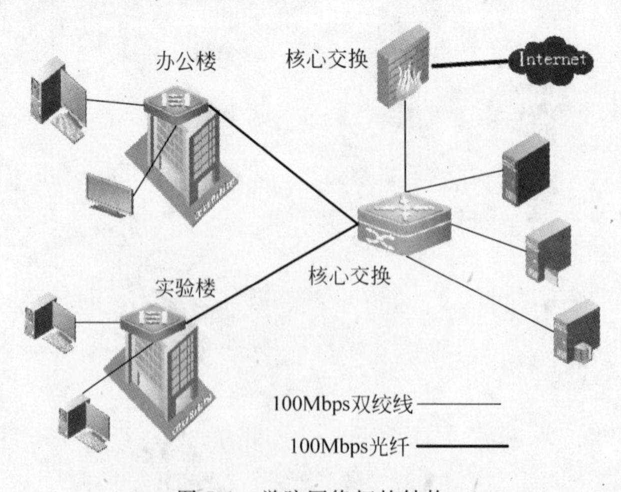

图 5-1 学院网络拓扑结构

现在你是该学校的网络管理员，负责两个工作室的网络构建，你现在的第一个任务是针对目前校园网络的结构对两个工作室的网络终端进行配置设计、实现可用并方便日后的管理与维护。

5.1.2　方法与步骤

1. 任务分析

网络终端的配置设计主要是结合现有网络拓扑，完成终端结构化设置，使得各终端受既有管理策略的约束融入整个校园网，成为校园网的一个合理分支。配置方案按实施环境有多种可能，但总的设计要求须满足以下几点：实用性、灵活性、兼容性和开放性。

任务要求对学院现有的网络拓扑进行了解，对新建机房与办公室楼层交换机端口占用情况和拟采用端口的 IP 地址进行初定，了解网络终端接入校园网方式。同时为了学院网络系统的日后维护，对 PC 进行 IP 结构化编址。编址规则：由新建机房或办公室所在楼层交换机端口 IP 地址，为接入 PC 分配子网 IP，并按照配置编制《 ** 办公室 IP 分配表》、《 ** 实验室 IP 分配表》。

2. IP 分配方案

(1) IP 地址的作用

IP 地址用于标识 PC 的地址，一个网络是由若干台 PC 组成的，每台主机必须有一个唯一的 IP 地址。IP 地址由 32 位二进制数组成，为了描述方便一般用十进制数来表示，分为 4 个数字段，中间用句点隔开，如 202.89.4.5。

(2) IP 地址的组成

IP 地址由两部分组成，前面一部分是网络号，用于标识主机所在的网络，类似于电话号码的区号。后面一部分是主机号，用于确定前一网络号中的计算机，类似于电话号码。网络号加上主机号才是该主机在网络上的真正地址。

(3) IP 地址的分类

为了给不同规模的网络提供必要的灵活性，将 IP 地址空间划分为 5 个不同的地址类，其中 A、B、C 三类最为常用，如表 5-1 所示。

表 5-1　IP 地址的分类

IP 地址类型	第一字节十进制范围	二进制固定最高位	二进制网络位	二进制主机位
A 类	0～127	0	8 位	24 位
B 类	128～191	10	16 位	16 位
C 类	192～223	110	24 位	8 位
D 类	224～239	1110	组播地址	
E 类	240～255	1111	保留试验使用	

网络号由校园网网络负责人统一分配，目的是保证网络地址的唯一性和可管理性。主机地址由各个网络的管理员统一分配。网络地址的唯一性与网络内主机地址的唯一性确保了 IP 地址的唯一性。

(4) IP 地址的合理选择

不同类的 IP 地址，其子网中可以容纳的机器数量也不同，应根据网络规模选择合理的

IP 地址。那么 PC 是如何分辨自己 IP 地址中网络号和主机号的呢？答案是子网掩码。

子网掩码是一个 32 位地址，用于屏蔽 IP 地址的一部分，以区别网络标识和主机标识，说明该 IP 地址是在局域网上的哪个分支上。

子网掩码不能单独存在，它必须结合 IP 地址一起使用。子网掩码只有一个作用，就是将某个 IP 地址划分成网络地址和主机地址两部分，如图 5-2 所示。

子网掩码　11111111.11111111.11111111. 00000000

网络位　主机位

IP 地址　11000000.10101000.00000001. 00000000

网络号　主机号

图 5-2　IP 地址与子网掩码

如果知道实验室接入楼层交换机端口 IP 地址为 192.168.43.254/24，那么就可以按上面的原则对实验室机房主机分配 IP 范围，如表 5-2 所示。

表 5-2　** 实验室 IP 分配表

楼房	房间号	主机数	IP 范围	网关
一幢	101	60	192.168.43.1～253/24	192.168.43.254/24
…	…	…	…	…

同样的道理可以分配办公室 IP 地址，形成 IP 分配表。

(5) IP 地址及掩码的标注

按照分配方案表，对 PC 进行 IP 地址的标注，如图 5-3 所示。其中，DNS 服务器地址从学院网络负责人处获得。

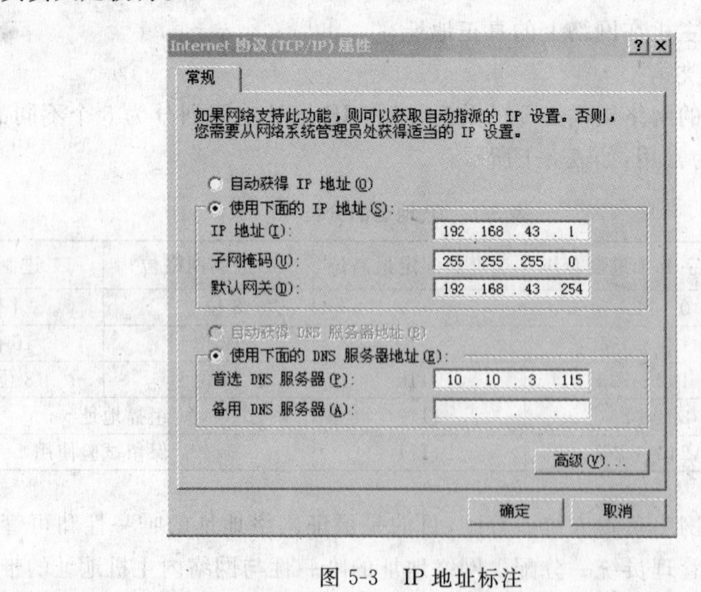

图 5-3　IP 地址标注

(6) 测试

网络终端配置完成后，需测试能否实现目标，即访问校园网和 Internet。

首先，测试与网关的连通性。命令：ping 网关，若通，则可以访问校园网，如图 5-4 所示。

其次，解析 DNS 服务器地址。命令：nslookup DNS 服务器地址，若解析成功，则可以访问 Internet，如图 5-5 所示。

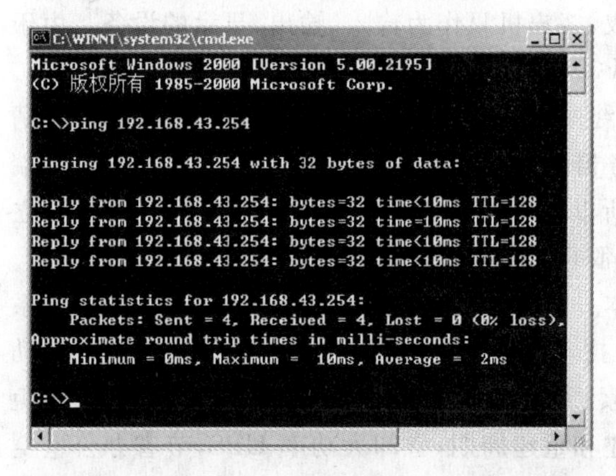

图 5-4　ping 网关

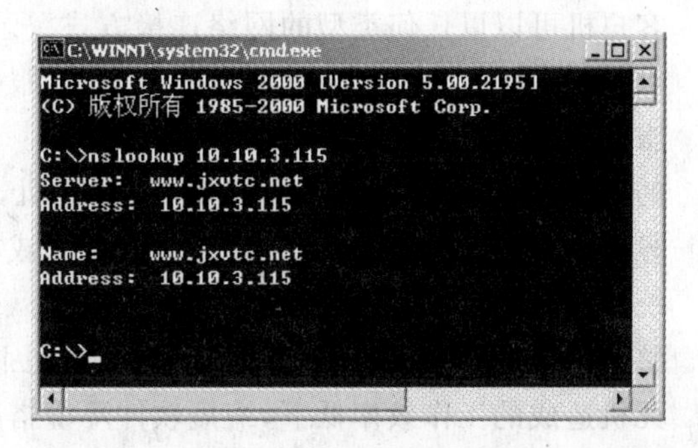

图 5-5　解析 DNS 服务器

5.1.3　相关知识与技能

1. 网络终端概述

(1) 网络终端概念

终端，即计算机显示终端，是计算机系统的输入、输出设备。网络终端即在网络接入层与用户直接交互的终端，它以网络为通信平台与服务器(主机)进行通信，因现在的网络环境多为 IP 网，所以又有人称之为 IP 终端。网络终端伴随主机时代的集中处理模式产生，并随着计算技术的发展而不断发展。迄今为止，计算技术经历了主机时代、PC 时代和网络计算时代这 3 个发展时期，网络终端与计算技术发展的 3 个阶段相适应，应用也经历了字符哑终端、图形终端和网络终端这 3 个形态。

(2) 网络终端的类型

目前常见的客户端设备分为两类：一类是胖客户端，一类是瘦客户端。那么，把以 PC 为代表的基于开放性工业标准架构、功能比较强大的设备称为“胖客户端”，其他归入“瘦客户端”。网络终端根据终端协议和连接服务器的不同又可分为 Windows 终端、UNIX 终端、浏览器终端等多种类型，一般为 C/S 模式中的瘦客户端。

20 世纪 80 年代初，随着 PC 应用的推广，PC 联网的需求也随之增大，各种基于 PC 互联的微机局域网纷纷出现。这个时期微机局域网系统的典型结构是在共享介质通信网平台上的共享文件服务器结构，即为所有联网 PC 设置一台专用的可共享的网络文件服务器。PC 是一台“麻雀虽小，五脏俱全”的小计算机，每个 PC 用户的主要任务仍在自己的 PC 上运行，仅在需要访问共享磁盘文件时才通过网络访问文件服务器，体现了计算机网络中各计算机之间的协同工作。由于使用了较 PSTN 速率高得多的同轴电缆、光纤等高速传输介质，使 PC 网上访问共享资源的速率和效率大大提高。这种基于文件服务器的微机网络对网内计算机进行了分工：PC 面向用户，微机服务器专用于提供共享文件资源。所以它实际上就是一种客户机/服务器模式。

如今随着网络应用的进一步深入，降低系统总体拥有成本(TCO)已经成为市场的主旋律。基于网络视窗终端，凭借良好的可管理性、可维护性、安全性、可移植性与可扩展性等优势，为当前的计算机应用体系增加了新元素：Thin Client/Server，也称瘦客户机/服务器模式。如市面上BENCI终端就属于该体系中的客户端设备。它的特征是所有的软件运行、配置、调度、通信、数据存储等都在服务器端完成，客户机只作为输入、输出、显示的设备。由于这种工作模式对客户机硬件配置要求比较低，因此被形象地称为瘦客户机(Thin Client)。客户机可以以任何类型的网络连接方式登录终端服务器。当终端服务器接收终端用户的请求，允许Windows终端登录建立会话后，服务器为每个终端会话申请唯一一个ID号，终端服务器用这个ID号识别不同的终端会话。所以终端用户和系统之间的通信都是相互独立的，任何一个终端程序运行出错，甚至死机，都不会影响系统和其他终端用户的正常运行。显然，软件和硬件的资源共享大大降低了成本：①系统和网络的管理维护，终端无须安装系统和软件，统一服务器端配置，远程控制；②技术服务和支持，服务器软硬件升级即可带动整个网络的升级，系统不易因环境和人为因素损坏；③其他相关费用总体相对较低。避免死机造成的工作效率低下，缩短软件环境搭建和重建周期，省却大功率UPS，节省办公室空间，易于搬迁和布线。系统整体安全可靠，客户端没有软驱、硬盘等存储设备，有效防止数据非法外泄和不良数据侵入系统。

以上涉及的方案为"胖客户端"设置，但在不久的将来，许多应用场合上的"瘦客户端"将会越来越普遍。

从技术层面讲，数据处理模式将从分散走向集中，网络终端的用户界面将更加人性化，可管理性和安全性也将大大提升；同时，通信和信息处理方式也将全面实现网络化，并可实现前所未有的系统扩展能力和跨平台能力。

从应用形态讲，网络终端设备将不局限在传统的桌面应用环境，随着连接方式的多样化，它既可以作为桌面设备使用，也能够以移动和便携方式使用，终端设备会有多样化的产品形态；此外，随着跨平台能力的扩展，为了满足不同系统应用的需要，网络终端设备也将以众多的面孔出现：UNIX终端、Windows终端、Linux终端、Web终端、Java终端等。

从应用领域讲，字符哑终端和图形终端时代的终端设备除用于窗口服务行业和柜台业务以外，网上银行、网上证券、银行低柜业务等非柜台业务将广泛采用网络终端设备，同时网络终端设备的应用领域还将迅速拓展至电信、电力、税务、教育以及政府等新兴的非金融行业。

(3) 几类终端设备比较

现在办公统采用的客户端主要分为PC系统、UNIX字符终端系统、NetPC无盘工作站系统和终端系统等。基于Windows的WBT(Windows Based Terminal)终端系统是早些年的主流，随着最近一两年Linux系统在全球的风靡，基于Linux的终端以其无可比拟的优势领跑在WBT终端的最前端。

① PC曾经以强大的个人计算能力和灵活的使用方式一直主导着计算机市场，但其本身具有的复杂性带来的不稳定、管理、维护问题让用户伤透了脑筋。但随着应用的发展，商业用户的需求更加明确：桌面设备要求能够满足图形化需要；桌面设备维护量小；软件分发启用时间周期要短；设备不要求操作员掌握过多与业务无关的维护知识；设备淘汰周期至少要求满足4～5年或以上；远程网点设备更换不会影响用户的数据，且要求在短时间内完成设备更换工作。

② 无盘工作站虽然也是仿真服务器操作系统，但它必须下载服务器上的程序到本机内存，那样对网络带宽要求高且不稳定；而且无盘工作站利用本机网卡 BIOS 启动，速度慢且不稳定，维护不易；无盘工作站是较为陈旧的技术，在很多年前就已经出现，技术并没有出现大的革新。

③ Linux 终端效率较高，连接方式与任务都比较单一。它的应用方向非常单一，主要面向金融行业和研究所。如 BENCI 终端系列集成了与 UNIX 主机通信的能力，为客户提供丰富的连接方式与操作界面。

④ Windows CE 终端与 Linux 终端工作原理一样，但为两大阵营产品。目前无论在设计工艺、技术成熟度、市场空间和用户接受度等方面，Linux 终端已经远远超越了 Windows CE。

2. IP 子网划分

随着网络的发展，越来越多的企业都组建了内部局域网，以实现自动化无纸办公低成本的运营和管理。然而，随着时间的推移，IP 地址的规划不合理，没有结构化的编址会对维护管理增加难度。

(1) 结构化编址

结构化其实就是体系化、组织化，根据企业的具体需求和组织结构对整个网络地址进行有条理的规划。一般这个规划的过程是由大局、整体着眼，然后逐级细化进行划分的。如大学中先划分学院、系部，然后划分专业，再划分班级，最后划分学号。采用结构化编址的网络，由于相邻或者具有相同服务性质的主机或办公群落在 IP 地址上也是连续的，便于在各个区块的边界路由设备上进行有效的路由汇总，使整个网络的结构清晰，路由信息明确，也能减小路由器中的路由表。而每个区域的地址与其他的区域地址相对独立，也便于独立灵活的管理。

(2) 选择地址分配方式

IP 地址分配有动态分配和静态分配两种方式，以下比较这两种方式的优缺点。

① 动态分配 IP，由于地址是由 DHCP 服务器分配的，便于集中化统一管理，并且每一个接入的主机通过非常简单的操作就可以获得正确 IP 地址、子网掩码、默认网关、DNS 等参数，管理的工作量要比静态地址少很多，而且越大的网络越明显。而静态分配正好相反，需要先指定哪些主机要用到哪些 IP 地址，不能重复，然后再去客户主机上逐个设置必要的网络参数；当主机区域变动时，还要记录释放 IP 地址，并重新分配新的区域 IP 和配置网络参数。这需要一张详细记录 IP 地址资源使用情况的表格，并且要根据变动实时更新；否则很容易出现 IP 地址冲突等问题，这对于一个大规模的网络来说工作量是很大的。但是在一些特定的区域，如服务器群区域，要求每台服务器都有一个固定的 IP 地址，这种情况下使用静态分配较好。当然，也可以使用 DHCP 的地址绑定功能或者动态域名系统来实现类似的效果。

② 采用动态分配 IP 地址可以做到按需分配地址，当一个 IP 地址不被主机使用时，能被释放出来供另外的新接入主机使用，这样可以在一定程度上高效利用 IP 资源。DHCP 的地址池只要满足同时使用的 IP 峰值即可。而如果采用静态分配，必须考虑更大的使用余量，很多临时不接入网络的主机并不会释放 IP，而通过手动释放和添加 IP 地址等参数又十分烦琐，所以这时必须考虑使用更大的 IP 地址段，确保有足够的 IP 地址资源。

③ 动态分配要求网络中必须有一台或几台稳定且高效的DHCP服务器，因为当IP地址处理和分配集中的同时，故障点也相应集中起来，只要网络中的DHCP服务器出现故障，整个网络都有可能瘫痪，所以在很多网络中配置多台DHCP服务器，在平时还可以分担地址分配的工作量。另外，客户机在与DHCP服务器通信时，要进行地址申请、续约和释放等，这都会产生一定的网络流量。而静态分配就没有这些缺点，另外静态分配还有一个很大的优点，就是比动态分配更加容易定位故障点。在大多数情况下，企业网络管理在使用静态地址分配时，都会有一张IP地址资源使用表，所有的主机和特定IP地址都会一一对应起来，出现故障或者要对某些主机进行控制管理时都比动态地址分配要简单得多。

(3) IP地址规划的可持续扩展性

为了适应将来部门的发展、网络规模的扩展，规划IP地址时要留有余地。IP地址最初是由类划分的，A、B、C各类标准网段都只能严格按照规定使用地址。现在发展到了无类阶段，由于可以自由规划子网的大小和实际的主机数，所以使得地址资源分配得更加合理，无形中增强了网络的可拓展性。但是当一个局部区域出现高增长或者整体的网络规模不断增大时，不合理的规划很可能导致必须重新部署局部甚至整体的IP地址，这在一个中、大型网络中不是一项轻松的工作了。

(4) IP地址规划的层次性

IP地址的规划应尽可能和网络层次相对应，应该自顶向下地进行规划。

数据网络的规划通常是首先把整个网络划分为几个大区域，划分的方法是根据地域或者设备分布来划分，先估算出每个区域的用户数量(总数)，对这几个大区域的地址资源进行地址分配(可考虑预留部分地址)；类似地，每个大区域又可以分为几个小区域，每个子区域从它的一级区域里获取IP地址段(子网段)。这种方式充分考虑了网络层次和路由协议的规划，通过聚合网络减少网络中路由的数目和地址维护的数量，某个局部发生变动也不会影响到上层和全局，充分体现了分层管理的思想。

(5) 确定子网掩码

子网掩码的设定必须遵循一定的规则。与IP地址相同，子网掩码的长度也是32位，左边是网络位，用二进制数字"1"表示；右边是主机位，用二进制数字"0"表示。如IP地址为"192.168.1.1"和子网掩码为"255.255.255.0"的二进制对照。子网掩码中有24个"1"，代表与此相对应的IP地址左边24位是网络号；有8个"0"，代表与此相对应的IP地址右边8位是主机号。这样，子网掩码就确定了一个IP地址的32位二进制数字中哪些是网络号、哪些是主机号。只有通过子网掩码才能表明一台主机所在的子网与其他子网的关系，使网络正常工作。

如果要将一个网络划分成多个子网，如何确定这些子网的子网掩码和IP地址中的网络号和主机号呢？子网划分的步骤如下：

首先，将要划分的子网数目转换为2的m次方。如要分4个子网，则$4=2^2$。如果不正好是2的整次方，则取大为原则，如要划分为6个，则$2^3>6$，$m=3$。

然后，将上一步确定的幂m按高序占用主机地址m位后，转换为十进制。如m为3表示主机位中有3位被划为"网络标识号"占用，因网络标识号应全为"1"，所以主机号对应的字段为"11100000"，转换成十进制后为224，这就最终确定的子网掩码。如果是C类网，则子网掩码为255.255.255.224；如果是B类网，则子网掩码为255.255.224.0；如果是A类网，则子网掩码为 255.224.0.0。

在这里，子网个数与占用主机地址位数有如下等式成立：$2^m \geqslant n$。其中，m 表示占用主机地址的位数，n 表示划分的子网个数。

例如：若网络号为 192.128.64，则该 C 类网内的主机 IP 地址就是 192.128.64.1～12.128.64.254，现将网络划分为 4 个子网，按照以上步骤，$4=2^2$，则表示要占用主机地址的 2 个高序位，即为 11000000，转换为十进制为 192。这样就可确定该子网掩码为 192.128.64.192。子网的 IP 地址的划分是根据网络号占据的两位排列进行的，这 4 个 IP 地址范围分别如下：

① 第一个子网的 IP 地址是从 11000000 100000000 01000000 00000001 到 11000000 100000000 01000000 00111110，注意它们的最后 8 位中被网络号占住的两位都为"00"，因为主机号不能全为"0"和"1"，所以没有 11000000 100000000 01000000 00000000 和 11000000 1000000 01000000 00111111 这两个 IP 地址（下同）。注意实际上此时的主机号只有最后面的 6 位，对应的十进制 IP 地址范围为 192.128.64.1～192.128.64.62。而这个子网的子网掩码（或网络）为 11111111 11111111 11111111 00000000，即 255.255.255.0。

② 第二个子网的 IP 地址是从 11000000 10000000 01000000 01000001 到 11000000 1000000 01000000 01111110，注意此时被网络号所占住的 2 位主机号为 01。对应的十进制 IP 地址范围为 192.128.64.65～192.128.64.126。对应这个子网的子网掩码（或网络地址）为 11111111 11111111 11111111 01000000，即 255.255.255.64。

③ 第三个子网的 IP 地址是从 11000000 10000000 01000000 10000001 到 11000000 10000000 01000000 10111110，注意此时网络号占据的 2 位主机号为"10"，对应的十进制 IP 地址范围为 128.64.129～192.128.64.190。对应这个子网的子网掩码（或网络地址）为 11111111 11111111 11111111 10000000，即 255.255.255.128。

④ 第四个子网的 IP 地址是从 11000000 10000000 01000000 11000001 到 11000000 10000000 01000000 11111110，注意此时网络号占据的 2 位主机号为"11"。对应的十进制 IP 地址 192.128.64.193～192.128.64.254。对应这个子网的子网掩码（或网络地址）为 11111111 11111111 11111111 11000000，即 255.255.255.192。

思考与练习

1. 为教师办公室的 PC 分配 IP 地址并作现场设置。
2. 检测计算机的 IP 地址和 MAC 地址。
3. 当网络中出现 IP 地址冲突时，你有解决办法吗？试比较各种办法的优劣。

5.2 任务二：桌面系统管理

操作系统的稳定对整个计算机网络系统的稳定、安全运行至关重要，Windows 系统以其普及性和易用性而成为网络中最易受攻击的对象之一。如何管理好桌面系统使得能独立运行又不受利用或攻击，是网络连续、安全、稳定运行的根本保障。

5.2.1 任务描述

现在学校的学生实验机房和教师办公室的 PC 已通过招投标方式到位。其中 68 台 PC 都预装了 Windows XP 系统。要求利用 Windows XP 的安全特性对系统作进一步的管理配置。

现在你作为学院网络管理员,任务是从易用和保障网络稳定运行的角度对终端桌面系统作必要的设置。

5.2.2 方法与步骤

1. 任务分析

桌面系统的管理配置一般以易用又不受他人控制、破坏为基础,是对原有系统的合理加固和功能规范。

2. 检查系统状态

(1) 适合需要的文件系统

Windows XP Professional 的优点之一是其支持 NTFS 文件系统。文件系统是在计算机上命名、存储和安排文件的方法,NTFS 文件系统允许用户加密文件和文件夹、限制对文件的访问,从而在多用户使用情况下提高信息安全性。

如在办公室 PC 中,可以通过 Windows XP 中的加密文件系统(EFS)技术保护敏感数据。在多用户 PC 上他人无法访问硬盘上的非授权文件。只有使用者才可以打开和使用这个文件。

(2) 检查用户账户

在安装 Windows XP 时也会一并安装的用户账户所谓的内建用户账户,通常为 Administrator 与 Guest。

① Administrator。该账号为初次安装 Windows XP 系统时的内置账号,因此具有无上的权利,可对计算机做设定。例如,管理用户账号与组、管理安全策略、建立打印机、分配资源、锁定、登录和关闭服务等。该账户可以更名但无法删除,也无法禁用。因此,为了安全起见,若要更名,则必须在进入系统后立即将 Administrator 账户更名。

② Guest。该账户允许用户访问 Windows XP 计算机而不需要以特殊的用户账户登录。犹如匿名登录一样,与其他账户相似,Guest 账户可以访问 Everyone 组拥有权限的每一个目录,这对数据和应用程序目录而言可能是一个问题。该账户也不能删除,但可以更名和禁用。建议停用 Guest 账户。

③ 用户账户安全设置。可以通过账户策略,为所有用户设置限制。在 Windows XP 系统中有两种账户策略:密码策略、账户锁定策略,如图 5-6 所示。每一种策略都可以用来配置账户的不同安全性或操作特性。

首先是密码策略。密码策略部分设置如何在本机中处理密码的策略,如密码的复杂性、长度和存留期等,这里的设置对保护密码和密码安全方案至关重要。策略设置应该与用户的书面策略一致。实现的策略将保护网络免受黑客攻击,书面策略则定义了被授权访问公司信息系统的用户的职责。

其次是账户锁定策略。有效的账户锁定策略特性是防止系统受到暴力破解式密码破

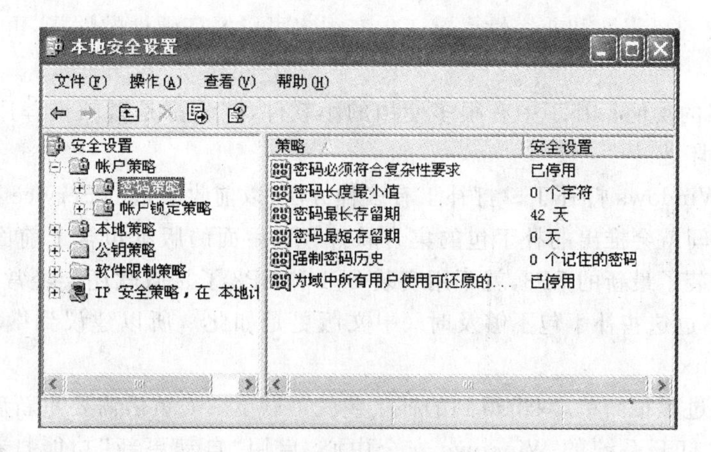

图 5-6　账户策略

解/猜测攻击的关键，默认情况下的设置是“无账户锁定”。如果保留这种设置，那么其他人就可以对本机器进行字典攻击。

账户锁定策略用来控制由于失败的登录尝试而锁定账号的方式及时间的安全需求，还可以用来配置账号重置设置。

(3) 检查默认共享

Windows XP 出于管理的目的自动建立了一些共享，包括 C$、D$ 和其他一些根卷，如 ADMIN$。尽管它们是针对管理而配置，但仍形成一个没必要的风险，常常成为攻击者的目标，如图 5-7 所示。

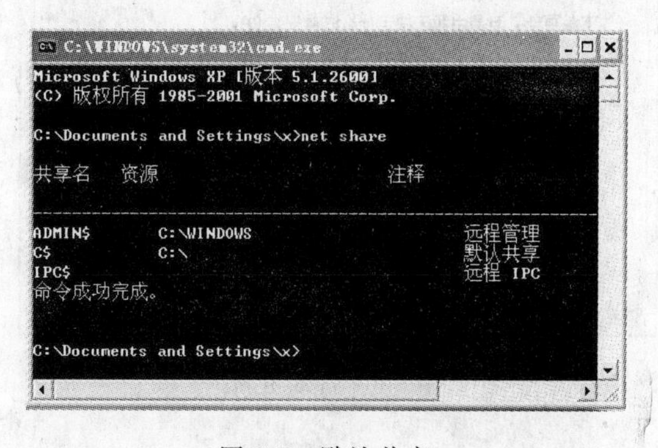

图 5-7　默认共享

可以通过修改注册表或删除共享协议达到取消默认共享的目的。

(4) 检查系统漏洞

任何一个软件产品都会有或多或少的毛病，Windows 操作系统也不例外。在 Windows 系统诞生时，就隐含存在着不少未知的漏洞，只不过这些漏洞渐渐才被微软自己和世界各地的人们所发现。微软的补丁就是为了弥补这些漏洞，作为产品的售后服务而产生的。

① 为什么要给 Windows 打补丁。给微软打补丁有以下几个目的。

a. 增强系统的安全性。这是很多人最看重的，因为现在黑客越来越多，病毒也越来越多，打了最新的补丁就会减少系统被攻击的可能性。目前统称的系统补丁不光是 Windows 本身的补丁，也包括其相关软件，如 IIS、Outlook 等的补丁。

b. 提高系统的可靠性和兼容性。补丁中有很多可以提高硬件的性能,可以使系统更加稳定。

c. 实现更多的功能。补丁中有很多使用的小软件,这些都是微软推荐用户添加的,多了它们没有什么坏处。

② 怎么给 Windows 打补丁。打补丁有多种方法,以前收录过的 Service Pack(SP)就是微软每过一段时间就会推出的补丁包的集合软件,SP 后面的版本包含了前面版本的内容,也就是说假如安装了最新的 SP3,就不用安装 SP1 和 SP2 了。微软还会经常推出小的补丁包——Hotfix,不过这些补丁包不够及时(中文版更是如此),所以建议到微软官方网站去下载最新的 Hotfix。

补丁的安装过程很简单,双击得到的补丁包就可以了。安装后需要重新启动计算机。

也可以通过打开系统的 Windows 安全中心,启用“自动更新”功能打补丁,如图 5-8 所示。

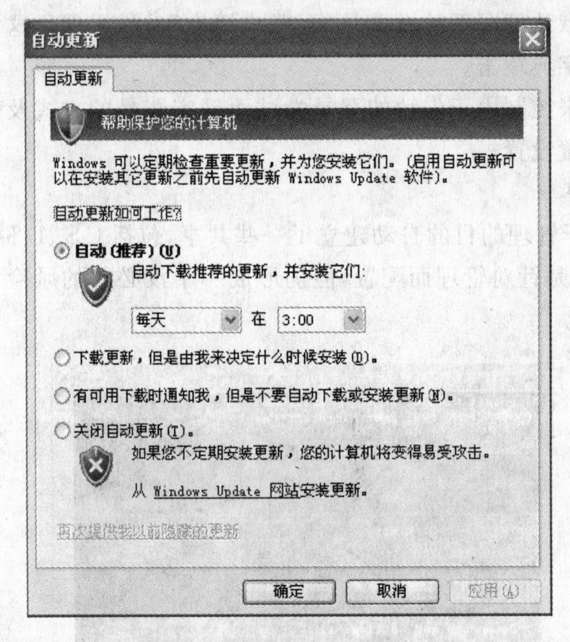

图 5-8　自动更新

自动更新虽然能每天自动检测系统补丁情况,但补丁文件从微软网站下载,速度较慢。常用一些工具软件实现实时检测与下载安装,速度也快,如 SAFE 360 安全卫士,如图 5-9 所示。

(5) 安装必要的杀毒软件

一般局域网有查杀毒中心,装上相应客户端软件即可。如果没有防毒中心,就可以建议用户安装正版杀毒软件或下载免费试用杀毒软件。

3. 终端用户使用指导

终端系统的稳定与用户使用习惯息息相关,按组织策略做完相应终端配置后还要与用户进一步沟通,指导正确的使用方法和相关注意事项。如即时升级病毒库、注意实时监测报警信息、外存储设备使用规范等。

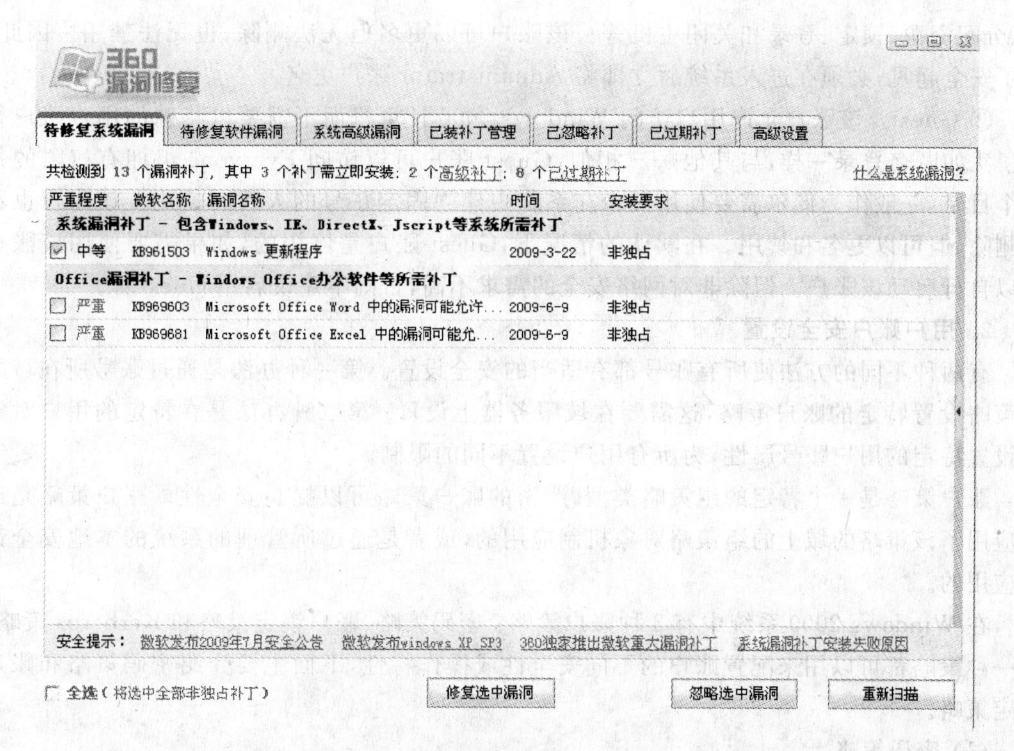

图 5-9　360 安全卫士补丁检测

5.2.3　相关知识与技能

1. Windows 2000 的用户账户

要访问 Windows 2000 的资源，就必须有一个用户账户，所有的 Windows 2000 都是通过用户账户提供访问(身份验证和授权)的。Windows 2000 提供了几种不同类型的用户账户，不同的账户将有不同的网络资源存取或管理的能力。用户有两种主要权限：普通权限和管理权限。普通权限主要基于日常任务，如访问程序、数据文件以及其他的一些系统资源；管理权限主要针对一部分用户，以便管理用户账号、服务器、外围设备以及其他一些网络资源。

(1) 本机用户账户

在本机中建立的用户账户称之为本机用户账户，该账户只允许用户持有使用本机资源的权限。本机用户存储在 Windows 2000 工作站的 SAM 数据库中，这与 Windows NT 系统是一样的。当我们建立一个本机用户账户时，Windows 2000 会在本机的计算机安全数据库中建立该用户账户的信息，一旦本机用户账户建立后，本机计算机就会使用这个本机安全数据库来验证用户注册，如果符合就会允许用户登入。

(2) 默认用户账户

在安装 Windows 2000 之后也会一并安装的用户账户称为内建用户账户，通常为 Administrator、System 与 Guest。

① Administrator。该账号为初次安装 Windows 2000 系统时的内置账号，因此具有至上的权利，可对整个域或计算机做设定。例如，管理用户账号与组、管理安全策略、建立打印

机、分配资源、锁定、登录和关闭主机等。该账户可以更名但无法删除，也无法禁用。因此，为了安全起见，必须在进入系统后立即将 Administrator 账户更名。

② Guest。该账户允许用户访问 Windows 2000 计算机而不需要以特殊的用户账户登录。犹如匿名登录一样，与其他账户相似，Guest 账户可以访问 Everyone 组拥有权限的每一个目录，一般作为偶尔需要使用又未在系统中建立固定账号的人暂时使用。该账户也不能删除，但可以更名和禁用。在默认的情况下，Guest 账户是停用的，如果需要使用该账户可以自行启动该账户。但除非对网络安全的需求不高，否则不建议启用 Guest 账户。

2. 用户账户安全设置

有两种不同的方法使所有账号都有适当的安全设置。第一种办法是通过账号所在域的组策略设置特定的账户策略，这需要在域服务器上设置；第二种办法是在特定的用户对象上设置特定的用户账号属性，为所有用户设置不同的限制。

账户策略是一个特定的组策略类型，严密的账户策略可以提高安全性。账户策略是通过应用了该策略的域上的组策略对象机制应用的，或者是通过所管理的系统的本地安全策略应用的。

在 Windows 2000 系统中有 3 种账户策略：密码策略、账户锁定策略和 Kerberos 策略。每一种策略都可以用来配置账户的不同安全性或操作特性，下面主要介绍密码策略和账户锁定策略。

(1) 密码策略

密码策略部分设置如何处理密码的策略，如密码的复杂性、长度和使用寿命等，这里的设置对保护密码和密码安全方案至关重要。策略设置应该与用户的书面策略一致。实现的策略将保护网络免受黑客攻击，书面策略则定义了被授权访问公司信息系统的用户的职责。

密码策略主要包括：①强制密码历史，防止用户只使用他们喜欢的密码，减少黑客或解密高手发现密码的机会；②密码最长存留期，表示在必须更改密码之前用户可以使用该密码的最长时间，在默认情况下，Windows 2000 每 42 天就要求使用一个新密码，如果将这个值设置为 7，这样用户就需要每周更改密码；③密码最短存留期，配置可以更改密码之前用户必须使用这个密码的时间，用来防止用户立刻将密码更改为最初的密码；④密码必须符合复杂性要求，系统使用密码筛选器更改和创建密码，这将强制密码不少于 6 个字符，不包括用户名或全名的一部分，并且必须使用下面 4 种中的 3 种字符：数字、符号、小写字母和大写字母。

(2) 账户锁定策略

有效的账户锁定策略特性是防止系统受到暴力破解式密码破解/猜测攻击的关键，默认情况下的设置是“无账户锁定”。账户锁定策略用来控制由于失败的登录尝试而锁定账号一定时间。

账户锁定策略包括：①复位账户锁定计数器，配置在重置错误登录计数之前两次失败的登录尝试之间必须间隔的时间(分钟)，在默认情况下，这个设置为 1，取值范围是 1～99999；②账户锁定时间，配置在解除账号锁定之前锁定账号的时间(分钟)，这个值的范围是 0～99999，如果将它设置为 0，则必须手工解除账号锁定(即由管理员解除锁定)，如果设置为其他值，那么账号将在这段时间之后解除锁定；③账户锁定阈值，配置在锁定账号之前允许的失败登录尝试次数(即无效的登录次数)，它的基本用途在于阻止对账号进行密码猜测攻击，这个值的取值范围是 0～999，一个很好的经验取值是 5 左右，但这应该与用户的安全策略一致。

要注意的是，这只适用于最初的登录，对屏幕保护程序或桌面锁定无效。

3. 文件加密

对计算机系统来讲，其信息的安全性至关重要。因此在计算机技术中采取了多种对于数据安全的防护措施，前面介绍了利用 NTFS 文件系统可以对文件进行加密或访问控制，如果密钥的保护非常安全的话，那只有为数据加密的用户才能访问它们，从而也就保证了数据的安全。

在 Windows 系统中，对文件和文件夹进行加密和解密的工作是由加密文件系统（EFS）来完成的。EFS 是对 NTFS 文件系统的扩展，具有强大的数据保护功能。

下面以文件夹加密为例来看一个实际的加密操作。

① 打开资源管理器或“我的电脑”。

② 选择欲加密的文件夹，右击打开“属性”对话框，单击“高级”按钮，打开“高级属性”对话框。

③ 选中“加密内容以便保护数据”复选框，如图 5-10 所示。单击“确定”按钮（此时文件尚未加密），返回属性界面。

④ 单击“确定”按钮给文件夹加密，“确认属性更改”对话框被打开，如图 5-11 所示。

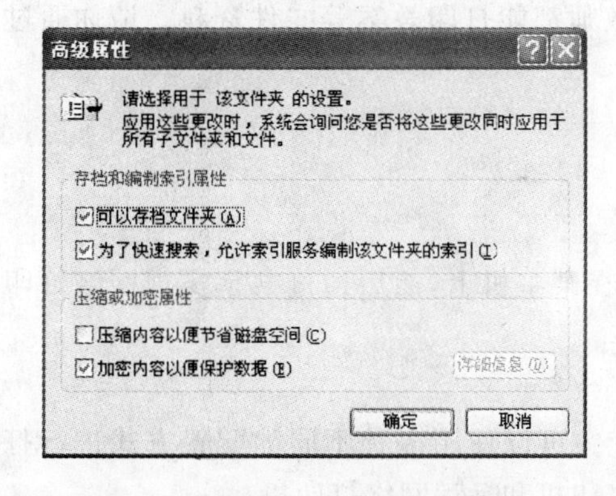

图 5-10　加密内容以便保护数据

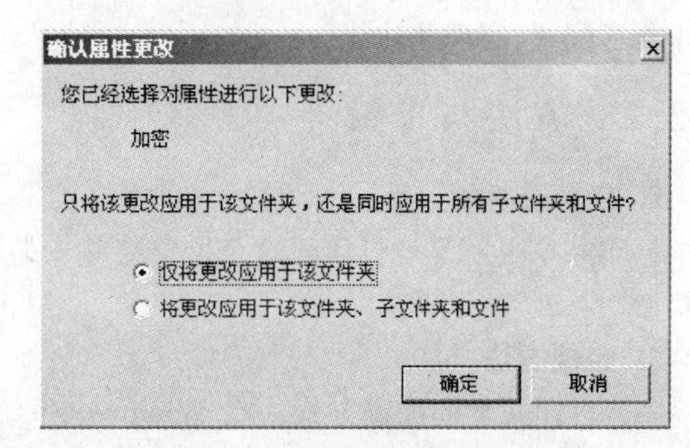

图 5-11　“确认属性更改”对话框

⑤ 选中“将更改应用于该文件夹、子文件夹和文件”单选按钮，确保该文件夹及用户可能创建的任何文件夹中的所有内容都将被加密，从而防止在 EFS 文件中残留未经加密的内容。

⑥ 单击“确定”按钮，关闭文件夹的属性窗口。

除了利用资源管理器的方式以外，还有利用命令行对文件和文件夹进行 EFS 的加密和解密，这里就不详细介绍了。

4. 有关 EFS 使用的注意事项

① 因为 EFS 是对 NTFS 文件系统的扩展，所以 FAT16 和 FAT32 分区不支持 EFS 加密。

② 当给一个文件夹设置加密标志后，该文件夹内创建的文件将继承这个标志，都将以此方式加密。

③ 如果一个文件是加密的,当其被复制或移动到 NTFS 分区时将保持其加密状态。

④ 压缩文件不可以加密,加密文件也不可以压缩。

思考与练习

1. 如何对系统进行备份,你能使用 Ghost 工具备份系统并恢复吗?

2. 系统打补丁有几种方法?如果客户机暂时不能上网,你能有办法一次性打完补丁吗?如果某局域网访问 Internet 受限,你有办法保证网内客户机系统及时更新补丁吗?请写出实施方案。

5.3 任务三:实现网络打印共享

资源共享是网络要实现的基本目标,现实生活中人们通过文件服务器实现文件共享,通过数据服务器实现数据共享,无盘工作站通过网络服务器实现系统和应用软件共享,等等。同样,也可以通过网络实现办公硬件共享,如网络打印机共享。

5.3.1 任务描述

现有学校教师办公室打印机一台,要求每个教师都能打印教案等文件资料。请你通过打印共享配置,实现此功能。

5.3.2 方法与步骤

1. 任务分析

打印共享也就是把打印机这个网络终端安装在某主机上,然后通过共享实现网络打印的功能。

2. 实现方法

(1) 打印共享的配置方式。在 Windows 系统中可以使用多种不同的配置方式进行打印共享,包括本地打印机、网络打印机、远程本地打印机和远程网络打印机。

① 本地打印机。本地打印机是通过串行口直接添加到提供打印服务的计算机上的打印设备,如图 5-12 所示。对于 Windows 系统,本地打印机是一台和 PC 相连的打印机。打印设备的驱动程序必须位于连接该打印机的 PC 中。

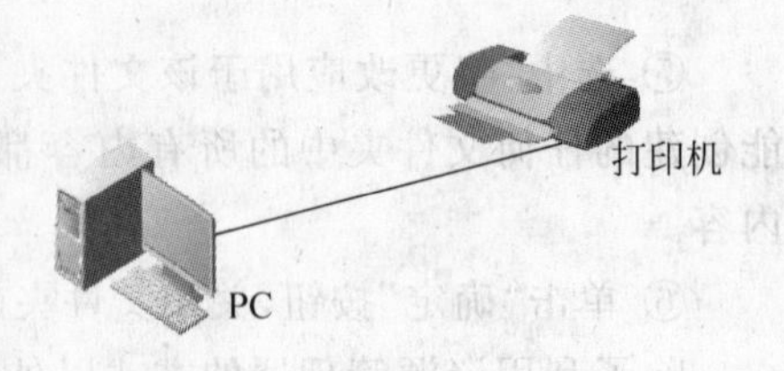

图 5-12 本地打印机连接

② 网络打印机。网络打印机是具有内置的网络接口或者直接连接到专用网络接口的打印设备,如图 5-13 所示。PC 能够直接打印到网络打印机中,网络打印机能够控制自己的打印队列,决定打印作业顺序。打印设备的驱动程序必须位于连接打印机的计算机中。

③ 远程本地打印机。远程本地打印机是指将打印机直接连接到打印服务器上,对打印设备的访问只能通过打印服务器才可以,如图 5-14 所示。该打印设备的打印队列存储在打印服务器上,由打印机服务器控制打印作业的优先级、打印顺序以及打印队列。客户计算机

向打印服务器提交打印作业时，能够观察打印队列和打印的过程。打印设备的驱动程序从打印服务器中被加载到客户计算机上。

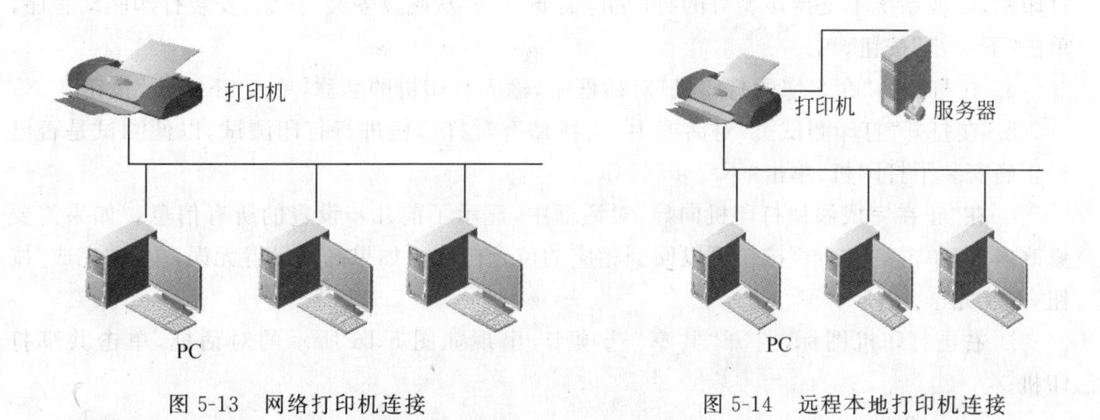

图5-13　网络打印机连接　　　图5-14　远程本地打印机连接

（2）安装和共享打印机

① 安装本地打印机。本地打印机就是连接在用户使用的计算机上的打印机。在多数情况下，打印机都会安装在本地上，操作步骤如下：

a. 选择"开始"→"设置"→"打印机"选项，利用"添加打印机"文件夹管理和设置现有的打印机及添加新的打印机。

b. 双击"添加打印机"文件夹，启动"添加打印机向导"进行安装打印机。

c. 在"添加打印机向导"对话框中，单击"下一步"按钮。

d. 在"本地或网络打印机"对话框中，选择"连接到此计算机的本地打印机"选项，即可添加本地打印机，单击"下一步"按钮，如图5-15所示。

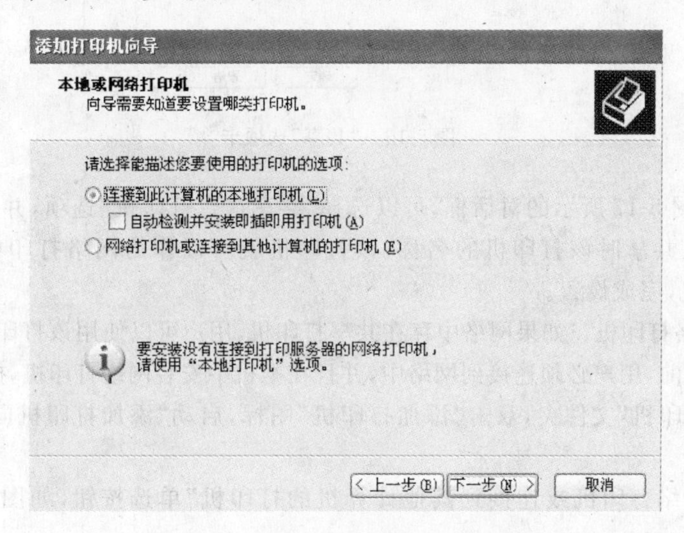

图5-15　"本地或网络打印机"对话框

e. 在弹出的"选择打印机端口"对话框中，选择要添加打印机所在的端口。如果要使用计算机原有的端口，选择"使用以下端口"选项，从中选择打印端口。一般情况下，用户的打印机都安装在计算机的LTP1打印机端口上,单击“下一步”按钮。

f. 在打开的“选择打印机型号”对话框中,选择打印机的生产厂商和型号。其中“制造商”列表列出了系统支持的打印机的制造商。如果在“打印机”列表框中没有列出所使用的打印机,说明系统不支持该型号的打印机,需要单击“从磁盘安装”按钮,安装打印驱动程序,单击“下一步”按钮。

g. 在打开的“命名您的打印机”对话框中,输入打印机的名称,单击“下一步”按钮。

h. 在打开“打印测试页”对话框中,选择是否对打印机进行打印测试,以便测试是否已经正确安装了打印机,单击“下一步”按钮。

i. 在“正在完成添加打印机向导”对话框中,显示了前几步设置的所有信息。如果需要修改内容,单击“上一步”按钮可以回到相应的位置修改。如果确认设置无误,单击“完成”按钮,安装完毕。

j. 右击打印机图标,打开“共享”选项卡,出现如图5-16所示的对话框,单击共享打印机。

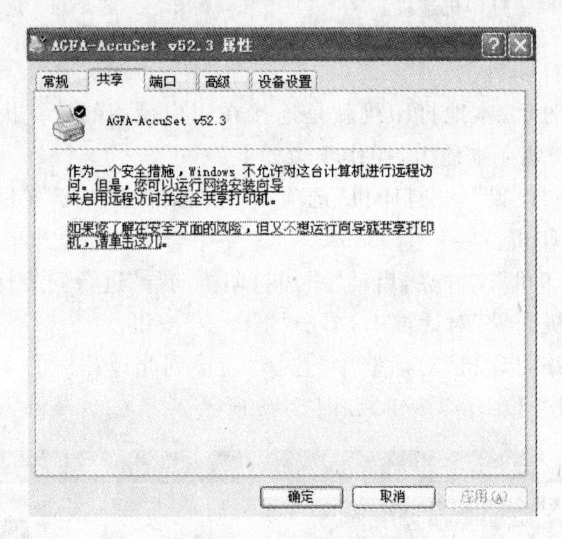

图5-16 “共享”选项卡

k. 出现如图5-17所示的对话框,可以选择“共享这台打印机”选项,并在“共享名”后面的文本框中输入共享时该打印机的名称,该打印机就可以作为网络打印机使用,单击“应用”、“确定”按钮,完成设置。

② 安装网络打印机。如果网络中存在共享打印机,用户可以使用该打印机进行打印。在使用该打印机之前,用户必须连接到网络中,并且在本机中安装网络打印机,操作步骤如下:

a. 打开“打印机”文件夹,双击“添加打印机”图标,启动“添加打印机向导”进行安装打印机。

b. 选中“网络打印机或连接到其他计算机的打印机”单选按钮,如图5-18所示,单击“下一步”按钮。

c. 在“浏览打印机”对话框中输入打印机名,或者单击“下一步”按钮浏览打印机。

d. 单击“下一步”按钮,在弹出的“正在完成添加打印机向导”对话框中,显示了前几步设置的所有信息。如果需要修改内容,单击“上一步”按钮可以回到相应的位置修改。

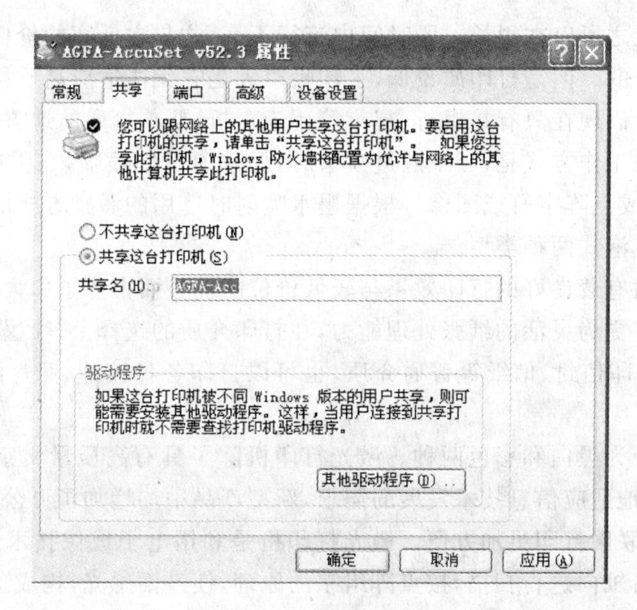

图 5-17　打印机共享

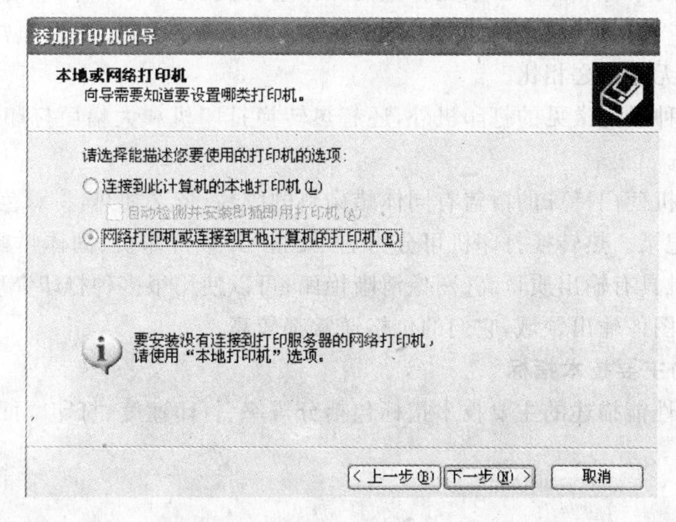

图 5-18　"本地或网络打印机"对话框

e. 如果确认设置无误，单击"完成"按钮，安装完毕。

5.3.3　相关知识与技能

1. 打印机的分类

打印机可分为四类：针式打印机、喷墨打印机、激光打印机、热转换打印机。

针式打印机由许多细小的、垂直排列的"针(Pin)"组成，任何一根针都可以单独地击打纸面，形成一个墨点。这些针在打印时共同作一定距离的平行移动，从而形成一个由点组成的矩形方阵，因此，针式打印机也称为点阵式打印机。

针式打印机的市场基本是爱普生的天下。针式打印机从 9 针到 24 针，已有几十年的历史了。针式打印机之所以在很长一段时间内流行不衰，这与它低廉的价格、极低的打印成本和易用性是分不开的。但是打印质量低、工作噪声大是它无法适应高质量、高速度的商用打印需要的症结。所以现在只有在银行、超市等用于存折、票单打印的地方还可以看见它。

喷墨打印机的工作方式是，当纸通过喷头时，墨水通过细喷嘴，在强电场下将墨水高速地喷射到纸上，形成点阵字符或图像。根据墨水喷射时选用的激励方式的不同，喷墨打印机可分为压电式和气泡式两种类型。

喷墨打印机因有着良好的打印效果与较低价位的优势而占领了广大中低端市场。此外喷墨打印机还具有更为灵活的纸张处理能力，在打印介质的选择上，喷墨打印机也具有一定的优势：既可以打印信封、信纸等普通介质，也可以打印各种胶片、照片纸、卷纸、T恤转印纸等特殊介质。

激光打印机分为黑白和彩色两种。激光打印机除了具有高质量文字及图形、图像打印效果外，为了更好地适应信息技术发展的需求，新型产品中均增加了办公自动化所需要的网络功能，使办公室联网打印更加方便。激光打印机是利用电子成像技术进行打印的。调制激光束在硒鼓上沿轴向进行扫描，按点阵组字的原理，使鼓面感光，构成负电荷阴影，当鼓面经过带正电的墨粉时，感光部分就吸附上墨粉，然后将墨粉转印到纸上，纸上的墨粉经加热熔化形成永久性的字符和图形。激光打印机工作速度快、文字分辨率高，作为输出设备主要用于平面设计、广告创意、服装设计等。激光打印机打印的文字及图像非常清楚，针式打印机和喷墨打印机无法与之相比。

除了以上几种最为常见的打印机外，还有热转换打印机和大幅面打印机等几种应用于工业领域的机型。

热转换打印机使用特殊的覆盖有同体蜡染料的胶片，依次加热，将彩色物熔化在打印介质上，从而形成记录。热转换打印机可分为热（染料）升华打印机、固体喷蜡打印机、热蜡打印机，这些打印机具有输出质量高、图像清晰艳丽、可以使用很多种打印介质等特点，因此主要被应用于专业图像输出领域，它们的价格通常都较高。

2. 打印机的主要技术指标

有关打印机性能描述的主要技术指标包括分辨率、打印速度、打印幅面、接口方式、缓冲区的大小等。

(1) 分辨率

打印机分辨率又称为输出分辨率，是指在打印输出时横向和纵向两个方向上每英寸最多能够打印的点数，通常以“点/英寸”即DPI(Dot Per Inch)表示。打印分辨率是衡量打印机打印质量的重要指标，分辨率越高，其反映出来可显示的像素个数也就越多，可呈现更多的信息和更好更清晰的图像。

(2) 打印速度

打印速度是指打印机每分钟打印输出的纸张页数，单位用PPM(Pages Per Minute)表示。通常指的是在使用A4幅面打印纸色碳覆盖率为5%情况下的打印速度。

(3) 打印幅面

即打印可打印输出的面积。一般有A0、A1、A2、A3、A4、B0、B1、B2、B3、B4、B5等几种。

(4) 接口方式

接口方式是指打印机与计算机间的接口类型。一般有并行接口、USB口、IEEE

1394口。

(5) 缓冲区

打印机的缓冲区指打印机内的存储器,相当于计算机的内存。缓冲区越大,一次输入数据越多,打印机处理打印的内容就越多,主机效率就高。

3. 打印机的日常维护

(1) 针式打印机的日常维护

针式打印机在使用过程中应注意以下事项。

① 按照常规的方法,先开打印机及其他外设,后开主机;先关主机,后灭打印机及其他外设,切忌频繁地开关机器电源。

② 打印机供电、接地应该正确。不论是电源插头或并行电缆,都应在所有设备电源关闭的条件下进行插接,带电接插是引起接口电路IC(集成电路)损坏的最主要原因。

③ 破损、有孔和强度不够的打印纸常常会引起卡纸等故障,过厚、过硬的纸张则容易引起断针等问题,应适时调整好打印间距。在使用单页送纸方式时,不平整、卷边的纸张最容易引起卡纸。

④ 针式打印机可以打印蜡纸以供快速油印复制文件,但切忌将色带取下,让打印针直接撞击蜡纸。因为这会使撞击过程中掉下的蜡粉进入打印头的针缝中,时间久了就会引起出针阻力加大,负荷上升,从而加速断针。

⑤ 经常检查打印头前端与打印辊之间的距离是否符合要求。距离过小,打印针打在字辊上的力量过大,容易断针;距离过大,打印字迹太浅,同时针头伸出较长,也易断针。

⑥ 注意机械运动部件、部位的润滑,定期用柔软的布擦去油污垢,然后加油,一股用钟表油或缝纫机油。特别是打印头滑动部件,更要经常保持清洁润滑,既能使机械磨损减轻,又能减轻摩擦声音。

⑦ 打印头是打印机的关键部件。要经常清洗打印头,尤其是使用油墨多、质量差的色带和打印蜡纸以后,要及时进行清洗。

⑧ 忌打印大面积黑色图文,大面积黑色图文打印时会使打印头发热,对过热保护不完善的打印机容易烧毁打印头线圈。

⑨ 根据使用环境和负荷情况,定期(每隔1～3个月)清除打印机内部的纸稿和灰尘。

(2) 喷墨打印机的日常维护

喷墨打印机的价格较便宜,而且它打印时噪声较小,图形质量较高,已经普遍应用于家庭与商业用户。喷墨打印机的日常使用注意以下几点。

① 确保使用环境清洁。使用环境内灰尘太多,容易导致字车导轴润滑不好,使打印头运动受阻,引起打印位置不准确或撞击机械框架,造成死机。

② 在刚开启喷墨打印机电源后,电源指示灯或联机指示灯将会闪烁,这表示喷墨打印机正在预热。在此期间,用户不要进行任何操作,待预热完毕后指示灯不再闪烁时用户方可操作。

③ 选用质量较好的打印纸。喷墨打印机对纸张的要求比较严,如果纸的质量太差,不但打印效果差,而且会影响打印头的寿命。在装纸器上不要上纸太多,以免造成一次进纸数张,损坏进纸装置。喷墨打印机可以打印透明胶片和信封。在打印透明胶片时,必须单张送入打印,而且打印好的透明胶片要及时从纸托盘中取出,并要等它完全干燥后方可保存。

④ 正确选择及使用打印墨水。液态墨水或固体墨只有在让电阻丝产生的热量加热或熔化后才能实现打印,劣质的墨水汽化(或液化)所需的热量不会正好是电阻丝产生的热量。墨水是有有效期的,从墨水盒中取出的墨水应立即装在打印机上,放置太久会影响打印质量。

⑤ 墨盒未使用完时,最好不要取下,以免造成墨水浪费或打印机对墨水的计量失误。

⑥ 部分打印机在初始时处于机械锁定,此时如果用手移动打印头,将不能使之离开初始位置,此时不要人为移动打印头来更换墨盒,以免引起故障。

⑦ 换墨盒时一定要按照操作手册中的步骤进行,特别注意要在电源打开的状态下进行上述操作。因为重新更换墨盒后,打印机将对墨水输送系统进行充墨,而这一过程在关机状态下将无法进行,使得打印机无法检测到重新安装上的墨盒。特别要防止在关机状态下自行拿下旧墨盒,更换上新的墨盒。这种操作对打印机来说是无效的。

(3) 激光打印机的日常维护

① 电极丝的维护。由于打印机内有残余的墨粉、灰尘及纸屑等杂物,充电、转印、分离和消电电极丝将受污染,使电压下降,影响正常工作性能。一般来说,若充电、转印电极丝沾上了废粉、纸灰等,会使打印出来的印件墨色不够,甚至很淡,这主要是由于电极丝脏污后对硒鼓上充电不足,因此它在硒鼓上产生的潜影的电压不够而吸墨粉不足,转印电极丝被污染而使电压不够,则当纸走过时使纸张与硒鼓的接触不够紧密,而使转印到纸上的墨粉不够,因此都会使输出的纸样墨色太淡。

维护电极丝时应小心地取出电极丝组件(一些型号的打印机不必取出电极丝,可直接在打印机上清理),先用毛刷刷掉其上附着的异物,之后再用脱脂棉花将其轻轻地仔细擦拭干净。

② 定影器部分的维护。定影器部分的维护主要针对定影加热辊(包括橡皮辊)、分离爪、热敏电阻和热敏开关。

定影加热辊在长期使用后将可能粘上一层墨粉,会影响打印效果,使打印出来的样稿出现黑块、黑条,以及将图文的墨粉粘带往别处,这表示热辊表面已被划伤,若较轻微,可用脱脂棉花蘸无水酒精小心地将其擦拭干净,清洁后可使用。若重,则只有更换加热辊了。

分离爪是紧靠着加热辊的小爪,其尖爪平时与加热辊长期轻微接触,而背部与输出的纸样长期摩擦,时间一长会把外层的膜层磨掉,从而会粘上废粉。因此,如发现输出纸张有褶皱时应注意清洁分离爪,方法是:小心地将分离爪取出;仔细擦掉粘在上面的废粉结块,并可细心地将背部磨光滑,擦拭干净后即可小心地重新装上。

③ 光电传感器的维护。光电传感器被污染,会导致打印机检测失灵。例如,手动送纸传感器被污染后,打印机控制系统检测不到有无纸张的信号,手动送纸功能便失效。因此应该用脱脂棉花把相关的各传感器表面擦拭干净,使它们保持洁净,始终具备传感灵敏度。

④ 硒鼓的维护。方法是:小心地拆下硒鼓组件,用脱脂棉花将表面擦拭干净,但不能用力,以防将硒鼓表层划坏;用脱脂棉花蘸硒鼓专用清洁剂擦拭硒鼓表面,即可装上使用。

思考与练习

1. 通过网络打印的情况下,试讨论本机上是否必须装打印机驱动程序。

2. 网络打印机可以脱离主机独立作为网络终端使用吗?什么情况下可以,需要什么条件?

第 6 章　网络服务器管理

网络服务器是一个园区(单位)信息网络的核心,是网络信息服务的核心,网络服务器的维护与管理是网络管理员的日常工作,网络服务器管理与维护能力是网络管理员的核心能力。本章从网络服务器的选型开始,通过服务器与存储设备的选型、在服务器上配置 RAID 5、服务器操作系统安装与配置、服务器数据备份与恢复、系统日志分析 5 个典型任务来培养读者服务器的日常管理和维护能力。

本章学习目标:

- 了解网络服务器与存储设备的原理与结构及主要性能指标。
- 能进行网络服务器及存储设备的管理维护。
- 能进行网络服务器操作系统的管理维护。
- 能进行网络服务器及存储设备的故障分析排查。

6.1　任务一:服务器与存储设备的选型

6.1.1　任务描述

某中型企业拟建设供应链管理系统,系统有近 300 在线用户,需要一台应用服务器和一台数据库服务器。向供应链管理软件实施公司了解具体情况后发现:数据库使用 Oracle 9i Windows 版,应用服务器使用 IBM 的 Web Spahere 应用服务器软件。实施公司建议选购两台服务器,每台至少要 2 个处理器、4GB 内存以上,硬盘容量大于 200GB,两台服务器都安装数据库软件和应用服务器软件,可以互为备份。作为企业网络管理员,请你给出两台服务器的配置和基本预算,并提供采购方案。

6.1.2　方法与步骤

1. 任务分析

供应链管理软件实施公司有大量实施经验,对软件的运行环境需求有深入的了解,因此其建议有较高的参考价值,应综合考虑企业发展情况、软件公司的建议和市场情况完成此任务。

2. 服务器市场调研

目前 IT 产品的市场信息在互联网上非常多,有很多著名网站如 IT168、hc360 提供全面服务器产品的配置和报价,IBM、联想、HP、Dell 等公司的网站上也提供本公司的服务器产品配置及性能。在 Dell 公司的网站上还可以了解到 Dell 公司服务器产品的直销价格,选择自己需要的配置并直接购买。

从上述网站可以获得到以下信息。

(1) 同样配置的塔式服务器价格比机架式服务器低5%左右。

(2) 市场主流的Intel服务器处理器分为至强3000、5000、7000及安腾9000系列，分别支持最多单路、双路、四路、512路处理器。

(3) 目前主流的双路服务器处理器是Intel至强5500系列四核处理器及配套芯片组，系统结构通常如图6-1所示。

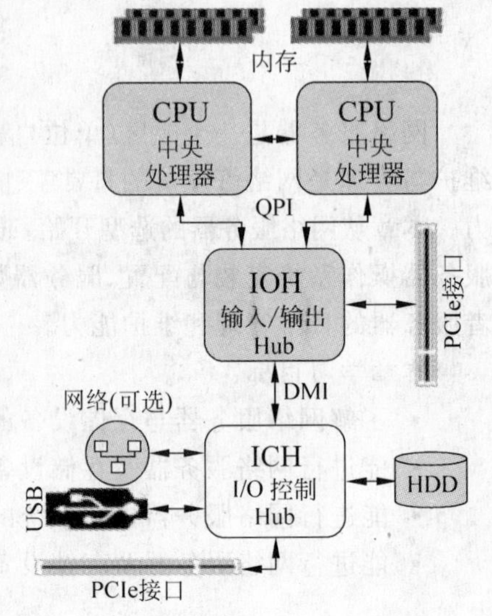

图6-1 Intel双路服务器架构

(4) 至强5500处理器自带内存控制器，每路处理器最多支持3路，每路3条DDR3代ECC、REG3内存，每个插槽最大容量8GB。

(5) 单路至强5520(可增加到双路)，4GB RECC DDR3内存，3×146GB SAS 10000rpm硬盘，支持RAID 5，4个2.5英寸热插拔硬盘架的服务器，目前市场报价在2万元左右。

3. 服务器选择

(1) 服务器机箱结构及体系结构的选择

由于企业服务器数量少，占用空间不大，因此选用性价比较高的塔式服务器，目前塔式服务器横向放置时一般尺寸兼容4-8U的机架式服务器，在将来服务器数量增加时也可购买服务器机柜，将塔式服务器横向放在机柜中。

PC服务器体系结构与PC接近，管理、维护简单，无须专门培训的人员。目前PC服务器性能与传统小型机相当接近，一台四路6核处理器的PC服务器，最多可拥有24个处理器核心，性能与小型机相当。因此，中小企业服务器通常选用PC服务器。

(2) 服务器性能要求及配置选择

① CPU和内存的选择：供应链管理系统有近300在线用户，以每用户平均每分钟处理20笔业务，每笔业务进行3次数据库操作计算，数据库系统每秒要处理100笔交易，进行300次数据库操作。根据浪潮公司的测试，采用双路至强E5540处理器的浪潮NF5280服务器数据库处理性能达12788TPS(交易数每秒)。考虑到单独路至强E5504性能只有双路至强5540的40%左右。则单独至强E5504处理器的服务器应超过5000TPS，完全能满足企业目前和未来一段时间发展的要求。因此服务器CPU选用至强E5504处理器。根据软件公司的建议，结合至强E5504的三通道内存设计，内存选用3条2GB DDR3内存。

② 可靠性配置选择：企业生产销售系统的稳定运行依赖于服务器的稳定运行，因此在考虑服务器配置时，应注意服务器工作的可靠性与稳定性。要求服务器具备以下几个特性：采用双电源冗余配置；内存采用RECC内存；服务器内置硬件RAID卡支持，RAID卡缓存带内置后备电池；机箱风扇带冗余和热插拔功能。

(3) 服务器存储设备选型

本次采购的两台服务器要进行频繁的数据库读写操作，因此采用专业的SAS硬盘，硬盘转速为10000rpm，尺寸为2.5英寸，容量为146GB，安装3块硬盘，利用内置的RAID 5卡组成基本的RAID 5阵列，服务器配置如表6-1所示。

表 6-1　服务器配置清单

项　　目	配　　置
处理器	Intel(R)双核 E5502 Xeon(R) CPU，1.86GHz，4MB 高速缓存，QPI 达 4.86 GT/s
第二个处理器	无
Hard Drive (SAS)	146GB，10krpm，SAS，2.5 英寸热插拔硬盘
SAS/PERC 集成卡	SAS6/iR，集成控制器卡
机箱	塔式机箱
扩展插槽	带有 2 个 PCIe×8 和 2 个 PCIe×4 插槽的 Riser
内存	6GB 内存(3×2GB)，1333MHz，双列 UDIMM，1 颗处理器
内置光驱	DVD ROM，SATA，内置
操作系统	不含操作系统
电源	智能节能电源，冗余，570W
电源线	连接到 PDU 的电源线(中国、韩国)
戴尔服务：硬件支持	3 年 4 小时上门服务

4. 服务器的采购

服务器是专业设备，发生硬件故障后很难从市场上买到相应配件，因此售后服务就显得格外重要，通过对各知名服务器公司在本地售后服务情况的考察，发现有 4 家公司在本地有专业服务器服务中心，两家公司在相邻的城市有售后服务中心，6 家公司的售后服务口碑均较好。L 公司作为国产服务器的知名品牌，在本地各企业应用较多，价格和售后得到其他企业网管人员的认可，因此选择了 L 公司的 T280 服务器，并向本地 3 家电脑公司发了配置清单和询价单，从 3 家公司中选择一家报价最低的公司作为供应商。

6.1.3　相关知识与技能

1. 服务器简介

服务器在英文中被称作 Server，要称为一台服务器，有两个特点是必需的；第一是服务器必须应用在网络计算环境中，第二是服务器要为网络中的客户端提供服务。一台脱离了网络的服务器是没有太大意义的，即使配置再高，也只能被称作是一台高性能计算机，无法实现为客户端提供网络服务的功能。在网络中，服务器为客户端提供着数据存储、查询、数据转发、发布等功能，维系着整个网络环境的正常运行。

服务器作为一台特殊用途的计算机，其硬件结构也是从 PC 发展而来的，服务器的一些基本特性和 PC 有很大的相似之处。服务器硬件也包括处理器、芯片组、内存、存储系统以及 I/O 设备这几大部分，但是和普通 PC 相比，服务器硬件中包含着专门的服务器技术，这些专门的技术保证了服务器能够承担更高的负载，具有更高的稳定性和扩展能力，服务器与普通 PC 相比在以下方面有所不同。

(1) 稳定性要求不同

服务器用来承担企业应用中的关键任务，需要长时间的无故障稳定运行。在某些需要不间断服务的领域，如银行、医疗、电信等，需要服务器每天 24 小时运行，一旦出现服务器死机，后果是非常严重的。有些关键领域的服务器(如银行的外汇交易系统)从开始运行到报废可能只开一次机，这就要求服务器具备极高的稳定性，这是普通 PC 无法达到的。

为了实现如此高的稳定性，服务器的硬件结构需要进行专门设计。如机箱、电源、风扇这些在PC上要求并不苛刻的部件在服务器上就需要进行专门的设计，并且提供冗余。服务器处理器的主频、前端总线等关键参数一般低于主流消费级处理器，这样也是为了降低处理器的发热量，提高服务器工作的稳定性。服务器内存技术如ECC、Chipkill、内存镜像、在线备份等也提高了数据的可靠性和稳定性。服务器硬盘的热插拔技术、磁盘阵列技术也是为了保证服务器稳定运行和数据的安全保障而设计的。

(2) 性能要求不同

除了稳定性之外，服务器对于性能的要求同样很高。服务器是在网络计算环境中提供服务的计算机，承载着网络中的关键任务，维系着网络服务的正常运行，所以为了实现提供服务所需的高处理能力，服务器的硬件采用与PC不同的专门设计。基于网络服务的特点，服务器对多任务处理和网络I/O处理性能要求比普通PC高得多。

为提高多任务和网络I/O处理能力服务器处理器相对PC处理器具有更大的二级缓存，高端的服务器处理器甚至集成了远远大于PC的三级缓存，并且服务器一般采用双路甚至多路处理器，来提供强大的运算能力。

服务器芯片组也不同于PC芯片组，服务器芯片组提供了对双路、多路处理器的支持，如目前主流应用的Intel 5000系列芯片组，支持双独立前端总线，可以点对点地支持双路处理器，可以显著提升数据传输带宽。服务器芯片组对于内存容量和内存数据带宽的支持高于PC，如目前Intel最新的5000P系列芯片组，内存最大可以支持128GB，并且支持四通道内存技术，内存数据读取带宽可以达到21GBps左右。

服务器与PC对照表如表6-2所示。

表6-2 服务器与PC对照表

项　目	PC	服　务　器
电源	单个电源，功率300W左右	双冗余电源，功率600W/电源左右
机箱	小型塔式，无通风道设计	机架式或大型塔式，有专门的通风道设计
风扇	无机箱风扇或一个机箱风扇，不可热插拔	多个机箱风扇设计，可热插拔
硬盘架	一般小于4个，无热插拔设计	一般多于4个，可选热插拔设计
CPU	使用桌面CPU，只能安装一个CPU	使用服务器CPU，最多可安装4～8个CPU
主板芯片组	使用桌面芯片组	使用服务器芯片组
内存	使用常规内存，内存插槽小于等于4个	使用ECC内存，内存插槽大于6个
扩展槽	PCI(33MHz)、PCI-E插槽	PCI(66MHz)、PCI-X(64位)、PCI-E插槽
硬盘	7200rpm的SATA，支持RAID 0、1	10000/15000rpm的SATA/SAS，支持RAID 0、1、5、6
远程管理	不支持	支持远程启动与管理
显卡	主板集成或独立高性能显卡	主板集成显卡

服务器内存和PC内存也有不同。为了实现更高的数据可靠性和稳定性，服务器内存集成了ECC、Chipkill等内存检错纠错功能，近年来FB-DIMM内存全缓冲技术的出现，使数据可以通过类似PCI-E的串行方式进行传输，显著提升了数据传输速度，提高了内存性能。

在存储系统方面，服务器硬盘也与 PC 硬盘不同，服务器硬盘的无故障工作时间长，其磁头寻道驱动支持长时间的不间断寻道操作，普通 PC 硬盘安装在服务器上使用时，由于磁头寻道机构设计不一样，其可靠性会大大降低(如在使用 BT 等软件从网络上下载数据时，如果软件没有缓存机制，IDE 硬盘会很快损坏)。目前主流 PC 硬盘一般采用 IDE、SATA 接口，转速一般为 7200rpm。而服务器硬盘为了能够提供更高的数据读取速度，一般采用 SCSI 接口，转速一般在 10000rpm 或 15000rpm。近年来 SAS 接口逐渐取代了 SCSI 硬盘，SAS 接口通俗来讲就是采用串行方式传输的 SCSI 接口，目前 SCSI 接口速度一般为 320MBps，而 SAS 接口速度以 300MBps 起，未来会达到 600MBps 甚至更多。此外服务器上一般会应用 RAID 技术，提高磁盘性能并提供数据冗余容错，而 PC 上一般不会应用 RAID 技术。

(3) 扩展性能要求不同

服务器在成本上远高于 PC，并且承担企业关键任务，一旦更新换代需要投入很大的资金和维护成本，所以相对来说服务器更新换代比较慢。企业信息化的要求也不是一成不变的，所以服务器要留有一定的扩展空间。服务器上相对于 PC 一般提供了更多的扩展插槽，如 PCI-E、PCI-X 等，并且内存、硬盘扩展能力也高于 PC。如主流服务器上一般会提供 8 个或 12 个内存插槽，提供可安装 4 个或 6 个硬盘的硬盘托架。

2. 服务器分类

服务器类型很多，大部分网络服务器生产和销售厂商把服务器按综合性能和应用层次、服务器外形结构、服务器的处理器架构分类。

(1) 服务器按综合性能和应用层次分为入门级服务器、工作组级服务器、部门级服务器、企业级服务器四类。

① 入门级服务器。入门级服务器通常使用桌面型 CPU 及其对应的芯片组，并根据需要配置相应的内存(如 2GB)和大容量 SATA(IDE)硬盘，必要时也会采用 SATA(IDE) RAID(一种磁盘阵列技术，主要目的是保证数据的可靠性和可恢复性)进行数据保护。入门级服务器主要是针对基于 Windows 2003、Linux 等网络操作系统的用户，可以满足办公室型的中小型网络用户的文件共享、打印服务、数据处理、Internet 接入及简单数据库应用的需求，也可以在小范围内完成诸如 E-mail、Proxy、DNS 等服务。

对于一个小部门的办公需要而言，服务器的主要作用是完成文件和打印服务，文件和打印服务是服务器的最基本应用之一，对硬件的要求较低，一般采用单颗或双颗 CPU 的入门级服务器即可。为了给打印机提供足够的打印缓冲区需要较大的内存，为了应付频繁和大量的文件存取要求有快速的硬盘子系统，而好的管理性能则可以提高服务器的使用效率。

② 工作组级服务器。工作组级服务器一般使用服务器专用芯片组，支持 1～2 个服务器型 CPU，可支持大容量的 ECC(一种内存技术，多用于服务器内存)内存，功能全面。可管理性强且易于维护，具备了小型服务器所必备的各种特性，如采用 SAS/SATA 兼容接口，支持 SMP 对称多处理器结构、可选装 RAID、热插拔硬盘架、热插拔冗余电源等，具有高可用性特性。适用于为中小企业提供 Web、Mail 等服务，也能够用于学校等教育部门的数字校园网、多媒体教室的服务器。

通常情况下，如果企业的应用不复杂，如没有大型的数据库需要管理，那么采用工作组级服务器就可以满足要求。目前，国产服务器的质量已与国外著名品牌相差无几，特别是在中低端产品上,国产品牌的性价比具有更大的优势,中小企业可以考虑选择一些国内品牌如联想、浪潮的产品。此外,HP、Dell 等大厂商甚至推出了专门为中小企业定制的服务器。但个别企业如果业务比较复杂,数据流量比较多,而且在资金允许的情况下,也可以考虑选择部门级和企业级的服务器作为其关键任务服务器。

③ 部门级服务器。部门级服务器通常可以支持 2~4 个 Intel 至强处理器,具有较高的可靠性、可用性、可扩展性和可管理性。首先,集成了大量的监测及管理电路,具有全面的服务器管理能力,可监测如温度、电压、风扇、机箱等状态参数。其次,结合服务器管理软件,可以使管理人员及时了解服务器的工作状况。再次,大多数部门级服务器具有优良的系统扩展性,当用户在业务量迅速增大时能够及时在线升级系统,可保护用户的投资。目前,部门级服务器是企业网络中分散的各基层数据采集单位与最高层数据中心保持顺利连通的必要环节。适合中型企业(如金融、邮电等行业)作为数据中心、Web 站点等应用。

④ 企业级服务器。企业级服务器属于高档服务器,普遍可支持 4~8 个 Intel 至强处理器,拥有独立的双 PCI 通道和内存扩展板设计,具有高内存带宽,大容量热插拔硬盘和热插拔电源,具有超强的数据处理能力。这类产品具有高度的容错能力、优异的扩展性能和系统性能、极长的系统连续运行时间,能在很大程度上保护用户的投资。可作为大型企业级网络的数据库服务器。

目前,企业级服务器主要适用于需要处理大量数据、高处理速度和对可靠性要求极高的大型企业和重要行业(如金融、证券、交通、邮电、通信等行业),可用于提供 ERP(企业资源配置)、电子商务、OA(办公自动化)等服务。不同级别服务器的典型配置及用途如表 6-3 所示。

表 6-3 不同级别服务器典型配置及用途

服务器级别	典型配置	用途
入门级服务器	CPU:桌面型多核处理器 芯片组:桌面型电脑芯片组 内存:普通非 ECC 内存(4 条内存插槽) 硬盘:SATA 硬盘,支持 RAID 0、1 机箱电源:塔式机箱,单电源	中小型网络用户的文件共享、打印服务、数据处理、Internet 接入及简单数据库应用,也可以在小范围内完成诸如 E-mail、Proxy、DNS 等服务
工作组级服务器	CPU:服务器型多核单处理器 芯片组:服务器型芯片组 内存:ECC 内存(6 条以上内存插槽) 硬盘:SATA 或 SAS 硬盘,可带阵列卡支持 RAID 0、1、5 机箱:塔式或机架式,单电源	适用于为中小企业提供 Web、Mail 等服务,也能够用于学校等教育部门的数字校园网、多媒体教室的服务器
部门级服务器	CPU:支持两个多核服务器理器 芯片组:服务器专用支持 SMP 的芯片组 内存:ECC 内存,8 插槽以上,支持内存热备及镜像 硬盘:支持 SAS 或 SATA 热插拔硬盘,支持 RAID 0、1、5 机箱、电源与风扇:热插拔冗余电源,热插拔冗余冷却风扇	中型企业(如金融、邮电等行业)作为数据库服务器、Web 服务器等应用

续表

服务器级别	典型配置	用　途
企业级服务器	CPU：支持4个多核服务器处理器 芯片组：服务器专用支持4以上处理器的芯片组 内存：ECC内存，16个以上插槽，支持内存热备和镜像 硬盘：支持SAS或SATA 热插拔硬盘，支持RAID 0、1、5 机箱、电源与风扇：热插拔冗余电源，热插拔冗余冷却风扇	企业级服务器主要适用于需要处理大量数据、高处理速度和对可靠性要求极高的大型企业和重要行业（如金融、证券、交通、邮电、通信等行业），可用于提供ERP（企业资源配置）、电子商务、OA（办公自动化）等数据库及应用服务

(2) 按服务器的机箱结构来划分，可以把服务器划分为台式服务器、机架式服务器、机柜式服务器和刀片式服务器四类。

① 台式服务器。台式服务器也称为“塔式服务器”。大部分台式服务器采用大小与普通立式计算机大致相当的机箱，有的采用大容量的机箱，像个硕大的柜子。低档服务器由于功能较弱，整个服务器的内部结构比较简单，所以机箱不大，都采用普通台式机箱结构。台式服务器由于只能放置在桌子等平台上，占地面积较大，所以适合只有一两台服务器的中小企业。

② 机架式服务器。机架式服务器采用适合机架安装的类似于交换机的外形，宽度为标准的19英寸，高度有1U(1U＝1.75英寸)、2U、4U等规格。机架式服务器安装在标准的19英寸机柜里面，如图6-2、图6-3所示。这种结构的多为功能型服务器。

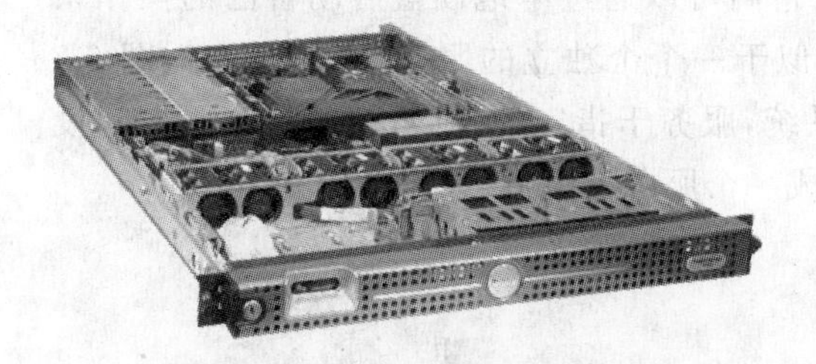

图6-2　1U机架式服务器结构图

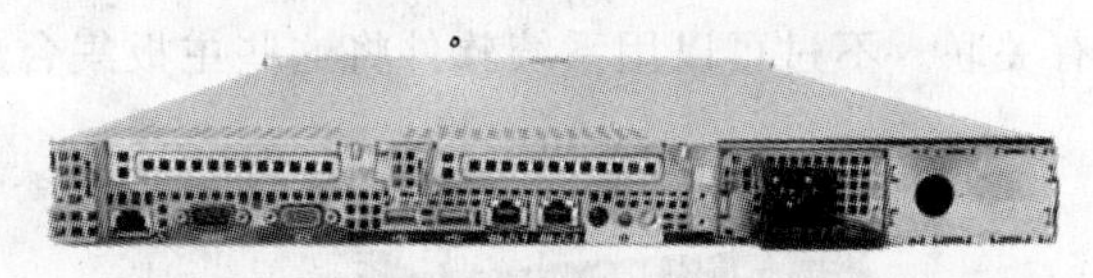

图6-3　1U机架式服务器后视图

对于信息服务企业（如ISP/ICP/ISV/IDC）而言，选择服务器时首先要考虑服务器的体积、功耗、发热量等物理参数，因为信息服务企业通常使用大型专用机房统一部署和管理大量的服务器资源，机房通常设有严密的保安措施、良好的冷却系统、多重备份的供电系统，其机房的造价相当昂贵。如何在有限的空间内部署更多的服务器直接关系到企业的服务成本，通常选用机械尺寸符合19英寸工业标准的机架式服务器。机架式服务器也有多种规格，如1U(4.45cm高)、2U、4U、6U、8U等。通常1U的机架式服务器最节省空间，但性能和可扩展性较差，适合一些业务相对固定的使用领域。4U以上的产品性能较高，可扩展性好，一般支持4个以上的高性能处理器和大量的标准热插拔部件。管理也十分方便，厂商通常提供相应的管理和监控工具，适合大访问量的关键应用，但体积较大，空间利用率不高。服务器中的热插拔硬盘如图6-4所示。

③ 机柜式服务器。在一些高档企业服务器中由于内部结构复杂，设备较多，有的还具

有许多不同的设备单元或几个服务器都放在一个机柜中，这种服务器就是机柜式服务器，如图 6-5 所示。

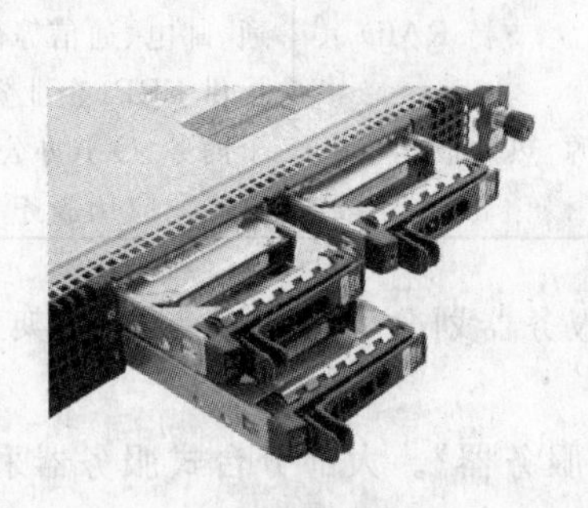

图 6-4　服务器热插拔硬盘

图 6-5　机柜式服务器

对于证券、银行、邮电等重要企业，则应采用具有完备的故障自修复能力的系统，关键部件应采用冗余措施，对于关键业务使用的服务器也可以采用双机热备份高可用系统或者是高性能计算机，这样的系统可用性就可以得到很好的保证。

④ 刀片式服务器。刀片式服务器是一种高可用、高密度的低成本服务器平台，是专门为特殊应用行业和高密度计算机环境设计的，目前最适合群集计算和 IxP 提供互联网服务。其中每一块"刀片"实际上就是一块系统主板。它们可以通过本地硬盘启动自己的操作系统，如 Windows NT/2000、Linux、Solaris 等，类似于一个个独立的服务器，如图 6-6、图 6-7 所示。在这种模式下，每一个主板运行自己的系统，服务于指定的不同用户群，相互之间没有关联。不过可以用系统软件将这些主板集合成一个服务器集群。

图 6-6　刀片式服务器

图 6-7　"刀片"服务器

刀片式服务器近几年才刚刚兴起，我国的用户数量还不是很多，以数据中心和科研机构为多。但是由于符合未来计算模式的发展方向，国内外重要的服务器厂商 Dell、HP、IBM、浪潮、联想、曙光等在国内都已纷纷推出了刀片式服务器产品。

当前市场上的刀片式服务器有两大类：一类主要为电信行业设计，接口标准和尺寸规格符合 PICMG 1. x 或 PICMG 2. x，未来还将推出符合 PICMG 3. x 的产品，采用相同标准的不同厂商的刀片和机柜在理论上可以互相兼容；另一类为通用计算设计，接口上可能采用了上述标准或厂商标准，但尺寸规格是厂商自定，注重性能价格比，目前属于这一类的产品居多。

(3) 按服务器的处理器架构(也就是服务器CPU所采用的指令系统)划分，把服务器分为CISC架构服务器、RISC架构服务器和VLIW架构服务器3种。

① CISC架构服务器。CISC架构服务器是指采用x86处理器的服务器，通常称之为PC服务器。CISC服务器应用于入门级服务器到高性能服务器，是目前使用最为广泛的一种架构。由于CISC架构服务器架构与PC相似，管理、维护、软件开发方便，使用成本较低。CISC架构服务器由于架构限制，单台CISC服务器CPU数量不超过4个。目前CISC架构服务器CPU主要由Intel和AMD两家公司生产，主板芯片组主要由Intel、AMD、IBM、HP、Serverworks 5家公司生产。

② RISC(精减指令集)架构服务器。RISC架构服务器属于高性能服务器，业界通常称之为小型机，目前小型机市场主要由IBM、HP、SUN 3家公司瓜分。与CISC架构服务器相比，RISC架构服务器的扩展性非常强，以HP公司的HP9000高性能服务器(小型机)为例，该机为机柜式结构，单机最高支持128个PA-8900高性能RISC处理器，单一机柜可提供64个扩展插槽。

RISC服务器通常都经过精心设计，具有极高的可靠性，可以承担如银行、保险、证券等行业的关键业务。但不同厂家的小型机CPU不同，指令集也不同，操作系统和应用程序相互之间不兼容，一般运行各公司专用的UNIX类操作系统和专门开发(编译)的各类应用。因此RISC服务器初始采购成本较高，同时后期管理维护也要有专门人员，因此在中小企业中应用极少。

③ VLIW(超长指令集)架构服务器。VLIW架构是Intel和HP公司合作开发的一种新型架构，其处理器为两个公司合作开发，由Intel生产的Itanium 2。作为一种新生事物，目前服务器市场上这类产品还比较少见，典型产品有HP RX5670。VLIW架构服务器的特点与RISC类似。

3. 服务器的采购

(1) 服务器采购的注意事项

采购服务器要注意的地方很多，其中最重要的是质量、性能、服务、价格4个方面。服务器是企业信息系统的关键基础设施，质量好、性能高的服务器是信息系统稳定运行的保证，衡量服务器性能的主要标准是平均无故障工作时间(MTBF)。服务器的MTBF与服务器的设计、生产工艺、元器件选用等因素有关，作为中小用户很难对服务器的MTBF进行测试，服务器的质量主要通过品牌、权威媒体评价、用户口碑等了解。服务器的性能与使用的CPU、主板芯片组、内存、硬盘控制器、RAID卡、硬盘类型有关，服务器的性能主要通过厂家和媒体的性能评测了解。

服务器的服务内容包括：服务年限是3年或5年；上门服务时间是7×24小时还是5×12小时(上班时间)；7×24小时的电话技术支持；24小时备件供应时间等内容。考察服务器售后服务主要是关注本地或附近城市有没有厂家的服务器售后服务中心(中心越大，技术力量越强，备件供应越及时)，经销商的技术实力如何，服务器厂家和经销商在本地的口碑如何等。

IT产品的价格在互联网时代已经相当透明，同样配置的服务器各品牌的成本差异不大,但销售价格由于与服务、品牌及地域相关,价格有一定的差异。服务器的价格可以通过IT168、中关村在线等网站了解常规报价,也可以通过 Dell 直销网站、淘宝网等了解实际售价。

(2) 服务器的采购渠道

服务器的采购渠道有直销采购(网购)、经销商采购、自行组装 3 种方式。

① 直销采购(网购)。在品牌服务器中,Dell 是最早使用直销方式的厂商,其直销系统做得较为完善,水平较高的用户可以在网站上直接选择服务器类型并定制服务器的配置,Dell 服务器的售后服务由 Dell 直接提供。IBM、HP 和联想 3 家则提供了准直销方式,用户在厂家网站上了解服务器信息,在线或通过电话提交订单,由厂家根据用户情况决定是采取直销供货还是经销商供货。此外,一些经销商还通过淘宝网或自己的网站提供网络销售方式,网购方式的价格与其他采购方式比有明显优势,但产品质量和售后服务保障稍差。图 6-8 和图 6-9 为两种采购方式页面截图。

宝贝详情　评价详情　成交记录(0件)　掌柜推荐　其它信息　留言簿

品牌: 其它品牌服务器　服务器支持CPU个数: 2　服务器结构: 1U

1U 机箱带3个SATA热插盘位

1U机架式服务器，支持最先进64位双核心技术的AMD Opteron处理器，搭配ServerWorks芯片组，全机配备10组Registered ECC DDR内存插槽、4组千兆网卡、3颗热插拔S-ATA II硬盘，为HPC用户提供了高速运算效能。

买服务器不是简单的事，大家理解成高端PC装个1U机箱就能实现，服务器讲究稳定、用户要树立机器有价数据无价的理念。

项　目	配　置	数量
处理器	AMD OPTERON 252	2
内 存	512M DDR ECC REG	4
硬　盘	320G SATA /7200RPM	1
SATA RAID支持	0,1	
网　卡	主板集成4组千兆网卡	
光驱	超薄CD-ROM	1
机　箱	1U机架式服务器机箱	1
电　源	450W 台达服务器电源	1
散热組件	K8纯铜散热片、4枚4056风扇、1枚4028风扇	
导轨	赠送导轨	1
合　计	5200元	

图 6-8　通过 C2C 平台进行网络采购

② 经销商采购。经销商采购是服务器采购最常用的方式,向本地的服务器经销商采购服务器通常可以得到较好的售前咨询及售后服务,在货款支付方式上也较有灵活性。

③ 自行组装。由于 PC 服务器是较为通用的产品,因此在技术力量较高的情况下,可以自行采购服务器机箱、服务器电源、服务器主板、服务器 CPU 自行组装服务器。这种采购方式灵活性很高,价格较低,在精选配件的情况下也有较好的质量,但一般没有整机的售后服务,只提供配件的短期质保。

4. 存储设备类型及选择

PC 是大家最熟悉的计算机系统,面向的是个人用户,个人用户对存储的可靠性和可扩展性要求不高,但对价格非常敏感,因此 PC 的存储设备非常简单,即固定的直连硬盘+

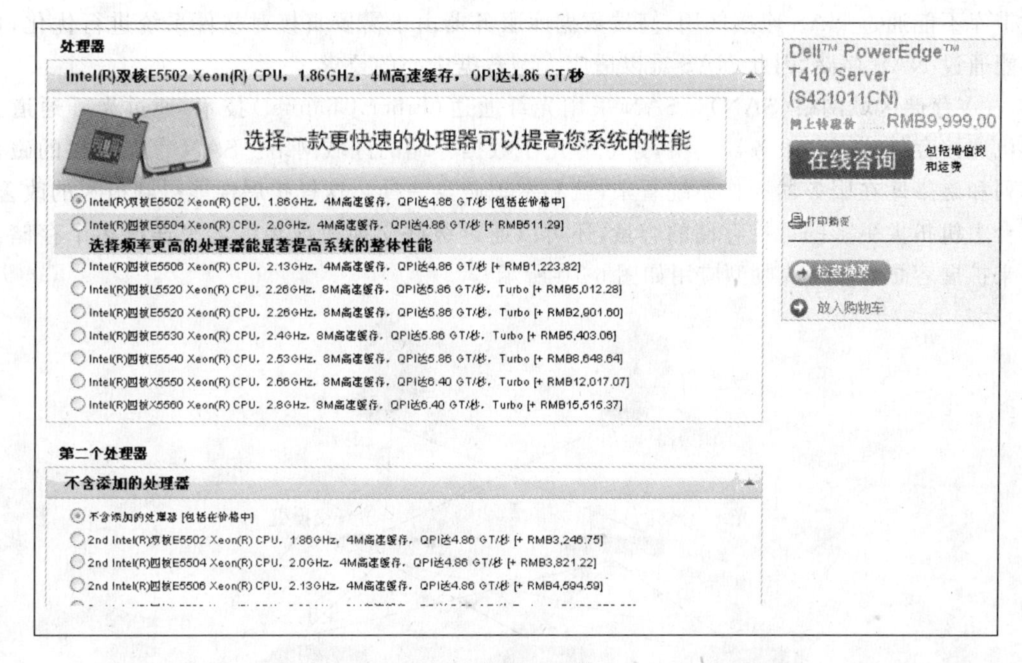

图 6-9　某厂商直销平台

USB 接口的移动存储。服务器面向的是网络应用，对存储的可靠性和可扩展性要求很高，因此服务器的存储设备较 PC 复杂得多，甚至从服务器中独立出来，成为一个独立的系统。下面介绍目前主流的服务器存储设备。

(1) 服务器存储类型

① 直接连接存储(DAS)。传统的存储模式主要是总线连接存储(BAS)，也叫直接连接存储，磁盘或磁盘柜直接连接到一台服务器上，DAS 结构与 PC 接近，但服务器的存储容量要大得多，所以服务器上的磁盘接口和安装位置数量要比 PC 多得多，部分服务器如 E-mail 服务器、文件服务器由于磁盘数量过多，服务器内部安装不下，还需要在外部安装独立的磁盘柜。DAS 存储结构通过使用冗余磁盘阵列，具有较高的可靠性，通过连接外部的磁盘柜，具备一定扩展性，但由于存储设备接口原因，磁盘只能连接在一台服务器上，且距离一般不超过 10m，灵活性较差。由于高性能的磁盘阵列柜不能由多台服务器共享，从资源上也造成一定的浪费。

② 网络附加存储(NAS)。NAS 系统拥有一个独立的服务器，类似于一个专用的文件服务器，不过这种专用文件服务器去掉了通用服务器原有的大多数计算功能，只提供文件系统功能。各服务器通过 NFS 协议或 SMB 协议共享文件服务器中的存储空间。NAS 系统基于 IP 网络的网络文件协议向多种客户端提供文件级 I/O 服务，相对于直接存储模式，速度、可靠性等方面都得到了很大改善。

NAS 存储模式可以实现多台服务器共享一个高可靠的存储，连接距离不受限制，具有极高的扩展性和灵活性，可以方便地实现文件共享，成本也不高，非常适合中小企业。但 NAS 的带宽受限于网络，目前企业内部网络一般不超过 1G，10G 以太网还远未普及，影响 NAS 的性能。由于 NAS 是文件级的存储，使用 NAS 的服务器必须自带安装操作系统的硬盘，不能直接从 NAS 服务器上启动服务器操作系统，不支持文件级操作的设备如磁带机、磁带库不能通过 NAS 连接使用,高端数据库服务器由于需要直接对文件系统进行优化,也不能通过 NAS 存储,因此 NAS 难以适应大型数据中心的要求。

③ 存储区域网络(SAN)。SAN 采用光纤通道(Fiber Channel)技术,通过光纤通道交换机连接存储阵列和服务器主机,建立专用于数据存储的区域网络。SAN 存储连接的磁盘阵列和磁带库在服务器操作系统看来,就和本地磁盘一样。这样扩展性能得到极大的改善,每台主机扩大更多的可控存储的容量,还可以通过级联交换机或集线器来连接多个存储设备来扩展容量,SAN 的典型应用如图 6-10 所示。

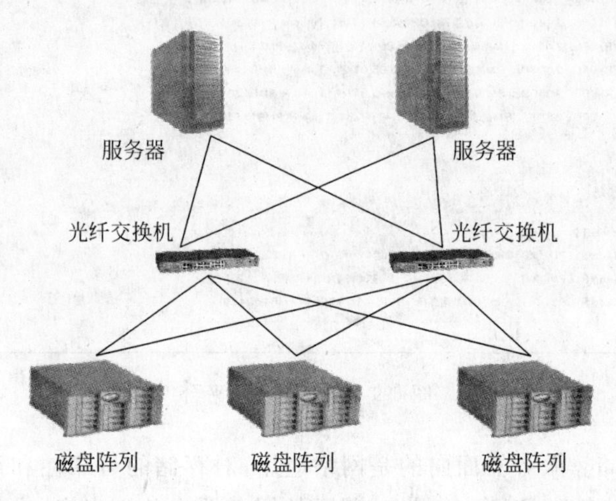

图 6-10　SAN 网络示意图

除了使用 FC 协议外,SAN 还有多种实现方式,目前比较流行的有采用 FCP 协议的 FC-SAN 和采用 iSCSI 协议的 IP-SAN。iSCSI 协议实现成本较低,可以使用以太网实现,适合中小企业应用。

(2) 服务器存储接口

① SCSI 接口。SCSI(Small Computer System Interface)是一种专门为小型计算机系统设计的存储单元接口模式,可以对接口连接的多个设备进行动态分工操作,对于系统同时要求的多个任务可以灵活机动地适当分配,动态完成。SCSI 规范发展到今天,已经是第六代技术了,从刚创建时候的 SCSI(8b)、Wide SCSI(8b)、Ultra Wide SCSI(8b/16b)、Ultra Wide SCSI 2(16b)、Ultra 160 SCSI(16b)到今天的 Ultra 320 SCSI,速度从 1.2Mbps 到现在的 320Mbps,有了质的飞跃。

目前的主流 SCSI 硬盘都采用了 Ultra 320 SCSI 接口,能提供 320Mbps 的接口传输速度。标准的 Ultra 320 SCSI LVD 接口为 68 针,每条 SCSI 电缆长度不能超过 15m,每条 SCSI 电缆最多能连接 15 个设备(包括硬盘和主机),SCSI 硬盘也有专门支持热插拔技术的 SCA2 接口(80-pin),与 SCSI 背板配合使用,就可以轻松实现硬盘的热插拔。目前在工作组和部门级服务器中,热插拔功能几乎是必备的。

② SAS 接口。SAS 是 Serial Attached SCSI 的缩写,即串行连接 SCSI。SAS 是点对点连接,一条 SAS 线最长为 8m,只能连接两个设备。为连接更多设备,与双绞线以太网类似,SAS 技术引入了 SAS 扩展器(Expander),其中每个扩展器最多允许有 128 个端口,每个端口可以连接 SAS 设备、主机或其他 SAS 扩展器。通过多级扩展器连接扩展,一个 SAS 域最

多可连接16000多个硬盘。为保护用户投资,SAS规范也兼容了SATA,这使得SAS的背板可以兼容SAS和SATA两类硬盘,对用户来说,使用不同类型的硬盘时不需要再重新投资。

目前市场上SAS接口速率为3Gbps,其SAS扩展器多为12端口。不久,将会有6Gbps甚至12Gbps的高速接口出现,并且会有28或36端口的SAS扩展器出现以适应不同的应用需求。

③ IDE接口。IDE的英文全称为Integrated Drive Electronics,即电子集成驱动器,它的本意是指把"硬盘控制器"与"盘体"集成在一起的硬盘驱动器。把盘体与控制器集成在一起的做法减少了硬盘接口的电缆数目与长度,数据传输的可靠性得到了增强,硬盘制造起来变得更容易,因为硬盘生产厂商不需要再担心自己的硬盘是否与其他厂商生产的控制器兼容。对用户而言,硬盘安装起来也更为方便。IDE这一接口技术从诞生至今就一直在不断发展,性能也不断的提高,其拥有的价格低廉、兼容性强的特点,为其造就了其他类型硬盘无法替代的地位。

④ SATA接口。SATA(Serial Advanced Technology Attachment)是串行ATA的缩写,目前能够见到的有SATA-1和SATA-2两种标准,对应的传输速度分别是150MBps和300MBps,最新的SATA-3支持600MBps的传输速率。SATA口与SAS是单向兼容,SAS硬盘不能连接到SATA接口上。

⑤ FC接口。FC接口是(Fiber Channel,光纤通道)和SCSI接口一样,光纤通道最初也不是为硬盘设计开发的接口技术,而是专门为网络系统设计的,但随着存储系统对速度的需求,才逐渐应用到硬盘系统中。光纤通道的主要特性有:热插拔性、高速带宽、远程连接、连接设备数量大等。目前主流FC接口速率是4Gbps,市场上可以提供的最高的FC接口速率是8Gbps,FC支持的最长连接距离为10km。

光纤通道是为在像服务器这样的多硬盘系统环境而设计的,能满足高端工作站、服务器、海量存储子网络、外设间通过集线器、交换机和点对点连接进行双向、串行数据通信等系统对高数据传输率的要求。

⑥ iSCSI/IP-SAN。iSCSI是通过IP网络传输SCSI的协议数据,因此iSCSI没有专门的接口。通过IP网络进行连接意味着网络连接到哪里,存储就连接到哪里,因此iSCSI是一个灵活性、扩展性非常强的存储连接方式。iSCSI可以通过普通网卡和iSCSI驱动软件实现,也可以通过专用网卡(iSCSI HBA卡)实现。iSCSI网络连接目前常用的是1Gbps以太网,其性能与SAS和FC比还有较大的差距,今后随着10Gbps以太网的普及,iSCSI将会迎来一个性能的飞跃。

思考与练习

1. B公司要建立一个文件服务器,用于存放公司的产品相关资料,要求能保证产品资料的安全,目前产品资料容量约100GB左右,今后还会增加,请给出服务器的配置,并在Dell直销网站上模拟预订。

2. C公司要在互联网上开展简单的B2C业务,要求建立Web、E-mail服务器,作为中型企业,公司预计业务量并不会太大,请你给出服务器配置与采购方案。

6.2 任务二：在服务器上配置 RAID 5 阵列

6.2.1 任务描述

A 公司新采购一台数据库服务器，服务器配置了 RAID 卡和 3 块 420GB USCSI-320 热插拔硬盘，为提高存储的可靠性，并提高磁盘读写速度，需要配置 RAID 阵列，请你负责完成这一任务。

6.2.2 方法与步骤

1. 任务分析

RAID(冗余硬盘阵列)是用多个物理磁盘组合成一个逻辑磁盘，它可以在操作系统支持下使用软件建立，通常称之为软件 RAID，也可以由专用硬件 RAID 卡建立，称为硬 RAID。服务器自带 RAID 卡，为提高性能，应使用硬件 RAID 卡来建立 RAID。

2. RAID 级别选择

RAID 级别很多，其中 RAID 5 既能提高存储可靠性，又能提高读写速度，是服务器中最常用的 RAID 级别。因此在本任务中选用 RAID 5。

3. 创建 RAID

配置服务器的硬 RAID 通常有 3 种方式，一是直接通过阵列卡自带的 BIOS 在开机时进入，进行配置；二是使用服务器厂商提供的启动光盘，利用光盘中的配置工具(字符界面)进行配置；三是先安装操作系统，在系统中安装阵列卡管理软件，在图形界面中配置阵列。3 种方式中第一种最为通用，第二种最方便简单，第三种主要用于阵列的监控与调整。本任务使用第一种方法进行 RAID 配置。

(1) 阅读服务器安装指南及说明书，了解阵列卡的配置操作和注意事项。

不同的服务器所使用的阵列卡不一定相同，因此在配置之前首先要了解阵列卡的种类及配置方法。本次任务中，服务器所带安装指南指出服务器安装的 RAID 卡是代理的，原生产厂是 LSI 公司。LSI 公司是知名的 SAS 接口芯片和阵列卡生产厂家，很多服务器厂商都代理该公司的产品。到服务器厂家的技术论坛查找同类服务器的用户配置经验，以了解此阵列卡配置时的一些注意事项。

(2) 使用 BIOS 方式进行 RAID 配置，操作步骤如下：

① 进入配置界面，在服务器开机启动界面中出现 CTRL＋M 提示时，按 Ctrl＋M 键进入阵列配置界面，界面如图 6-11 所示。

② 选择 Configure(配置)选项并按 Enter 键，在二级菜单中选择 New Configuration(新建配置)选项，并在三级菜单中选择 YES 选项，如图 6-12 所示。

③ 进入如图 6-13 所示的阵列磁盘组选择界面后，将光标移到显示 READY(准备就绪)的磁盘上按 Space 键，将磁盘置为 ONLINE(在线)状态，如图 6-14 所示。

④ 按 Enter 键，结束阵列磁盘的选择，结果如图 6-15 所示。

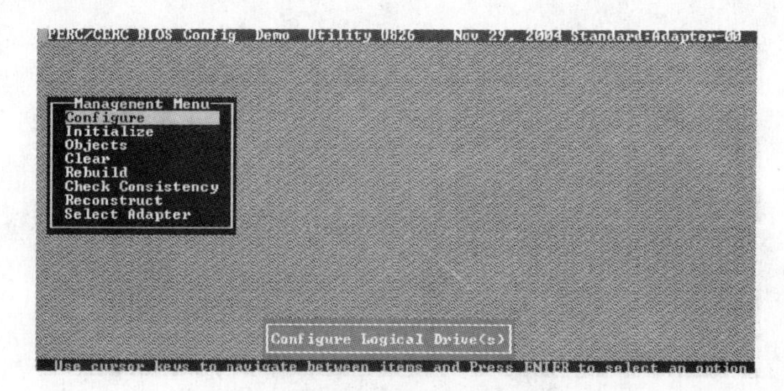

图 6-11 阵列配置初始界面

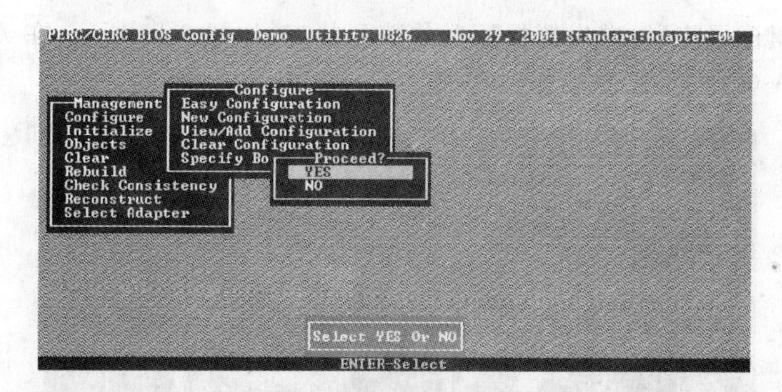

图 6-12 新建 RAID 配置

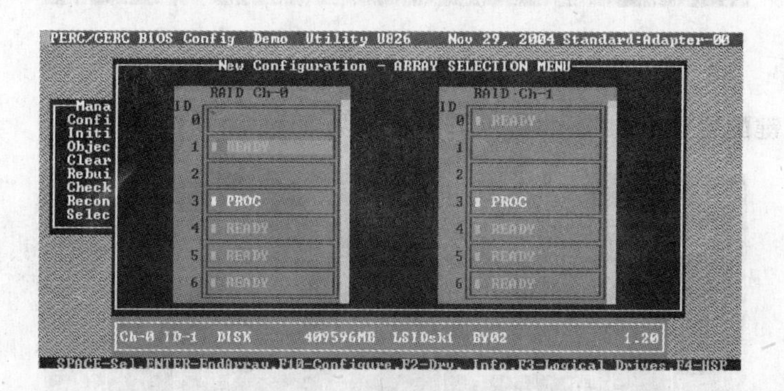

图 6-13 阵列磁盘组选择界面

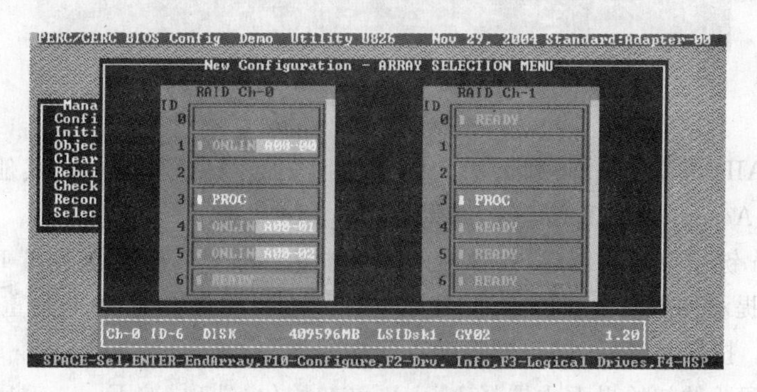

图 6-14 设置阵列磁盘

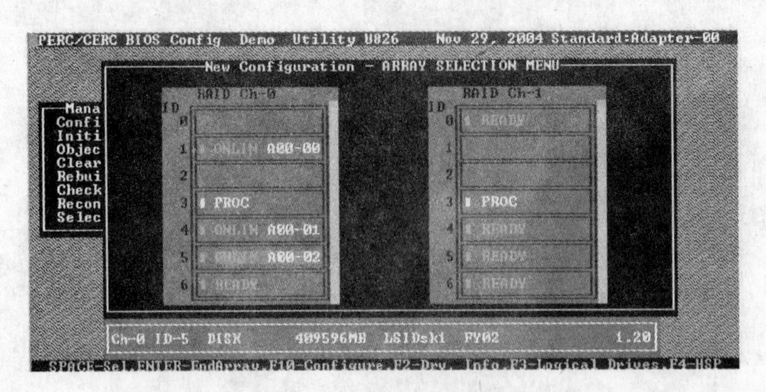

图 6-15　结束阵列磁盘选择

⑤ 按 F10 键配置阵列，进入选择配置的阵列状态，如图 6-16 所示，在 A-00 阵列上按 Space 键，选择 A-00。

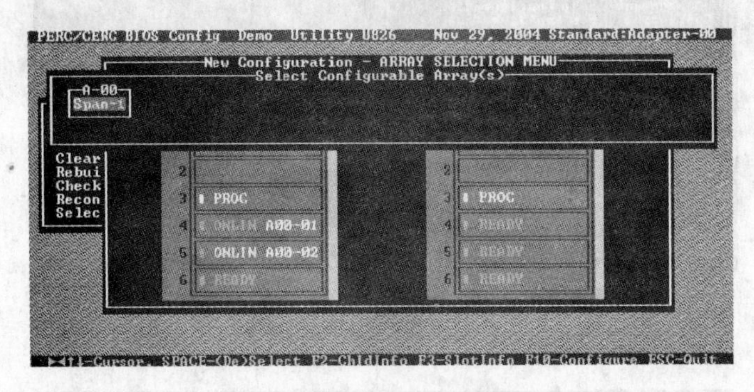

图 6-16　选择配置的阵列

⑥ 按 F10 键配置选中的阵列，进入阵列配置界面，如图 6-17 所示。

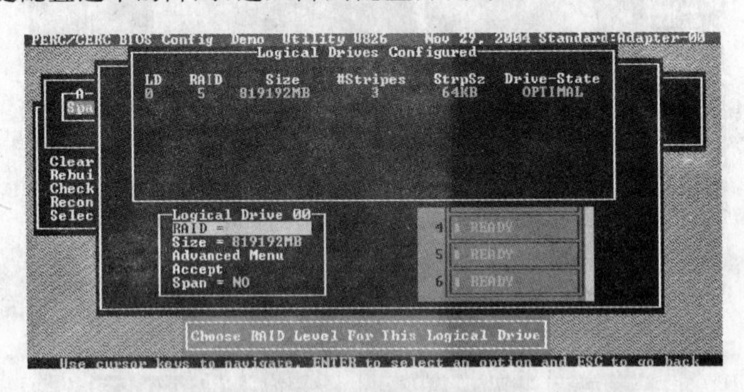

图 6-17　配置阵列参数

⑦ 设置 RAID 级别为 5，阵列大小为默认使用全部两个硬盘容量，其他参数使用默认值，将光标移到 Accept 处按 Enter 键，结果如图 6-18 所示。

⑧ 按 Enter 键结束阵列创建，在弹出的菜单中选择 YES 选项，如图 6-18 所示，这时将出现一个警告，提示如果是全新的阵列，建议立即做阵列的初始化，除非是重做以前的阵列，如图 6-19 所示。按任意键后，回到阵列配置的初始界面。

⑨ 在阵列配置的初始界面中选择 Initialize(初始化)选项，按 Enter 键后进入逻辑盘初

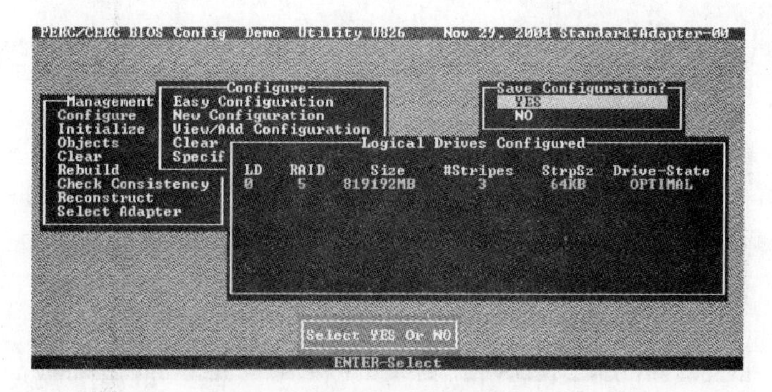

图 6-18　结束阵列设置

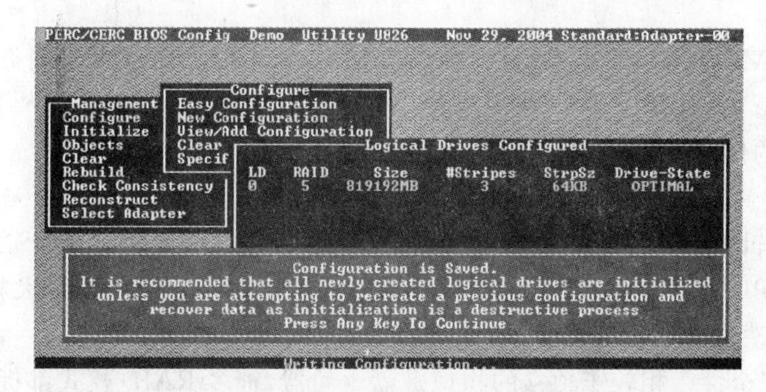

图 6-19　保存阵列设置

始化界面，如图 6-20 所示，在逻辑盘选择窗口将 Logical Drive 0 选项选中(显示为黄色)，按 F10 键，在弹出的菜单中选择 YES 选项，对刚刚新建的磁盘阵列的进行初始化。

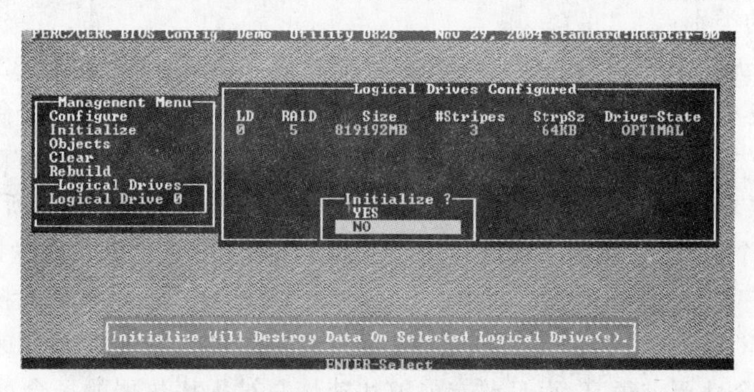

图 6-20　初始化阵列

⑩ 初始化进行到 100%后(见图 6-21)，多次按 Esc 键，退出配置界面，至此，RAID 阵列配置完成，磁盘阵列就可以使用了。

6.2.3　相关知识与技能

1. RAID 的定义及分类

RAID 是 Redundant Array of Independent Disks 的缩写，直译为独立冗余磁盘阵列，简称为磁盘阵列。可以把 RAID 理解成一种使用磁盘驱动器的方法，它将一组物理磁盘驱动器用某种逻辑方式组合起来，作为逻辑上的一个磁盘驱动器来使用。目前常见的 RAID 级

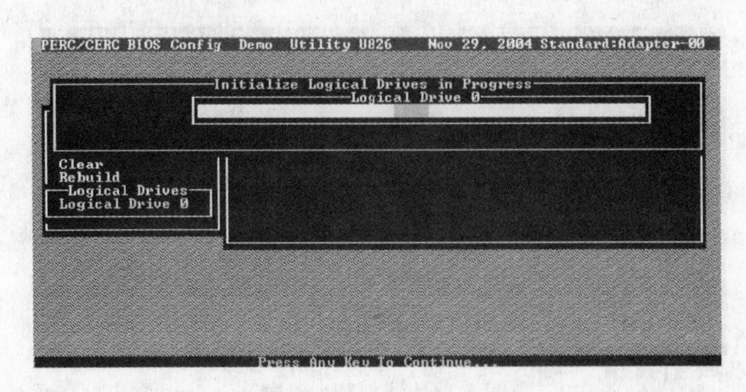

图 6-21　初始化阵列完成

别有 RAID 0、RAID 1、RAID 5、RAID 1+0、RAID 5+0 和 JOBD 等，不同类别的 RAID 特性不同，具体如表 6-4 所示。

(1) RAID 的优点

① 传输速率高。在部分 RAID 模式中，可以让很多磁盘驱动器同时传输数据，而这些磁盘驱动器在逻辑上又是一个磁盘驱动器，所以使用 RAID 可以达到单个磁盘驱动器几倍的速率。因为 CPU 的速度增长很快，而磁盘驱动器的数据传输速率无法大幅提高，所以需要有一种方案解决二者之间的矛盾。

② 更高的安全性。相较于独立的物理磁盘驱动器，很多 RAID 模式都提供了多种数据修复功能，当 RAID 中的某一磁盘驱动器出现严重故障无法使用时，可以通过 RAID 中的其他磁盘驱动器来恢复此驱动器中的数据，而独立的物理磁盘驱动器无法实现，这是使用 RAID 的第二个原因。

(2) RAID 的类别

① RAID 0，无冗余无校验的磁盘阵列。数据分成一定大小的块(如 32KB)，同时分布在各个磁盘上，没有容错能力，读写速度在 RAID 中最快，但因为任何一个磁盘损坏都会使整个 RAID 系统失效，所以安全系数反倒比单个的磁盘还要低。一般用在对数据安全要求不高，但对速度要求很高的场合，如大型游戏、图形图像编辑等，如图 6-22 所示。这种 RAID 模式至少需要两个磁盘，磁盘越多速度越快，但磁盘数量受限于计算机磁盘接口的数量。

② RAID 1，镜像磁盘阵列。每一个磁盘都有一个镜像磁盘，镜像磁盘随时保持与原磁盘的内容一致。RAID 1 具有最高的安全性，但只有一半的磁盘空间被用来存储数据。主要用在对数据安全性要求很高，而且要求能够快速恢复被损坏数据的场合，如图 6-23 所示。此种 RAID 模式每组仅需要两个磁盘。

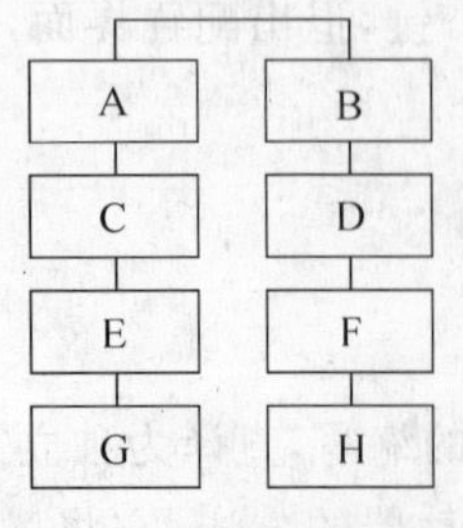

图 6-22　RAID 0 原理

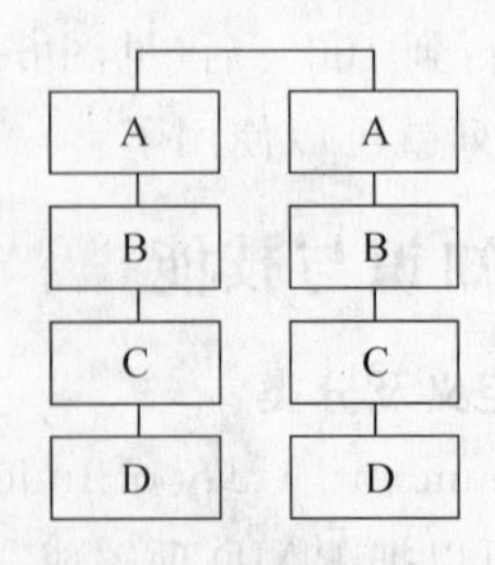

图 6-23　RAID 1 原理

③ RAID 0+1，从其名称上就可以看出，它把 RAID 0 和 RAID 1 技术结合起来，数据除分布在多个磁盘上外，每个磁盘都有其物理镜像盘，提供全冗余能力，允许一个以下磁盘故障，而不影响数据可用性，并具有快速读写能力。但是 RAID 0+1 至少需要 4 个磁盘才能组建，如图 6-24 所示。RAID 0+1 通常也习惯称为 RAID 10。

④ RAID 5，无独立校验盘的奇偶校验磁盘阵列。采用奇偶校验来检查错误，但没有独立的校验盘，而是使用了一种特殊的算法，可以计算出任何一个带区校验块的存放位置，如图 6-25 所示。这样就可以确保任何对校验块进行的读写操作都会在所有的 RAID 磁盘中进行均衡，既提高了系统可靠性也消除了产生瓶颈的可能，对大小数据量的读写都有很好的性能。RAID 5 设定最少需要 3 个磁盘，在这种情况下，有 1/3 的磁盘容量会被校验码占用而无法使用，当有 4 个磁盘时，则需要 1/4 的容量存储校验码，才能让最坏情况的发生率降到最低。当磁盘的数目增多时，每个磁盘上被备份校验码占用的磁盘容量就会降低，但是磁盘故障的风险率也同时增加了，一旦同时有两个磁盘故障，则无法进行数据恢复。

⑤ JBOD(Just Bundle Of Disks)，即简单磁盘捆绑。JBOD 是在逻辑上把几个物理磁盘串联到一起，从而提供一个大的逻辑磁盘，如图 6-26 所示。JBOD 上的数据简单地从第一个磁盘开始存储，当第一个磁盘的存储空间用完后，再依次从后面的磁盘开始存储数据。JBOD 存取性能完全等同于对单一磁盘的存取操作，也不提供数据安全保障。它只是简单地提供一种利用磁盘空间的方法，JBOD 的存储容量等于组成 JBOD 的所有磁盘的容量的总和。

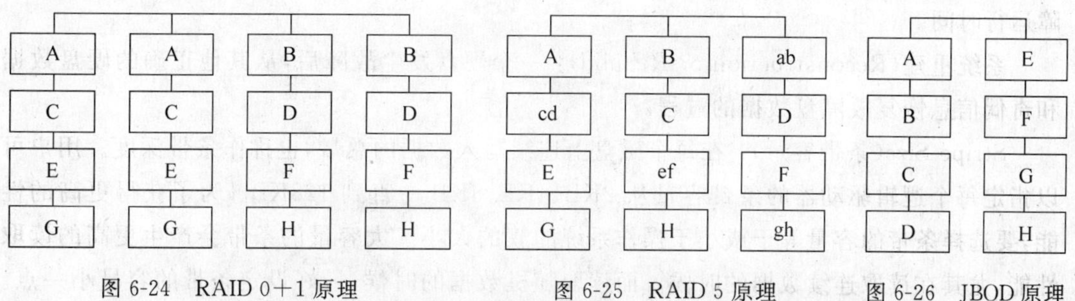

图 6-24　RAID 0+1 原理　　图 6-25　RAID 5 原理　　图 6-26　JBOD 原理

⑥ RAID 5+0，RAID 5+0 模式是将两个 RAID 5 阵列逻辑盘以 RAID 0 的方式组成一个新的逻辑盘，这种方式结合了 RAID 5 和 RAID 0 两种阵列的优点，兼具成本、可靠性和性能，是一种较具应用价值的阵列。RAID 5+0 通常也称为 RAID 50。

不同级别 RAID 的特性如表 6-4 所示。

表 6-4　不同级别 RAID 的特性

模　式	最小磁盘数量	最大磁盘数量	允许磁盘出错数	可用容量	读速度	写速度
RAID 0	2	不限	0	$N\times C$	$N\times R$	$N\times W$
RAID 1	2	2	1	C	$2\times R$	W
RAID 1+0	4	不限	2	$N/2\times C$	$N\times R$	$N/2\times R$
RAID 5	3	不限	1	$(N-1)\times C$	$N\times R$	$(N-1)\times R$
RAID 5+0	6	不限	2	$(N-2)\times C$	$N\times R$	$(N-2)\times R$
JBOD	1	不限	0	$N\times C$	R	W

注：N 为磁盘数量，C 为单个磁盘容量，R 为单个磁盘读速度，W 为单个磁盘写速度。

(3) RAID的基本概念

双控(Duplexing):这里指的是用两个控制器来驱动一个硬盘子系统。一个控制器发生故障,另一个控制器马上控制硬盘操作。此外,如果编写恰当的控制器软件,可实现不同的硬盘驱动器同时工作。

容错(Fault Tolerant):具有容错功能的机器有抗故障的能力。如RAID 1镜像系统是容错的,镜像盘中的一个出故障,硬盘子系统仍能正常工作。

主机控制器(Host Adapter):这里指的是使主机和外设进行数据交换的控制部件(如SCSI控制器)。

热备(Hot Spare):与RAID控制器连接的硬盘,通过在RAID卡的控制它能自动替换下系统中的故障盘。与冷备份的区别是,冷备份盘平时与机器不相连接,硬盘故障时需要手工换下故障盘。

热修复(Hot Fix):指用一个硬盘热备份来替换阵列中发生故障的硬盘,这一工作通常由阵列控制器自动进行。要注意故障盘并不是真正地被物理替换了,只是被排除出阵列之外。用作热备份的盘被加载上故障盘原来的数据,然后系统恢复工作。

磁盘组(Disk Group):这里相当于是阵列,如配置了一个RAID 5,就是一个磁盘组。

虚拟磁盘(Virtual Disk,VD):虚拟磁盘可以不使用阵列的全部容量,也就是说一个磁盘组可以分为多个VD,虚拟磁盘有时又称逻辑磁盘(LD)。

平均无故障工作时间(Mean Time Between Failure,MTBF或MTIF):设备平均无故障运行时间。

系统重建(Reconstruction or Rebuild):一个硬盘发生故障后,从其他正确的硬盘数据和奇偶信息恢复故障盘数据的过程。

Stripe Size(条带容量):在每个磁盘上连续写入数据的总量,也称作条带深度。用户可以指定每个逻辑驱动器的条带容量从2KB、4KB、8KB一直到128KB。为了获得更高的性能,要选择条带的容量等于或小于操作系统的簇的大小。大容量的条带会产生更高的读取性能,尤其在读取连续数据的时候。而读取随机数据的时候,最好设定条带的容量小一点。如果指定128KB的条带将需要8MB的内存。

Striping(条带化):条带化是把连续的数据分割成相同大小的数据块,把每段数据分别写入到阵列中不同磁盘上的方法。此技术非常有用,它比单个磁盘所能提供的读写速度要快得多,当数据从第一个磁盘上传输完后,第二个磁盘就能确定下一段数据。数据条带化正在一些现代数据库和某些RAID硬件设备中得到广泛应用。

2. RAID的创建(以LSI RAID控制器为例)

【注意】 对阵列以及硬盘操作可能会导致数据丢失,应在做任何操作之前确认数据已经妥善备份!(教材中的配置方法仅供参考)

(1) 进入配置界面:在服务器开机启动界面中出现CTRL+M提示时,按Ctrl+M键进入阵列配置界面。

(2) 选择Management Menu→Configure选项,如图6-27所示。

(3) 选择View/Add Configuration选项。如果是新配置,就选择New Configuration,如图6-28所示。

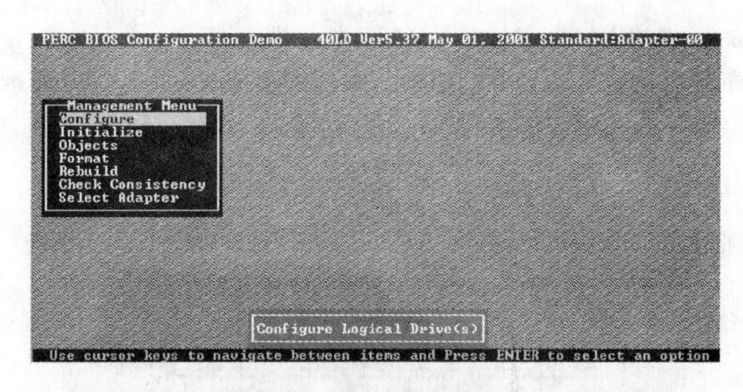

图 6-27　阵列配置初始界面

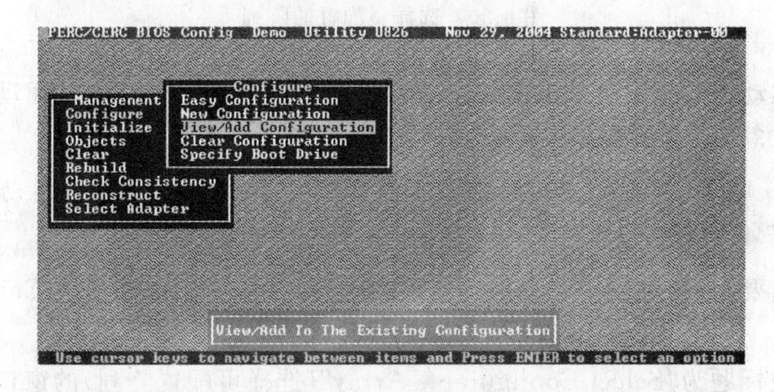

图 6-28　新建阵列

(4) 此时在阵列硬盘组选择窗口中会显示与当前控制器相连接的设备，屏幕底部显示热键信息，如图 6-29 所示。

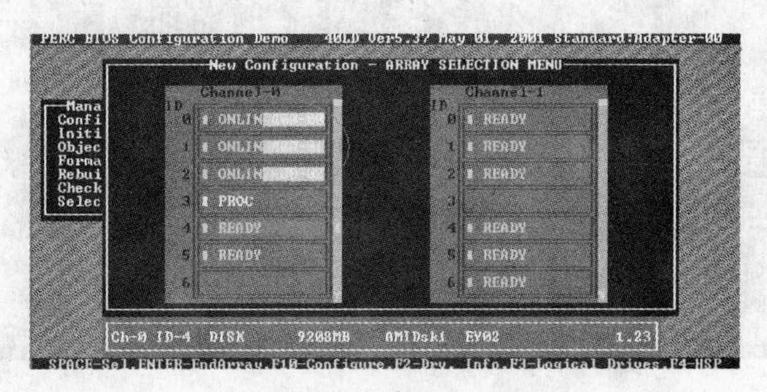

图 6-29　选择阵列磁盘

热键具有以下功能：

① F2 显示所选逻辑驱动器的驱动器数据和阵列错误计数。

② F3 显示已经配置的逻辑驱动器。

③ F4 指定所选的驱动器为热备份。

④ F10 显示逻辑驱动器配置屏幕。

(5) 按箭头键突出显示特定的物理驱动器。只有状态是 READY 的硬盘可以被选择，使用 New Configuration 会将所有的硬盘状态变为 READY，所以原先的 RAID 信息以及数据都会丢失,图 6-29 中的 ID 3:PROC 是 RAID 控制器本身。

(6) 按 Space 键将所选的物理驱动器与当前阵列相关联,如图 6-30 所示。

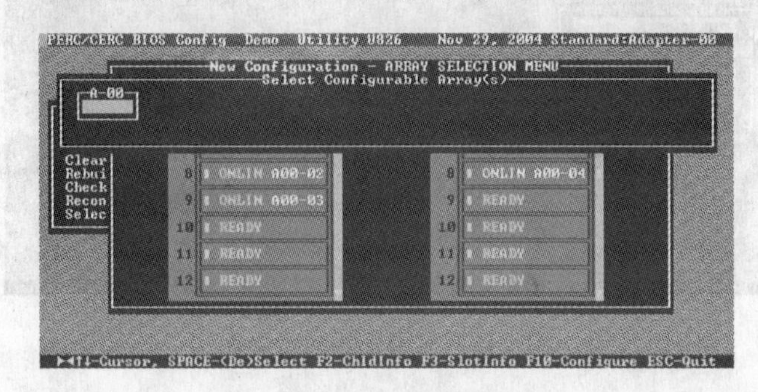

图 6-30　选择要配置的阵列

(7) 所选驱动器的指示灯从 READY 更改为 ONLINE A[阵列号]-[驱动器号]。例如,ONLINE A02-03 表示阵列 2 中的磁盘驱动器 3。

【注意】 如果一个阵列中使用的驱动器容量不相同,则阵列中所有驱动器的容量都被看做与阵列中最小驱动器的容量大小一样。

(8) 根据需要,将物理驱动器添加到当前的阵列中,在完成添加后按 Enter 键结束磁盘选择。

(9) 将出现标题为"Select Configurable Array"(选择可配置阵列)的窗口。该窗口显示阵列和阵列号,如 A-00。按 F2 键可显示阵列中的驱动器数量以及它们的通道和标识号,按 F3 键可显示阵列信息,例如,磁条、插槽和可用空间,如图 6-31 所示。

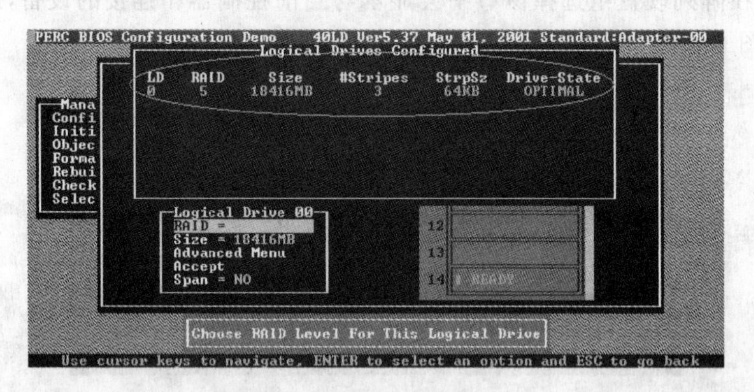

图 6-31　配置阵列参数

在该界面下,如果按 Space 键选择阵列,将出现跨接(由多个阵列为基础组成更高一级的 0 级阵列)信息,如 Span-1(跨接-1),出现在阵列框内。可以创建多个阵列,然后选择将其跨接。

【注意】 PERC4/Di 仅支持 RAID 1 和 RAID 5 阵列的跨接。可通过跨接两个或更多相连 RAID 1 的逻辑驱动器来配置 RAID 1+0。通过跨接两个或更多 RAID 5 的逻辑驱动器来配置 RAID 5+0。逻辑驱动器必须具有相同的磁条大小。

(10) 按 F10 键配置逻辑驱动器。将出现逻辑驱动器配置屏幕。如果选择两个或更多阵列跨接，则该屏幕显示 Span＝Yes(跨接＝是)。屏幕顶部的窗口显示当前正在配置的逻辑驱动器以及所有的现有逻辑驱动器。列标题有如下几个。(这里以3块硬盘配置 RAID 5 为例)

① LD：逻辑驱动器号。

② RAID：RAID 级别。

③ Size：逻辑驱动器大小。

④ Stripes：相连接的物理阵列中的磁条(数量与物理驱动器相同)数量。

⑤ StrpSz：磁条大小。

⑥ Drive-State：逻辑驱动器的状态。

(11) 突出显示 RAID，按 Enter 键，设置逻辑驱动器的 RAID 级别。出现当前逻辑驱动器可用的 RAID 级列表。因为是3块硬盘，所以可以选择 RAID 5 或者 RAID 0。这里选择 RAID 5，如图 6-32 所示。

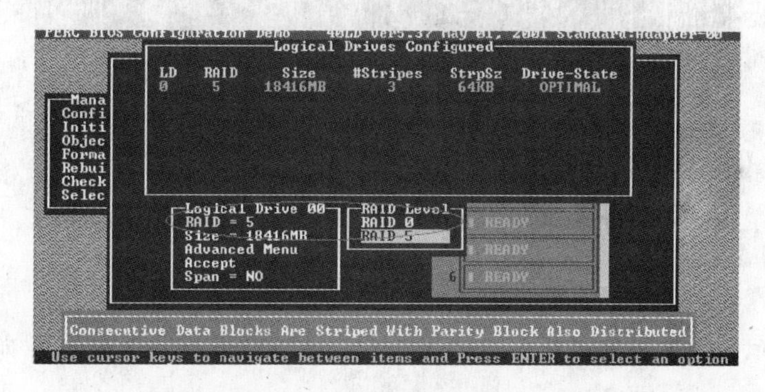

图 6-32　配置阵列级别

(12) 选择某个 RAID 级别，如 RAID 5，并按 Enter 键确认。

(13) 突出显示 Span，然后按 Enter 键可设置当前逻辑驱动器的跨接模式，如图 6-33 所示。

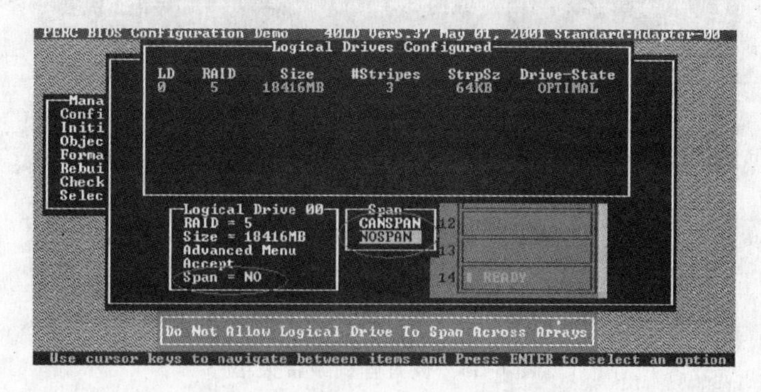

图 6-33　配置阵列是否支持跨接

选项有如下两个。

① CANSPAN(可跨接)：当前逻辑驱动器启用阵列跨接。逻辑驱动器可以在多个阵列中占据空间。

② NOSPAN(无跨接)：当前逻辑驱动器禁用阵列跨接，逻辑驱动器只能在一个阵列中占据空间。

通常 LSI 的阵列控制器仅支持 RAID 1 和 RAID 5 阵列的跨接。可以把两个或更多相连 RAID 1 逻辑驱动器跨接到 RAID 10 阵列,把两个或更多相连 RAID 5 逻辑驱动器跨接到 RAID 5 阵列。如果两个阵列要跨接,则它们必须有相同的磁条宽度(它们必须包含相同数量的物理驱动器)。例如,假定阵列 2 包含 4 个磁盘驱动器,则它只能与阵列 1 和/或阵列 3 跨接,并且只有在阵列 1 和阵列 3 也都包含 4 个磁盘驱动器的条件下才可以跨接。如果跨接的两个标准都得到满足,则控制器自动允许跨接。如果不满足跨接的标准,则 Span 设置对当前逻辑驱动器不产生影响。

(14) 将光标移动到 Size 选项并按 Enter 键设置逻辑驱动器的大小。图 6-34 中红圈位置是可以手动输入容量大小的。

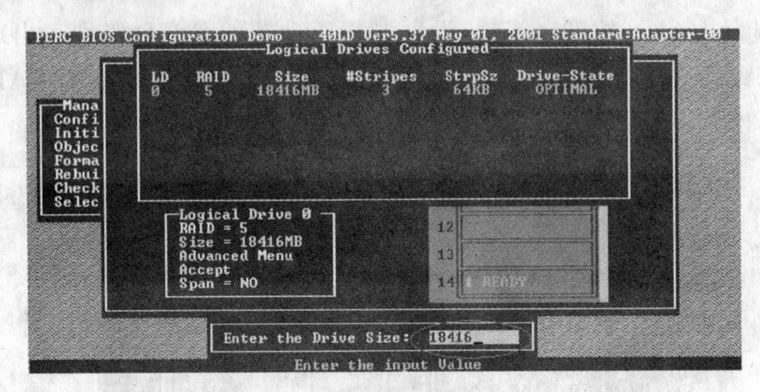

图 6-34 设置阵列大小

默认情况下,逻辑驱动器的大小设置为与当前逻辑驱动器相关联的阵列中的全部可用空间。

(15) 在 Advanced Menu(高级菜单)中设置 StripeSize(磁条大小),红圈位置的数值可以更改。图 6-35 所示为阵列逻辑驱动器磁条大小设置。

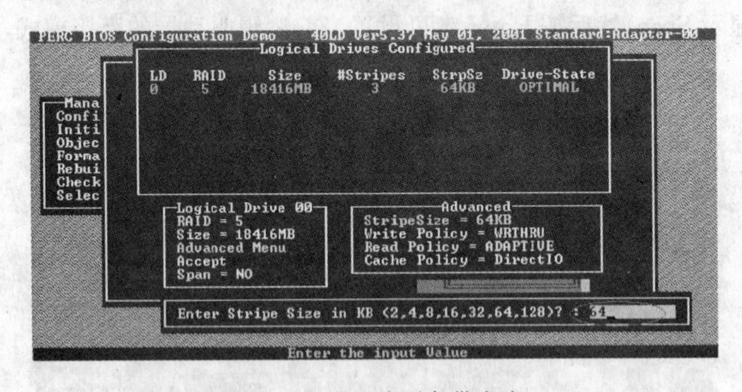

图 6-35 设置阵列条带大小

StripeSize(磁条大小)指定写入 RAID 1 或 RAID 5 逻辑驱动器中每张磁盘的分段大小。可将磁条大小设置为 2KB、4KB、8KB、16KB、32KB、64KB 或 128KB。较大的磁条读取性能较好,特别是在计算机主要进行顺序读取时。但是如果计算机主要进行随机读取,则选择小的磁条。默认的磁条大小是 64KB。

(16) 在 Advanced Menu 中设置 Write Policy(写入策略)。Write Policy(写入策略)是指存储数据写入阵列控制器高速缓存的方法,可设置为回写或通过写,如图 6-36 所示。

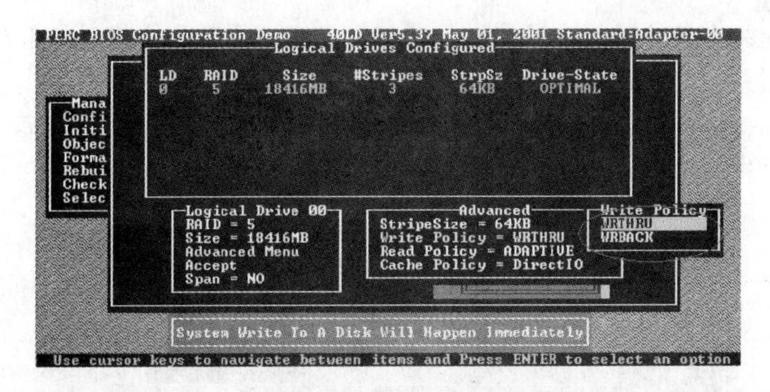

图 6-36　设置阵列写入策略

① 在 Write-back(回写)。高速缓存中,当控制器高速缓存已接收到某个事务中的所有数据时,该控制器将数据传输完成信号发送给主机。

② 在 Write-through(通过写)。高速缓存中,当磁盘子系统已接收到一个事务中的所有数据时,该控制器将数据传输完成信号发送给主机。

Write-through 高速缓存与 Write-back 高速缓存相比具有数据安全的优势,但 Write-back 高速缓存比起 Write-through 又有性能上的优势。

(17) 在 Advanced Menu 中设置 Read Policy(读取策略),如图 6-37 所示。

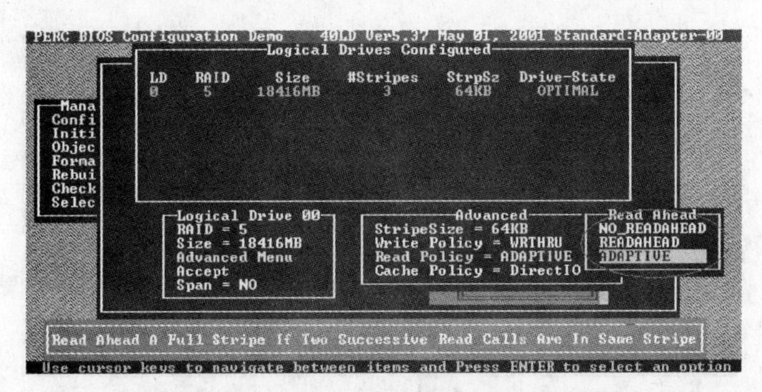

图 6-37　设置阵列读取策略

Read Ahead(预读)启用逻辑驱动器的 SCSI 预读功能,可将此参数设为 No-Readahead(非预读)、Readahead(预读)或 Adaptive(自适应)。默认设置为 Adaptive(自适应)。

① No-Readahead(非预读)指定控制器在当前逻辑驱动器中不使用预读方式。

② Readahead(预读)指定控制器在当前逻辑驱动器中使用预读方式。

③ Adaptive(自适应)指定如果最近两次的磁盘访问出现在连续的扇区内,则控制器开始采用 Readahead。如果所有的读取请求都是随机的,则该算法回复到 No-Readahead,但仍要判断所有的读取请求是否有按顺序操作的可能。

(18) 在 Advanced Menu 设置 Cache Policy(高速缓存策略)。

① Cache Policy(高速缓存策略)。适合在特定逻辑驱动器上读取。它并不影响 Read-ahead(预读)高速缓存。

② Cached I/O(高速缓存 I/O)。指定所有读取数据在高速缓存存储器中缓存。

③ Direct I/O(直接 I/O)。指定读取数据不在高速缓存存储器中缓存,此为默认设置。

它不会代替高速缓存策略设置。数据被同时传送到高速缓存和主机。如果再次读取同一数据块,则从高速缓存存储器读取。

(19) 按 Esc 键退出 Advanced Menu。

(20) 定义当前逻辑驱动器后,选择 Accept 选项并按 Enter 键,如图 6-38 所示。

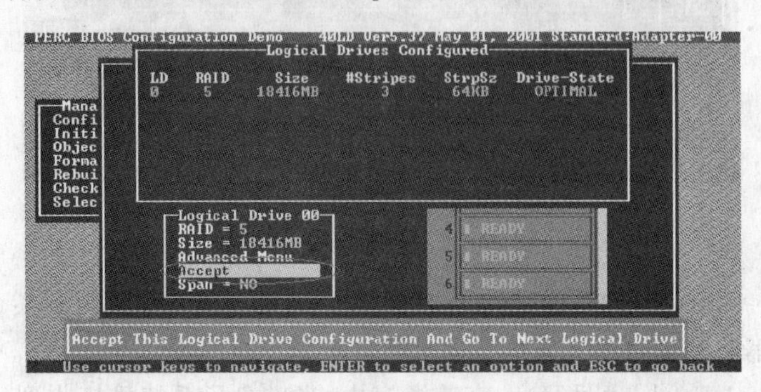

图 6-38 保存阵列设置

如果阵列中还有剩余空间,将出现下一个要配置的逻辑驱动器。

(21) 要配置其他驱动器,重复步骤(8)~(17)。如果阵列空间已用完,会列出现有的逻辑驱动器,如图 6-39 所示。

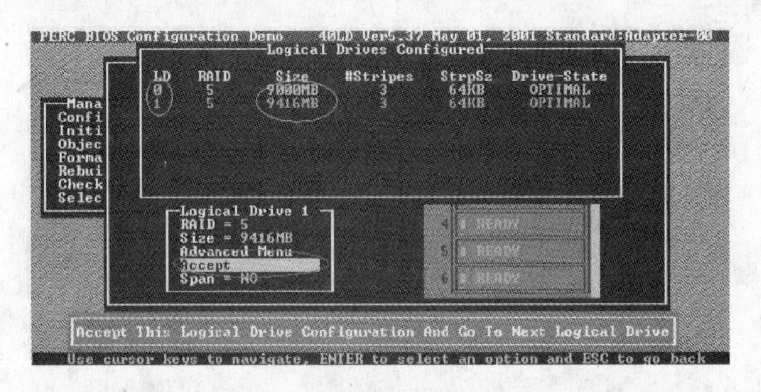

图 6-39 在一个阵列中配置多个逻辑磁盘

(22) 按任意键继续,并对 Save 提示进行回应。

(23) 初始化刚刚配置的逻辑驱动器。选择 Objects-logical driver 选项,在需要做初始化的逻辑驱动器上按 Enter 键,选择 Initialize 选项,按 Enter 键,如图 6-40、图 6-41 所示。

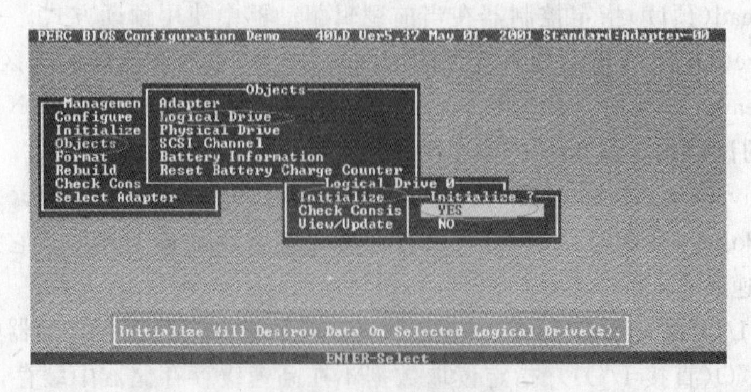

图 6-40 初始化新阵列

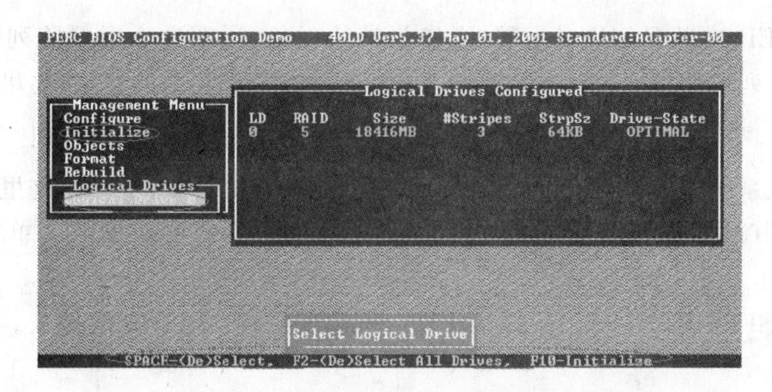

图6-41　选择要初始化的逻辑磁盘

或者选择 Management Menu→Initialize 选项，在需要初始化的逻辑驱动器上按 Space 键选中，按 F10 键确认，选择 YES 选项开始初始化。

阵列的初始化根据阵列的容量及磁盘的速度，可能需要几个小时，阵列初始化完成后就可以被操作系统识别为一个物理磁盘。

3. RAID 中单个磁盘失效后的重建

当磁盘配置阵列后，带有冗余的阵列，如比较常用的 RAID 1 与 RAID 5。在 RAID 阵列使用中，如果因为某些原因(如硬盘有坏道、硬盘检测不到、突然关机、断电等)导致其中一块硬盘的数据未能及时更新，数据与其他硬盘无法同步，RAID 卡就会把这块磁盘的状态标识为 FAILED。由于带有冗余，系统数据不会丢失，阵列也还可以工作，恢复阵列的工作不用立即进行。因为系统可以在一个硬盘有故障的情况下正常工作，但在这种情况下，剩下的系统就不再有容错性能，如果再有磁盘失效，阵列中的数据将全部丢失，而且由于少了一个磁盘，所以阵列的读速度将会下降。

阵列中的磁盘在变为 FAILED 状态时，服务器系统一般会有提示，如果是热插拔磁盘，则该磁盘的对应故障灯会亮起来，如果服务器带硬件管理模块，在管理模块显示屏上也有显示，同时操作系统的系统日志中也会有磁盘故障的警告。

要避免丢失数据，就必须在第二个硬盘故障前恢复数据，并在更换故障硬盘后，进行阵列重建工作。在镜像系统中，镜像盘上有一个数据备份，因此故障硬盘(主硬盘或镜像硬盘)通过简单的硬盘到硬盘的复制操作就能重建数据，这个复制操作比从磁带上恢复数据要快得多。RAID 5 硬盘子系统中，故障硬盘通过无故障硬盘上存放的纠错(奇偶)码信息来重建数据。正常盘上的数据(包括奇偶信息部分)被读出，并计算出故障盘丢失的那些数据，然后写入新替换的盘。在进行阵列重建之前，要先用完好的磁盘将失效的磁盘替换下来。磁盘的重建不会损坏阵列中的数据，也不会中断阵列的工作，但由于要从正常盘上读取数据来重建新磁盘上的数据，所以在阵列重建时，阵列的性能将会明显降低。

以使用 LSI 阵列控制器的 Dell Perc4 阵列卡为例，阵列的重建操作如下：

【注意】 下列操作只适用于 Perc3/SC/DC/QC 或者 Perc4/DC/DI 或者 Perc4E/DI/DC，对阵列以及硬盘操作可能会导致数据丢失，应在做任何操作之前确认数据已经妥善备份！

如果机器能够正常运行，而从外面可以看到一块硬盘闪黄灯，或者 LCD 上提示

DRIVER FAILED 或者 RAID 卡报警，诸如此类的现象，说明这个时候阵列中有一块硬盘出现问题了。阵列虽然可以用，但是已经处于一个没有安全冗余的级别，要尽快修复！

【注意】 发现有硬盘状态不正常时，应尽可能先将重要数据妥善备份！

修复可以在系统安装的 Array Manager 下进行，会有文档专门介绍，这里着重说明如何在 LSI RAID BIOS 中进行硬盘的修复。在硬盘修复中不需要用到的菜单功能将不着重介绍。

(1) 进入 LSI RAID BIOS。在机器开机自检过程中按 Ctrl＋M 键进入。可以看到界面如图 6-42 所示。

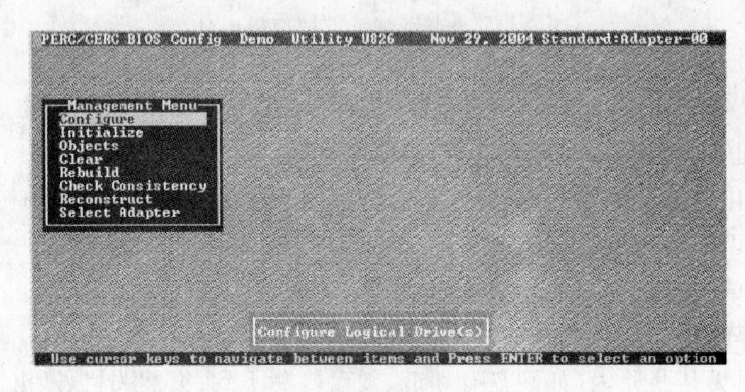

图 6-42　阵列配置界面

(2) 为了保险起见，应先确认 RAID 级别为 Objects-Logical Driver，选择要操作的逻辑驱动器，选择 View/Update Parameters。

在弹出的菜单中，需要注意下列几项，如图 6-43 所示。

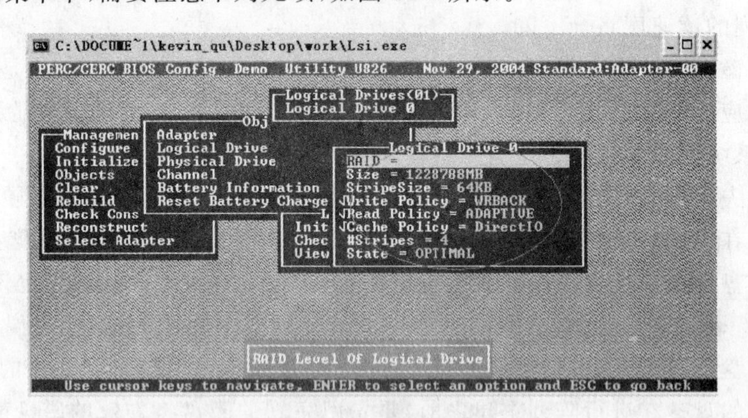

图 6-43　查看阵列信息

① RAID 为 RAID 级别。

② Size 为容量。

③ Stripes 为相连接的物理阵列中的磁条(物理驱动器)数量。

④ StripeSize 为条带大小。

⑤ State 为逻辑驱动器状态，分别为 OPTIMAL、DEGRADED、OFFLINE。OPTIMAL 是指逻辑驱动器状态正常，如果一个逻辑驱动器 State＝OPTIMAL，说明这个逻辑驱动器

状态正常，不需要修复或者已经修复成功。DEGRADED 是指逻辑驱动器处于降级状态，这个时候驱动器还可以被正常访问，但是由于有一个硬盘掉线，所以没有安全冗余。通常在 DEGRADED 状态下需要做 REBUILD 修复。OFFLINE 是指逻辑驱动器中有两个或两个以上的硬盘掉线，逻辑驱动器处于不可被访问的状态。

(3) 确认了机器配置的是 RAID 5(与 RAID 1 操作步骤相同)并且 State 状态是 DEGRADED，说明逻辑驱动器需要修复。按 Esc 键退回至 Management Menu 菜单，选择 Objects-Physical Driver 选项，如图 6-44 所示，按 Enter 键后会有一段时间等待扫描，如图 6-45 所示。

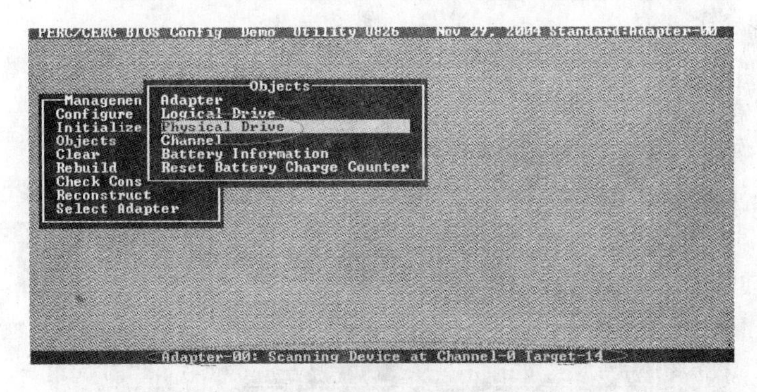

图 6-44　查看物理驱动器状态

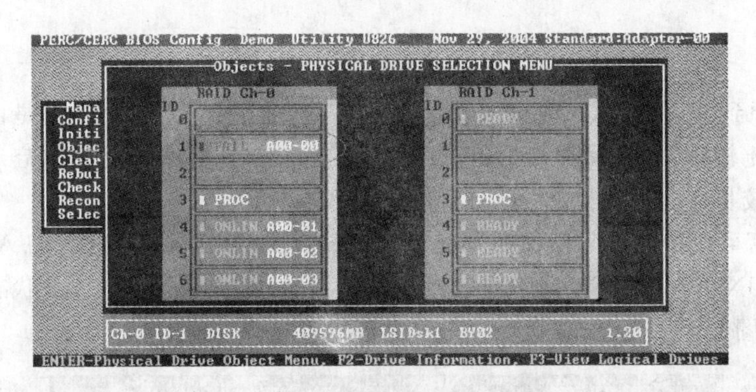

图 6-45　物理驱动器状态示例

(4) 扫描后可以看到具体的硬盘信息，硬盘的正常状态是 ONLINE。当硬盘状态是 FAILED 时，说明这个硬盘的数据已经与其他硬盘不同步，所以被 RAID 卡标识为失败，这时需要做 REBUILD 修复的就是状态为 FAILED 的硬盘。

(5) 在做修复之前，建议先检查硬盘的硬件状态，将光标移至硬盘上，按 F2 键会弹出硬盘信息菜单。需要注意 Media Errors 数量，如果数量较大，说明硬盘硬件故障，应与供应商联系更换硬盘；如果数量很少，说明阵列问题是由于停电或软件问题引起的，如图 6-46 所示。

(6) 如果 Media Errors 数量正常，将光标移至 FAILED 硬盘上，按 Enter 键，弹出菜单，选择 REBUILD→YES 选项确认，如图 6-47 所示。

(7) 开始进行 REBUILD 修复操作，这个过程可以理解为将另外硬盘上的数据根据

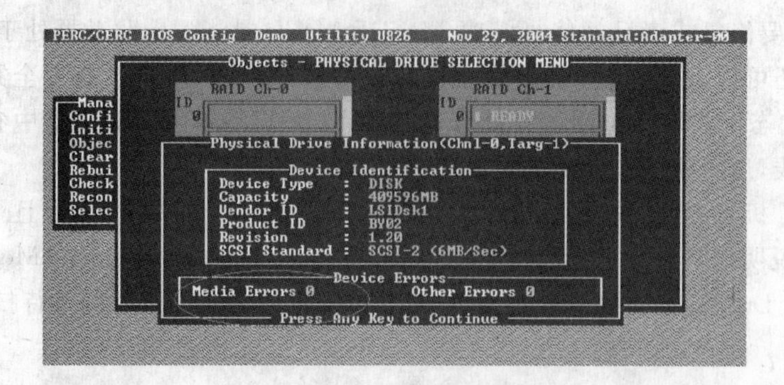

图 6-46　单个硬盘状态

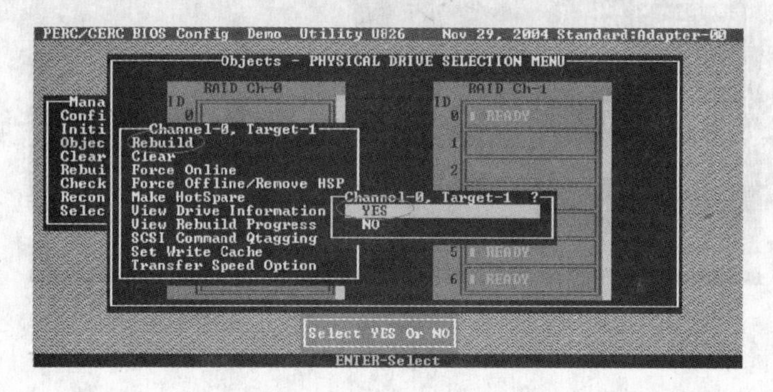

图 6-47　修复阵列

RAID 算法还原到这块硬盘，这时可以退出配置界面，启动操作系统了，但是由于在这个过程中硬盘读写比较频繁，建议等待 REBUILD 做完（进度条至 100%）后再启动系统。这个过程时间会比较长，几个小时或者更久，请耐心等候。

(8) 做完后可以按照刚才操作的方法查看一下，可以看到刚才状态是 FAILED 的硬盘已经变为 ONLINE（在线）。至此阵列已经成功修复，查看 Logical Driver 状态也已经变为 OPTIMAL，如图 6-48 所示。修复后的阵列状态如图 6-49 所示。

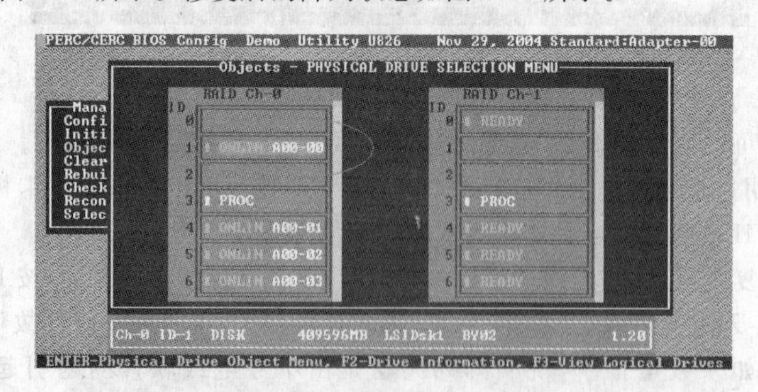

图 6-48　修复后的硬盘列表

4. 配置热备盘（HotSpare）

配置了热备盘的阵列在有物理硬盘失效（FAIL）后可以自动使用热备盘修复阵列而不

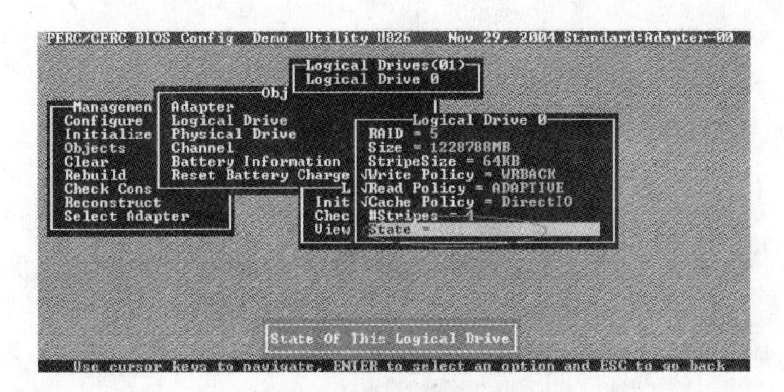

图 6-49　修复后的阵列状态

需要人工干预,可以有效提高阵列的可靠性。

在 LSI RAID 卡上配置热备硬盘的过程如下。(首先确认已经有冗余阵列存在 RAID 1/5/10 等,不带冗余功能的阵列无法配置热备盘)

(1) 按 Ctrl+M 键进入 RAID 卡配置界面,选择 Objects-physical 选项,按 Enter 键,如图 6-50 所示。

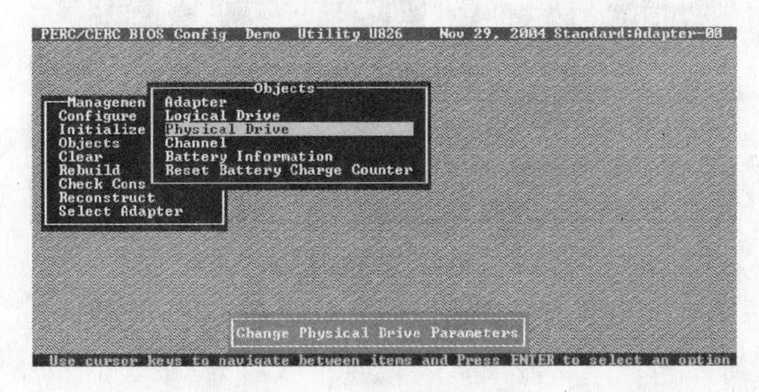

图 6-50　配置热备盘界面

(2) 可以看到之前配置好的阵列中,成员硬盘状态为 ONLINE,可用来配置热备的空闲硬盘状态为 READY,如图 6-51 所示。

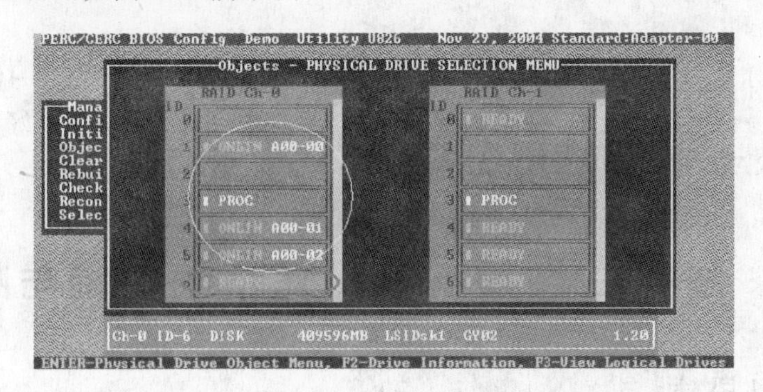

图 6-51　硬盘列表

(3) 在状态为 READY 并打算配置为热备盘的硬盘上按 Enter 键,选择 Make HotSpare 选项,在弹出的 YES/NO 对话框中选择 Yes 选项,如图 6-52 所示。

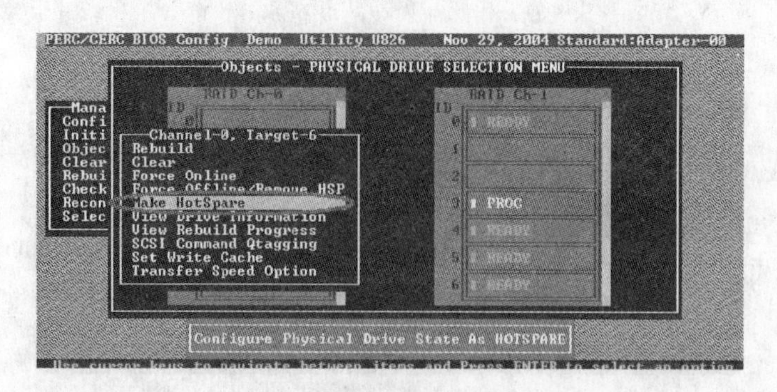

图 6-52　硬盘选项菜单

(4) 确认后可以看到刚才 READY 状态的硬盘成为 HotSpare 了，配置成功后如图 6-53 所示。

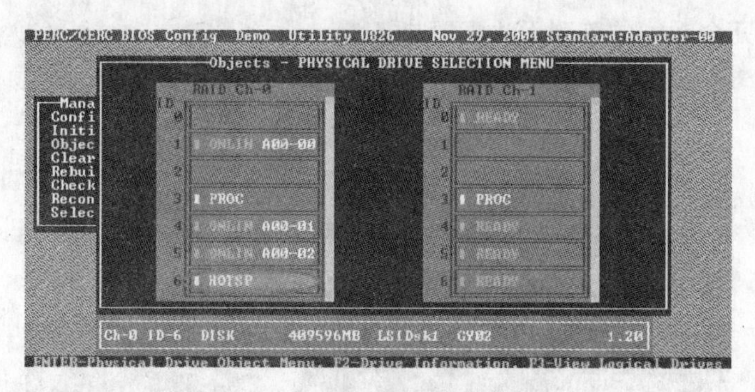

图 6-53　配置了热备盘的硬盘列表

思考与练习

1. RAID 5+0 是一个兼顾速度与安全的 RAID 模式，请在 LSI RAID 模拟器中配置一个 RAID 5+0 阵列。

2. 当 RAID 5 阵列中的一个磁盘损坏时，该磁盘会变成离线状态，请更换一个硬盘并重建阵列。

3. 公司要对 RAID 5 阵列进行扩容，硬盘从 3 个增加到 5 个，完成这一任务。

4. 在使用一个新设备之前，仔细阅读设备的文档(说明书)是一个很好的习惯，仔细阅读老师提供的 RAID 卡说明书。

6.3　任务三：服务器操作系统安装与配置

6.3.1　任务描述

A 公司采购了一台新服务器，其配置为单至强 5504 处理器/5500F 芯片组/6GB DDR3 内存/250GB SATA 硬盘×2/双千兆网卡。为服务器安装 Windows Server 2003 操作系统，并对操作系统进行基本配置。

6.3.2　方法与步骤

1. 任务分析

该服务器为主流品牌服务器，安装的操作系统也是常用的操作系统，在安装过程上有很多可供参考的经验。Windows Server 2003 操作系统推出较早，新服务器的很多硬件驱动都没有集成在操作系统光盘中，应提早准备好服务器的驱动。在服务器的附件中带有系统安装引导光盘，光盘中带有各种常用操作系统服务器硬件驱动程序，使用该引导光盘可以方便地进行各类操作系统安装，免去下载安装驱动的麻烦。

2. 安装前的准备

(1) 准备引导光盘和操作系统光盘，操作系统安装序列号。

(2) 对服务器 BIOS 和 BMC 进行基本设置。

3. 系统安装

将随机配送的服务器安装引导光盘放入服务器光驱，将服务器设置为光驱引导。稍等片刻，屏幕出现如图 6-54 所示的界面。(不同版本的 DOS 光盘界面可能略有不同，但所有步骤一样)

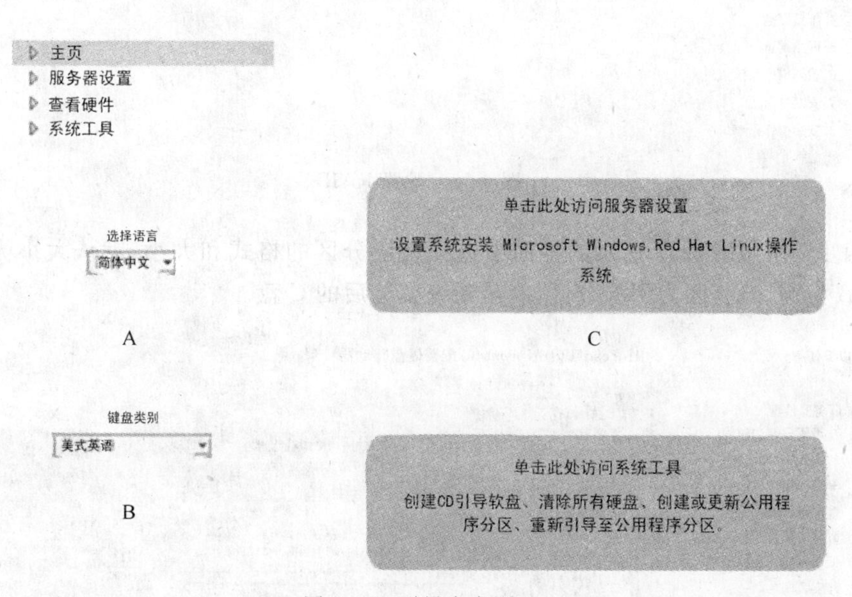

图 6-54　引导盘主页面

(1) 基本设置

在图 6-54 中，先在 A 处选择语言为简体中文(此语言为安装向导提示语言，并非操作系统语言)；然后在 B 处将键盘类型选择美式英语；最后单击 C 处。

(2) 服务器设置

第一步：在如图 6-55 所示的界面中设置好服务器的时间和日期以及时区，然后单击“继续”按钮。

第二步：在如图 6-56 所示的界面配置 RAID，单击“跳过按钮”。

第三步：在操作系统选择界面选择指定的操作系统(Windows Server 2003)。

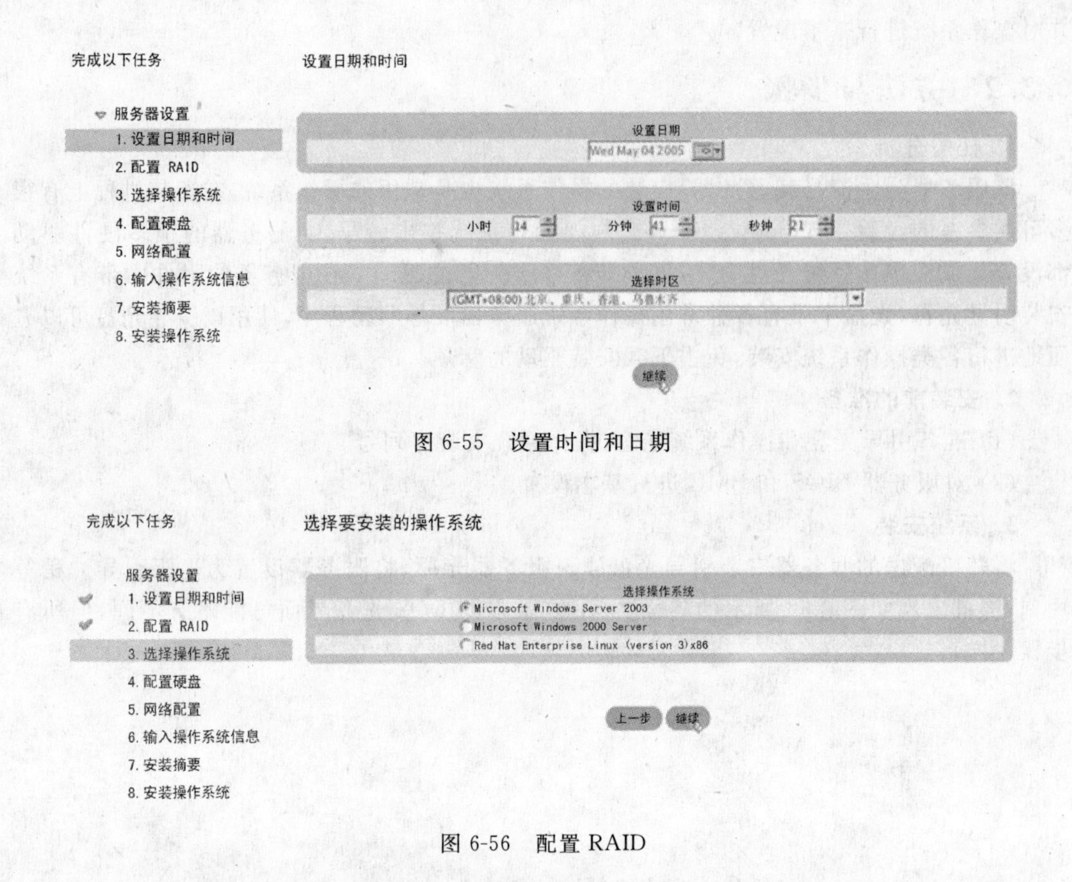

图 6-55　设置时间和日期

图 6-56　配置 RAID

第四步：在如图 6-57 所示的界面中选择系统分区的格式和大小，默认大小为 4GB，这里以 8GB 为例，此分区为引导分区，就是系统安装后的 C 盘。

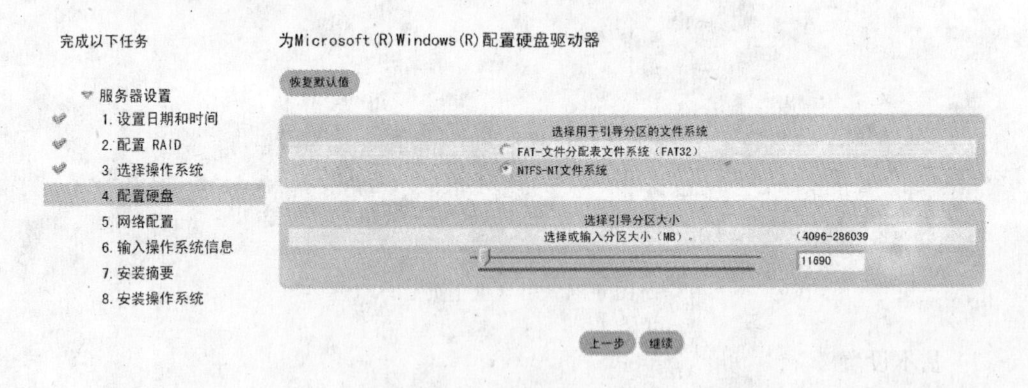

图 6-57　选择系统分区大小

第五步：（可以跳过此设置，网络配置可以等系统安装完成后再进行配置）设置服务器分配的 IP 地址（安装操作系统时可拔除网线，待打好系统补丁后再插上网线，以防止病毒入侵），如图 6-58 所示。

第六步：根据页面提示，填入相应的操作系统信息，包括操作系统语言、注册的组织、用户名，安装序列号 Product ID 为购买的正版操作系统的安装系列号，如图 6-59 所示。

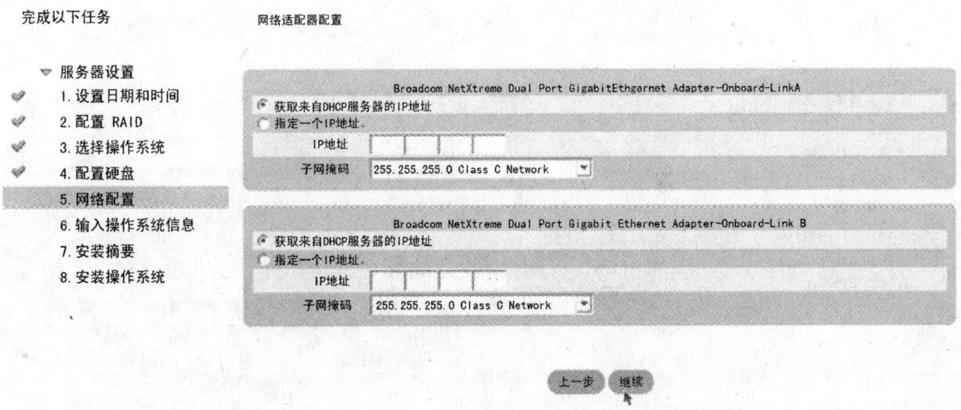

完成以下任务

网络适配器配置

服务器设置
1. 设置日期和时间
2. 配置 RAID
3. 选择操作系统
4. 配置硬盘
5. 网络配置
6. 输入操作系统信息
7. 安装摘要
8. 安装操作系统

Broadcom NetXtreme Dual Port GigabitEthgernet Adapter-Onboard-LinkA
获取来自DHCP服务器的IP地址
指定一个IP地址。
IP地址
子网掩码　255.255.255.0 Class C Network

Broadcom NetXtreme Dual Port Gigabit Ethernet Adapter-Onboard-Link B
获取来自DHCP服务器的IP地址
指定一个IP地址。
IP地址
子网掩码　255.255.255.0 Class C Network

上一步　继续

图 6-58　设置服务器操作系统 IP 地址

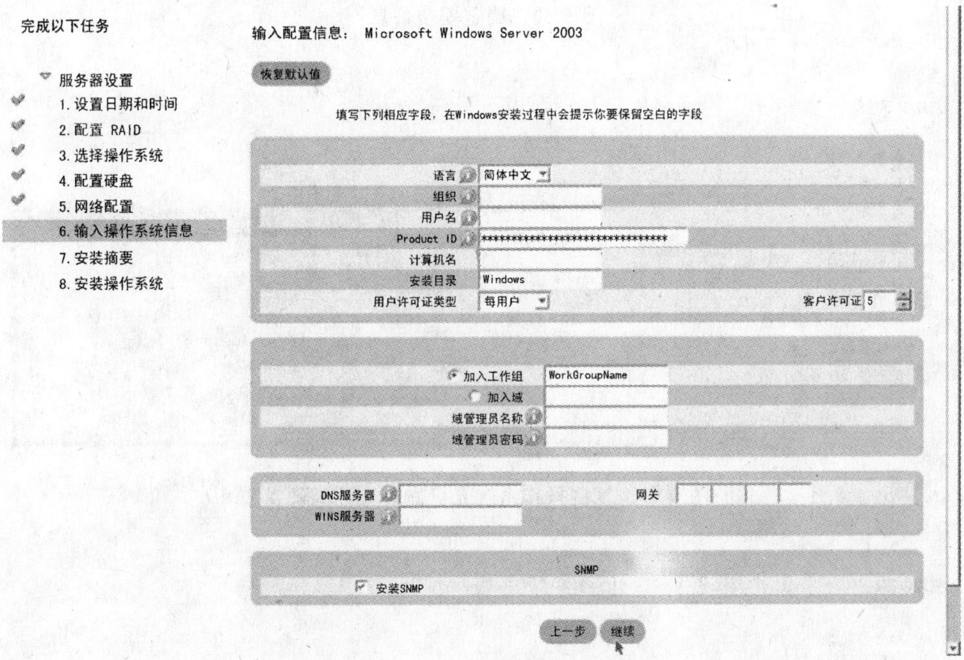

完成以下任务

输入配置信息：Microsoft Windows Server 2003

恢复默认值

服务器设置
1. 设置日期和时间
2. 配置 RAID
3. 选择操作系统
4. 配置硬盘
5. 网络配置
6. 输入操作系统信息
7. 安装摘要
8. 安装操作系统

填写下列相应字段，在Windows安装过程中会提示你要保留空白的字段

语言　简体中文
组织
用户名
Product ID　********************************
计算机名
安装目录　Windows
用户许可证类型　每用户　客户许可证　5

加入工作组　WorkGroupName
加入域
域管理员名称
域管理员密码

DNS服务器　网关
WINS服务器

SNMP
安装SNMP

上一步　继续

图 6-59　设置操作系统信息

第七步：确认安装摘要后，选中弹出的 CD，如图 6-60 所示，单击“继续”按钮。

第八步：放入对应的操作系统光盘，文件复制开始，复制完成后，自动启动操作系统的安装程序，安装过程将会自动进行，无须用户的干预，如图 6-61 和图 6-62 所示。

【注意】 这种安装方式仅支持零售版操作系统，如果是盗版光盘，如市面上常见的版本则无法使用。

系统安装完成后，所有驱动程序均已加载，但磁盘驱动器只有 C 盘，可以根据需要右击“我的电脑”图标，选择“管理”→“磁盘管理”选项，将未划分的磁盘空间划出，并分配盘符。

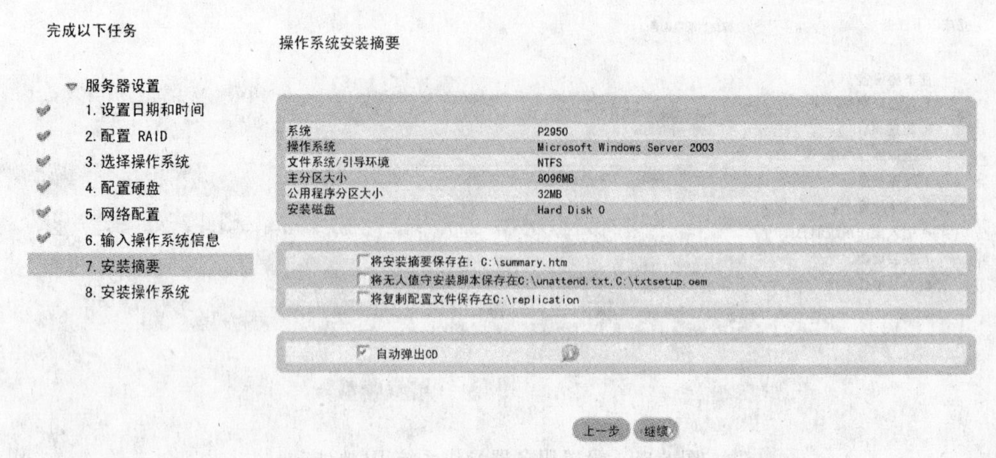

图 6-60　确定安装信息

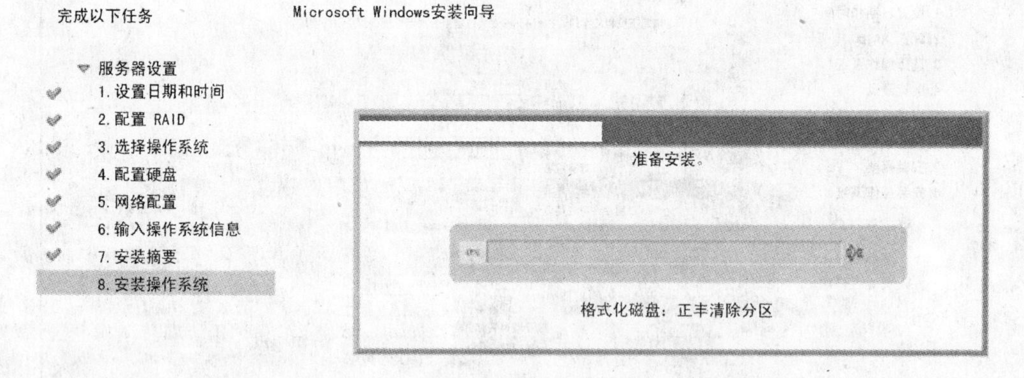

图 6-61　复制操作系统光盘安装文件到硬盘

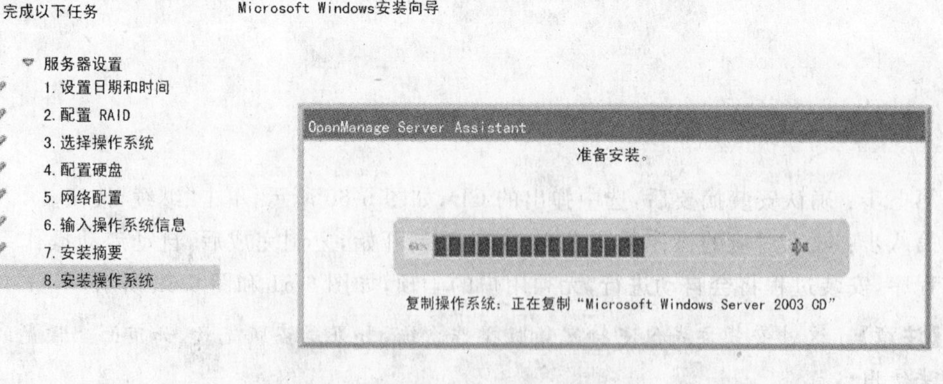

图 6-62　从硬盘上安装操作系统

6.3.3 相关知识与技能

1. 常用服务器操作系统介绍

(1) UNIX操作系统

UNIX系统诞生于1969年,以其为基础形成的开放系统标准(如POSIX)的操作系统标准,成为其后开发的如Windows、Linux等服务器操作系统的共同标准。经过40年的发展,UNIX形成了覆盖从嵌入式实时操作系统到大型机的不同类别。UNIX服务器操作系统主要面向大型数据库、大批量数据处理等应用服务,目前的产品主要有IBM-AIX、SUN-Solaris、HP-UNIX、Free-BSD等。

(2) Linux操作系统

Linux是一个开放源代码的操作系统,在服务器操作系统、桌面操作系统、嵌入式系统中都有广泛的应用。在服务器操作系统市场,Linux操作受到IBM、Oracle等大型软件公司的支持,占有率相对较高。Linux具有稳定、安全、开源等优点,但Linux上适合中小企业的管理软件较少,管理比Windows复杂,在企业中应用较少。企业用户在Linux上使用的应用软件主要是Web服务器、邮件系统、数据库等基础软件,也有小部分企业使用了基于Linux的管理软件。目前Linux服务器系统大量应用于互联网应用服务、多机并行高性能计算机群等场合,在大型数据库服务、信息安全管理服务等方面应用也较为广泛。

(3) Windows操作系统

Windows操作系统是目前世界上最广泛安装使用的一种桌面和服务器操作系统,具有高性能、易管理、操作简单等优点,在中小企业中得到广泛的应用。目前常用的Windows服务器操作系统有Windows Server 2003、Windows Server 2008,部分企业可能还在使用老的Windows 2000 Server。

根据不同用户的需求,微软的Windows Server 2003和Windows Server 2008操作系统提供不同功能的版本供用户选择,Windows Server 2003有4个版本,基本套装的价格从399美元到4000美元。Windows 2008也采用类似的销售策略。

① Windows Server 2003 Web服务器版本(Web Edition),用于构建和存放Web应用程序、网页和XML Web Services。它主要使用IIS 6.0 Web服务器并提供快速开发和部署使用ASP.NET技术的XML Web Services和应用程序。支持双处理器,最低支持256MB的内存,最高支持2GB的内存。

② Windows Server 2003标准版(Standard Edition),销售目标是中小型企业,支持文件和打印机共享,提供安全的Internet连接,允许集中的应用程序部署。支持4个处理器,最低支持256MB的内存,最高支持4GB的内存。

③ Windows Server 2003数据中心版(Datacenter Edition),针对要求最高级别的可伸缩性、可用性和可靠性的大型企业或国家机构等而设计的。它是最强大的服务器操作系统,也分为32位版与64位版:32位版支持32个处理器,支持8点集群,最低要求128MB内存,最高支持512GB的内存;64位版支持Itanium和Itanium 2两种处理器,支持64个处理器与支持8点集群,最低支持1GB的内存,最高支持512GB的内存。

④ Windows Server 2003企业版(Enterprise Edition),销售目标是大中型企业,分为32位版与64位版:32位版支持8个处理器,并提供8个结点的集群,最低支持256MB的

内存,最高支持32GB的内存;64位版支持Itanium和Itanium 2两种处理器,支持8个处理与支持8点集群,最低支持1GB的内存,最高支持64GB的内存。

2. 服务器操作系统安装前的准备

(1) 了解服务器的硬件配置,准备相应的驱动程序

Windows或Linux安装程序通常都自带常用的硬件驱动程序,但对一些新的硬件或不常见的硬件,操作系统安装程序可能没有带驱动程序,这时就需要使用服务器生产厂家提供的驱动程序。大型的服务器生产厂家实力较强,使用的设备数量较大,驱动程序比较容易找到,一些小型的公司提供的服务器设备或配件的驱动程序更新较慢,对新操作系统不一定支持。

对于新服务器,如HP、IBM、联想、Dell、浪潮等大型公司的生产往往会提供一张安装光盘,光盘中有针对常见操作系统的服务器硬件驱动程序,并会列出硬件支持的操作系统名单。对于旧服务器,可以到生产厂家网站上去下载该型号服务器对应的最新驱动。由于驱动原因,服务器安装操作系统是有限制的,只有有驱动支持的操作系统才能安装。

对于Windows Server 2003而言,磁盘系统的驱动必须在操作系统开始安装前加载,否则无法识别硬盘,也不能安装系统,而Windows Server 2003操作系统加载驱动只认软驱,因此在安装Windows Server 2003(包括Windows 2000 Server)时,要将RAID卡或其他的磁盘系统的驱动放在软盘上,服务器也必须安装有软驱。Windows Server 2008的安装程序可以从光盘、U盘上加载驱动,所以不用准备软盘。

专业的服务器厂商为了方便用户安装操作系统,通常都将常见的服务器操作系统的驱动集成在一张引导光盘上,使用这张引导光盘,用户只要做个简单设置,就可以自动安装指定的操作系统,无须自行安装驱动,免去找软盘、找软驱、找驱动的麻烦。

(2) 系统引导顺序设置

服务器引导光盘及操作系统安装光盘均要求从光盘启动,因此在安装操作系统之前要在BIOS中将引导顺序设置为CDROM、Hard Drive。

(3) 服务器IPMI配置

目前大部分中档的服务器都支持IPMI(Intelligent Platform Management Interface,智能平台管理接口)与BMC(Baseboard Management Controller,基板管理控制器)标准,IPMI主要用途是远程管理服务器的硬件、记录硬件的各种事件日志、将重要事件报告给远程监控设备,因此还要对服务器的IPMI进行设置。

IPMI的核心是一颗专用控制芯片(BMC),这颗控制芯片一般安装在主板上。所有的IPMI功能都是向BMC发送命令来完成的。BMC连接各种传感器,这些传感器分布在服务器的各个部件上,BMC通过这些传感器管理服务器硬件。不管CPU、BIOS、操作系统的类型或状态如何(无论主机故障或关机),都不影响IPMI的运行。可以这样理解:IPMI就是一个功能简化的计算机,IPMI本身相当于一个操作系统,BMC相当于CPU,传感器相当于各种接口卡,被CPU管理。整个IPMI系统是附加到服务器上的一个简单计算机,而且和这个服务器是分离的,不受服务器状态(故障、关机)影响。

早期的IPMI通过主机的串口(COM)管理,但现在新的专业服务器通常都支持SOL(Serial over LAN),SOL可以将COM口重定向到网卡,通过网卡模拟COM口,实现远程管理。其运行过程如下:被管理设备(BIOS、Windows、Linux)向COM口发送信息,这些信息被IPMI收到,转给网卡,网卡将其封装成RMCP格式数据,传输给远程管理员,远程管

理员发送 RMCP 格式数据到网卡，网卡转换数据格式后发送给 IPMI，IPMI 分析数据，与 COM 有关的转给 COM 口，COM 口将数据发给被管理设备。

3. 服务器操作系统安装（以 Dell 服务器为例）

（1）把 Windows 2003 安装光盘放入光驱，并从光盘引导。

（2）在屏幕的底部出现信息：Press F6 if you need to install a third party SCSI or RAID driver 时，按 F6 键。这个动作将会停止硬件的自动检测，并且允许用户指定第三方硬件的驱动程序（如 RAID 卡驱动）。

（3）按 F6 键后，安装程序会继续加载模块，过一会儿将会看到以下信息：Setup could not determine the type of one or more mass storage devices installed in your system，or you have chosen to manually specify an adapter，如图 6-63 所示。

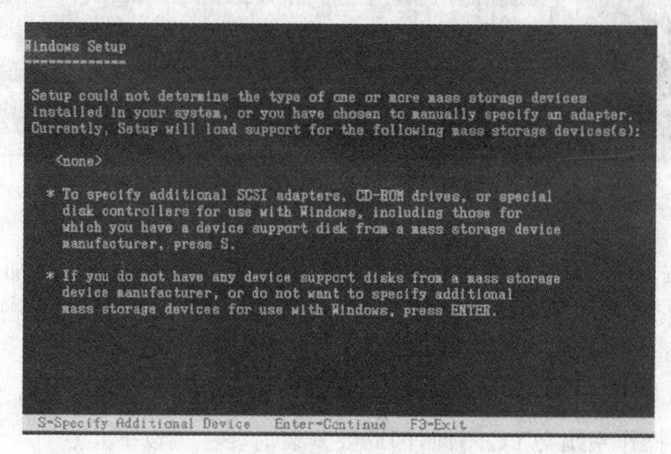

图 6-63 安装第三方设备驱动

（4）按 S 键加载指定设备驱动程序。

（5）插入 SCSI 阵列控制卡驱动软盘并按 Enter 键，在设备列表里会有一项服务器所配置的控制卡的选项，按 Enter 键加亮选择与服务器硬件和安装的操作系统对应的驱动选项，如图 6-64 所示。

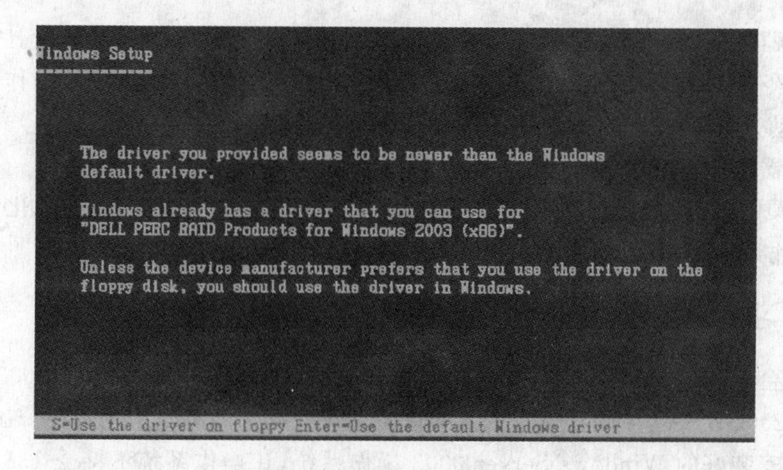

图 6-64 从软件安装驱动

(6) 按 S 键选择从软盘安装驱动,复制完成后,安装程序将返回到设备列表界面。确定服务器 RAID 卡驱动在列表里,并按 Enter 键继续,如图 6-65 所示。

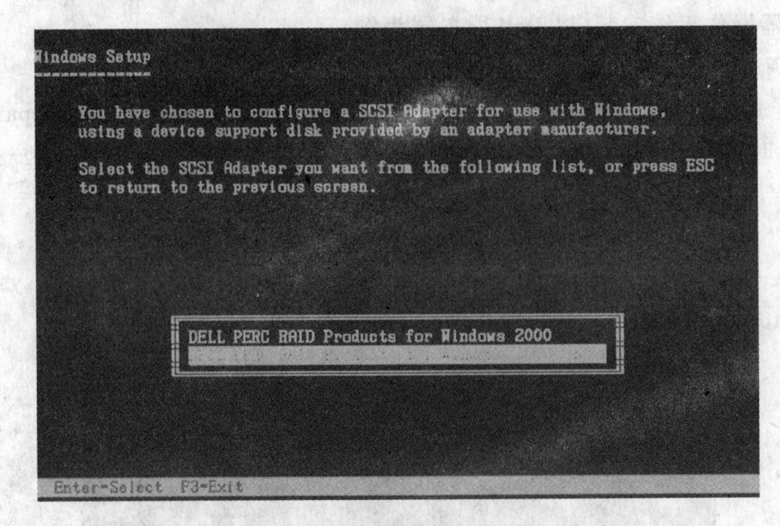

图 6-65 安装 RAID 卡驱动

(7) 此时再按一次 S 键,加载软盘中的驱动(在 Windows 2003 中要加载两次驱动),接下来安装程序搜索系统里其他大容量的设备,如 SCSI 和 IDE 控制器。这个步骤需要几分钟。

(8) 按 Enter 键开始安装 Windows 2003,安装过程与 Windows XP 类似,在此不再详述,但由于服务器操作系统与 PC 不同,因此要安装时要注意以下几点。

① 服务器的系统分区一般只安装程序,不放数据,因此不需要太大,一般在 8～16GB 即可。

② 作为服务器操作系统,一般使用安全性和扩展性更强的 NTFS 分区格式。按 Enter 键格式化分区。

③ 在安装过程中提示输入管理员(Administrator)密码时,一定要输入具有足够复杂的密码并记住。

④ 服务器使用网卡和阵列卡与一般 PC 不同,通常要从服务器驱动光盘上安装对应的驱动或管理软件,以便发挥出服务器专用网卡和阵列卡的性能,因此在安装操作系统后还要注意安装驱动光盘中的主板驱动、网卡驱动和管理软件、阵列卡管理软件。

4. 服务器操作系统配置

服务器操作系统的配置主要包括网络配置、管理配置、安全配置、性能优化等。操作系统配置与操作系统相关,可查阅相关操作系统配置手册。

思考与练习

1. 在一台有两块 250GB SATA 硬盘的服务器上安装 Windows Server 2003 操作系统,要求将两块 250GB SATA 硬盘设置为 RAID 1,系统分区为 50GB,应用程序分区为 200GB。

2. 设置安装好的 Windows Server 2003 操作系统,让操作系统不接受 138、139 和 443 端口的访问。

3. 设置 Windows Server 2003 操作系统，让管理员能从内网电脑中登录进行远程管理。

6.4 任务四：服务器数据的备份与恢复

6.4.1 任务描述

公司的供应链管理系统(SCM 系统)涉及公司的销售、库存、生产、财务等各个环节，是公司正常运行的基础，为保证数据安全，要求每天对数据库进行备份，请你负责制订备份方案并实施。

6.4.2 方法与步骤

1. 任务分析

公司的 SCM 系统包括网络订单、生产计划、仓库管理、发货管理、财务管理等模块，是公司日常运行的基础，SCM 系统中的数据是公司的核心资产，如果 SCM 系统中的数据损坏，会对公司的生存造成严重的威胁。因此，必须使用安全可靠的备份技术来保证 SCM 系统数据安全。SCM 系统中的数据库大小目前为 500MB，预计会以每年 500MB 左右的速度增加，因此对备份设备的容量要求不高。考虑到整个系统也要做定期备份，以便在系统损坏时及时修复，因此备份设备容量应不小于 10GB。另外，还要注意备份设备与主机的连接要方便，备份设备和备份介质的价格不能太高。

2. 备份硬件的选择

到目前为止，磁带还是最可靠且最廉价的备份设备，基于 SCM 系统数据的重要性，备份硬件选用磁带机和磁带。通过对 HP、IBM 等国际知名厂商最近几年开发和销售的备份设备的了解，可以发现目前主流的备份设备是 LTO3 和 LTO4 磁带机，这两种磁带机容量大、速度快，但价格较高，且都使用 SCSI 接口或 SAS 接口，要使用这类磁带机，还需要购买 SCSI 或 SAS 接口卡。HP 在 2007 年 7 月新推出了一款 DAT 磁带机，其外置型支持 USB 2.0 接口，单盒磁带容量达 80GB/160GB(非压缩/压缩)，容量完全能满足公司要求，磁带机和磁带的价格也较 LTO3/4 要低，因此备份硬件选用 HP StorageWorks DAT160。

3. 备份软件的选择

备份软件可以使用操作系统自带的备份软件，也可以选择另外采购的商业软件。本任务为方便起见，使用 Windows 自带的备份软件。

4. 备份与恢复操作

(1) 制订备份策略

① 操作系统备份：由于操作系统和应用程序在安装升级完后不会变动(日志文件除外)，因此操作系统和应用程序采用不定期备份的方式，每次系统和程序升级(打补丁)后进行备份，采用三盒磁带轮换的方式，除当前备份外，还保留前两次的备份。

② 由于数据库整体大小只有 1GB 左右，数据量不大，所以数据库及日志备份采用常规备份＋差异备份的方式。备份方式为每周六 20 点进行一次常规备份，其余每天 23 点进行一次差异备份，采用 6 盒磁带轮换的方式进行，每月第一个周六常规备份的磁带永久保留

(保存 5 年以上),其余周六的常规备份磁带保留一个月,每周使用同一盒磁带进行差异备份。

(2) 备份操作

① 停止系统数据库服务,最好能关闭网络接口,使系统处于“离线”状态。

② 运行备份软件,设置备份策略。

③ 插入磁带,进行备份。

④ 校验备份。

(3) 系统恢复

① 停止系统服务,关闭网络接口,使系统处于“离线”状态。

② 运行备份软件。

③ 插入要恢复的磁带,从磁带中恢复相应的内容。

6.4.3 相关知识与技能

1. 系统备份的概念

对一个高度依赖信息系统的现代企业而言,数据作为信息资产是企业的核心资产,是企业的命脉。企业信息资产安全有三要素,即可用性、完整性、保密性。计算机系统在运行过程中会发生很多导致数据破坏、丢失的意外情况,如病毒、黑客、硬盘损坏、误操作等,影响数据的可用性、完整性。因此需要将数据(包括系统配置、软件等)复制到系统外部存储介质中保存,在系统数据破坏后,利用外部介质中保存的数据将系统恢复到前一个时间段的状态,这个过程称为备份与恢复。系统备份与双机热备、磁盘冗余等容错技术不同,备份的数据是离线的,处于系统之外,因为只有这样才能真正避免病毒、黑客、误操作的影响。

2. 备份技术分类

(1) 系统备份按复制的层次可分为文件复制备份、磁盘复制备份。

① 文件复制备份是指将系统中的数据以文件为单位复制到备份介质上,这种备份方式应用灵活方便,是最常用的备份方式。

② 磁盘复制备份是指将系统中的数据以磁盘物理块为单位复制到备份介质上,这种方式备份速度快,但灵活性差,备份和恢复只能整个磁盘进行,如使用 Ghost 软件进行备份与恢复就是磁盘复制备份。

(2) 系统备份按备份策略可分为全备份、差异备份、增量备份。

① 全备份就是将系统中所有数据备份到备份介质中去,这种方式备份数据量大,但恢复时间快。

② 差异备份是除第一次做全备份外,接下来一段时间都只备份全备份后改变的内容。这种备份方式备份数据量较少,但每次恢复都要进行两次,一次恢复全备份数据,一次恢复最近一次的增量备份数据。

③ 增量备份是第一次做全备份,接下来一段时间只备份上一次备份后改变的内容。这种备份方式备份数据量最少,但每次恢复时都要先恢复全备份数据,再按时间从最早到最近,恢复每次的差异备份,恢复次数较多,容易出错。

3 种备份方式的对比如表 6-5 所示。

表 6-5　3 种备份方式的差别

备份类型	备份前标记	备份后标记	备份内容
常规/完全备份	否	是	全部数据
增量备份	是	是	自上一次备份后修改的数据
差异备份	是	否	自常规备份之后的数据

(3) 按备份过程中系统是否正常工作可分冷备份和热备份。

① 冷备份是在备份和恢复过程中系统必须停止一切服务,处于离线状态,以免备份过程中数据发生改变,造成数据不一致。这种备份方式安全可靠,但备份和恢复时系统要中断服务。

② 热备份是指在备份和恢复过程中系统无须停止服务,可以正常工作,这种方式需要有专用软件支持,且备份和恢复也会对服务性能造成一定影响。

3. 备份介质

备份可以使用 U 盘、磁盘、可写光盘、磁带等介质,用户根据备份保存时间、备份数据量、恢复时间要求、备份可靠性及投入资金进行选择。

(1) U 盘:U 盘具有体积小、抗震、可多次擦写等优点,但容量较小、稳定性差、写入速度较慢、可靠性不高,可用于个人电脑数据和服务器数据的短期备份。

(2) 磁盘:磁盘具有读写速度快、容量大、可靠性较高等优点,如果使用专用磁盘阵列作为备份介质,还具有极高的可靠性。但磁盘单位容量价格比磁带要高得多,且磁盘使用寿命只有 3 年左右,在离线保存的情况下更容易损坏(退磁及机械润滑原因),除非每 3 个月装机读取一次。因此磁盘适合作为数据的短期备份,或以磁盘阵列的形式做成"近线"备份,使用磁带作为离线备份。

(3) 可写光盘:可写光盘如 DVD-R 具有 4.5～16GB 的容量(双面双层),蓝光 BD-R 更具有 20～80GB 的容量(双面双层),单位容量成本较低,理论保存年限可达 100 年,是较为理想的备份介质。但光盘介质实际使用时,由于单个光盘容量较低,1TB 的数据需要几百张光盘,一张光盘损坏就会导致备份失效,所以整体可靠性较低。光盘介质适用于少量数据或个人备份使用,使用光盘介质备份时,建议使用双备份。

(4) 磁带:磁带是最传统的备份介质,作为存储介质使用已经有近百年的历史,作为数据备份介质,也有 60 多年的历史,其可靠性得到充分的验证。磁带具有读写速度较快、单位容量成本低、可靠性高、方便携带等优点,且磁带是离线存储、只能顺序读写,抗黑客、病毒破坏性强,因此至今磁带还是一种不可或缺的备份设备。磁带存储近年来发展很快,目前 LTO4 磁带每盘容量可达 800GB(非压缩)/1600GB(压缩),单位容量价格低至 0.5 元/GB,每盒磁带可重复使用 10000 次以上。

4. 磁带与磁带机介绍

磁带机(Tape Drive)通常由磁带驱动器和磁带构成,是一种经济、可靠、容量大、速度快的备份设备。作为一种备份设备,磁带机技术也在不断发展。当前市场上的磁带机按其记录方式来分,可归纳为两大类:一类是数据流磁带机,另一类是螺旋扫描磁带机。

数据流技术起源于模拟音频记录技术,类似于录音机磁带的原理。它是通过单个或多个静态的磁头与高速运动的磁带接触来记录数据。数据流磁带机按磁带的宽度分为 QIC

(Quarter-Inch-Cartridge,即1/4英寸)和1/2英寸两种。1/2英寸磁带机是多磁头读写,其数据传输率较高,容量较大。1/4英寸磁带机(8mm)是单磁头读写,每记录一轨后,都要通过跳轨来做反向记录,记录和检索速度都比较慢。DLT、LTO就是属于1/2英寸的数据流磁带机。

螺旋扫描技术起源于模拟视频记录技术,很类似于录像机磁带原理。它和数据流技术正相反,磁带是绕在磁鼓上,磁带非常缓慢地移动,磁鼓则高速转动,在磁鼓两侧的磁头也高速扫描磁带进行记录,DAT磁带机采用的就是螺旋扫描读写技术。

DLT磁带机技术(SDLT)(Digital Linear Tape,数字线性磁带)源于1/2英寸磁带机。1/2英寸磁带机技术出现很早,主要用于数据的实时采集,如程控交换机上话务信息的记录、地震设备的震动信号记录等。DLT磁带由DEC和Quantum公司联合开发。由于磁带体积庞大,DCT磁带机全部是5.25英寸全高格式。DLT产品由于高容量,主要定位于中、高级的服务器市场与磁带库系统。DLT磁带每盒容量高达35GB,单位容量成本较低。另外,一种基于DLT的Super DLT(SDLT)是昆腾公司2001年推出的格式,它在DLT技术基础上结合新型磁带记录技术,使用激光导引磁记录(LGMR)技术,通过增加磁带表面的记录磁道数使记录容量增加。目前SDLT的容量为160GB,近3倍于DLT磁带系列产品,传输速率为11MBps,是DLT的两倍。

LTO磁带机技术(Linear Tape Open,线性磁带开放协议)是由HP、IBM、Seagate这3家厂商在1997年11月联合制定的,其结合了线性多通道、双向磁带格式的优点,基于运动伺服系统、硬件数据压缩、优化的磁道面和高效率纠错技术,来提高磁带的能力和性能。LTO第四代标准的容量为800GB,压缩容量1600GB,传输速度为80～160MBps,这是目前任何一种磁带机都无法比拟的。LTO采用的多磁头平行读写技术还有很大发展空间,目前实验室可以做到10000磁道/英寸,而LTO4磁带机只有3000磁道/英寸,LTO磁带机的容量还可以进一步扩展。LTO磁带机以其大容量、高容量价格比成为市场上磁带机的主流产品,图6-66为某品牌LTO磁带机。

图6-66　外置式LTO3磁带机

目前,LTO技术有两种存储格式,即高速开放磁带格式Ultrium和快速访问开放磁带格式Accelis,它们可分别满足不同用户对LTO存储系统的要求,其中Ultrium磁带格式除了具有高可靠性的LTO技术外,还具有大容量的特点,既可单独操作,也可适应自动操作环境,非常适合备份、存储和归档应用。Accelis磁带格式则侧重于快速数据存储,Accelis磁带格式能够很好地适用于自动操作环境,可处理广泛在线数据和恢复应用。

5. DAT磁带机技术

DAT(Digital Audio Tape)技术又称为数码音频磁带技术,最初是由惠普公司(HP)与索尼公司(SONY)共同开发出来的。该磁带机的磁带宽为0.15英寸(4mm),又称为4毫米磁带机技术,是一种用途广泛的数据备份产品。DAT磁带盒较小,体积为73mm×54mm×10.5mm,比一般录音机磁带盒还小。由于存储系统采用了螺旋扫描技术,这类磁带的存储容量很高。DAT磁带系统一般都采用即写即读和压缩技术,既提高了系统的可靠性和数据传输率,又提高了存储容量。目前一盒最新的DAT72磁带的存储量可以达到36GB,压缩后则可以达到72GB。与其他磁带机相比,DAT磁带机体积小,价格较低,适合安装在工作站、小型服务器中作为单机备份使用。

6. 磁带库

磁带机根据装带方式的不同,一般分为手动装带磁带机和自动装带磁带机,即自动加载磁带机。自动加载磁带机又称小型磁带库,是一个位于一个机箱中的磁带驱动器和自动磁带更换装置,它可以自动从机箱中装有多盘磁带的磁带匣中拾取磁带并放入驱动器中,或执行相反的过程。小型磁带库中可以容纳6～15盒磁带,可以备份200GB～20TB或者更多的数据。自动加载磁带机能够支持例行备份过程,自动为每日的备份工作装载新的磁带。拥有工作组级服务器的中小企业可以使用自动加载磁带机来自动完成备份工作。

7. 数据备份软件

虽然已有用户在网络中运用到大容量备份设备,但大多数用户还没有意识到备份软件的重要性,重要的原因是许多人对备份知识和备份手段缺乏了解。

数据备份技术软件主要分两大类:一是各个操作系统厂商在软件内附带的,如NetWare操作系统的"Backup"功能、NT操作系统的"NTBackup"等;二是各个专业厂商提供的全面的专业备份软件,如赛门铁克公司的Backup EXEC 12和CA公司的ARCserveIT等。

对于备份软件的选择,不仅要注重使用方便、自动化程度高,还要有好的扩展性和灵活性。同时,跨平台的网络数据备份软件能满足用户在数据保护、系统恢复和病毒防护方面的支持。一个专业的数据备份技术软件配合高性能的备份设备,能够使损坏的系统迅速"起死回生"。

8. 备份策略

常见的备份策略分为3种:常规备份、常规备份+增量备份、常规备份+差异备份。

(1) 常规备份:此备份策略一般仅用于数据文件不是太大、变化不是很频繁的情况下。如果采用此策略,每一次备份数据都是完全备份,因为备份之前不检查标记。

例如,周一至周五采用常规备份策略,那么不管那天发生了多大数据变化,备份数据时都将全部备份。图6-67中用实线圆圈标识出来的都是有变化的数据,那么每次备份时都将备份全部数据。

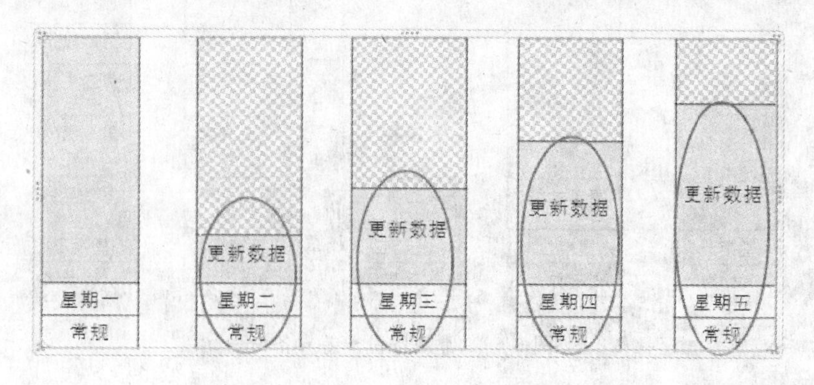

图6-67 常规备份

那么,采用此策略的优点是恢复数据时只需要恢复最后一次数据备份即可,缺点是只能针对小文件及变化不频繁的数据。

(2) 常规备份＋增量备份：在采用此策略之前需要做一次常规备份(完全备份)，之后再采用增量的方式进行备份数据。增量备份是每次仅备份新增的内容，如周一做一次常规备份，周二做一次增量备份，这一次增量仅备份常规备份之后变化的数据。周三做第二次增量备份仅备份上一次增量备份后修改的数据。依次类推形成常规＋增量的备份策略，如图 6-68 所示。

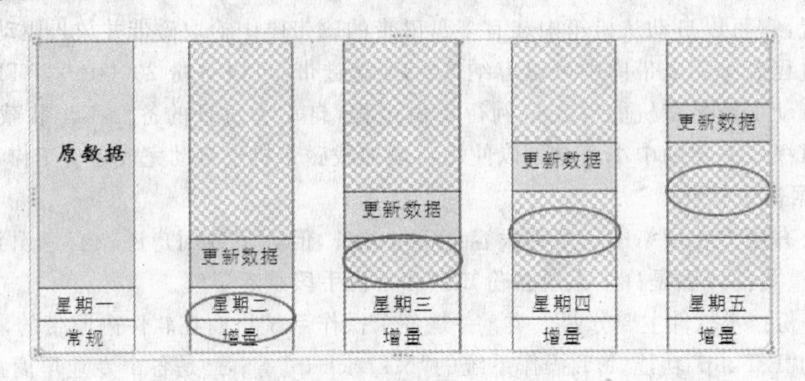

图 6-68　常规备份＋增量备份

此策略的优点是自常规备份之后的增量备份都会备份上一次备份后修改的内容，主要用于文件数量比较大、变化比较频繁的情况。缺点是恢复数据时需要恢复第一次常规备份及此后所做的增量备份之和才可以恢复所有最新的数据。此备份方法在实际的应用过程中比较实用。

(3) 常规备份＋差异备份：此备份策略和常规＋增量的备份方式一样，在备份数据之前需要做一次常规备份，之后再采用差异备份的方式进行备份数据。差异备份每次都会备份自常规备份之后备份的数据。例如，周一做一次常规备份，周二做一次差异备份，此备份会备份常规备份之后修改的数据，周三做一次差异备份，依然还是备份自常规备份之后的修改的数据，当然也包括上次所做的差异备份，依次类推，如图 6-69 所示。

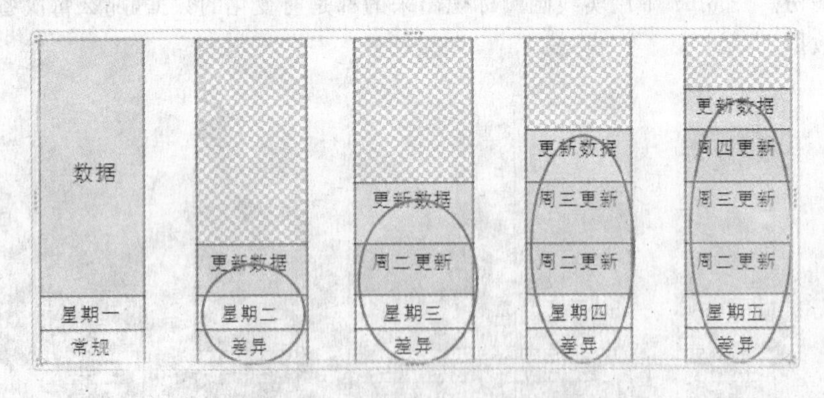

图 6-69　常规备份＋差异备份

此备份策略的优点是恢复数据时只需要恢复常规＋最后一次的差异备份。缺点是每次差异备份都会备份常规备份之后的数据，因此此方法不适用于数据量变化较大的备份方案中。

9. 备份策略的应用

在Windows环境中通过自带备份工具对系统进行备份，一般主要是针对普通数据文件、系统状态、注册表信息等进行备份。根据上面介绍的备份策略可以看出常见的备份就是以上3种。

根据不同的备份环境有不同的需求，例如，如果要备份系统中的普通文件，一般情况下可以采用常规＋增量备份或者常规＋差异备份的方式进行备份。如果要备份系统状态信息就要以直接使用常规备份，因为系统状态中的数据并不经常发生变化。常见应用如表6-6所示。

表6-6　备份策略选择

备份内容	备份策略应用
普通文件	常规＋增量备份或常规＋差异备份
系统状态	常规备份

备份频率大小主要看要备份数据的变化程度，下面推荐一般性数据备份的周期，如表6-7所示。

表6-7　备份周期选择

备份内容	备份频率
普通文件	周一做常规备份，周二至周五可以做增量备份或差异备份
系统状态	每周或每月做一次常规备份

思考与练习

1. 阅读教师指定的备份软件使用说明书，使用该备份软件对系统进行备份，并设置备份策略。

2. 阅读SQL Server备份说明，备份SQL Server 2003服务器。

6.5　任务五：系统日志分析

6.5.1　任务描述

你在A公司的网络中心负责管理服务器，为保证服务器的稳定工作，要求你每天查看服务器日志，掌握服务器的工作情况。公司目前有ERP应用服务器、数据库服务器、Web服务器、文件服务器各一台，全部使用Windows 2003操作系统。

6.5.2　方法与步骤

1. 任务分析

日志分析是网络管理员的一项日常工作，定期分析自己所管理的各个系统的日志，有助于及时发现硬件、软件和安全问题。系统日志的内容通常较少，可以手工分析，而应用程序日志如Web服务日志内容较多，手工分析较为困难，一般使用专用工具进行分析。

2. 系统日志分析

(1) 选择“开始”→“管理”→“事件查看器”选项,或选择“开始”→“运行”选项,并在“运行”对话框中输入 eventvwr. exe 或 eventvwr. msc,将出现如图 6-70 所示的界面,在事件查看器界面中可以查看系统、安全性及应用程序 3 个类别的系统事件。

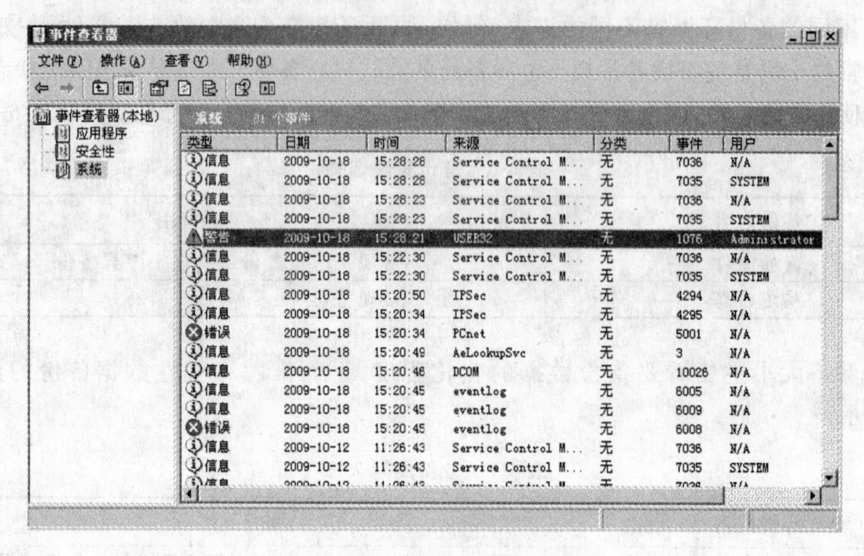

图 6-70 Windows 系统日志

(2) 图 6-70 所示的系统日志中各项事件信息按时间排序,错误事件使用红色图标,警告事件是黄色图标,一般事件使用蓝色的信息。双击信息就会弹出事件的详细信息,如图 6-71、图 6-72 所示。

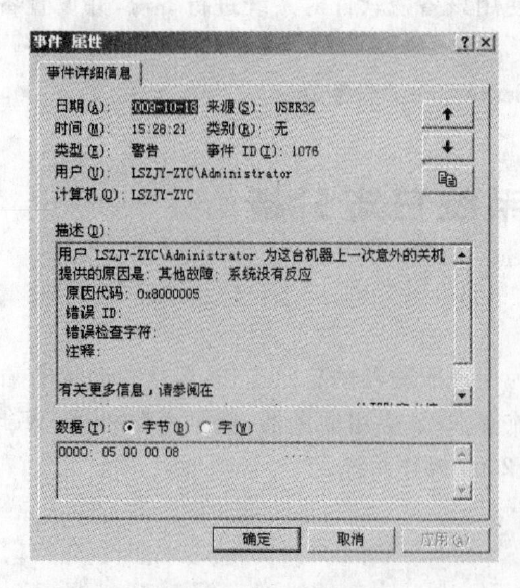

图 6-71 警告事件

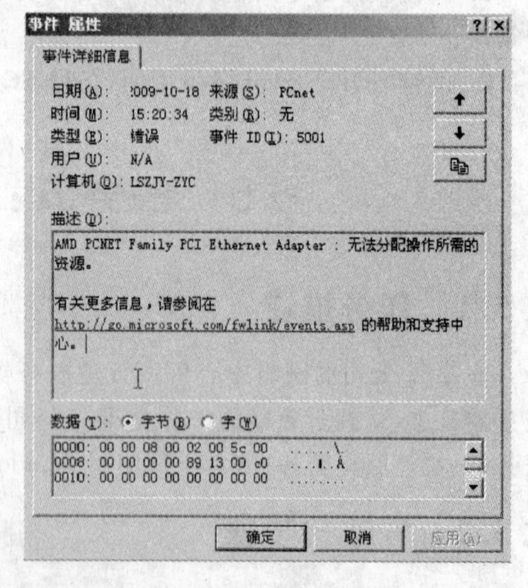

图 6-72 错误事件

(3) 红色事件为严重错误,一般是系统某个服务或设备不能正常工作,且在一定时间内不能自动恢复,当在系统日志中发现红色的错误事件时,应立即处理。如本系统中有两个错误信息，一个是来自 PCnet 的信息，一个是来自 eventlog 的信息，其中来自 PCnet 的信息提示有一块以太网卡不能正常分配资源，初步可以认为有一块网卡有硬件故障或驱动故障，通过系统设备管理器查看系统设备，发现 AMD PCNET Family Ethernet Adapter 的驱动没有正确安装，重装驱动后，系统事件中没有再发现新的该类错误。

（4）黄色信息为警告事件，一般是系统发生了可自动恢复的错误，如磁盘偶然的读写错误、IP 主址或主机名的冲突等，对于警告事件，必须关注，如频繁发生，则要查找原因，进行处理，如偶然发生可不必处理。

3. 安全日志查看

在 Windows 的安全日志中记录了在系统安全策略中设定的审核事件，如用户登录/退出、用户密码/权限更改、文件及文件夹的建立、删除等。可以通过事件查看器的“安全性”分类列表查看，如图 6-73 所示。

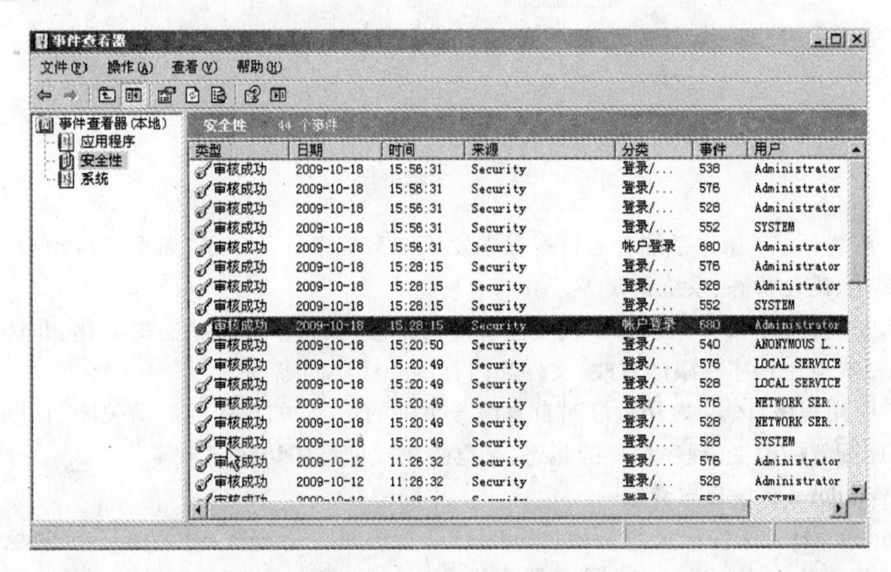

图 6-73　安全性事件查看

一个在网络上提供服务的系统，面对很多来自网络上的攻击，其中很大一部分就是采用暴力破解方式破解系统中的用户密码，不论攻击者是否成功，都会在安全日志中留下痕迹，从本系统的安全日志看，系统没有发现大量的不成功登录信息，可以认为系统没有受到黑客的密码暴力破解攻击，如图 6-74 所示。

4. 应用程序日志查看

应用程序日志中保存了应用程序提供网络服务的所有操作记录，通过这些记录可以统计出用户的访问地域分布、访问时间段分布、访问内容分布、用户的客户端分布、系统性能等信息。应用程序日志如 IIS 日志中记录的内容很多，每一个访问就会生成数十条记录，因此一般使用专用分析软件进行分析统计与查看。

6.5.3　相关知识与技能

1. 日志的类型

日志是系统和程序在运行过程中的情况记录，根据记录的内容通常分为三类。

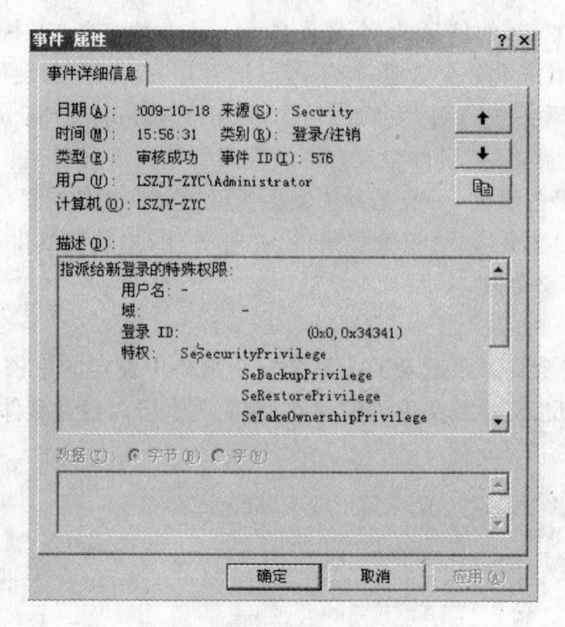

图 6-74 安全事件

(1) 系统日志：操作系统对运行过程中发生的系统事件的记录，如系统启动与关闭、网络状态变化、磁盘状态、系统错误等。

(2) 安全日志：操作系统对系统安全事件的记录，如用户登录状态的变化、非法用户的登录，用户或应用程序权限的更改、文件和内存的非法访问等。

(3) 应用程序日志：应用程序对自身服务事件的记录，如程序的启动关闭、程序状态的变化、程序配置的改变、程序用户的状态、来自主机或网络的访问记录等。

2. Windows 系统日志介绍

Windows 日志文件记录着 Windows 系统运行的每一个细节，对 Windows 的稳定运行起着至关重要的作用。通过查看服务器中的 Windows 日志，管理员可以及时找出服务器出现故障的原因。在 Windows 系统中，日志默认保存在系统安装盘的\Windows\system32\log 文件夹中。可以使用 eventvrw. exe 或 evenetvrw. msc 查看，Windows 日志文件默认位置是%systemroot%\system32\config。

安全日志文件：%systemroot%\system32\config\SecEvent. EVT。

系统日志文件：%systemroot%\system32\config\SysEvent. EVT。

应用程序日志文件：%systemroot%\system32\config\AppEvent. EVT。

IIS 的日志：%systemroot%\system32\LogFiles\。

Windows Server 2003(简称 Windows 2003)提供一个日志的 Web 访问接口，网管人员通过这个接口能够远程查看 Windows 2003 服务器的日志记录。

远程查看 Windows 2003 服务器的日志记录非常简单。在远程客户端(可采用 Windows 98/2000/XP/2003 系统)运行 IE 浏览器，在地址栏中输入"https://Win2003 服务器 IP 地址:8098"，如"https://192.168.0.1:8098"。在弹出的登录对话框中输入管理员的用户名和密码，单击"确定"按钮即可登录 Web 访问接口管理界面。接着在"欢迎使用"界面中单击"维护"链接，切换到"维护"管理页面，然后单击"日志"链接，进入到日志管理页面。

在“日志”管理页面中，管理员可以查看、下载或清除 Windows 2003 服务器日志。

在日志管理页面中可列出 Windows 2003 服务器的所有日志分类，如应用程序日志、安全日志、系统日志、Web 管理日志等。

3. Linux/UNIX 系统日志介绍

在 Linux 系统中主要有 4 种类型的日志，系统日志默认保存在/var/log/目录中。Linux 系统中的日志文件及名称如表 6-8 所示。

表 6-8 Linux 系统中的日志文件及名称

日志文件	日志名称
/var/log/secure	记录登入系统存取资料的档案，如 pop3、ssh、telnet、ftp 等都会记录在此档案中
/var/log/message	几乎系统发生的错误信息（或者是重要的资讯）都会记录在这个档案中
/var/log/maillog	记录邮件存取或往来（sendmail 与 pop3）的使用者记录
/var/log/wtmp	记录登入者的信息资料，由于本文件非文本格式，所以必须使用 last 这个指令来取出档案的内容
/var/log/boot. log	记录开机或者是一些服务启动的时候，所显示的启动或关闭信息
/var/log/httpd /var/log/news /var/log/mysqld. log /var/log/ samba /var/log/procmail. log	不同的网络服务的记录文件

（1）内核信息 dmesg，该日志由操作系统内核记录保存在内存中，使用 dmesg 命令从内存中读出，它会报告内核检测到与硬件或应用程序有关的当前错误，提供了一个从内核捕捉最新错误的快速且简单的方法。从 dmesg 输出提供了所运行内核版本的相关信息，包括创建内核用的编译器以及何时编译的内核，还提供了操作系统启动时加载硬件驱动模块产生的调试信息，及内核工作时产生的调试信息，是了解系统工作情况的窗口。

（2）由系统日志守护程序 syslogd 产生的日志，该类日志由各个应用程序产生，发送给 Linux 的日志管理程序 syslogd，由日志守护程序记录到日志文件中。/var/log 目录下的 secure、message、maillog、bootlog、procmail. log 等都是 syslogd 记录的日志，这些日志都是文件格式，可以直接使用 vi、cat、more 等程序查看。

（3）由系统用户登录及进程管理程序产生的日志，用户登录管理程序把记录写入到/var/log/wtmp 和/var/run/utmp，进程管理程序把记录写入 pacct 或 acct 文件，这两类文件都是二进制格式，要使用专用程序解析。

（4）由应用程序自己管理的日志，Web 服务器、数据库服务器的日志内容较多，一般由应用程序自己管理。Linux 中各个应用程序日志一般也保存在/var/log/目录中，如/var/log/httpd/access. log 记录了 Apache（Web）服务器的工作日志。

为避免 syslogd 生成的日志文件太大，影响系统运行，现在的 Linux 版本都有一个小程序，名为 logrotate，用来帮助用户管理日志文件，它以自己的守护进程工作。logrotate 周期性地旋转日志文件，可以周期性地把每个日志文件重命名成一个备份名字，然后让它的守护进程开始使用一个日志文件的新的复制。这就是为什么在/var/log/下看到许多诸如maillog、maillog.1、maillog.2、boot.log.1、boot.log.2之类的文件名。它由一个配置文件驱动，该文件是/etc/logroatate.conf。

4. 利用日志发现系统故障

系统日志和应用程序日志记录了系统中每天发生的各种各样的事情，是系统和应用程序工作情况的信息中心。在系统发生故障前通常都会有些预兆，如硬盘读写错误导致重写的次数增加，网络接口间断性的掉线等，这些故障征兆都会在系统日志中反映出来，通过每天定期观察日志，可以提早发现故障征兆，防患于未然。在故障发生后，也可以在日志中找到故障的消息记录，对于判断故障具体情况、及时排除故障起到很大的作用。

5. 利用日志加强系统安全

在操作系统的日志中记录了所有成功或失败的用户登录/退出操作，如果管理员设置对文件操作、进程操作进行审核，还会记录用户对文件的读取、创建、删除、修改操作及启动、关闭操作，通过观察、分析这些日志记录可以发现系统正在受到的攻击及入侵情况，因此每天观察自己管理的服务器的日志，应成为网络管理员的习惯。

思考与练习

1. 分析教师给定的系统日志，分析系统中存在的问题。
2. 安装并使用Web日志分析工具分析教师给定的Web日志。
3. 从互联网上查找Windows Server 2008系统日志管理的相关资料，将日志文件的默认保存位置移动到D盘的LOG文件夹下。

第 7 章　网络应用服务管理

网络应用服务管理是计算机网络管理的核心内容。它的主要内容包括：配置 Web 服务器、配置 FTP 服务器、配置电子邮件服务器、配置代理服务器、配置 VPN 安全接入服务器、服务器的安全分析与设计等。通过本章的学习，读者应掌握重要的网络应用服务管理，初步具备为网络用户提供网页浏览、文件传输、收发电子邮件、VPN 接入服务以及安全访问 Internet 等功能的能力。

本章学习目标：

- 初步掌握计算机网络操作系统的知识。
- 了解常见网络服务的基本概念、服务功能及服务原理等相关知识。
- 初步掌握重要网络服务的配置管理与日常维护技能。
- 具备基本网络服务管理能力。

7.1　任务一：DNS 服务的管理

7.1.1　任务描述

A 学校是某市辖区内一所高职学院，全校有教职工 230 多人，学生 2500 多人。学校管理机构下设办公室、教务处、后勤科等，主要负责日常学校各项事务管理。学校建有办公网，因各种原因网络还没有接入互联网，办公室及各部门通过连接办公网进行内部信息交流、文件传输、资料与打印机共享等。

现在学校教务处为提升服务水平、公布最新信息，请软件服务公司制作了“教务处网站”，网站设“教务处通知”、“教务动态”、“最近事宜”等栏目，网站服务器放在教务处办公室的一台 Server1 计算机上(IP 地址：192.168.10.1；操作系统：Windows Server 2003)，教师在校内均可通过 http://192.168.10.1 地址访问教务处网站，查询相关信息。然而网站运行没多久网管员小 C 就发现自己最近电话特别多，而且有很多是重复咨询电话。原来都是大家普遍反映教务处网站 http://192.168.10.1 地址复杂难记只好打电话咨询，还有的是隔两天没使用又忘记了只好重复咨询小 C。同时相关领导也发现了同样的使用问题，为更好地促进网站的利用，方便广大教职工，交代给小 C 一个任务：要求利用现有网络技术，参考现有解决方案，为网站取一个简单易记的英文名称替换复杂的数字 IP 地址作为网站的使用名称，以方便广大教师的使用。

7.1.2　方法与步骤

1. 任务分析

A 学校小 C 的任务其实就是一个典型的域名解析服务(DNS)的应用案例。

计算机之间的信息交流首先是通过双方的逻辑 IP 地址进行的，然后再翻译成网卡物理 MAC 地址进行实际传递信息的。可是 IP 地址的缺点是复杂且不方便记忆，所以为了解决这一问题就出现了 DNS，专门用来解析名称与 IP 地址的映射关系。也就是说专门指定一台计算机负责名称与 IP 地址的映射关系查询，这样网络中计算机之间的信息交流就不局限于 IP 地址了，从而可以使用更形象、易记的名称取代 IP 来表示网站名称，如使用英文单词来表示学校网站名称、用部门字母简写表示网站名称等。

从本任务情况分析得出：A 学校教务处网站访问采用最简单的 http://192.168.10.1 方法，IP 地址访问方法的固有缺点导致用户使用不方便，因此要求对现有网络进行升级，架设网络应用服务中的 DNS，并给教务处网站的网址重新命名：http://jwc.school.com。把网站名称确定为这一方便、易记的新网站名称后，接下来的任务就是如何配置管理网络中的 DNS 服务器，让 DNS 服务提供解析服务即：建立 jwc.school.com⇔192.168.10.1 二者之间的映射关系，如实现这个任务。

2. 安装 DNS

要在网络中实现 DNS 功能，就必须提供运行 DNS 服务的 Windows 或 Linux 操作系统的服务器一台，这里选取安装容易、操作直观的图形化操作系统 Windows Server 2003 服务器进行服务的管理配置。从任务中可知，Server1 是教务处提供网站服务的一台服务器且操作系统为 Windows Server 2003，鉴于网站访问流量不大，为节省硬件资源，小 C 决定将 DNS 也同时安装在网站服务器上。

由于 Windows Server 2003 服务器默认情况下不安装 DNS，所以在使用 DNS 域名解析服务器前，还要先进行 DNS 程序的安装操作。

安装 DNS 组件，使用“添加或删除程序”方式进行。

(1) 选择“开始”→“控制面板”→“添加或删除程序”选项，单击“添加/删除 Windows 组件”图标，在组件向导中选择“网络服务”选项，如图 7-1 所示。

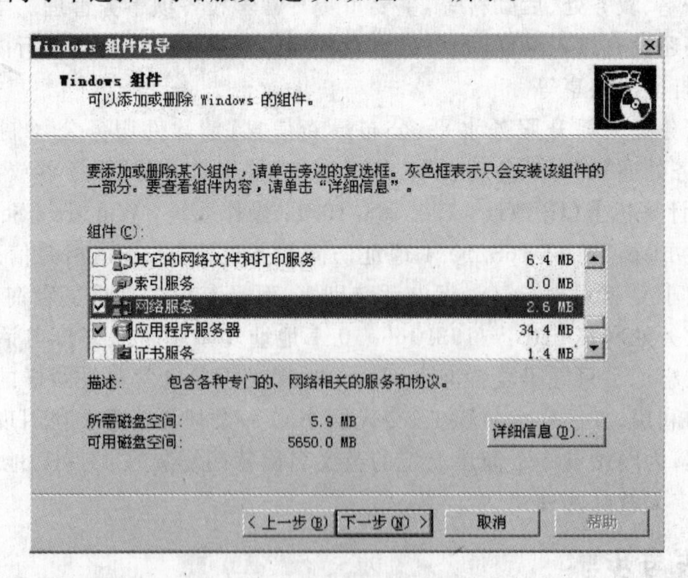

图 7-1　安装网络服务

(2) 双击“网络服务”图标，弹出“网络服务”窗口，选中“域名系统(DNS)”复选框，如图 7-2 所示，单击“确定”按钮。

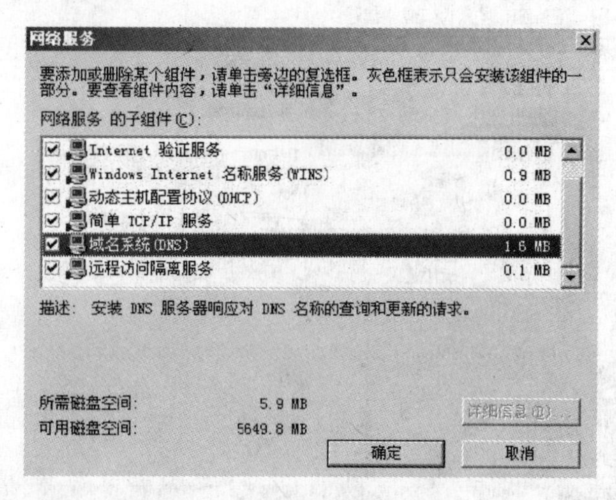

图 7-2　选择安装域名系统

(3) 返回前一个对话框，单击“下一步”按钮。

(4) 完成安装后，单击“完成”按钮。

3. DNS 的管理

(1) 管理 DNS

DNS 管理包含两方面的内容：一是主机区域名的管理，二是主机域名和 IP 地址之间映射关系的管理。通常一台 DNS 可以管理多个区域，一个区域也可以由多台服务器来管理，共同负责本区域的主机与地址映射服务(如由一个主 DNS 和多个辅助 DNS 来管理同一个区域)。

域名解析有两个方向：将 DNS 名称解析成 IP 地址的过程称为正向解析，它的主要作用是提供容易用户记忆的名称转换为逻辑的用于 TCP/IP 通信的数字型 IP 地址；从 IP 地址解析成 DNS 域名的过程称为反向解析，它主要用做已知 IP 地址，反向查找出对应的主机名称，常使用于邮件服务器间反向验证域名等。正向解析的应用非常普遍，而反向解析则极少使用。根据任务分析可知，本次任务的主要内容如下：

创建 DNS 区域：school. com。

解析主机：jwc. school. com→192. 168. 10. 1。

① 创建正向区域的主要过程。配置 DNS 创建正向区域，实现从域名到 IP 地址的解析任务。

a. 选择“开始”→“管理工具”→“DNS”选项，打开 DNS 管理器，右击“正向查找区域”选项，选择“新建区域”选项，如图 7-3 所示，然后单击“下一步”按钮。

b. 显示“区域类型”对话框，选择“主要区域”选项，单击“下一步”按钮。

c. 显示“区域名称”对话框，根据项目命名方案，输入区域名称 school. com，如图 7-4 所示。

d. 打开“区域文件”对话框中，系统默认选中“创建新文件”选项，单击“下一步”按钮。

e. 显示“动态更新”对话框，选择“不允许动态更新”选项，单击“下一步”按钮。

f. 右击新创建的“school. com”区域名，选择“新建主机”选项。输入名称“jwc”，IP 地址

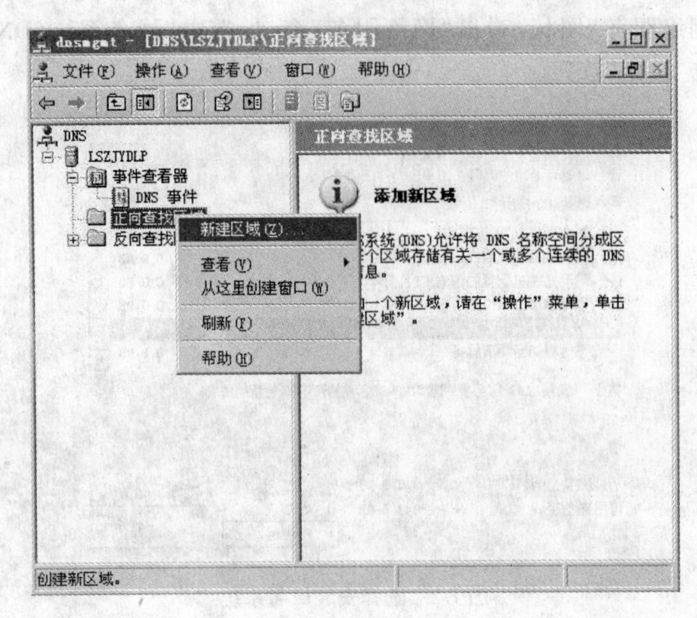

图 7-3 创建新区域

输入“192.168.10.1”,如图 7-5 所示,单击“添加主机”按钮,弹出“成功创建主机记录 jwc.school.com”提示框,单击“完成”按钮。

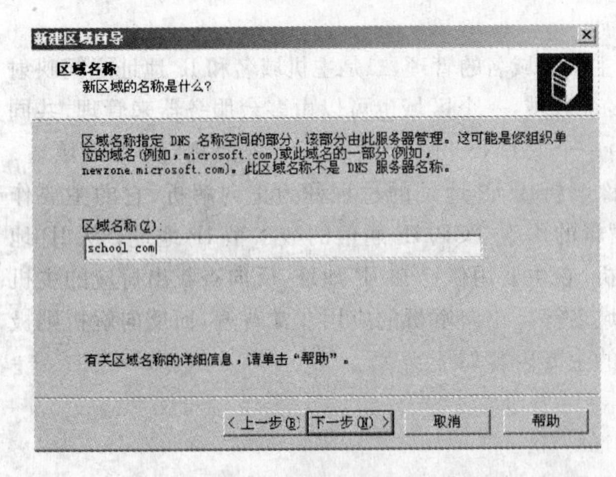

图 7-4 设置区域名称

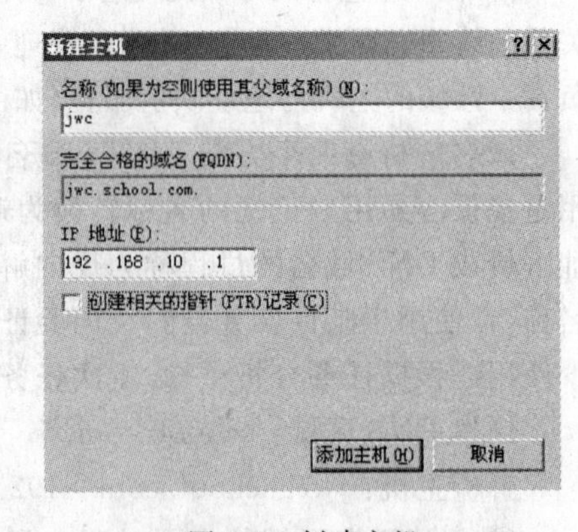

图 7-5 创建主机

② 创建反向区域的主要过程。配置 DNS 创建反向区域,反向区域用于 IP 地址到 DNS 名称的反向解析。

a. 选择“开始”→“管理工具”→DNS 选项,打开 DNS 管理器,右击“反向查找区域”选项,选择“新建区域”选项,如图 7-6 所示,然后单击“下一步”按钮。

b. 显示“区域类型”对话框,选择“主要区域”选项,单击“下一步”按钮。

c. 显示“反向查找区域名称”界面,在此指定反向区域的网络 ID,如图 7-7 所示。

d. 单击“下一步”按钮,显示“区域文件”界面。区域文件名称使用默认文件名,如图 7-8 所示。

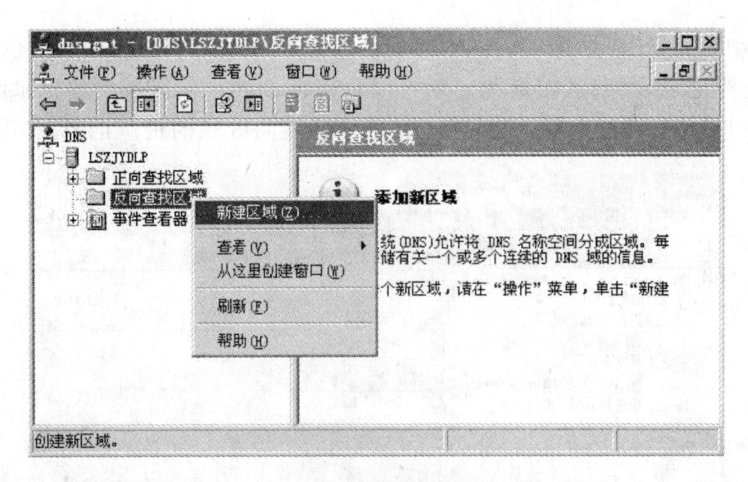

图 7-6　创建反向区域

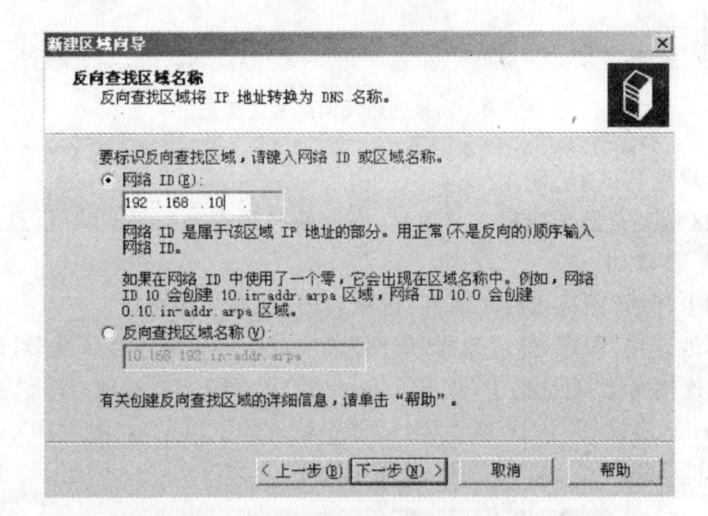

图 7-7　输入反向区域的网络 ID

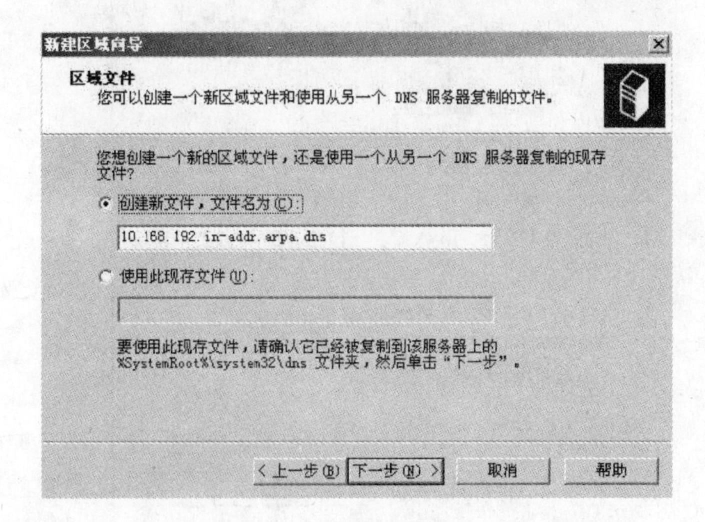

图 7-8　选择反向区域文件名

e. 显示“动态更新”对话框，选择“不允许动态更新”选项，单击“下一步”按钮。

f. 创建资源记录，反向区域资源记录可以直接在创建正向区域资源记录时，选中“创建相关的指针(PTR)记录”复选框，即可同步完成创建反向区域的资源记录，如图 7-9 所示。

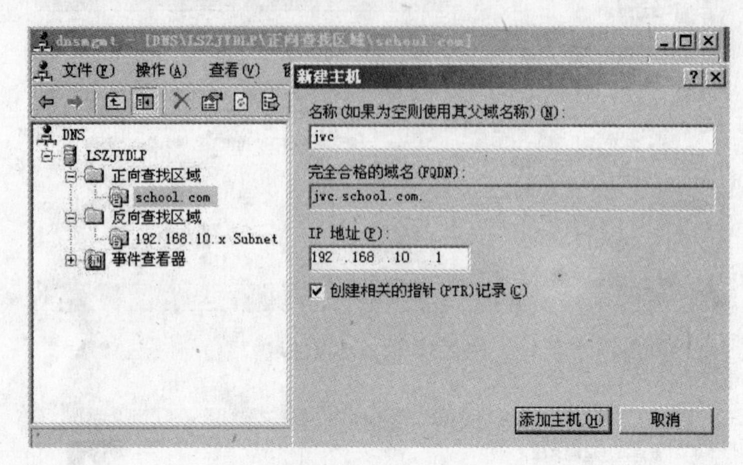

图 7-9　同步创建反向区域资源记录

(2) 配置客户端测试 DNS

当 DNS 上区域和资源记录建立结束后，客户端必须正确配置 DNS 信息才能让 DNS 为其提供解析服务，步骤如下：

① 右击“网上邻居”图标，选择“属性”选项，打开网络连接窗口。

② 右击“本地连接”图标，然后选择“属性”选项，打开“本地连接属性”对话框。

③ 在“本地连接属性”对话框中，双击“Internet 协议 TCP/IP”选项，打开“属性”对话框。

④ 在“Internet 协议 TCP/IP 属性”对话框中填入如下信息，如图 7-10 所示。

IP 地址：192.168.10.1(DNS 主机的 IP 地址)

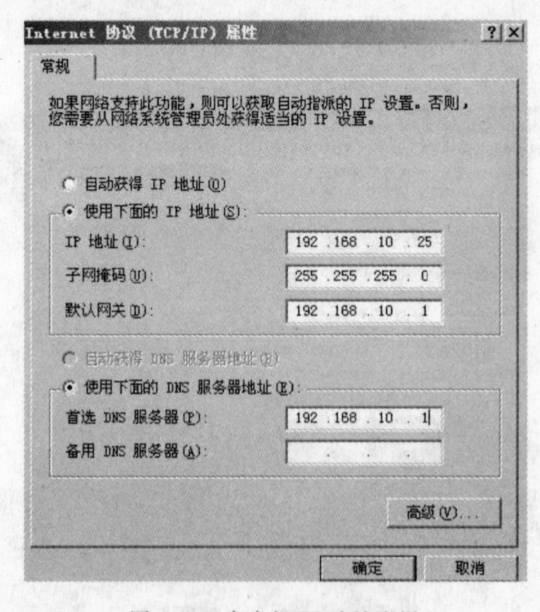

图 7-10　客户机 IP 地址配置

子网掩码：255.255.255.0

默认网关：192.168.10.1

首选 DNS：192.168.10.1

到此，配置 DNS 的过程就算全部完成了，现在可以测试 DNS 的配置了。

(3) 正向和反向解析测试

打开命令提示符窗口，使用 nslookup 命令测试 DNS，正向与反向解析查询过程如下：

① 运行 nslookup，测试正向解析，输入正向域名 jwc.school.com，下面返回解析结果 192.168.10.1，结果正确，说明 DNS 正向解析服务工作正常，结果如图 7-11 所示。

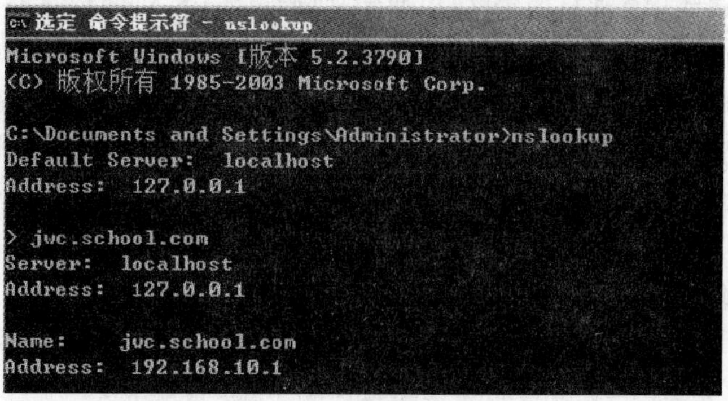

```
选定 命令提示符 - nslookup
Microsoft Windows [版本 5.2.3790]
(C) 版权所有 1985-2003 Microsoft Corp.

C:\Documents and Settings\Administrator>nslookup
Default Server:  localhost
Address:  127.0.0.1

> jwc.school.com
Server:  localhost
Address:  127.0.0.1

Name:    jwc.school.com
Address:  192.168.10.1
```

图 7-11　正向解析查询结果

② 测试反向解析，输入反向解析 IP 地址 192.168.10.1，下面返回解析结果 jwc.school.com，结果正确，说明 DNS 反向解析服务工作正常，结果如图 7-12 所示。

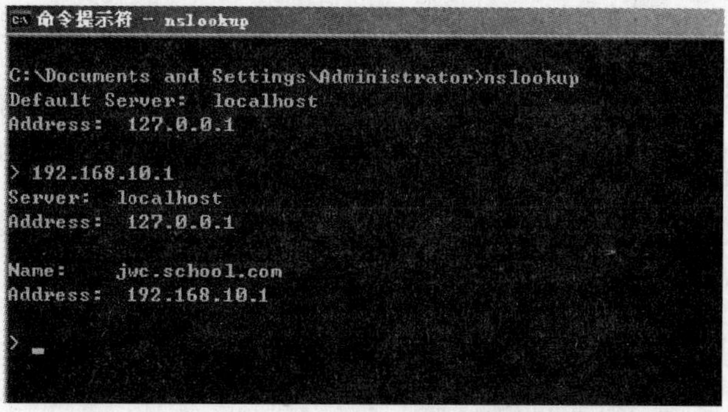

```
命令提示符 - nslookup

C:\Documents and Settings\Administrator>nslookup
Default Server:  localhost
Address:  127.0.0.1

> 192.168.10.1
Server:  localhost
Address:  127.0.0.1

Name:    jwc.school.com
Address:  192.168.10.1

> _
```

图 7-12　反向解析查询结果

7.1.3 相关知识与技能

1. DNS 概述

20 世纪 60 年代末，美国资助建立了试验性广域计算机网 Arpanet，到了 20 世纪 70 年代，Arpanet 还只是一个拥有几百台主机的小网络。这样的小型网络仅需要一个 HOSTS 文件就可以容纳所有的主机信息(HOSTS 提供的是主机名到 IP 地址的映射关系)，也就是说当时用主机名进行网络信息的共享，而不需要记住 IP 地址，更不需要 DNS 的参与。

然而，随着网络的迅速扩张，计算机网络呈几何倍数的增加，HOSTS 文件日益庞大逐渐不能够快速完成解析任务,而且更新、维护也出现了相应的问题。于是为解决这一问题就出现了DNS,专门用来解析名称与IP地址的映射关系。由于采用了分层、分级的方式,使得位于某结点上的服务器可以只响应一个特定名称组,从而使得DNS轻便、快捷,并能在最短时间内为用户提供DNS域名解析服务。

在现在的Internet中,每台计算机都有一个自己的名称。通过这个易识别的名称,网络用户之间可以方便地进行互相访问。事实上,因为计算机硬件只能识别二进制的IP地址,所以网络中的计算机之间建立连接并不是真正通过这些大家熟悉的计算机名称,而是通过每台计算机各自独有的IP地址来完成的。因此,在Internet中就需要有许多服务器来完成将计算机名转换为对应IP地址的工作,以便实现网络中计算机的信息交换,这些服务器就称为域名服务器,它们提供的服务称为域名服务。

DNS是就是域名系统(Domain Name System)的缩写,它的主要作用就是将域名(如www.edu.cn)解析成机器能识别的IP地址(如202.112.0.36)。因为在网络中最终访问的都是IP地址,假设DNS出了问题,那么就不能使用http://www.edu.cn进行访问,但是仍然可以使用http://202.112.0.36进行网络访问。

2. DNS的层次结构

DNS是采用分层、分级方式组合的一套协议和服务,它由名字分布式数据库组成,通过建立逻辑树状的域名空间,来完成查询域名等一系列综合性服务。DNS系统的核心是位于各个层次上的DNS。在Internet上,一个完整的域名结构空间层次如图7-13所示。

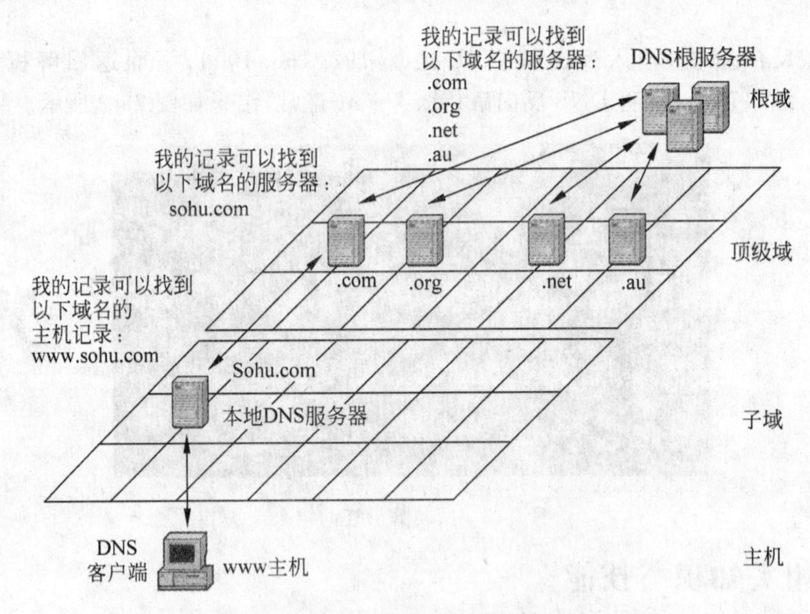

图7-13　域名层次结构图

(1) 根域。DNS域名空间的最顶层被称为根域(Root Domain),由Internet NIC组织负责划分全世界的IP地址范围,同时又负责分配Internet上的域名结构。根域是DNS命名体系中的最高级别,只负责管理com、net等顶级域的DNS位置,世界上任何一台DNS都知道根DNS地址。

(2) 顶级域。DNS域名空间的第二层叫顶级域,是由常用的com、org、net、edu及国家代码 us、cn 等组成的,用于指示国家或使用者的公司类型。

(3) 子域。DNS 域名空间的第三层是由各个组织或单位根据自己的需要而创建的域名称,需要在顶级域下注册成功后才能使用。如对于 sohu. com 来说,sohu 是组织自行命名的域名称,它需要在 com 服务器下进行注册才能生效。

(4) 主机。在 DNS 域名空间中,域名表示一个区域名称,主机名表示实际的计算机。如 com 顶级域下可能有 sina. com 和 163. com 两个区域,在这两个区域中有可能都有一台计算机称为 www,这样 www. sina. com 和 www. 163. com 表示的就是属于不同域的两台不同的主机,所以主机名一定要和域名加在一起使用。

3. DNS 的工作原理及过程(图 7-14)

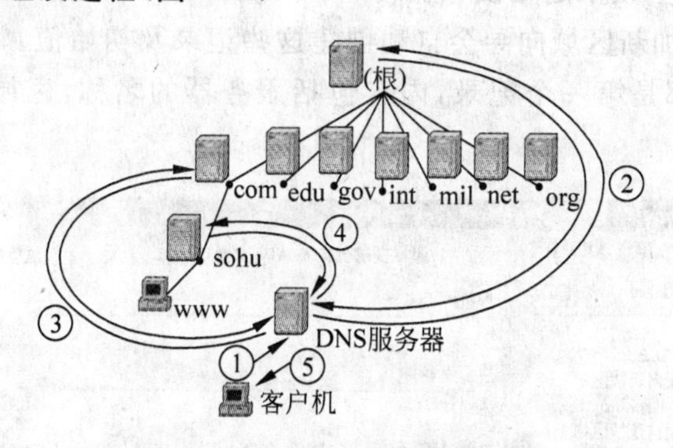

图 7-14　DNS 的工作原理及过程

第一步:客户机提出域名解析请求,并将该请求发送给本地的域名服务器。

第二步:当本地的域名服务器收到请求后,就先查询本地的缓存,如果有该记录项,则本地的域名服务器就直接把查询的结果返回。

第三步:如果本地的缓存中没有该记录,则本地域名服务器就直接把请求发给根域名服务器,然后根域名服务器再返回给本地域名服务器一个所查询域(根的子域)的主域名服务器的地址。

第四步:本地服务器再向上一步从根域返回的域名服务器地址发送请求,收到请求的域名服务器查询自己的数据,如果没有该记录,则返回相关的下级子域名服务器的地址。

第五步:重复第四步,直到找到包含查询记录的域名服务器地址,向该服务器提出请求,服务器从数据库中取出记录,发送给本地域名服务器。

第六步:本地域名服务器把返回的结果保存到缓存,以备下一次使用,同时还将结果返回给客户机。

现在举一个例子来详细说明解析域名的过程。

(1) 假设客户机要访问网站 www. sohu. com,客户机向本地 DNS 请求解析 www. sohu. com 的 IP 地址。

(2) 本地 DNS 无法解析此域名,所以它首先向根域服务器发出查询请求,查询代理. com 域的 DNS IP 地址。

(3) 根域 DNS 收到请求后将代理. com 域的 DNS IP 地址发送给本地 DNS。

(4) 本地 DNS 得到查询结果后接着向管理. com 域的 DNS 发出进一步的查询请求,请求查询代理 sohu. com 域的 DNS 地址。

(5) 管理 com 域的服务器收到查询请求后，管理 sohu. com 域的服务器 IP 地址返回给本地 DNS。

(6) 本地 DNS 得到查询结果后接着向管理 sohu. com 域的 DNS 发出查询具体主机 www 的 IP 地址的请求。

(7) 管理 sohu. com 域的服务器把查询结果返回给本地 DNS。

(8) 本地 DNS 得到了最终的查询结果，它把这个结果缓存，然后将结果返回给客户机，从而使客户机能够和远程主机通信。

4. DNS 的 SOA 资源记录

DNS 加载区域时，会读取起始授权机构(SOA)资源记录中的设置来确定区域的授权属性。在默认情况下，添加新区域向导会自动创建这些记录及初始值。起始授权机构资源记录在任何标准区域中都是第一个记录，内容包括服务器的名称，区域的基本属性，内容如图 7-15 所示。

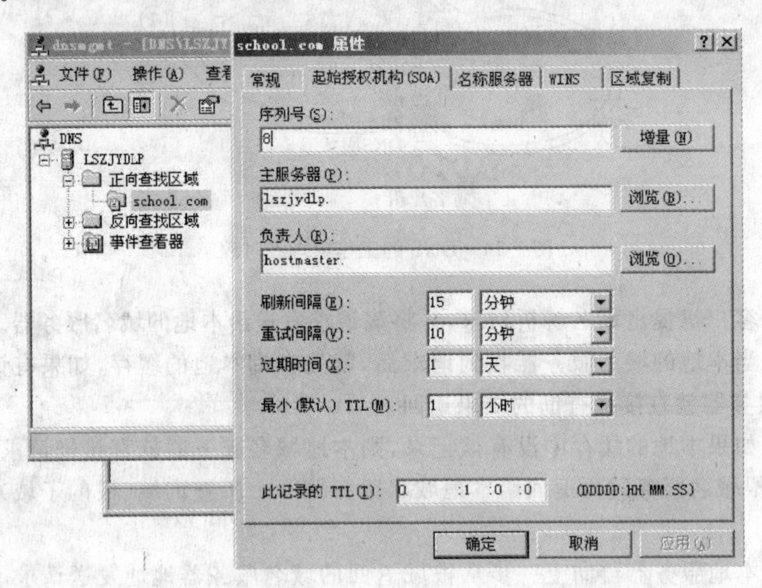

图 7-15 SOA 资源记录

SOA 资源记录各属性的功能、含义说明如下。

(1) 序列号：表示该区域文件的修订版本号。每次区域中的资源记录改变时，该值便会增加。该值用来标识区域数据内容改动后的 ID 值，可提供用户判断区域数据的更新状态，以决定是否复制到其他辅助服务器上。

(2) 主服务器：区域的主 DNS 的主机名。

(3) 负责人：管理区域的负责人的电子邮件地址，注意在该电子邮件名称中使用英文句点“.”代替符号“@”。

(4) 刷新间隔：以秒计算的时间，表示辅助 DNS 更新的频率。当刷新间隔到期时，辅助 DNS 将其本地 SOA 记录的序列号同主 DNS 的当前 SOA 记录的序列号相比，如果二者不同，则辅助 DNS 从主要 DNS 请求区域更新。

(5) 重试间隔：以秒计算的时间，是辅助服务器在重试失败的区域传送之前等待的时间。

(6) 过期时间：以秒计算的时间，是指在该区域数据没有从其源服务器刷新的最长期限，超过该期限，辅助 DNS 将停止响应查询。默认情况下，该时间段为 1 天(24 小时)。

(7) 最小(默认)TTL：适用于区域内带有未指定记录特定 TTL 的所有资源记录的最小生存时间(TTL)值。

(8) 此记录的 TTL：表示该 SOA 资源记录在客户端存留的时间。

(9) 名称服务器：该选项用于标记被指定为区域权威服务器的 DNS 服务器，这些服务器能给出权威性应答。在区域属性设置对话框中切换到"名称服务器"选项卡，即可编辑名称服务器列表，

(10) 设置区域复制：DNS 提供了将名称空间分割成一个或多个区域的选项，可以将这些区域存储、分配和复制到其他 DNS 服务器。标准的主区域在第一次创建时以文本文件形式存储，包含在单个 DNS 服务器上的所有资源记录信息。该服务器充当该区域的主服务器，区域信息可以复制到其他 DNS 服务器，以提高容错性能和服务器性能。

思考与练习

1. 在 school. com 二级域名下建立 bj(班级)二级子域，以便给每个班分配一个域名，请建立 bj. school. com 三级域，并建立 www. bj. school. com 主机，主机地址为 192. 168. 10. 112。

2. 为方便学生和家长与学校的沟通，学校决定在互联网上建立网站，请你写一份报告，说明申请互联网域名的过程与相关费用。

7.2 任务二：Web 服务的管理

7.2.1 任务描述

A 学校是某市辖区内一所职业高级中学，随着近几年信息化建设的快速发展，学校对信息化建设也越来越重视。A 学校地处经济落后地区，学校信息化建设基础较差，全校建有一个局域网供内部教职工文件传输与资料共享用外，没有任何软件应用系统与信息化项目。

学校办公室主要负责日常学校事务管理，通知文件的上传下发等。现在办公室文员小陈为提高办事效率，加快日常通知文件的下发速度，在 Windows 平台下开发设计了一个"办公室网站"，用于日常发布通知、上传资料、共享文件等。网站基本功能开发已经完成，接下来的任务是根据任务信息及要求，进行操作系统的安装、Web 服务管理等操作，完成办公室网站的发布任务。任务信息如下。

Web 服务器操作系统：Windows Server 2003

Web 服务器 IP 地址：192. 168. 10. 3

Web 站点域名：bgs. school. com

Web 服务根目录：c:\wwwroot

Web 服务默认文档：index. html

7.2.2 方法与步骤

1. 任务分析

A 学校的任务就是架设网站服务(Web 服务)的一个应用案例。网站服务的主要作用就是为用户提供网站发布服务器,Windows Server 2003 操作系统提供网站服务程序叫 IIS 组件。用户要对外发布网站首先要安装 IIS 服务,Windows Server 2003 操作系统提供的是 IIS 6.0 版本。在 IIS 6.0 中提供了如下主要管理功能:管理网站标识、设置网站主目录、网站 QoS 配置、管理网站身份验证、虚拟目录等。

由任务信息可知办公网站的开发运行平台是 Windows 服务器操作系统;网站编程使用的是 ASP 编程,ASP 程序目前普遍使用 Windows 的 Internet 信息服务(IIS)编译执行,IIS 的优点是安装容易,使用简单;网站系统的 IP 地址是 192.168.1.3,因本服务器目前只有一个网站,则此 IP 地址可以用作访问本网站的网址,端口号使用 HTTP 服务的默认端口 80,所以办公网站的网址是 http://192.168.1.3。

所以接下来任务就是如何配置管理网络中的 Web 服务器发布办公室网站。

2. 安装 Web 服务

Windows Server 2003 服务器为减少开启服务的数量、降低系统安全风险,在默认安装情况下是不安装 IIS 6.0 组件的,所以在确定要配置一台 Web 服务器时,需要预先安装 IIS 6.0 组件。

安装 IIS 6.0 组件,可以使用"添加或删除程序"方式进行。

(1) 选择"开始"→"控制面板"→"添加或删除程序"复选框,单击"添加/删除 Windows 组件"图标,在组件向导中选中"应用程序服务器"复选框,如图 7-16 所示。

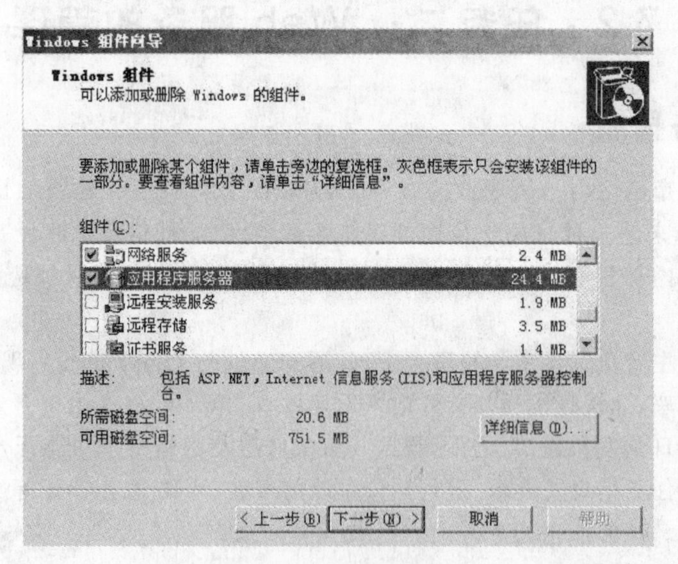

图 7-16 运行组件程序

(2) 双击"应用程序服务器"图标,在弹出的对话框中选中"Internet 信息服务(IIS)"复选框,如图 7-17 所示,单击"确定"按钮。

(3) 安装进程完成后,单击"完成"按钮。

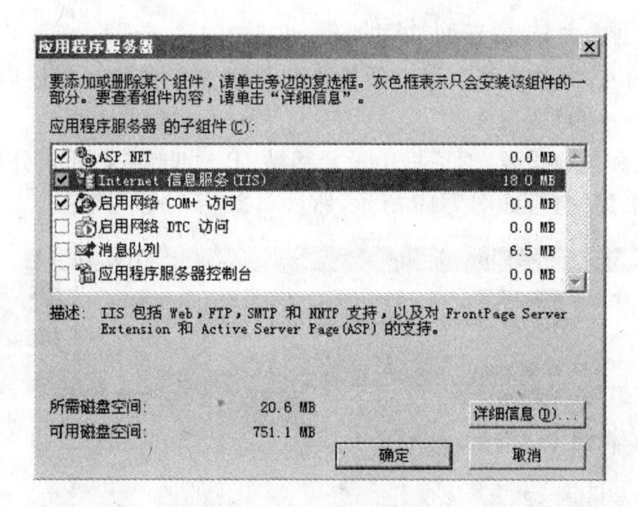

图 7-17　添加 IIS 组件

3. Web 服务的管理

(1) 创建网站根目录及首页文档

由任务信息得知 Web 网站内容存放在本地磁盘 c:\wwwroot 目录下，系统中并无此目录，所以在配置服务前先要在磁盘 C 中创建此目录，用作网站根目录。

① 为便于网站配置测试，在网站根目录 c:\wwwroot 下创建一个页面文件 index.html。

② 编辑 index.html 文件，在文件中输入内容"A 学校办公室网站！服务器操作系统：Windows Server 2003"。

(2) 用 IIS 管理 Web 站点

在系统中安装 IIS 服务后，会自动创建一个默认 Web 站点。该站点使用默认设置，内容为空，用户可以在 IIS 中创建一个新的 Web 站点。

具体配置 IIS 服务器，完成办公网站发布任务过程如下：

① 选择"开始"→"管理工具"→"Internet 信息服务(IIS)管理器"选项，右击"网站"选项，选择"新建"→"网站"命令，如图 7-18 所示。

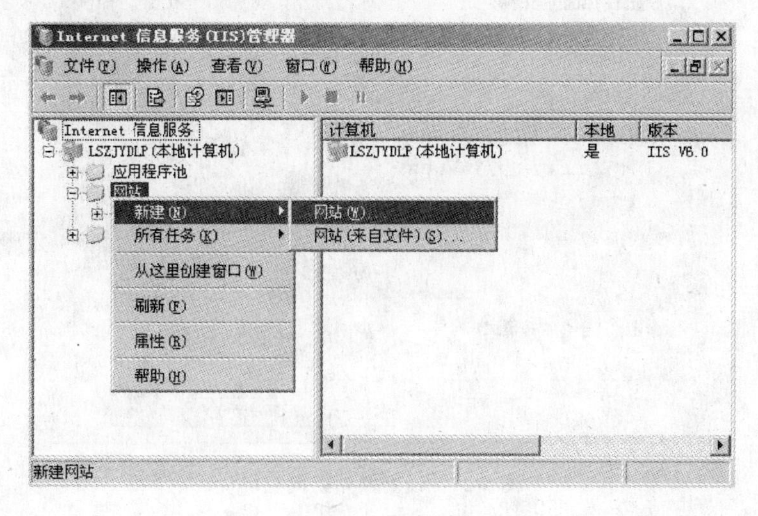

图 7-18　新建站点

② 显示"网站创建向导"对话框,单击"下一步"按钮。

③ 显示要求输入"网站描述",以方便管理员识别站点内容。描述内容为"A 学校办公网站",然后单击"下一步"按钮。

④ 在"IP 地址和端口设置"对话框中设置网站 IP 地址为"全部未分配",指定网站端口为"80",网站主机头为"空",如图 7-19 所示,然后单击"下一步"按钮。

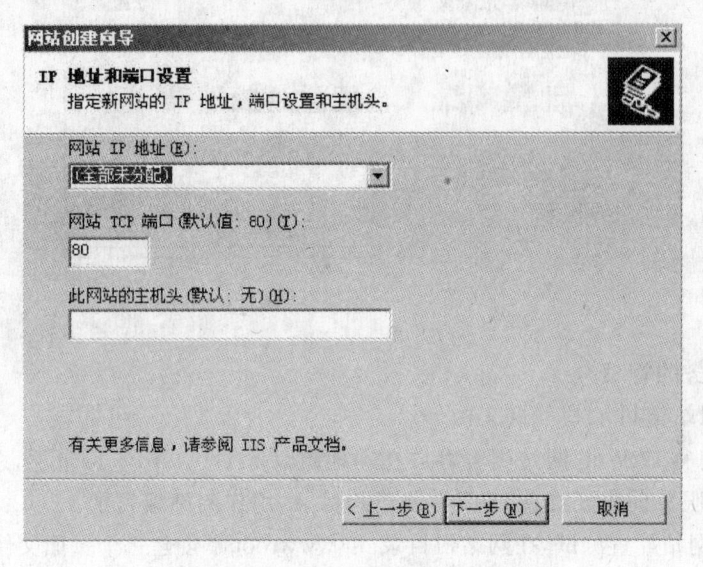

图 7-19 网站 IP 地址和端口设置

⑤ 显示"网站主目录"对话框,设置网站主目录为"c:\wwwroot",选中"允许匿名访问"复选框,单击"下一步"按钮。

⑥ 显示"网站访问权限"对话框,设置"运行脚本(如 ASP)"权限,配置服务器允许解析 ASP 等类型的动态网页程序,如图 7-20 所示,然后单击"下一步"按钮。

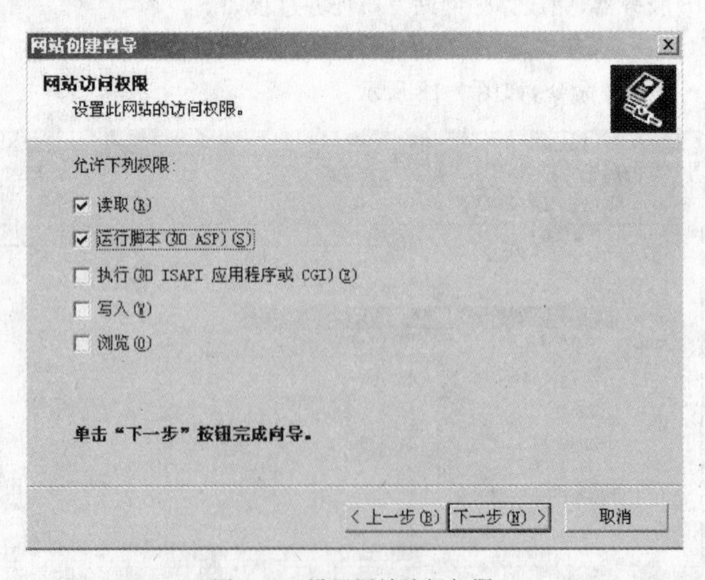

图 7-20 设置网站访问权限

⑦ 设置默认文档属性：双击刚创建的网站，弹出“A 学校办公室网站”窗口，单击“文档”页，在“启用默认文档”窗口中添置 index.html、index.asp 等常用网站首页文件，并将企业网站的程序代码复制到根目录 c:\wwwroot 下。

⑧ 启用新建站点：创建 Web 站点后，在 IIS 管理器中看到新建的站点是停止的，默认站点则处于运行状态。要启用新站点，右击“默认网站”选项并选择“停止”选项，右击“A 学校办公室网站”选项并选择“启动”选项。

⑨ Web 服务器配置完成。

(3) 测试 Web 站点

IIS 配置结束，在 IIS 中启动网站后，就可以进行测试。打开 IE 浏览器，输入 Web 服务器地址“http:// 192.168.1.3”进行测试，如果网页内容显示“A 学校办公室网站”，则说明 Web 服务配置成功，否则检查 Web 设置是否有误或网页文件是否建立，结果如图 7-21 所示。

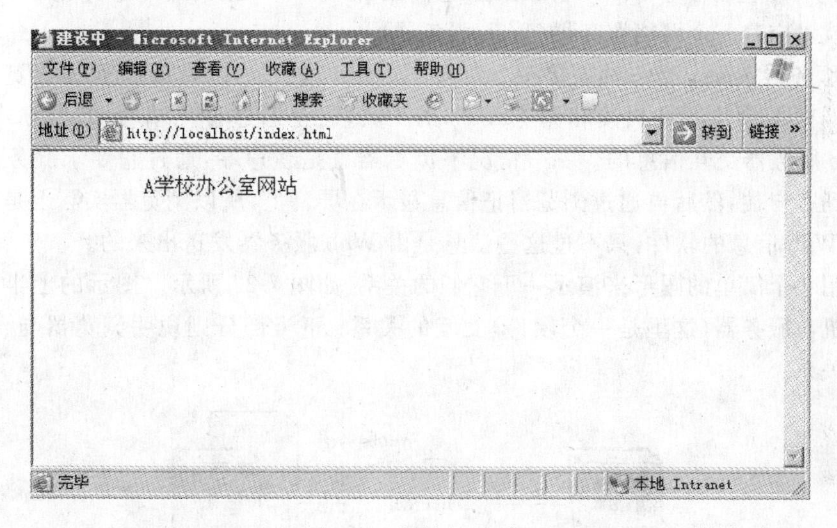

图 7-21　网站显示页面

7.2.3　相关知识与技能

1. Web 服务概述

Web 服务是指基于超文本传输协议(HyperText Transfer Protocol)，使用超文本置标语言(HyperText Marked Language，HTML)描述的网络信息服务。在目前的局域网或 Internet 中，Web 服务是最流行、也是最重要的服务。个人或者公司利用 Web 服务能够迅速且有效地通过 Internet 向全球用户发布信息和获取信息。信息发布是 Web 服务的用途之一，它还可以作为数据处理、网络办公、视频点播、资料查询、论坛等诸多应用的基础服务平台，由此可以看出 Web 服务对于网络的重要性。

2. IIS 简介

IIS 是 Internet Information Service 的简称，也叫 Internet 信息服务。它提供强大的互联网和互联网之间的服务功能。同时也是 Windows Server 2003 的一个重要的服务器组件，主要是负责向网络上的客户机提供各种 Internet 服务其中包括 Web 服务器、FTP 服务器、NNTP 服务器和 SMTP 服务器,分别用于网页浏览、文件传输、新闻服务和邮件发送等方面,它使得在网络(包括互联网和局域网)上发布信息成了一件很容易的事。

Windows Server 2003 系统自身提供的组件版本是 IIS 6.0,集成的 IIS 6.0 为用户提供了一个可靠、安全、可伸缩、可管理的 Internet 服务平台。新的 IIS 6.0 版本与旧的系统提供的 IIS 5.0 相比,IIS 6.0 在安全性、性能改进、恢复和防止 Web 应用程序故障等方面都有新的特性和改善。

3. Web 服务的工作过程

基于网络的体系结构是 Web 工作的基本环境,而 TCP/IP 网络更是理想的运行沃土。从某种意义上说,Web 的工作方式非常简单,它实际处于 OSI/ISO 模型(或 TCP/IP)模型的应用层,只是一种网络协议的高层应用。

标准 Web 应用程序其实就是一些 HTML 文件和其他一些资源文件组成的集合。一个 Web 站点则可以包含多个 Web 应用程序,它们位于 Internet 上的一个服务器中,一个 Web 站点其实就对应着一个网络服务器(Web 服务器)。

Web 服务器实际上是一种连接在 Internet 上的计算机软件,它负责 Web 浏览器提交的文本请求。Web 浏览器是阅读和浏览 Web 的工具,它是通过客户端/服务器方式(C/S 方式)与 Web 服务器交互信息的。一般情况下浏览器就是客户端,通过它要求服务器把指定信息传送到客户端,然后再通过浏览器把信息显示在屏幕上,所以浏览器实际上是一种允许用户浏览 Web 信息的软件,只不过这些信息是由 Web 服务器发送出来的。

下面用一个简单的图形来演示一下它们的关系,如图 7-22 所示。图示的上半部分说明客户计算机与服务器(这里是一个硬件)交互的关系;下半部分则说明浏览器与 Web 服务器交互的关系。

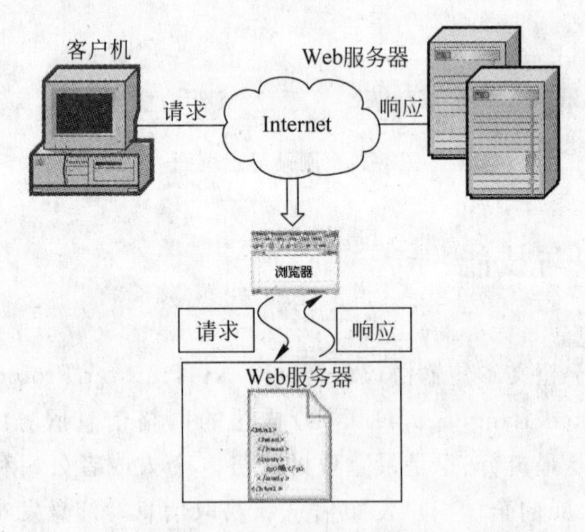

图 7-22　Web 服务的工作过程

客户端浏览器首先向 Web 服务器发出资源请求,Web 服务器收到请求并对请求做出响应,将响应数据发送给客户端浏览器,通常是一个 HTML 文件或者是 ASP、JSP 等动态网页数据,然后通过浏览器把 HTML 文件信息显示在屏幕上,这是最基本的 Web 服务工作过程。

4. 虚拟主机

如果每一个网站都使用独立的服务器，会使网站的建设成本增加，管理的难度也会提高，为解决这一问题，计算机业界提出了“虚拟主机”这一概念，虚拟主机是指在一台服务器里运行几个网站、提供Web、FTP、Mail等服务。虚拟主机有两种实现方法：基于IP的方法和基于主机名的方法。

(1) 基于IP的方法

首先，在服务器里绑定多个IP，然后配置Web服务器，把多个网站绑定在不同的IP上。访问不同的IP，就看到不同的网站。

(2) 基于主机名的方法

首先，设置多个域名的A记录，使它们解析到同一个IP地址上，即同一个服务器上。然后，在服务器上配置Web服务端，添加多个网站，为每个网站设定一个主机名。因为HTTP协议访问请求里包含有主机名信息，当Web服务器收到访问请求时，就可以根据不同的主机名来访问不同的网站。

基于IP的方法在局域网中比较常用，基于主机名的方法在Internet中比较常用。下面以最常用的Web服务器IIS为例，介绍基于主机名的虚拟主机的设置方法。

在IIS中设置虚拟主机的主要步骤如下：

① 选择“控制面板”→“管理工具”→“Internet服务管理器”→“默认Web站点”选项。

② 在“默认Web站点”选项上右击，选择“新建”→“站点”选项。单击“下一步”按钮。

③ 输入站点说明，如“学校教务处网站”，单击“下一步”按钮。

④ 在“站点的主机头”文本框中输入域名，如“jwc. school. com”，单击“下一步”按钮。

⑤ 在“路径”里指定站点的根目录路径，单击“下一步”按钮。

⑥ 在“权限”里选择适当的权限，单击“下一步”按钮即可。

如果配置的是顶级域名的虚拟主机，如在上面第4步“站点的主机头”文本框里输入“school. com”，而同时又希望用户使用“www. school. com”也能访问，设置步骤如下：

① 在“Internet服务管理器”的“站点1”上右击，选择“属性”选项。

② 在IP地址右边单击“高级”按钮。

③ 单击“添加”按钮，输入端口号(一般用80)，再输入主机头名“www. abc. com”。

④ 如果有多个站点要添加，则重复执行上面的步骤。

根据网络服务器性能不同和网站的访问量不同，一台服务器上可以设置的虚拟主机数量也不同，对于如个人网站这类每日访问量约500人次的网站，一台双处理器的主流服务器可以支持上千个虚拟主机站点。

思考与练习

1. 在Web服务器上新建一个jwc. school. com站点，并在DNS服务器中配置jwc. school. com主机，IP地址指向Web服务器。

2. 设置jwc. school. com网站的并发链接数为500个，CPU利用率为20%，以避免由于jwc. school. com受到饱和服务攻击而使得在同一服务器的其他网站瘫痪。

3. 设置www. school. com的来源IP地址限制，设置为只有192. 168. 0. 0～182. 168. 15. 255段的IP地址能访问该网站。

7.3 任务三：DHCP 服务的管理

7.3.1 任务描述

A 学校小王是某职业技校计算机中心网管员，随着近几年学校信息化建设的深入，学校局域网等基础设施建设日趋完善，电脑等软硬件设备不断普及。学校现有行政办公楼 3 幢，已经通过光纤及交换机等设备接入局域网，部门及教师办公室 30 多个，200 台电脑左右，都已经通过网络接入点连接到局域网。学校现建设有办公系统（OA）一个，部门网站 4 个及各种业务应用系统 3 个，信息化在日常教学管理中的重要作用逐渐体现，无纸化办公、网上办事等各种应用业务逐渐在学校中展开。

网管员小王的日常工作就是负责维护网络及各部门计算机的正常使用，由于 A 学校目前每台计算机要接入局域网必须要手动设定静态 IP 地址，所以频繁的系统安装、加上部分用户没有遵循规定自行修改计算机的 IP 地址，导致目前 A 学校 IP 地址使用混乱，IP 地址冲突现象严重，经常造成网络局部故障，极大影响用户正常使用。每次网络中出现 IP 地址问题，小王需要每个部门地查看过去，直到找到非法设置 IP 的主机纠正错误，所以每次解决此类问题都要花费数天时间，而且会经常出现因系统重装而不按规定设置 IP 地址引起冲突的问题。为彻底解决此类问题，小王决定给学校架设动态分配 IP 地址服务（DHCP 服务），用来为学校的 200 多台电脑分配 TCP/IP 参数服务。

经过规划小王初步制定了地址分配服务的方案，其中任务相关参数计划如下：

DHCP 服务器操作系统：Windows Server 2003

DHCP 服务器 IP 地址：192.168.1.4

IP 分配范围：192.168.1.11～192.168.1.254(1～10 保留给服务器使用)

子网掩码：255.255.255.0

网关：192.168.1.1

首选 DNS 服务器：192.168.1.2

7.3.2 方法与步骤

1. 任务分析

A 学校网管员小王的任务就是在局域网中架设一台动态 IP 地址分配服务器的一个应用案例。动态 IP 地址分配服务的主要是实现为用户电脑提供 IP 地址等参数分配的服务。要实现用户电脑开机后能自动获取 IP 地址，必须在网络中安装 DHCP 服务器。Windows Server 2003 操作系统默认情况下没有安装 DHCP 服务，在使用前还要先进行安装操作。

由任务信息可知 DHCP 服务的系统平台采用的是 Windows Server 2003 操作系统，服务器 IP 地址指定为 192.168.1.4；根据子网分配原则一个 C 类子网可以容纳 250 多台主机，局域网中客户机数量约 200 台，分配一个 C 类的 IP 地址已经满足要求，所以客户机可分配 IP 地址范围设置为 192.168.1.11～254、子网掩码 255.255.255.0、网关 192.168.1.1、DNS 服务器 192.168.1.2。所以接下来任务就是如何安装、管理网络中的 DHCP 服务器，为网络中客户机分配 IP 地址参数。

2. 安装 DHCP 服务

安装 DHCP 服务使用“添加或删除程序”方式进行。

(1) 选择“开始”→“控制面板”→“添加或删除程序”选项，单击“添加/删除 Windows 组件”选项，在组件向导中选择“网络服务”选项。

(2) 双击“网络服务”图标，弹出“网络服务”对话框，选中“动态主机配置协议(DHCP)”复选框，如图 7-23 所示，单击“确定”按钮。

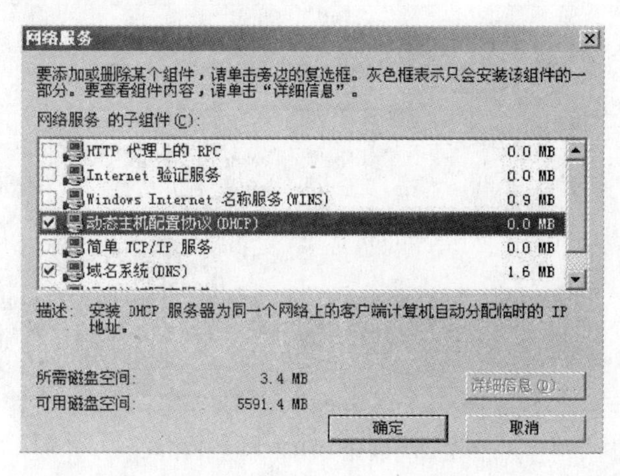

图 7-23　安装 DHCP 服务

(3) 返回前一个对话框，单击“下一步”按钮。

(4) 完成安装后，单击“完成”按钮。

3. DHCP 服务的管理

(1) DHCP 服务器的配置

在安装 DHCP 服务之后，可使用“配置 DHCP 服务器向导”配置 DHCP 服务器，具体的操作步骤如下：

① 选择“开始”→“管理工具”→DHCP 选项，弹出如图 7-24 所示的窗口。

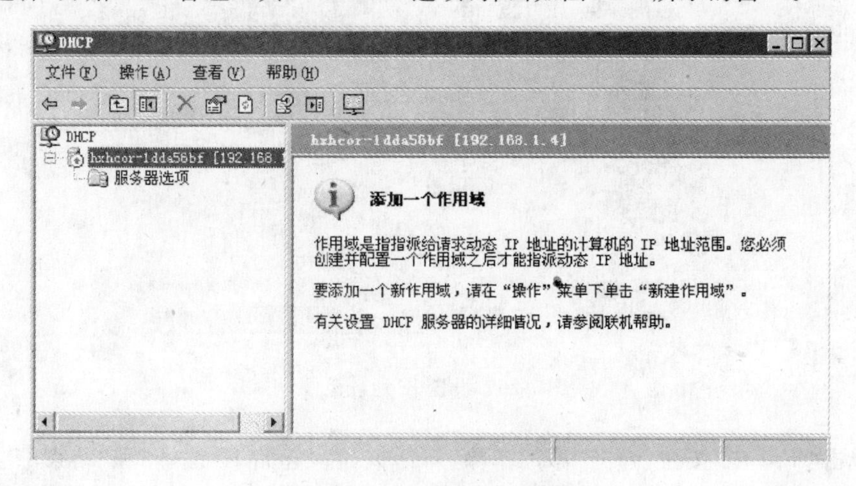

图 7-24　DHCP 服务器配置

② 右击服务器名称 hxhcor，选择“新建作用域”选项，弹出“欢迎使用新建作用域向导”对话框。

③ 单击“下一步”按钮，弹出“作用域名”对话框，在“名称”和“描述”文本框中输入相应的信息，如图 7-25 所示。

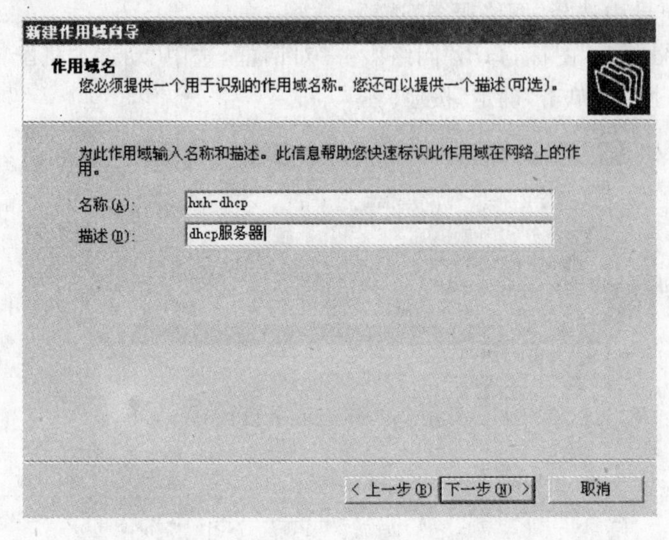

图 7-25　新建 DHCP 服务作用域

④ 单击“下一步”按钮，弹出“IP 地址范围”对话框，在“起始 IP 地址”文本框中输入作用域的起始 IP 地址，在“结束 IP 地址”文本框中输入作用域的结束 IP 地址，在“长度”微调框中设置子网掩码使用的位数(24 代表子网掩码为 255.255.255.0)，在“子网掩码”文本框中自动出现该长度对应的子网掩码，如图 7-26 所示。

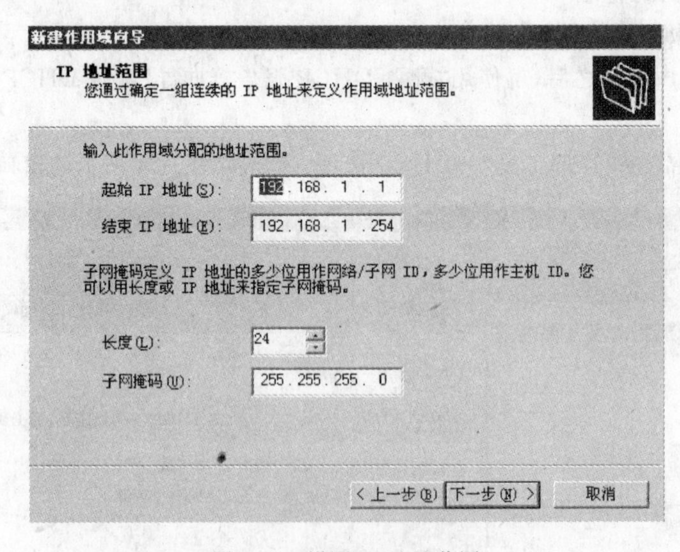

图 7-26　设置 IP 地址范围

⑤ 单击“下一步”按钮，弹出“添加排除”对话框，在“起始 IP 地址”和“结束 IP 地址”文本框中输入要排除的 IP 地址或范围，如图 7-27 所示，单击“添加”按钮，排除的 IP 地址不会

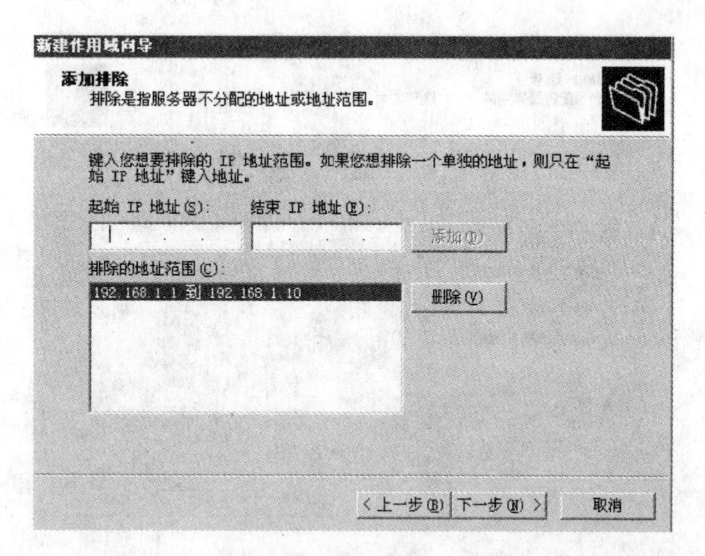

图 7-27　设置排除 IP 地址范围

被服务器分配给客户端。

⑥ 单击“下一步”按钮，弹出“租约期限”对话框，在“天”、“小时”、“分钟”微调框中设置租约的有效时间。一般而言，经常变动的网络租约期限可以设置短一些，如图 7-28 所示。

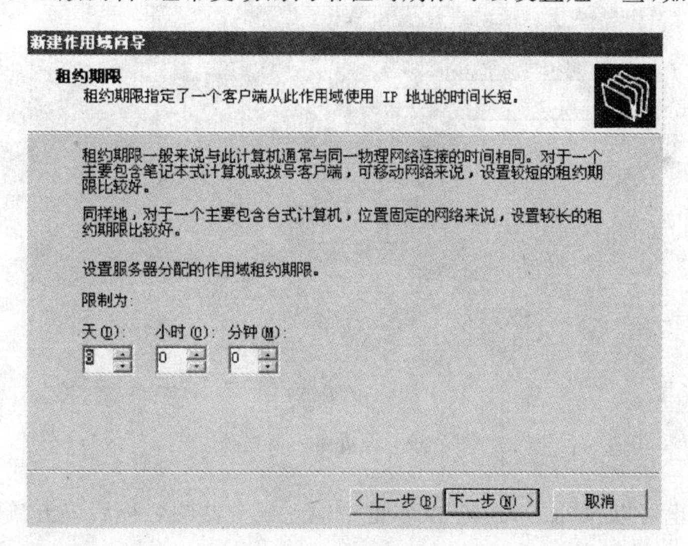

图 7-28　设置租约期限

⑦ 单击“下一步”按钮，弹出“配置 DHCP 选项”对话框，选中“是，我想现在配置这些选项”单选按钮，如图 7-29 所示。

⑧ 单击“下一步”按钮，弹出“路由器(默认网关)”对话框，在“IP 地址”文本框中，设置 DHCP 服务器发送给 DHCP 客户端使用的默认网关的 IP 地址，单击“添加”按钮，如图 7-30 所示。

⑨ 单击“下一步”按钮，弹出“域名称和 DNS 服务器”对话框。如果要为 DHCP 客户端设置 DNS，可在“父域”文本框中设置 DNS 解析的域名，在“IP 地址”文本框中添加 DNS 服

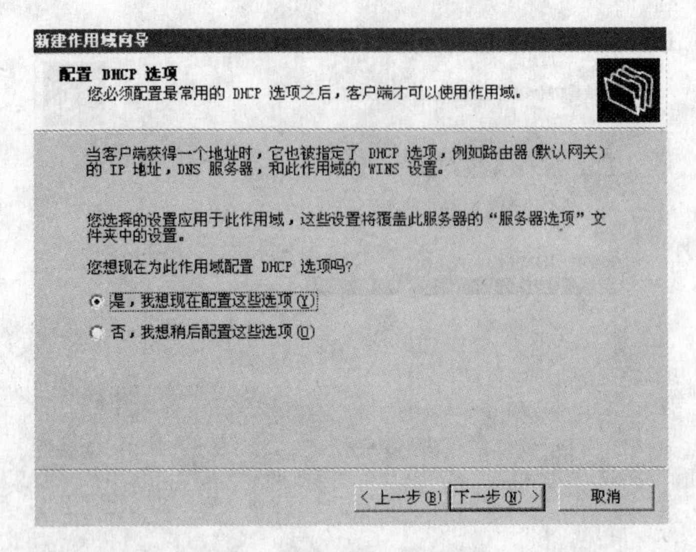

图 7-29　配置 DHCP 选项

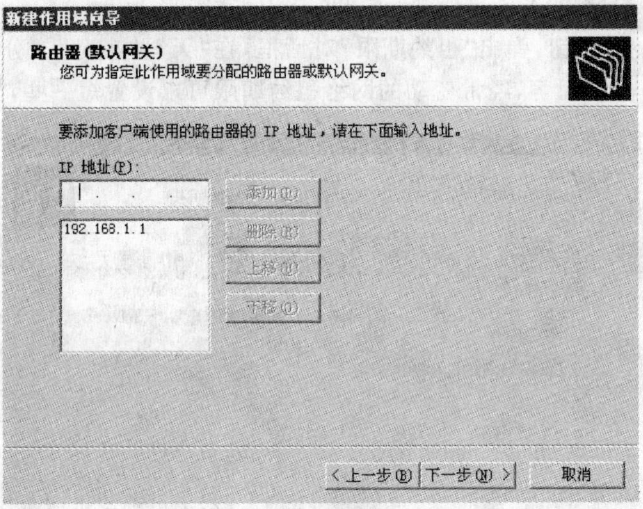

新建作用域向导

路由器(默认网关)

您可为指定此作用域要分配的路由器或默认网关。

要添加客户端使用的路由器的 IP 地址，请在下面输入地址。

IP 地址(P):

添加(D)

192.168.1.1

删除(R)

上移(U)

下移(O)

< 上一步(B)　下一步(N) >　取消

图 7-30　设置路由器选项

务器的 IP 地址，也可以在"服务器名"文本框中输入服务器的名称后单击"解析"按钮自动查询 IP 地址，如图 7-31 所示。

⑩ 单击"下一步"按钮，弹出"WINS 服务器"对话框。如果要为 DHCP 客户端设置 WINS 服务，可在"IP 地址"文本框中添加 WINS 服务器的 IP 地址，也可以在"服务器名"文本框中输入服务器的名称后单击"解析"按钮自动查询 IP 地址，如图 7-32 所示。

⑪ 单击"下一步"按钮，弹出"激活作用域"对话框，选中"是，我想现在激活此作用域"单选按钮，如图 7-33 所示。

⑫ 单击"下一步"按钮，弹出"新建作用域向导完成"对话框，单击"完成"按钮。

⑬ 选择"开始"→"管理工具"→DHCP 选项，弹出 DHCP 窗口，配置结束，如图 7-34 所示。

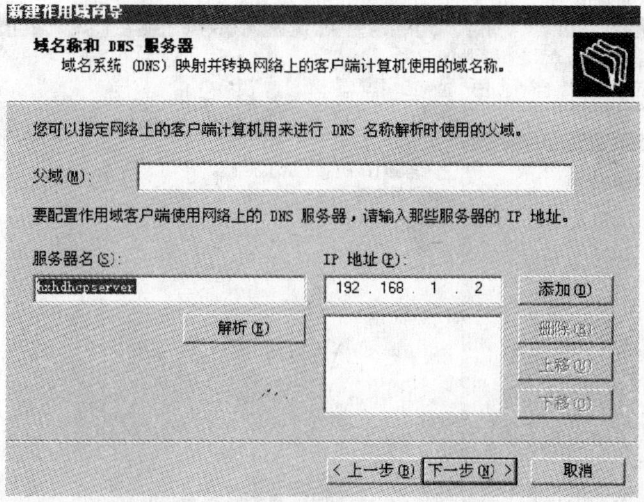

新建作用域向导

域名称和 DNS 服务器
域名系统 (DNS) 映射并转换网络上的客户端计算机使用的域名称。

您可以指定网络上的客户端计算机用来进行 DNS 名称解析时使用的父域。

父域(M):

要配置作用域客户端使用网络上的 DNS 服务器，请输入那些服务器的 IP 地址。

服务器名(S): hxhdhcpserver　　IP 地址(P): 192 . 168 . 1 . 2

添加(D)　解析(E)　删除(R)　上移(U)　下移(O)

< 上一步(B)　下一步(N) >　取消

图 7-31　设置域名服务器选项

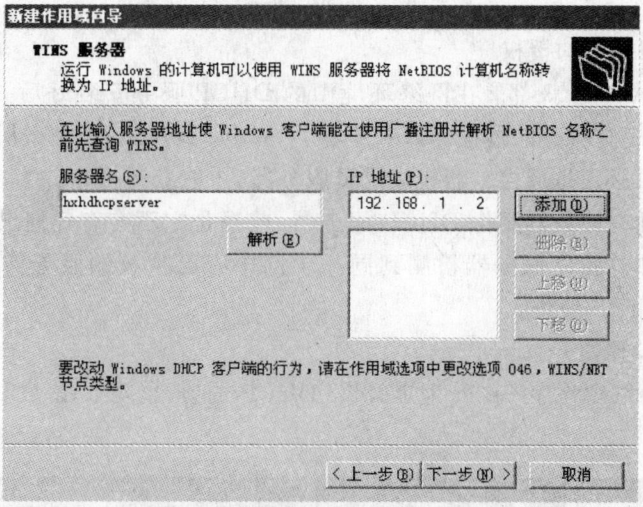

新建作用域向导

WINS 服务器
运行 Windows 的计算机可以使用 WINS 服务器将 NetBIOS 计算机名称转换为 IP 地址。

在此输入服务器地址使 Windows 客户端能在使用广播注册并解析 NetBIOS 名称之前先查询 WINS。

服务器名(S): hxhdhcpserver　　IP 地址(P): 192 . 168 . 1 . 2

添加(D)　解析(E)　删除(R)　上移(U)　下移(O)

要改动 Windows DHCP 客户端的行为，请在作用域选项中更改选项 046，WINS/NBT 节点类型。

< 上一步(B)　下一步(N) >　取消

图 7-32　设置 WINS 服务器选项

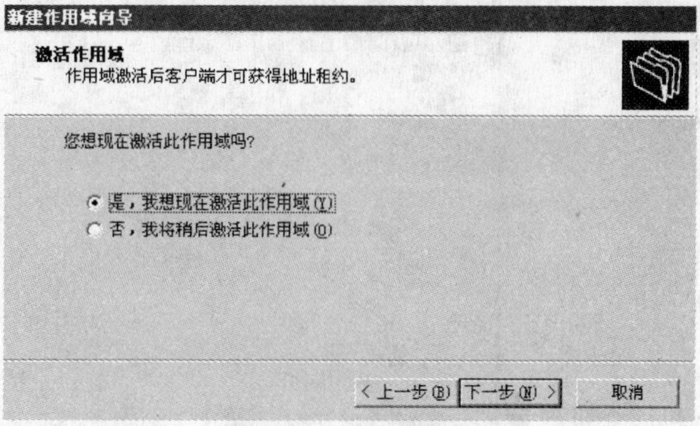

新建作用域向导

激活作用域
作用域激活后客户端才可获得地址租约。

您想现在激活此作用域吗?

- 是，我想现在激活此作用域(Y)
- 否，我将稍后激活此作用域(O)

< 上一步(B)　下一步(N) >　取消

图 7-33　激活作用域

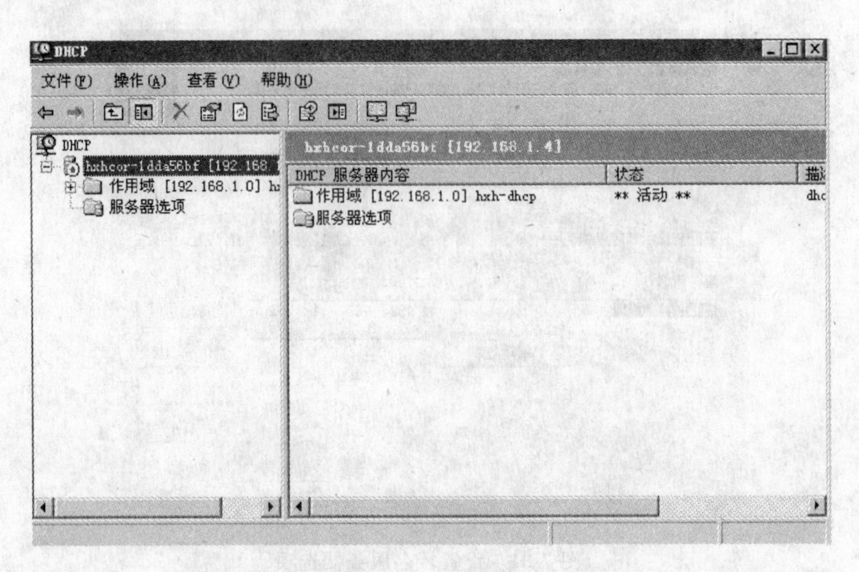

图 7-34 配置完成

(2) DHCP 服务器的授权

Windows Server 2003 部署在网络环境中的 DHCP 服务安装好后并不能马上提供服务,它必须经过一个"授权"的过程。如果部署了 Active Directory,那么所有作为 DHCP 服务器运行的计算机必须是域控制器或域成员服务器,才能获得授权并为客户端提供 DHCP 服务。也可以将独立服务器用作 DHCP 服务器,前提是它不在有任何已授权的 DHCP 服务器的子网中。如果独立服务器检测到同一子网中有已授权的服务器,它将自动停止向 DHCP 客户端租用 IP 地址。

授权的操作步骤如下:

① 选择"开始"→"程序"→"管理工具"→DHCP 选项,出现如图 7-35 所示的 DHCP 管理窗口。

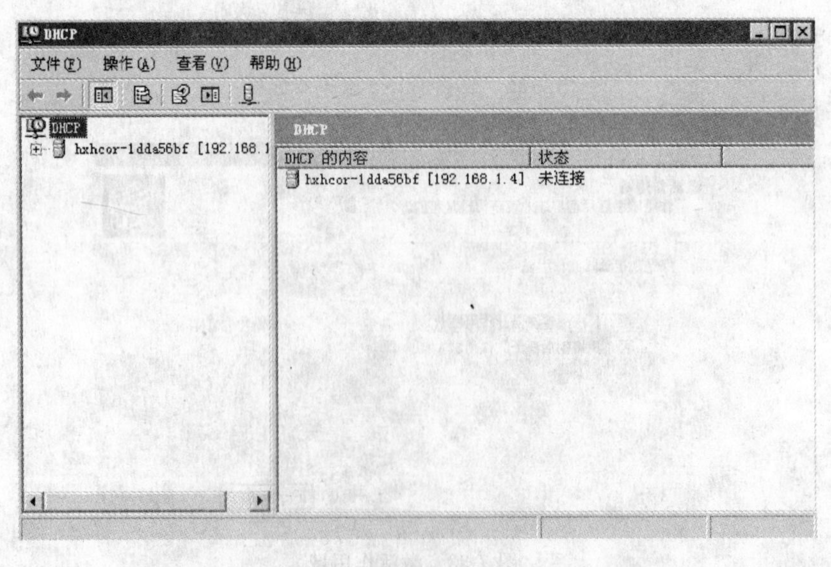

图 7-35 DHCP 管理窗口

② 右击要授权的 DHCP 服务器，选择"管理授权的服务器"→"授权"选项，输入要授权的 DHCP 服务器的 IP 地址，单击"确定"按钮，可以看到如图 7-36 所示的"管理授权的服务器"对话框，单击"关闭"按钮完成授权操作。

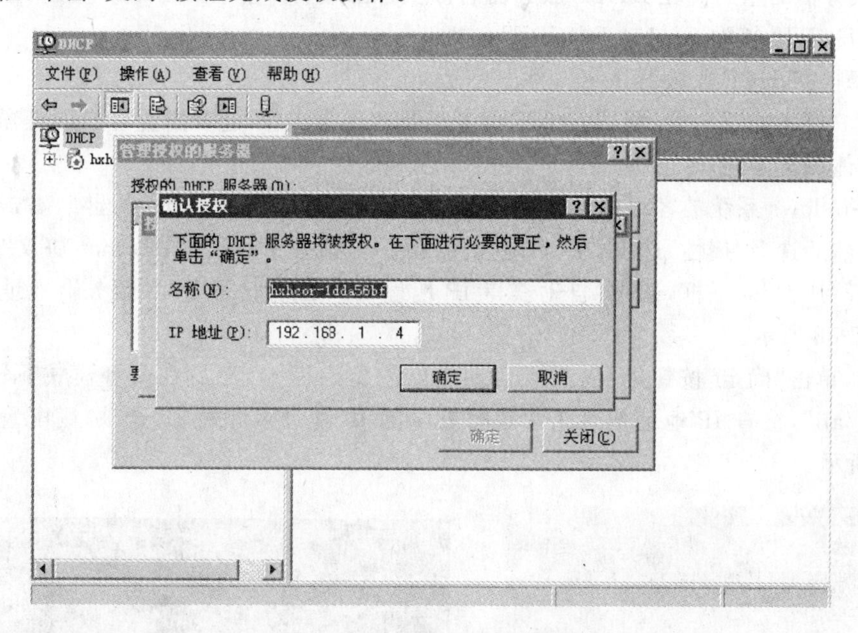

图 7-36　添加授权服务器

(3) DHCP 服务的停止与启动

① 服务器的停止。在 DHCP 服务器名称上右击，选择"所有任务"→"停止"选项，则将关闭 DHCP 服务器，如图 7-37 所示。

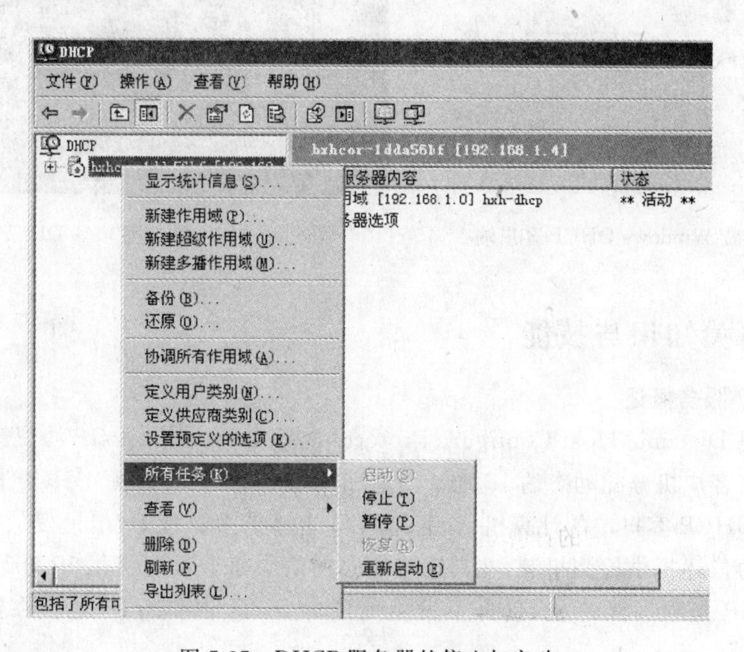

图 7-37　DHCP 服务器的停止与启动

② 服务器的启动。在DHCP服务器名称上右击,选择“所有任务”→“启动”选项,则将启动DHCP服务器。

③ 服务器的重启。在DHCP服务器名称上右击,选择“所有任务”→“重启”选项,则将先关闭DHCP服务器,再启动DHCP服务器。

(4) 测试DHCP服务器

DHCP服务配置完成,测试DHCP服务器是否正常工作,还要配置客户端机器,下面举例说明具体测试方法。

以Windows系统的客户端为例:右击“网上邻居”图标,选择“属性”选项,右击“本地连接”图标,然后选择“属性”选项,在“本地连接属性”对话框中,双击“Internet 协议 TCP/IP”选项,打开“属性”对话框,选中“自动获得IP地址”和“自动获得DNS服务器地址”单选按钮,如图7-38所示。

最后,单击“确定”按钮即可,重新启动机器或重启网卡,然后在命令模式下输入命令“ipconfig/all”,检查IP地址信息正常获得分配的IP地址及相关IP选项,则配置完成,如图7-39所示。

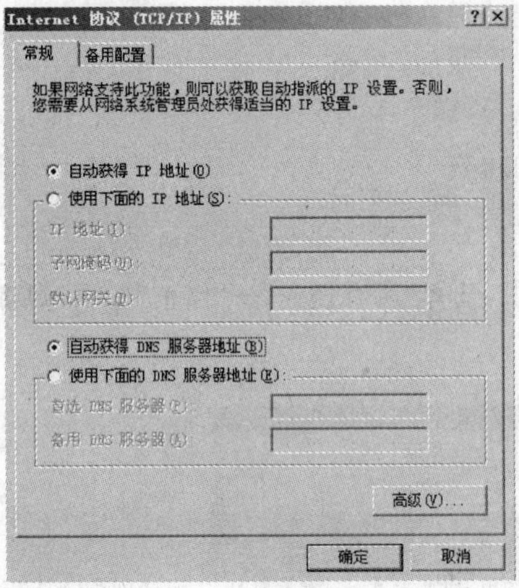

图7-38 设置Windows DHCP客户端

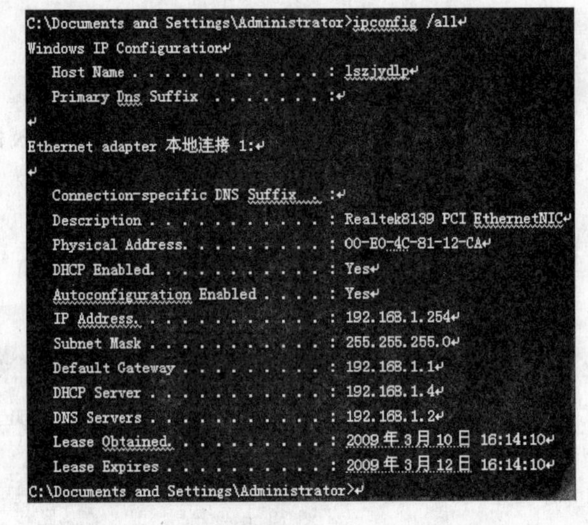

图7-39 Windows客户端DHCP获取结果

7.3.3 相关知识与技能

1. DHCP服务概述

DHCP是Dynamic Host Configure Protocol的缩写,它是TCP/IP协议簇中的一种,主要用来给网络客户机分配动态的IP地址分配和其他环境配置信息。DHCP自动分配IP地址给配置为DHCP客户端的计算机,让管理人员能够集中管理IP地址发放的问题。同时DHCP服务协议还提供检测机制,在其动态地向网络中每台设备提供IP地址时,保证每台设备获得的IP是独一无二的,确保不发生地址冲突,帮助维护IP地址在网络中的正确使用。

在使用TCP/IP的网络中,每一台计算机都要拥有唯一的计算机名和IP地址,对一个普通用户而言配置 TCP/IP 是一件复杂的事情，加上因频繁的网络调整和变动而要求客户端同时进行修改，无疑增加了用户和管理员的工作负担，显然这是使用静态 IP 地址最大的缺点。所以使用 DHCP 服务器在网络中进行动态地址分配，简化网络中所有主机 IP 地址的分配和管理。由管理员集中指派和指定子网特有的 TCP/IP 参数(包含 IP 地址、网关、DNS 服务器等)供整个网络使用。客户机不需要手动配置 TCP/IP 中的各种参数，并且当客户机断开与服务器的连接后，客户机的 IP 地址可以被释放以便重用。这样便可以大大简化配置客户机的 TCP/IP 地址的工作，减少网络管理员的工作量，提高网络管理的水平。

2. DHCP 的工作原理

DHCP 工作时客户机和服务器会有一个交互的过程，由客户机通过广播向服务器发起申请 IP 地址的请求，然后由服务器回应并分配一个合法 IP 及 TCP/IP 参数置信息给客户机，整个过程可以总结成以下步骤。

(1) 客户机发出 IP 租用申请：DHCP 客户机的 TCP/IP 首次启动时，就要执行 DHCP 客户程序，以进行 TCP/IP 的设置。由于默认客户机的 TCP/IP 是自动获取的，开机时没有 IP 地址，所以向网络中发送 DHCP DISCOVER 广播包，广播包使用端口 UDP 67 和 UDP 68 进行发送，请求租用 IP 地址。该广播包中的源 IP 地址为 0.0.0.0，目标 IP 地址为 255.255.255.255，广播包中还包括了客户机的 MAC 地址和计算机名字，以提供 DHCP 服务器进行分配。

(2) 服务器回复可用 IP 地址：网络中任何接收到 DHCP DISCOVER 广播包并能提供 IP 地址的 DHCP 服务器，都会通过 UDP 端口 68 回复一个 DHCP OFFER 广播包，该广播包的源 IP 地址为 DHCP 服务器 IP，目标 IP 地址为 255.255.255.255，广播包中还包括为客户机分配的 IP 地址、网络掩码、租用时间等信息，按照 DHCP 客户提供的硬件地址发送回 DHCP 客户机。

(3) 客户机选择 IP 地址：由于客户机可接收到多个服务器发送的多个 IP 地址提供信息，客户机一般将选择最先到达的一个 DHCP OFFER 包，拒绝其他服务器提供的 DHCP OFFER 包，以便这些地址能分配给其他客户。同时客户机将向网络中广播一个 DHCP REQUEST 消息包，表明自己已经接受了一个 DHCP 服务器提供的 IP 地址。该广播包中包含所接受的 IP 地址和服务器的 IP 地址。

(4) 服务器发送租用确认：被选择的服务器将收到客户的 DHCP REQUEST 广播信息后，如果也没有例外发生(例外，如此 IP 在确认未结束时已经分配给另一台也发出申请并提前确认租用的情况)将会广播回应给客户机一个确认 DHCP PACK 信息包，表明已经接受客户机的选择，并将这个 IP 地址及其他配置信息合法分配给这个客户机。客户机就能使用这个 IP 地址及相关的 TCP/IP 数据，来设置自己的 TCP/IP 堆栈，完成租用过程。

(5) 更新租用：DHCP 中每个 IP 地址是有一定租期的，若租期已到，DHCP 服务器就能够将这个 IP 地址重新分配给其他计算机。因此每个客户计算机应该提前不断续租它已经租用的 IP 地址，服务器将回应客户机的请求并更新该客户机的租期设置。一旦服务器返回不能续租的信息，那么 DHCP 客户机只能在租期到达时放弃原有的 IP 地址，重新申请一个新 IP 地址。为了避免发生问题，续租在租期达到 50%时就将启动，如果没有成功将不断启动续租请求过程。

(6) 释放 IP 地址租用：客户机可以主动释放自己的 IP 地址请求，也可以不释放，但也不续租，等待租期过期而释放占用的 IP 地址资源。

从前面描述的过程中不难发现：DHCP DISCOVER 是以广播方式进行的，而广播包只能在同一网络之内传送，因为路由器是不会将广播传送出去的。那怎么解决当客户机和服务器位于不同网络内时动态 IP 地址的分配问题呢？由于广播信息不能跨网段传送，给每一个网段都配置一台 DHCP 服务器显然是不切实际的，而且管理也不方便。要解决这个问题，可以启用路由器或交换机中的 DHCP Agent（或 DHCP Proxy）功能来接管客户的 DHCP 请求，然后将此请求传递给不同网段内真正的 DHCP 服务器，同时将服务器的回答转送回客户。这样即使 DHCP 服务器和客户机位于两个不同的网络中，客户机和服务器之间 DHCP 广播包也能通过 TCP/IP 协议转发进行 IP 地址的分配和确认。图 7-40 显示了 IP 完整的分配过程。

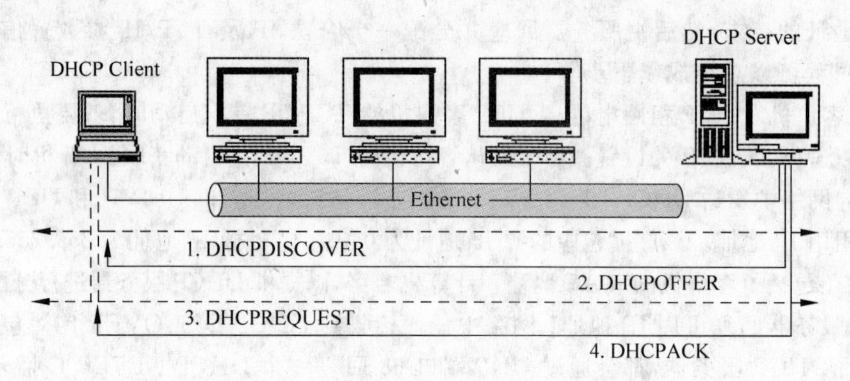

图 7-40　DHCP 服务分配过程

思考与练习

1. 网段中有一台服务器必须指定 IP 地址，请在 DHCP 服务中为 MAC 地址为 1e:22:33:34a:5b:6c 分配指定 IP 地址，IP 地址为 192.168.1.77。

2. 由于网络扩充，现在学校的网络分成了 4 个 IP 段，分别是 192.168.0.0～192.168.0.255；192.168.1.0～192.168.1.255；192.168.2.0～192.168.2.255；192.168.3.0～192.168.3.255，4 个网段使用一台 Cisco 3750 三层交换机连接，请查阅相关资料，并给出交换机和 DHCP 服务器的配置方案。

7.4　任务四：VPN 服务的管理

7.4.1　任务描述

A 学校正在进行校园信息化建设工作，小刘是学校的网管员。学校建有校园网提供学校网站、办公 OA 系统等服务，校园网通过防火墙后接入互联网。因安全与保密性要求学校的 OA 系统目前没有接入互联网，所有 OA 系统的各项工作只能在学校内完成，这在一定程度上给办公工作带来不便，部分教师用户对此颇有意见。网管员小刘为提高办事效率，方便教师工作，考虑在校园网中配置 VPN 服务器（虚拟专用网），实现 OA 系统用户通过互联网访问校园网内的 OA 系统、办理文件等工作，这样即确保 OA 系统不对外网用户直接开放保障安全，又解决了外网用户不能正常访问 OA 系统的矛盾。接下来任务是根据任务信息及要求，进行操作系统的安装、VPN 服务管理等操作，解决问题。

任务信息如下：

VPN 服务器操作系统：Windows Server 2003

VPN 服务器内网 IP 地址：192.168.1.5

VPN 服务器外网 IP 地址：10.10.10.1

7.4.2　方法与步骤

1. 任务分析

A 学校小刘的任务就是架设虚拟专用网络(VPN 服务)的一个应用案例。目前很多单位都面临着这样的挑战：分公司、经销商、合作伙伴、客户和外地出差人员要求随时经过公用网访问本单位的资源，这些资源包括公司的内部资料、办公 OA、ERP 系统、CRM 系统、项目管理系统等。VPN 服务的主要作用就是通过一个公用网络(通常是互联网)建立一个临时的、安全的连接，是一条穿过混乱的公用网络的安全、稳定的隧道。虚拟专用网可以帮助远程用户、公司分支机构、商业伙伴及供应商同公司间的内部网建立可信的安全连接，并保证数据的安全传输。

由任务信息可知 VPN 服务的运行平台是：Windows 服务器操作系统；VPN 服务器通过 IP 地址为 192.168.1.5 接入内网，通过 IP 地址 10.10.10.1 接入公网。在了解了 VPN 服务器的功能与性能后小刘按如下要求设置系统地址，使该服务器能同时访问内网和外网的属性。并在该服务器上配置 VPN 服务，以实现外网用户虚拟接入到内网的功能，同时由 VPN 服务提供安全保障。

2. VPN 服务的管理

(1) VPN 服务的配置

Windows Server 2003 服务器为减少开启服务的数量，降低系统安全风险，默认安装情况下安装了 VPN 服务，服务名称为路由和远程访问服务，但服务默认是没有启用的。

① 配置 VPN 服务，首先要在管理工具中选择“路由和远程访问”选项，在列出的本地服务器上右击，选择“配置并启用路由和远程访问”选项，如图 7-41 所示。

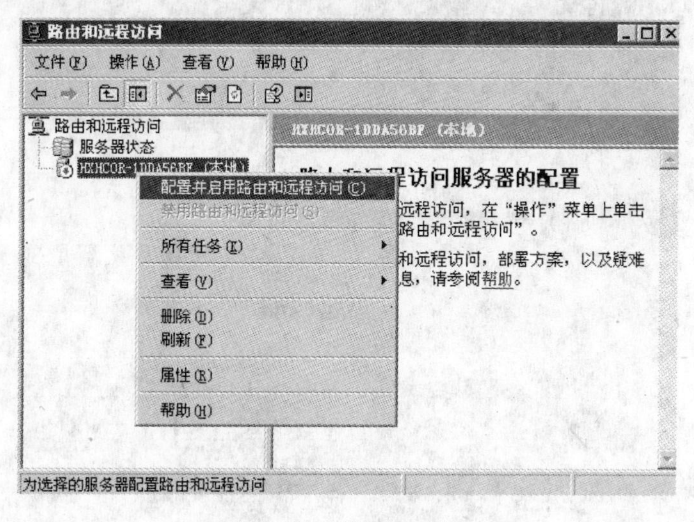

图 7-41　启用 VPN 服务

② 在出现的配置向导窗口中单击“下一步”按钮，进入服务选择窗口。标准 VPN 配置是需要两块网卡的，其中一块接入互联网。窗口提供 5 个选项，其中第一项、第三项均为 VPN 服务配置选项，如果想让客户端拨入后也能同时访问外网则选择第三项。如图 7-42 所示，然后单击“下一步”按钮。

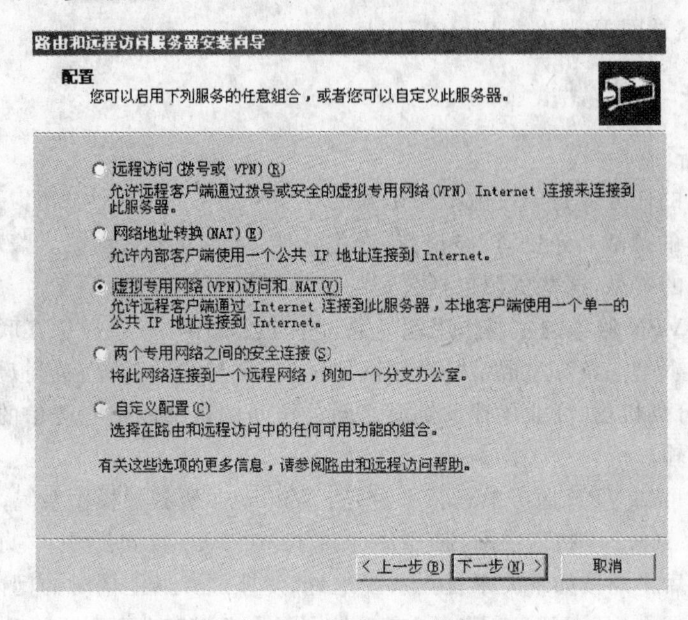

图 7-42　配置 VPN 服务

③ 在“VPN 连接”窗口中，要选择将此服务器连接到 Internet 的网络接口，这里选择接入互联网的网卡，并且选中“通过设置基本防火墙来对选择的接口进行保护”复选框，如图 7-43 所示，然后单击“下一步”按钮。

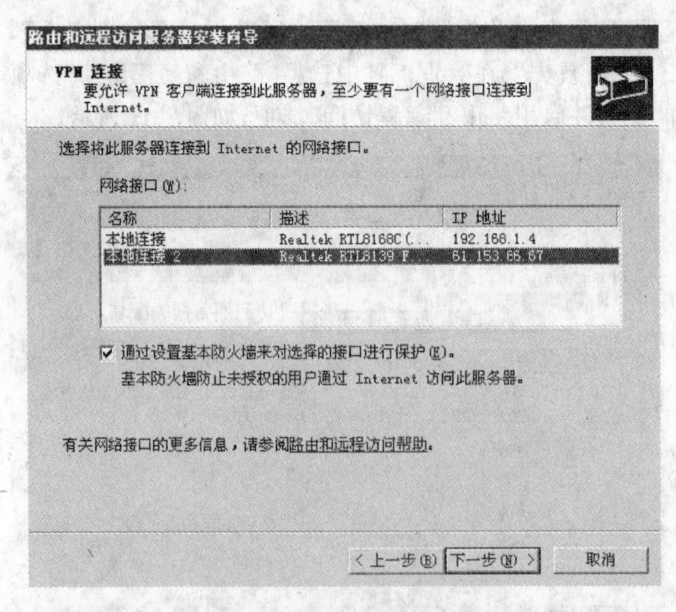

图 7-43　选择 VPN 连接

④ 在"IP地址指定"对话框中,如果要使用DHCP服务器给远程客户端分配地址,可选择自动分配IP地址,或者配置固定的IP给拨入用户使用则选中"来自一个指定的地址范围"单选按钮,如图7-44所示,单击"下一步"按钮。

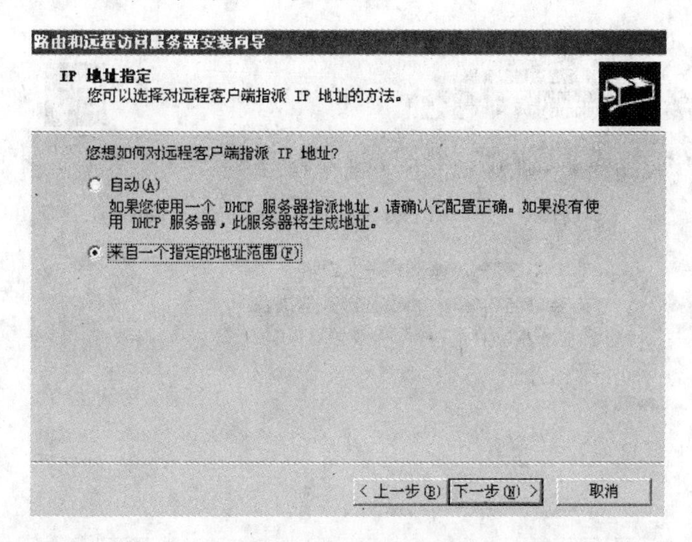

图7-44　IP地址指定

⑤ 选中"来自一个指定的地址范围"单选按钮,就打开了地址范围分配对话框。单击"新建"按钮。在"起始IP地址"框中输入希望使用的地址范围内的第一个IP地址。在"结束IP地址"框中输入该范围内的最后一个IP地址,如图7-45所示。Windows将自动计算地址的数目。单击"确定"按钮返回到地址范围分配窗口,注意此处指定的地址范围要在DHCP服务器分配中列入排除分配列表中,否则会导致IP地址冲突的网络故障。单击"下一步"按钮。

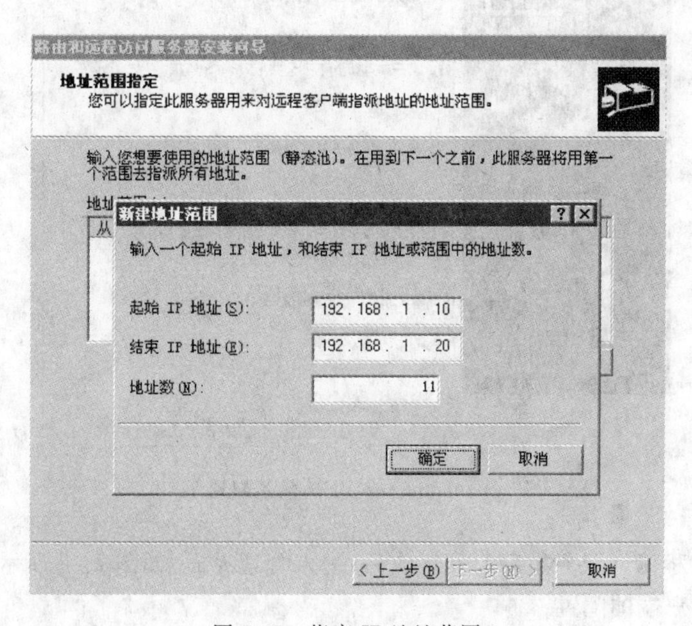

图7-45　指定IP地址范围

⑥ 在“管理多个远程访问服务器”对话框中，如果在网络中有“RADIUS 服务器”，则选择“是设置此服务器与 RADIUS 服务器一起工作”选项；否则选中“否，使用路由和远程访问来对连接请求进行本地身份验证”单选按钮，如图 7-46 所示，然后单击“下一步”按钮。

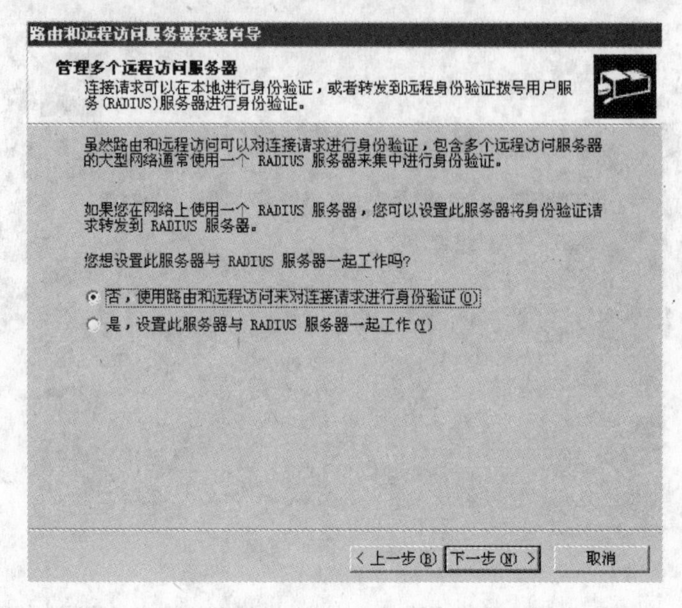

图 7-46　管理多个远程访问服务器

⑦ 单击“完成”按钮，以启用路由和远程访问服务，并结束配置，如图 7-47 所示。

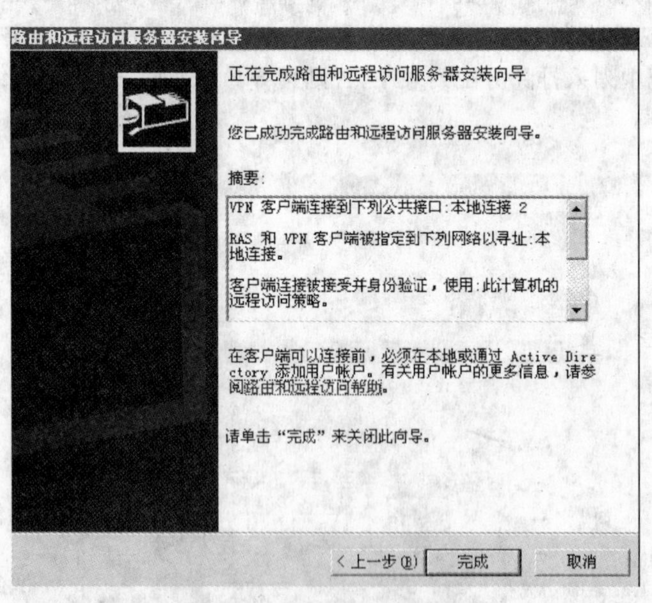

图 7-47　完成 VPN 服务配置

⑧ 路由和远程访问服务重新启动完成后，进入管理界面，如图 7-48 所示。

(2) VPN 客户端的配置

VPN 客户端配置相对简单得多，只需客户端也接入 Internet，然后建立一个到 VPN 服

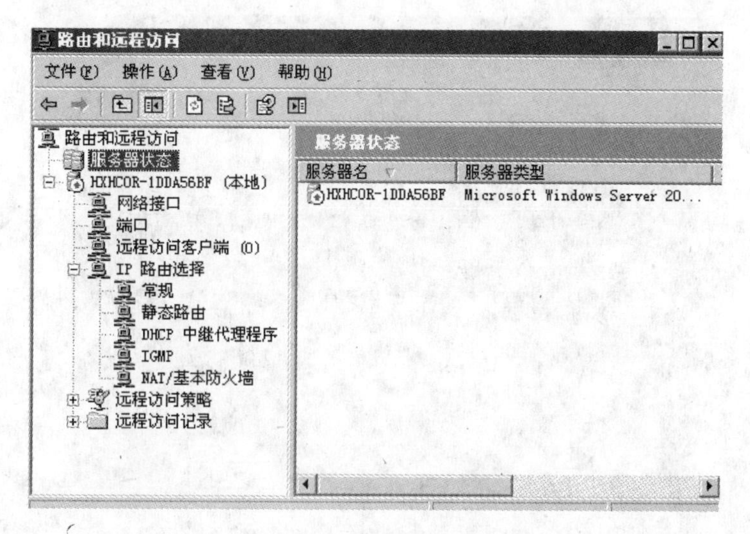

图 7-48 VPN 服务管理

务端的专用连接即可。下面以 Windows 系统作为客户端说明。

① 右击“网上邻居”图标，选择“属性”选项，之后双击“新建连接向导”图标打开向导窗口后单击“下一步”按钮，如图 7-49 所示。

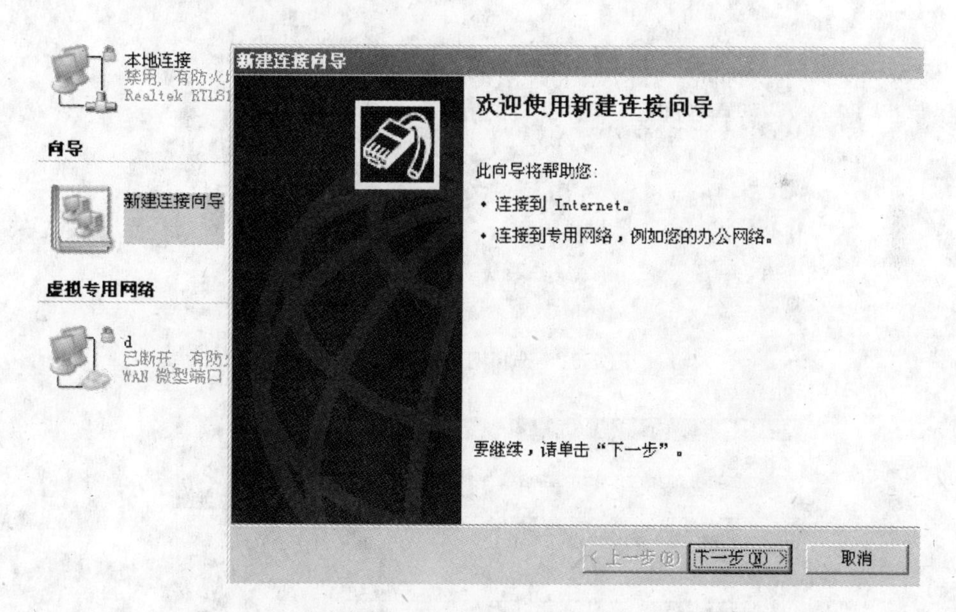

图 7-49 新建 VPN 连接向导

② 接着在“网络连接类型”窗口中选中“连接到我的工作场所的网络”单选按钮，如图 7-50 所示，单击“下一步”按钮。

③ 在“网络连接”窗口中选中“虚拟专用网络连接”单选按钮，如图 7-51 所示。

④ 接着为此连接命名为“school-vpn”，如图 7-52 所示，单击“下一步”按钮。

⑤ 在“公用网络”窗口中选中“不拨初始连接”单选按钮，如图 7-53 所示。

⑥ 在“VPN 服务器选择”窗口中输入要连接服务器的 IP 地址或域名，在这里填入 VPN

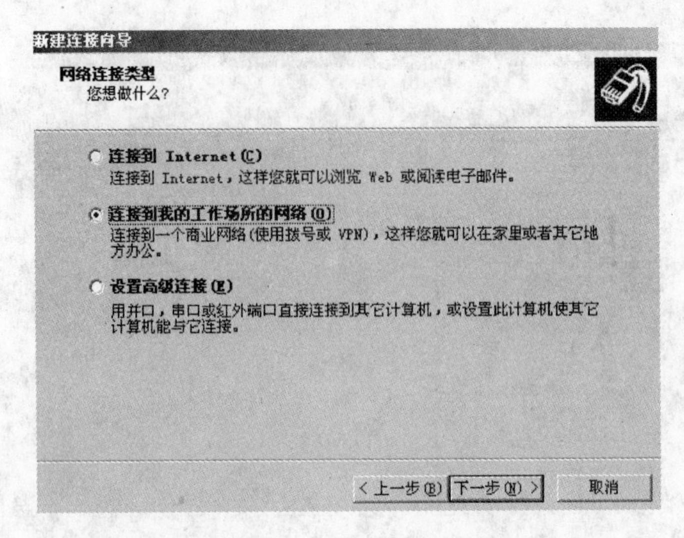

图 7-50　选择网络连接类型

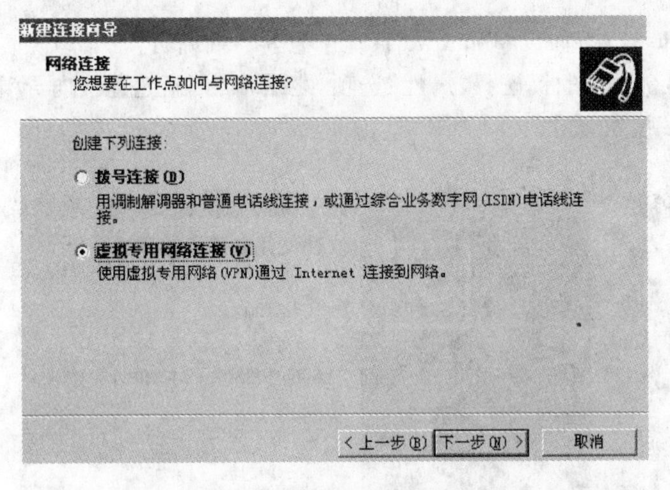

图 7-51　选择网络连接方式

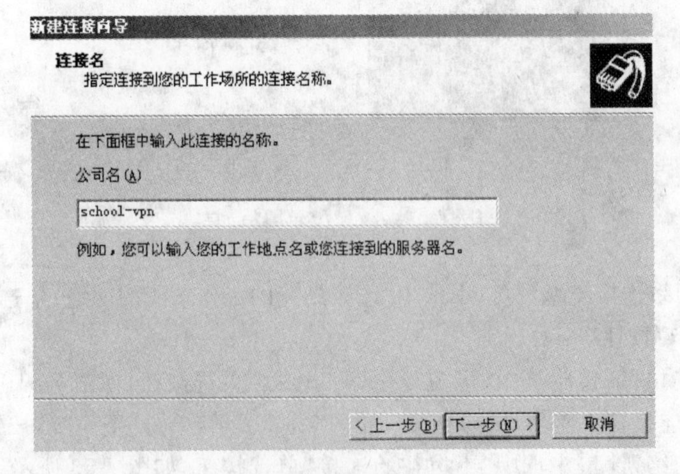

图 7-52　输入连接名称

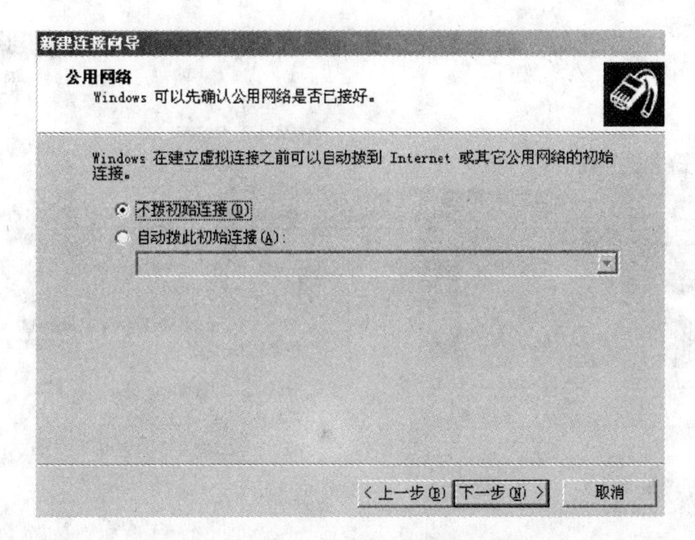

图 7-53　设置公用网络

服务器外网的 IP 地址,如图 7-54 所示。

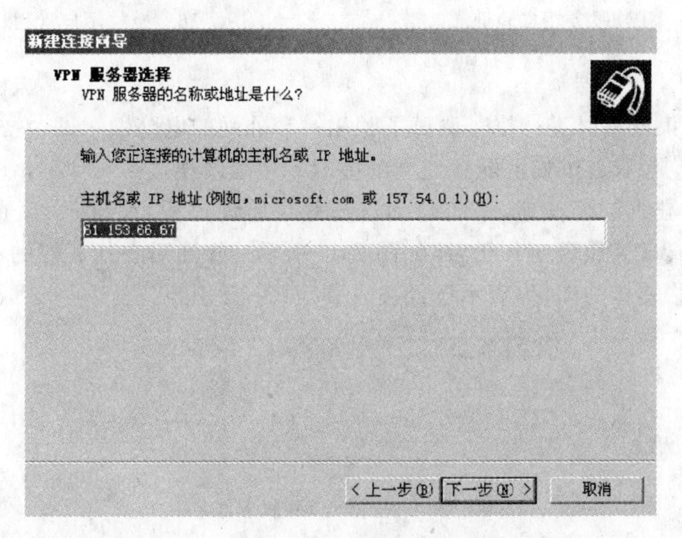

图 7-54　设置 VPN 服务器 IP 地址

⑦ 单击"完成"按钮,弹出 VPN 服务器登录验证界面,如图 7-55 所示。因采用的是本地验证方式,所以可以使用操作系统的用户进行登录操作。

(3) 添加 VPN 用户并授权用户远程访问的许可

每个客户端拨入 VPN 服务器都需要有一个账号,默认情况下使用 Windows 系统的本地用户进行验证。由于默认情况本地用户没有启用远程访问的权限,所以系统本地用户要使用 VPN 服务,还必须先对用户进行远程访问的授权许可。在管理工具中的计算机管理里添加用户,这里以添加一个 test 用户为例,先新建一个叫"test"的用户,创建好后,查看这个用户的属性,在"拨入"选项卡中选中"允许访问"单选按钮,如图 7-56 所示,单击"确定"按钮即可。

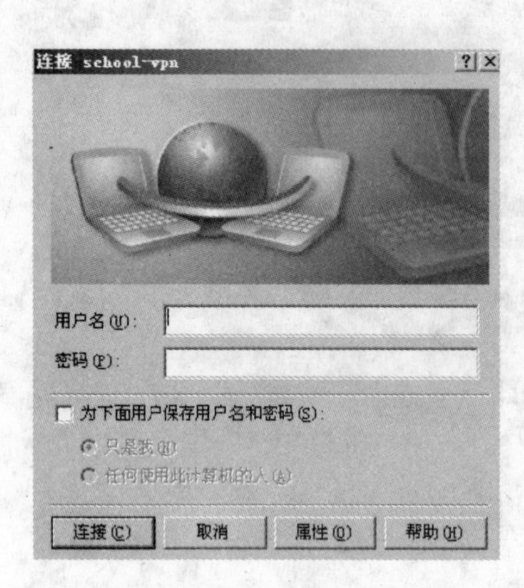

图 7-55　VPN 服务用户验证

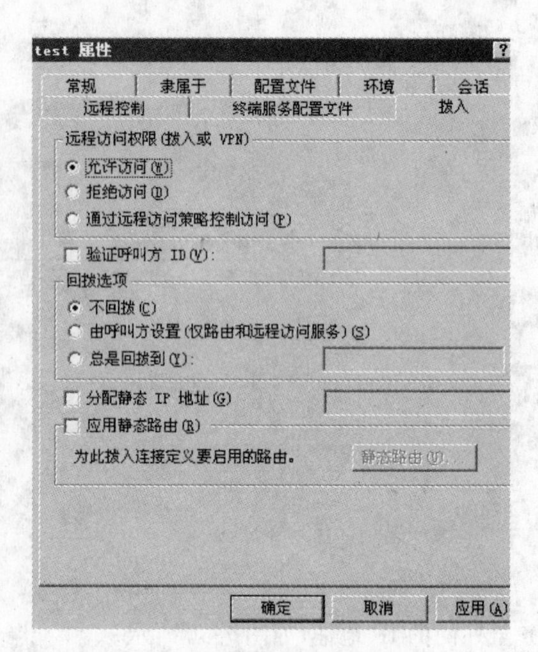

图 7-56　授权用户远程访问

(4) 测试 VPN 服务器

VPN 配置结束就可以进行拨号测试了。用一台外网的电脑做测试,右击"网上邻居"图标,选择"属性"选项,双击按如上配置建立的虚拟专用网络连接 school-vpn,输入 VPN 用户名 test 与密码,单击"连接"按钮,系统自动进行登录验证过程,如显示"正在网络上注册您的计算机"则说明 VPN 服务工作正常,如图 7-57 所示。拨通后在任务栏的右下角会出现一个 school-vpn 网络连接的图标,表示已经拨入到 VPN 服务器。

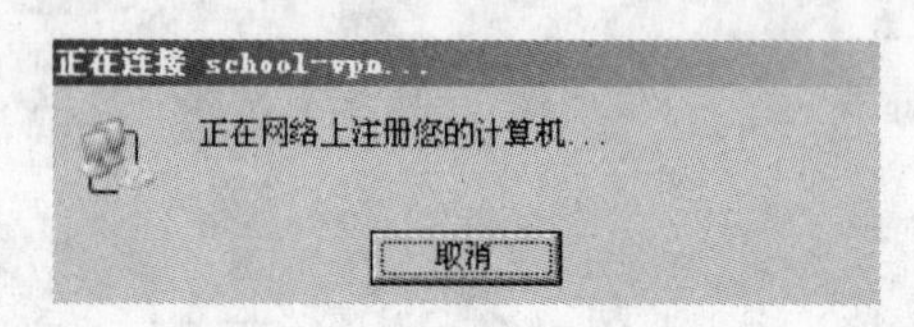

图 7-57　登录 VPN 服务器

VPN 拨号登录成功后就可以进行测试了,此时客户机应具有双重身份即是正常接入外网的一台普通 PC,又是一台通过创建虚拟链路接入内网的一台电脑,其分配地址为之前静态指定的 IP,可用 ipconfig/all 命令查看相关信息,如图 7-58 所示。

在命令模式下输入 ping 命令进行测试,先后 ping 测试 VPN 服务器(IP 地址: 192.168.1.5)及内网网站服务器(IP 地址: 192.168.1.4),测试结果说明客户机与学校内网服务器间网络正常,如图 7-59 所示。

到此,外网的客户机登录 VPN 服务器后,通过建立临时的、安全的、专用的虚拟隧道,穿过公用网络与学校内部网间建立安全连接,在它们之间组成一个虚拟的局域网,达到提高办事效率、方便教师工作的目的,实现 OA 系统用户通过互联网访问校园网内的 OA 系统、办理文件等工作,解决了外网用户不能正常访问 OA 系统的问题,任务完成。

```
C:\WINDOWS\system32\cmd.exe

C:\Documents and Settings\Administrator>ipconfig /all

Windows IP Configuration

        Host Name . . . . . . . . . . . . : 20090826-1830
        Primary Dns Suffix  . . . . . . . :
        Node Type . . . . . . . . . . . . : Unknown
        IP Routing Enabled. . . . . . . . : No
        WINS Proxy Enabled. . . . . . . . : No

Ethernet adapter 无线网络连接:

        Connection-specific DNS Suffix  . :
        Description . . . . . . . . . . . : Intel(R) Wireless WiFi Link 5100
        Physical Address. . . . . . . . . : 00-22-FA-C9-65-66
        Dhcp Enabled. . . . . . . . . . . : Yes
        Autoconfiguration Enabled . . . . : Yes
        IP Address. . . . . . . . . . . . : 122.241.6.53
        Subnet Mask . . . . . . . . . . . : 255.255.255.0
        Default Gateway . . . . . . . . . : 122.241.6.1
        DHCP Server . . . . . . . . . . . : 122.241.6.1
        DNS Servers . . . . . . . . . . . : 218.74.122.66
                                            218.74.122.75
        Lease Obtained. . . . . . . . . . : 2009年10月5日 星期一 15:06:18
        Lease Expires . . . . . . . . . . : 2009年10月5日 星期一 15:08:18

PPP adapter school-vpn:

        Connection-specific DNS Suffix  . :
        Description . . . . . . . . . . . : WAN (PPP/SLIP) Interface
        Physical Address. . . . . . . . . : 00-53-45-00-00-00
        Dhcp Enabled. . . . . . . . . . . : No
        IP Address. . . . . . . . . . . . : 192.168.1.13
        Subnet Mask . . . . . . . . . . . : 255.255.255.255
        Default Gateway . . . . . . . . . : 192.168.1.13
```

图 7-58　查看登录后客户机 IP 信息

```
C:\WINDOWS\system32\cmd.exe

C:\Documents and Settings\Administrator>ping 192.168.1.4

Pinging 192.168.1.4 with 32 bytes of data:

Reply from 192.168.1.4: bytes=32 time=5ms TTL=128
Reply from 192.168.1.4: bytes=32 time=3ms TTL=128
Reply from 192.168.1.4: bytes=32 time=85ms TTL=128
Reply from 192.168.1.4: bytes=32 time=2ms TTL=128

Ping statistics for 192.168.1.4:
    Packets: Sent = 4, Received = 4, Lost = 0 (0% loss),
Approximate round trip times in milli-seconds:
    Minimum = 2ms, Maximum = 85ms, Average = 23ms

C:\Documents and Settings\Administrator>ping 192.168.1.5

Pinging 192.168.1.5 with 32 bytes of data:

Reply from 192.168.1.5: bytes=32 time=3ms TTL=127
Reply from 192.168.1.5: bytes=32 time=3ms TTL=127
Reply from 192.168.1.5: bytes=32 time=3ms TTL=127
Reply from 192.168.1.5: bytes=32 time=5ms TTL=127

Ping statistics for 192.168.1.5:
    Packets: Sent = 4, Received = 4, Lost = 0 (0% loss),
Approximate round trip times in milli-seconds:
    Minimum = 3ms, Maximum = 5ms, Average = 3ms

C:\Documents and Settings\Administrator>_
```

图 7-59　测试网络连通性

7.4.3 相关知识与技能

1. VPN 的基本概念

VPN 即虚拟专用网(Virtal Private Network),是一条穿过开放的公用网络的安全、稳定的隧道,如图 7-60 所示。通过对网络数据的封包和加密传输,在一个公用网络(通常是互联网)建立一个临时的、安全的连接,从而实现在公网上传输私有数据,达到私有网络的安全级别的目的。VPN 的安全性与专网接近,但由于使用公用网络,VPN 的各个通信结点可以就近接入公网,不必使用昂贵的长途专线,因此 VPN 接入的成本较专网要低得多。可以认为,VPN 是对企业内部网的扩展,通过它可以帮助远程用户、公司分支机构、商业伙伴及供应商同公司的内部网建立可信的安全连接,并保证数据的安全传输。VPN 可用于不断增长的移动用户的全球互联网接入,以实现安全连接;可用于实现企业之间安全通信的虚拟专用线路,用于经济有效地连接到商业伙伴和用户的安全外联网虚拟专用网。

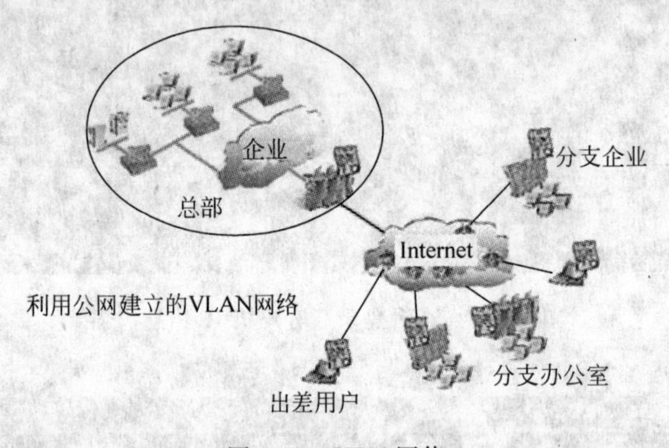

图 7-60 VPN 网络

2. VPN 的类型

(1) 按应用范围划分

这是最常用的分类方法,大致可以划分为远程接入 VPN(Access VPN)、Intranet VPN 和 Extranet VPN 3 种应用模式。远程接入 VPN 用于实现移动用户或远程办公室安全访问企业网络;Intranet VPN 用于组建跨地区的企业内部互联网络;Extranet VPN 用于企业与客户、合作伙伴之间建立互联网络。

(2) 按 VPN 网络结构划分

VPN 可分为以下 3 种类型。

① 基于 VPN 的远程访问。即单机连接到网络,用于提供远程移动用户对公司内部网的安全访问,例如,图 7-60 中的出差用户与总部的接入。

② 基于 VPN 的网络互联。即网络连接到网络,又称站点到站点,网关(路由器)到网关(路由器)或网络到网络。用于企业总部网络和分支机构网络的内部主机之间的安全通信时,还可用于企业的内部网与企业合作伙伴网络之间的信息交流,并提供一定程度的安全保护,防止对内部信息的非法访问,例如,图 7-60 中分支企业到总部的访问。

③ 基于 VPN 的点对点通信。即单机到单机,又称端对端,用于企业内部网的两台主机之间的安全通信。

(3) 按接入方式划分

在 Internet 上组建 VPN,用户计算机或网络需要建立到 ISP 的连接。与用户上网接入方式相似,根据连接方式,可分为两种类型。

① 专线 VPN 通过固定的线路连接到 ISP,如 DDN、帧中继等都是专线连接。

② 拨号接入 VPN 简称 VPDN,使用拨号连接(如模拟电话、ISDN 和 ADSL 等)连接到 ISP,是典型的按需连接方式。这是一种非固定线路的 VPN。

(4) 按隧道协议划分

按隧道协议的网络分层,VPN 可划分为第二层隧道协议和第三层隧道协议。PPTP、L2P 和 L2TP 都属于第二层隧道协议,IPSec 属于第三层隧道协议,MPLS 跨越第二层和第三层。VPN 的实现往往将第二层和第三层协议配合使用,如 L2TP/IPSec。当然,还可根据具体的协议来进一步划分 VPN 类型,如 PPTP VPN、L2TP VPN、IPSec VPN 和 MPLS VPN 等。另外,还有第四层隧道协议,如 SSL VPN。

3. VPN 协议

(1) PPTP/L2TP 协议

PPTP 和 L2TP 都是 OSI 第二层的 VPN,也是较早期的 VPN 协议,在 IPSec 出现前是最主要的 VPN 类型,今天使用仍然相当广泛,典型的是使用两台托管的 Windows 2000 服务器作为 VPN 网关。

点对点隧道协议(PPTP)是由包括微软和 3Com 等公司组成的 PPTP 论坛开发的一种点对点隧道协,基于拨号使用的 PPP 协议使用 PAP 或 CHAP 之类的加密算法,或者使用 Microsoft 的点对点加密算法 MPPE。其通过跨越基于 TCP/IP 的数据网络创建 VPN 实现了从远程客户端到专用企业服务器之间数据的安全传输。PPTP 支持通过公共网络(如 Internet)建立按需的、多协议的、虚拟专用网络。PPTP 允许加密 IP 通信,然后在要跨越公司 IP 网络或公共 IP 网络(如 Internet)发送的 IP 头中对其进行封装。

第二层隧道协议(L2TP)是 IETF 基于 L2F(Cisco 的第二层转发协议)开发的 PPTP 的后续版本。是一种工业标准 Internet 隧道协议,其可以为跨越面向数据包的媒体发送点到点协议(PPP)框架提供封装。PPTP 和 L2TP 都使用 PPP 协议对数据进行封装,然后添加附加包头用于数据在互联网络上的传输。PPTP 只能在两端点间建立单一隧道。L2TP 支持在两端点间使用多隧道,用户可以针对不同的服务质量创建不同的隧道。L2TP 可以提供隧道验证,而 PPTP 则不支持隧道验证。但是当 L2TP 或 PPTP 与 IPSec 共同使用时,可以由 IPSec 提供隧道验证,不需要在第二层协议上验证隧道使用 L2TP。

PPTP 和 L2TP 均具有简单易行的优点,但是它们的可扩展性都不好。更重要的是,它们都没有提供内在的安全机制,它们不能支持企业和企业的外部客户以及供应商之间会话的保密性需求,因此它们不支持用来连接企业内部网和企业的外部客户及供应商的企业外部网 Extranet 的概念。Extranet 需要对隧道进行加密并需要相应的密钥管理机制。PPTP 和 L2TP 限制同时最多只能连接 255 个用户。端点用户需要在连接前手工建立加密信道。认证和加密受到限制,没有强加密和认证支持。安全程度差,是 PPTP/L2TF 简易型 VPN 最大的弱点。PPTP 和 L2TP 最适合用于客户端远程访问虚拟专用网,作为安全要求高的企业信息,使用 PPTP/L2TP 与明文传送的差别不大。并且 PPTP/L2TP 不适合于向 IPv6 的转移。

(2) IPSec协议

IPSec是IETF(Internet Engineer Task Force)完善的安全标准,它把几种安全技术结合在一起形成一个较为完整的体系,通过对数据加密、认证、完整性检查来保证数据传输的可靠性、私有性和保密性。IPSec由IP认证头AH(Authentication Header)、IP安全载荷封载ESP(Encapsulated Security Payload)和密钥管理协议组成。是目前支持最广泛的VPN协议。

IPSec协议是一个范围广泛、开放的虚拟专用网安全协议。IPSec适应向IPv6迁移,它提供所有在网络层上的数据保护,提供透明的安全通信。IPSec用密码技术从3个方面来保证数据的安全。

① 认证:用于对主机和端点进行身份鉴别。

② 完整性检查:用于保证数据在通过网络传输时没有被修改。

③ 加密:加密IP地址和数据以保证私有性。

(3) SSL VPN协议

SSL VPN中协议提供了数据私密性、端点验证、信息完整性等特性。SSL协议由许多子协议组成,其中两个主要的子协议是握手协议和记录协议。握手协议允许服务器和客户端在应用协议传输第一个数据字节以前,彼此确认,协商一种加密算法和密码钥匙。在数据传输期间,记录协议利用握手协议生成的密钥加密和解密后来交换的数据。

SSL独立于应用,因此任何一个应用程序都可以享受它的安全性而不必理会执行细节。SSL置身于网络结构体系的传输层和应用层之间。此外,SSL本身就被几乎所有的Web浏览器支持。这意味着客户端不需要为了支持SSL连接安装额外的软件。这两个特征就是SSL能应用于VPN的关键点。

(4) MPLS VPN协议

MPLS VPN是与IPSec同样由IETF制定,与IPSec互补的VPN的标准。IETF IPSec工作组(属于Security Area部分)的工作主要涉及网络层的保护方面,所以该组设计了加密安全机制以便灵活地支持认证、完整性、访问控制和系统加密;而IETF MPLS工作组(属于Routing Area部分)则在从另一方面着手开发了支持高层资源预留、QoS和主机行为定义的机制。MPLS VPN广泛用于ISP直接向VPN客户提供专线VPN的服务。

4. VPN服务器的组网方式

(1) 双臂模式

双臂模式是指VPN服务器使用两个网络接口,VPN服务器(VPN网关)跨接在内网和外网之间,对内网的保护最完全,如图7-61所示。但是,此时也处在内外通信的关键路径上,其性能和稳定性对内外网之间的数据传输有很大的影响。

(2) 单臂模式

SSL VPN网关只相当于一台代理服务器,代理远程的请求,与内部服务器进行通信,如图7-62所示。此时SSL VPN网关不处在网络通信的关键路径上,不会造成单点故障。但是此种组网使得SSL VPN网关不能全面地保护网络资源。

5. VPN的选择

一套完整的VPN产品一般包括3个部分,即VPN网关,用于实现LAN到LAN;VPN客户端,与VPN网关一起可实现客户到LAN的VPN方案;VPN管理中心:对

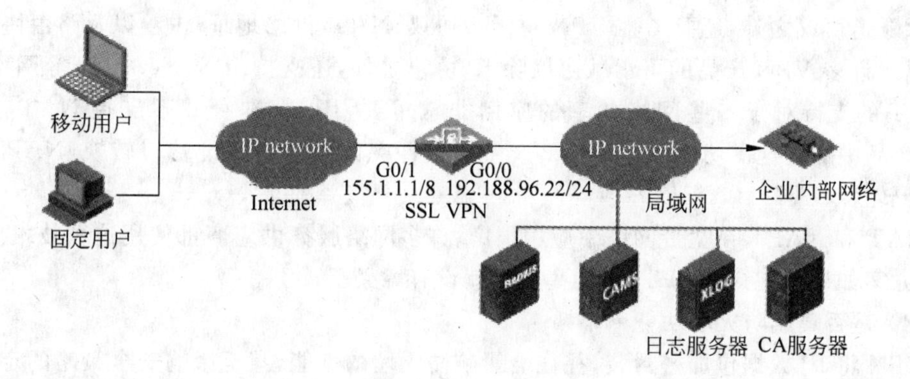

图 7-61　双臂 VPN 网络

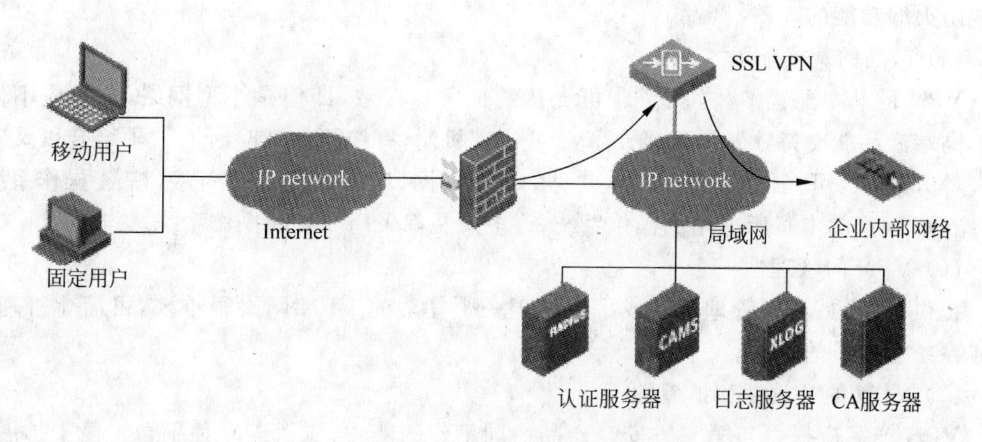

图 7-62　单臂 VPN 网络

VPN 网关和 VPN 客户端的安全策略进行配置和远程管理。在选择 VPN 产品时，可从以下几个方面来考虑。

(1) 产品定位

首先应考察产品定位问题。像其他网络产品一样，不同的 VPN 产品有不同的定位，按从高端到低端的顺序，依次为电信级、企业级、中小企业、办公室或 SOHO。当然，中小企业只能选择中小企业及以下级别的产品。

(2) 支持的应用类型

VPN 有 3 种应用类型：LAN 到 LAN、客户到 LAN、客户到客户。这里的客户指的是 VPN 网络中的移动用户和远程办公用户。目前多数 VPN 产品都支持 LAN 到 LAN 和客户到 LAN，而支持客户到客户的产品不多。这一点在有些应用场合很重要，例如，企业的远程办公用户之间需要交流保密信息，客户到客户的 VPN 方案是一种很好的解决手段。

(3) 支持的协议

自建 VPN 应根据需要选择隧道协议，目前 PPTP、L2TP 和 IPSec 是比较常用的协议。一般远程访问 VPN(即客户到 LAN)多选择 L2TP 协议，为安全起见，还需选择 IPSec 来提供加密。网络互联(LAN 到 LAN)和端到端连接多选择 IPSec 协议。PPTP 由于简单易用，而且支持 NAT 路由，因此在有些场合下也使用。总之，IPSec 是最安全的隧道协议，多数 VPN 产品都支持该协议。当然越来越多的 VPN 产品开始支持 PPTP 和 L2TP 协议。

除隧道协议之外，还要考察 VPN 可承载协议、NAT(网络地址转换)以及路由协议的支持情况。许多 VPN 产品的可承载协议除 IP 协议之外，还支持 IPX、NetBIOS 等网络协议。对 NAT 的支持对于一些网络共享的应用非常重要，IPSec 本身并不支持 NAT，但可在 VPN 产品中加进这一功能。与 IPSec 产生直接冲突的是网络地址端口转换(NAPT)和网络地址转换(NAT)。

NAT 和 NAPT 在宽带网络中应用很广，许多网络服务供应商都使用这种技术。IPSec VPN 方案如果不支持 NAPT，在这些场合就没有意义了。

(4) 是否集成防火墙功能

VPN 将 IP 数据包加密封装，往往会影响防火墙的性能，甚至影响安全策略的定义。一般来说，独立的 VPN 产品与防火墙难以协同工作，特别是来自不同厂家的产品。最好选择集成防火墙功能的 VPN 产品。

(5) 产品的基本配置

VPN 的基本配置参数如下：①可支持的最大连接数，即使是小型网络，最少应不低于 100，高端产品能支持数万个连接；②VPN 实现机制，有纯软件、纯硬件、软硬结合以及专用设备等方式；③可提供的网络接口，常见的是以太网口，还有 E1、T1 等接口；④操作系统平台，指 VPN 产品本身所采用的操作系统，许多产品都采用专有的操作系统。

(6) VPN 的管理性

提供专用的 VPN 管理软件或平台对于一个复杂的 VPN 网络很重要，可简化管理，减轻了系统管理员的负担。

(7) VPN 的开放性和扩展性

VPN 产品应提供与第三方安全产品协同工作的能力，应适应多种平台。便于扩展，以适应 VPN 网络的扩展和升级。

(8) 产品的其他功能

其他功能包括硬件加速功能(纯硬件处理、加密卡、加速卡)、流量均衡、安全策略(安全网关、防火墙、集中管理、日志、加密)、安全机制(包过滤、加密、认证、日志、审核等)、认证机制(RADIUS、数字证书)和密钥管理等。

另外，在选择 VPN 方案和产品的时候，不能单纯从技术角度考虑，还要考虑 VPN 的具体用途和所需成本。对于中小型 VPN 网络来说，经济实用才是最重要的。

思考与练习

1. 某企业建立了一套销售管理系统，为了方便出差的业务员使用，需要建立一个 VPN 网关，请您设计一套 VPN 方案，要求具有较高的安全性且使用方便。

2. 与 L2TP、IPSec 等 VPN 相比，SSL VPN 具有不用安装客户端软件、管理维护方便等优点，特别适合出差用户临时接入企业网络使用，请在 Windows 2008 服务器中配置 SSL VPN。

3. 在 Windows 2003 服务器配置一个使用预共享密码的 IPSec VPN。

第 8 章　网络安全管理

当前网络安全正成为信息化过程中的一个重要问题，网络安全管理也是网络管理员的一项重要岗位职责。本章通过网络安全的学习及配置防火墙、扫描网络安全、防护病毒与木马 3 个典型任务，让读者了解企业网络安全管理的基本概念、原理，具备基本的企业网络安全防护能力。

本章主要学习目标：

- 了解网络安全防范的体系。
- 了解网络安全技术的现状与发展。
- 掌握防火墙、防病毒、漏洞扫描技术应用。

8.1　网络安全概述

8.1.1　网络安全的基本概念

1. 网络安全的背景

随着计算机信息系统应用的深入，各个机构（政府、公司、社会团体）和个人越来越依赖信息系统，可用、保密、完整的信息成为组织生存和发展的基础，信息安全成为全社会共同关注的一个热点问题。

一方面，企业的运行越来越依赖信息系统，信息系统出现问题直接影响企业的运行。另一方面，近年来，随着互联网在国内普及，网络攻击知识和工具越来越丰富，在互联网和企业内部网中，网络安全事件越来越多发。

例如，2003 年某地通信公司的计费系统故障，两个小时后修复，直接经济损失达 400 万元；2007 年 7 月，某灯具生产企业由于文件服务器感染病毒，导致存储在服务器中的灯具设计图纸资料丢失，直接经济损失 50 多万元；2009 年 5 月某地证券公司营业部网络由于 ARP 病毒影响，网络中断 10 分钟，由于正在股票交易时间，很多股民由于不能交易而受到损失，向证券公司要求赔偿，金额达 6000 万元。

由中国互联网信息中心 2009 年 7 月发布的《第 24 次中国互联网报告》指出"半年内有 57.6%的网民在使用互联网过程中遇到过病毒或木马攻击。同时，有 1.1 亿网民在过去半年内遇到过账号或密码被盗的问题，占总体网民的 31.5%，网络安全不容小视，安全隐患有可能制约电子商务、网上支付等交易类应用的发展"。

由此可见，网络安全是每一个网络管理人员都应重视并熟悉的一个领域，网络安全管理工作将会成为网络管理员的一项重要日常工作。

2. 网络安全的概念

(1) 什么是信息安全

信息安全的概念是随着信息技术的发展而不断扩展和深化的,从广义上讲,表示一个国家的社会信息化状态和信息技术体系不受威胁和侵害;从狭义上讲,是指信息资产不因偶然的或故意的原因,被非授权泄露、更改、破坏,或信息内容不被非法系统辨识、控制。国际标准 ISO 17799 列出了常见的信息资产。

① 数据与文档:数据库和数据文件、系统文件、用户手册、培训材料、运行与支持程序、业务持续性计划、应急安排。

② 书面文件:合同、指南、企业文件、包含重要业务结果的文件。

③ 软件资产:应用软件、系统软件、开发工具和实用程序。

④ 物理资产:计算机、通信设备、磁介质(磁盘与磁带),其他技术设备(供电设备、空调设备)、家具、办公场所。

⑤ 人员:员工、客户。

⑥ 企业形象与声誉。

⑦ 服务:计算和通信服务,其他技术服务(供热、照明、电力、空调)。

(2) 什么是网络安全

网络安全是信息安全的一个组成部分,是网络环境下的信息安全。通常指计算机网络系统中的硬件、软件及其系统中的数据受到保护,不受偶然的或者恶意的原因而遭到破坏、更改、泄露,系统连续可靠正常地运行,网络服务不中断。

网络安全主要保障个人或企业的信息在网络中的保密性、完整性、可用性、真实性。计算机网络管理员不仅要保护计算机网络设备安全和计算机网络系统安全,还要保护数据安全。面对日趋复杂的互联网,由于在 IT 方面资金与技术人员人员的缺乏,国内多数中小企业都面临着严峻的安全问题。

8.1.2 网络安全威胁与应对策略

俗话说"知己知彼,百战不殆",要保护网络安全,必须先了解网络安全自身存在的问题和外部的威胁。

1. 主要的网络安全问题

(1) 物理安全问题

物理安全主要指计算机系统的硬件设备、场地、供电、网络线路等能正常工作,且不会被非授权的接触。物理安全是网络安全的基础,试想如果硬件停止工作、网络不通,信息的可用性如何保障?如果计算机的硬盘和网络交换机能被人随意的接触,网络传输中的信息保密性、完整性如何保障?因此,要采取各种措施保障物理安全,如合理设置计算机房和交换机安装的场地,不将机房设置在一楼和顶楼,避免机房进水;增加监控、电磁锁等安全防范措施;加强机房的供电、空调等环境保障,保障机构计算机信息系统的物理安全。

(2) 系统安全问题

系统安全是指计算机信息系统中的操作系统和应用程序能按要求正常运行,不被非法修改、被坏和使用。网络中的操作系统和应用软件在开发过程中往往会有各种安全漏洞,有些漏洞已经被发现且由生产厂商提供了修补漏洞的补丁(PATCH)程序,有些漏洞还没有被发现。漏洞产生的网络安全问题主要表现在两个方面：一是管理员没有或不及时安装补丁程序，导致漏洞长期存在，给攻击者提供了攻击的机会；二是漏洞被黑客首先发现并用于攻击，当然这种情况较为少见。2003年一个利用Windows操作系统RPC漏洞的冲击波病毒在国内网络中泛滥，造成数千个局域网瘫痪。2004年一个利用Windows的LSASS中存在一个缓冲区溢出漏洞进行攻击的"震荡波"病毒又给网络中的计算机造成严重损失。这些病毒泛滥的主要原因就是很多网络管理人员不及时升级操作系统。

(3) 网络传输安全问题

网络传输安全是指信息可以在网络中正确的传输且信息在网络中传输时不被窃听和篡改。在光纤、电缆、无线等各种传输介质中窃听信息需要一定的技术，但实现起来并不是很难。如2009年WiFi的WEP加密破解软件"BT2"在互联网上广为传播，很多人利用它破解邻居的无线路由器，实现"蹭网"(使用他人的无线宽带上网)，这一技术也可以用于窃听无线网络中传输的信息。信息在传输过程中要经过多个交换机和路由器等中转设备，在通过这些设备时信息可以很容易被篡改。

(4) 数据安全问题

网络中的文件服务器的数据库中保存着大量重要的信息数据，这些数据可能会因为硬件故障、病毒和黑客攻击、管理员及用户的误操作导致保密性、完整性、可用性的破坏。

(5) 运行安全问题

运行安全是指对信息系统的安全问题能及时发现并解决安全问题。当前很多机构的信息系统规模越来越大，但对运行安全不重视，安全管理不到位，没有规范的网络安全管理制度或有管理制度没有落实，导致系统中用户密码过于简单、权限分配不合理、安全设备缺乏等安全隐患，安全问题频发。

2. 常见的网络安全威胁

(1) 拒绝服务攻击

拒绝服务攻击指使系统中断或者完全拒绝对合法用户的服务的攻击方法，目的就是中断系统的正常服务，从而使被攻击机构的业务不能正常进行。拒绝服务攻击比控制被攻击系统要容易得多，攻击所需的工具在网络上也唾手可得，因此拒绝服务攻击比较容易实现，曾经有网络游戏玩家因为对游戏运营商不满而对网络游戏进行DoS攻击的事件，这让拒绝服务攻击对网络安全构成了严重的威胁。拒绝服务攻击的类型按其攻击形式划分包括导致异常型、资源耗尽型、分布式拒绝服务攻击(DDoS)。

(2) 窃听与探测攻击

窃听与探测攻击是获取系统和用户信息的常用手段。黑客通过木马或其他方式在用户计算机上植入按键记录器，记录用户的所有键盘输入，并上传给黑客，黑客从用户的键盘输入中获取银行卡号、密码、在网站或系统的登录用户名和密码等信息。

有些用户的用户名和密码比较简单，黑客可以直接通过常用的用户名和密码组合，尝试登录系统。黑客也可以通过攻击交换机或使用ARP欺骗的方法，让网络中其他计算机的通信都通过被黑客控制的计算机，通过分析每个数据，黑客可以获得大量的敏感信息。

(3) 欺骗攻击

欺骗攻击是指利用网络中的信任关系，假冒通信一方身份欺骗通信另一方的攻击方式，主要方式有IP欺骗、ARP欺骗、DNS欺骗、Web欺骗、电子邮件欺骗、源路由欺骗、地址欺骗等。由于IPv4协议在安全上的不足，欺骗攻击很容易进行，如近年来ARP欺骗在很多局域网的流行，成为局域网中最大的安全隐患。

(4) 社会工程攻击

社会工程攻击是利用人的心理弱点进行网络攻击，常见的社会工程攻击有网络欺诈、钓鱼攻击等。网络欺诈是目前互联网上比较常见的一种社会工程攻击手段，攻击者在网站上或通过QQ等工具，发布诱人的音频、视频吸引用户，然后在用户访问该网站时，网站提示用户必须安装新的编解码器才能访问该网站的内容，而事实上用户下载使用的并非编解码器，而是一款恶意软件。网络钓鱼是通过大量发送声称来自于银行或其他知名机构的欺骗性垃圾邮件(如中奖信息)，意图引诱收信人给出敏感信息(如用户名、口令、账号ID、ATM PIN码或信用卡详细信息)的一种攻击方式。最典型的网络钓鱼攻击将收信人引诱到一个通过精心设计与目标组织的网站非常相似的钓鱼网站上，并获取收信人在此网站上输入的个人敏感信息，通常这个攻击过程不会让受害者警觉。这些个人信息对黑客们具有非常大的吸引力，因为这些信息使得他们可以假冒受害者进行欺诈性金融交易，从而获得经济利益。

(5) 病毒和木马

病毒是指编制或者在计算机程序中插入的破坏计算机功能或者破坏数据，影响计算机使用并且能够自我复制的一组计算机指令或者程序代码。而木马是目前比较流行的病毒文件，与一般的病毒不同，它不会自我繁殖，也并不刻意地去感染其他文件，它通过将自身伪装成音频、视频、图片、小说等内容吸引用户下载执行，建立可由木马发布者控制的后门，使施种者可以任意毁坏、窃取被种者的文件，甚至远程操控被种者的电脑。

病毒和木马已经成为目前网络安全的最大威胁，根据腾讯科技2009年的一项调查显示，仅5%的网友表示没有遭遇过病毒或木马袭击，95%的用户受到1次或多次的病毒或木马感染，有35%的用户遭遇游戏账户或QQ账户被盗事件。2009年，美国宾夕法尼亚州昆布兰地区重建局安装有Windows操作系统的电脑遭受了Clampi木马的攻击，攻击的结果是黑客从该局的银行账户中窃取了479247美元巨款。这种木马暗藏在邮件附件中，只要用户点击附件便可将木马悄悄安装到用户的电脑中，木马安装后便会在后台监视并等待用户输入银行账号信息，并将账号信息发送到黑客手中。

(6) 垃圾邮件

垃圾邮件(Spam)现在还没有一个非常严格的定义。一般来说，凡是未经用户许可就强行发送到用户的邮箱中的任何电子邮件。垃圾邮件一般具有批量发送的特征。其内容包括赚钱信息、成人广告、商业或个人网站广告、电子杂志、连环信等。垃圾邮件可以分为良性的和恶性的。良性垃圾邮件是各种宣传广告等对收件人影响不大的信息邮件；恶性垃圾邮件是指具有破坏性的电子邮件。

电子邮件是目前Internet上应用最广泛的服务之一。但随着电子邮件的应用越来越广泛，垃圾邮件已成为困扰人们的一大难题。统计显示，经由互联网传送的邮件中垃圾邮件的占比超过8成。在中国互联网协会反垃圾邮件中心组织的“2009年第一季度中国反垃圾邮件状况调查”相关报告中显示，截至2008年12月，中国网民在2008年内收到的垃圾邮件总量为2724亿封，比2007年同期增加43.3%，2009年第一季度调查结果显示，中国网民平均每周收到垃圾邮件的比例为57.52%。

庞大的垃圾邮件数量会占用大量的网络资源，影响正常的互联网业务，大量宝贵的时间被用在应付垃圾邮件上,严重影响了用户的工作效率。更有甚者,垃圾邮件已经成为网络病毒传播的重要途径,很多垃圾邮件都带有病毒文件或下载木马、病毒等恶意程序的网络服务器链接地址,一旦计算机用户单击打开这些垃圾邮件,操作系统就会受到病毒感染,造成系统无法正常工作。垃圾邮件给用户造成多方面的影响,仅以浪费时间作为评估标准计算,2009 年第一季度垃圾邮件给中国造成的经济损失达 339.59 亿元人民币,与2007 年的 188.4 亿元相比,两年间增长了 151.19 亿元,增幅为 80.25%。

8.1.3 常用网络安全技术简介

1. 加密技术

加密技术是最古老的保护信息的方法,从古至令,加密技术一直在社会各个领域,尤其是军事、外交、情报等部门广泛使用。在当前的信息时代,加密技术更是得到了前所未有的重视,并迅速普及和发展起来。加密技术通常根据加密和解密的密码分为对称加密、非对称加密和单向加密 3 种方式。

(1) 对称加密算法

它对信息进行加密和解密时用同一个密码(密钥),对称加密常用的算法有 DES、AES 和 IDEA。

DES 是 Data Encryption Standard(数据加密标准)的缩写。它是由 IBM 公司研制的一种加密算法,美国国家标准局于 1977 年公布把它作为非机要部门使用的数据加密标准,20 年来,它一直活跃在国际保密通信的舞台上,扮演了十分重要的角色。DES 现在已经不被视为一种安全的加密算法,因为它使用的 56 位密钥过短,以现代计算能力,24 小时内即可能被破解。也有一些分析报告提出了该算法的理论上的弱点,虽然实际情况未必出现。该标准在最近已经被高级加密标准(AES)所取代。

AES 即高级加密标准(Advanced Encryption Standard,AES),又称 Rijndael 加密法,是美国联邦政府采用的一种区块加密标准。这个标准用来替代原先的 DES,已经被多方分析且广为全世界所使用,高级加密标准已然成为对称密钥加密中最流行的算法之一,该算法为比利时密码学家 Joan Daemen 和 Vincent Rijmen 所设计。AES 的基本要求是,采用对称分组密码体制,密钥长度的最少支持为 128、192、256,分组长度 128 位,算法应易于各种硬件和软件实现。1998 年 NIST 开始 AES 第一轮分析、测试和征集,共产生了 15 个候选算法。1999 年 3 月完成了第二轮 AES2 的分析、测试。

IDEA 是 International Data Encryption Algorithm 的缩写,是 1990 年由瑞士联邦技术学院 X. J. Lai 和 Massey 提出的建议标准算法,该算法用硬件和软件实现都很容易且比 DES 在实现上快得多。IDEA 自问世以来,已经经历了大量的详细审查,对密码分析具有很强的抵抗能力,在多种商业产品中被使用。著名的 PGP 加密软件就使用 IDEA 算法。

(2) 非对称加密算法

非对称加密算法是指加密和解密使用不同的密码(密钥),非对称加密算法的密码(密钥)是成对使用的,其中一个密码通常是公开的,所以又称公开密钥加密。

当前最著名应用最广泛的公钥系统 RSA 是在 1978 年,由美国麻省理工学院(MIT)的 Ron Rivest、Adi Shamir 和 Leonard Adleman 在题为《获得数字签名和公开钥密码系统的方法》的论文中提出的。它是一个基于数论的非对称(公开钥)密码体制,是一种分组密码体制。其名称来自于3个发明者的姓名首字母。它的安全性是基于大整数因子分解的困难性,而大整数因子分解问题是数学上的著名难题,至今没有有效的方法予以解决,因此可以确保RSA算法的安全性。RSA系统是公钥系统的最具有典型意义的方法,大多数使用公钥密码进行加密和数字签名的产品和标准使用的都是RSA算法。

RSA算法是第一个既能用于数据加密也能用于数字签名的算法,因此它为公用网络上信息的加密和鉴别提供了一种基本的方法。它通常是先生成一对RSA密钥,其中之一是保密密钥,由用户保存;另一个为公开密钥,可对外公开,甚至可在网络服务器中注册,人们用公钥加密文件发送给个人,个人就可以用私钥解密接收。为提高保密强度,RSA密钥至少为512位长,一般推荐使用1024位。

(3) 单向加密算法

单向加密算法是指只有加密运算没有解密运算的加密算法,这种方法不需要密码(密钥),单向加密通常使用散列算法。

散列算法也称为单向散列函数、杂凑函数、哈希算法、HASH算法或消息摘要算法,它通过把一个单向数学函数应用于数据,将任意长度的一块数据转换为一个定长的、不可逆转的数据,这段数据通常叫消息摘要(如对一个几兆字节的文件应用散列算法,得到一个128位的消息摘要)。消息摘要代表了原始数据的特征,当原始数据发生改变时,重新生成的消息摘要也会随之变化,即使原始数据的变化非常小,也可以引起消息摘要的很大变化。因此,消息摘要算法可以敏感地检测到数据是否被篡改。消息摘要算法再结合其他的算法就可以用来保护数据的完整性或用于用户密码的加密。

散列算法的使用方法:用散列函数对数据生成散列值并保存,以后每次使用时都对数据使用相同的散列函数进行散列,如果得到的值与保存的散列值相等,则认为数据未被修改(数据完整性验证)或两次所散列的原始数据相同(口令验证)。典型的散列函数有MD5、SHA-1、HMAC、GOST等。单向散列函数主要用在一些只需加密不需解密的场合:如验证数据的完整性、口令表的加密、数字签名、身份认证等。

2. 数字签名与数字证书

(1) 数字签名

在传统商务活动中,为了保证交易的安全与真实,一份书面合同或公文要由当事人或负责人签字、盖章,以便让交易双方识别是谁签的合同,保证签字或盖章的人认可合同的内容,在法律上才能承认这份合同是有效的。而在电子商务的虚拟世界中,合同或文件是以电子文件的形式表现和传递的。在电子文件上,传统的手写签名和盖章是无法进行的,这就必须依靠技术手段来替代。能够在电子文件中识别双方交易人的真实身份,保证交易的安全性和真实性以及不可抵赖性,起到与手写签名或者盖章同等作用的签名的电子技术手段,称为电子签名。

实现电子签名的技术手段有很多种,但目前比较成熟的、世界先进国家普遍使用的电子签名技术还是“数字签名”技术。由于保持技术中立性是制定法律的一个基本原则,目前还没有任何理由说明公钥密码理论是制作签名的唯一技术,因此有必要规定一个更一般化的概念以适应今后技术的发展。但是,目前电子签名法中提到的签名,一般指的就是“数字签名”。

所谓“数字签名”就是通过某种密码运算生成一系列符号及代码组成电子密码进行签名,来代替书写签名或印章,对于这种电子式的签名还可进行技术验证,其验证的准确度是一般手工签名和图章的验证而无法比拟的。“数字签名”是目前电子商务、电子政务中应用最普遍、技术最成熟的、可操作性最强的一种电子签名方法。它采用了规范化的程序和科学化的方法，用于鉴定签名人的身份以及对一项电子数据内容的认可。它还能验证出文件的原文在传输过程中有无变动，确保传输电子文件的完整性、真实性和不可抵赖性。

数字签名技术是将摘要信息用发送者的私钥加密，与原文一起传送给接收者。接收者只有用发送者的公钥才能解密被加密的摘要信息，然后用同样的HASH函数对收到的原文产生一个摘要信息，与解密的摘要信息对比。如果相同，则说明收到的信息是完整的，在传输过程中没有被修改，否则说明信息被修改过，因此数字签名能够验证信息的完整性。由于私钥只有发送者一人保管，私钥与发送者具有一一对应关系，如果能用发送者的公钥解密，则可以确认信息确实由发送者发送，因此数字签名可以确保电子文件的真实性和不可抵赖性。

(2) 数字证书与PKI

数字签名技术要求保证发送者与公钥/私钥对的一一对应，否则无法保证传输电子文件的完整性、真实性和不可抵赖性，这就需要一个权威的第三方机构来认证发送者的公钥/私钥对，并保管和公布公钥，这样一个权威的第三方机构就称为证书机构(Certificate Authority，CA)。同时为方便公钥的使用和传输，通常将公钥和所有者的信息等放在一起，并由CA签名，这种由公钥、用户信息及CA签名组成的文件就称为数字证书。数字证书文件有不同的内容和格式，目前国际上最通行的证书格式是X.509，内容包括证书序列号、证书持有者名称、证书颁发者名称、证书有效期、公钥、证书颁发者的数字签名等。

PKI是Public Key Infrastructure的缩写，是指用公钥概念和技术来实施和提供安全服务的具有普适性的安全基础设施。X.509标准中，为了区别于权限管理基础设施(Privilege Management Infrastructure，PMI)，将PKI定义为支持公开密钥管理并能支持认证、加密、完整性和不可抵赖性服务的基础设施。完整的PKI系统必须具有权威认证机构(CA)、数字证书库、密钥备份及恢复系统、证书作废系统、应用接口(API)等基本构成部分，构建PKI也将围绕着这五大系统来着手构建。PKI技术是信息安全技术的核心，也是电子商务的关键和基础技术。PKI的基础技术包括加密、数字签名、数据完整性机制、数字信封、双重数字签名等。

3. 防火墙技术

古时候，人们常在寓所之间砌起一道砖墙，一旦火灾发生，它能够防止火势蔓延到别的寓所，这种墙因此而得名“防火墙”。现在，人们通常在内部网络和Internet之间插入一个中介系统，竖起一道安全屏障，这道屏障的作用是阻断来自外部通过网络对本网络的威胁和入侵，提供守卫本网络的安全和审计的唯一关卡，这种中介系统也叫做防火墙，或防火墙系统。

防火墙指的是一个由软件和硬件设备组合而成、在内部网和外部网之间、专用网与公共网之间的界面上构造的保护屏障。它是一种计算机硬件和软件的结合，使Internet与Intranet之间建立起一个安全网关(Security Gateway)，从而保护内部网免受非法用户的侵入。除企业用的网关型防火墙外，还有单机版的软件防火墙，通常安装在PC或服务器上，用于保护单机上网的安全，但这类防火墙在技术上与企业级防火墙有较大的差异。

4. 虚拟专用网络(VPN)技术

VPN是虚拟专用网络(Virtual Private Network)的英文缩写，可以把它理解成是虚拟出来的企业内部专线。由于租用电信公司的长途专用线路价格非常昂贵，是企业接入本地互联网价格的几十倍甚至几百倍，因此很多企业希望能通过互联网将分布在世界各地的分部连接起来，以降低企业运营成本。由于互联网的安全性较差，难以满足企业内部网络互联的要求，而VPN技术可以通过特殊的加密的通讯协议在连接在Internet上的位于不同地方的两个或多个企业内网之间建立网络连接，能保证企业内部信息在互联网上传输的安全，受到企业的广泛欢迎。VPN技术原是路由器具有的重要技术之一，目前在交换机，防火墙设备或Windows 2000等软件里也都支持VPN功能，一句话，VPN的核心就是在利用公共网络建立虚拟私有网。

5. 入侵检测技术

入侵检测技术(IDS)是指对计算机和网络资源的恶意使用行为进行识别和相应处理的系统，包括系统外部的入侵和内部用户的非授权行为，是为保证计算机系统的安全而设计与配置的一种能够及时发现并报告系统中未授权或异常现象的技术，是一种用于检测计算机网络中违反安全策略行为的技术。入侵检测方法很多，如基于专家系统入侵检测方法、基于系统文件完整性分析的入侵检测方法、基于异常行为统计的入侵检测方法等。

单纯的入侵检测在实际应用中由于误报率问题，产生大量虚假警报，影响网络管理员的判断，因此当前实用的入侵检测系统通常都加上主动防御功能，称为入侵防御系统(IPS)。防御方式通常使用打断会话或修改防火墙规划的方式。

在打断会话方式中，IDS引擎会先识别并记录潜在的攻击，然后假扮会话连接的另一端，伪造一份报文给会话的两端，造成会话连接中断。这样可以有效地关闭通信会话，阻止攻击。不同的IDS有可能在随后的一段预定或随机的时间内试图阻止从攻击者主机发出的所有通信。这种措施虽然强大，但是也有缺点。这种措施能够阻止的是较长时间的攻击，而像早期的"泪滴攻击"使系统接收到一个特制分组报头时就会崩溃的情况，这种方法无能为力。

修改防火墙规划方式要求入侵检测系统能与防火墙联动，能够修改远程防火墙的过滤规则，以阻止持续的攻击。根据安全策略的不同，这种措施可能包括阻止攻击主机与目标主机的其他传输、阻止攻击主机的所有传输；在某些特殊的情况下，也可以阻止目标主机的与特定网域内主机的通信。这种措施的优点是同样阻止攻击，它比打断会话节省许多网络传输。不过此种措施无法对抗来自内网的攻击，以及有可能造成拒绝服务。

6. 网闸

网闸是用于物理隔离的两个网络之间的网关，其基本原理是：切断网络之间的通用协议连接；将数据包进行分解或重组为静态数据；对静态数据进行安全审查，包括网络协议检查和代码扫描等；确认后的安全数据流入内部单元；内部用户通过严格的身份认证机制获取所需数据。网闸在同一时间只与一个网络进行逻辑连接，并且主要应用于同一单位的两个安全级别相差较大的网络之间，目前在政府部门的内网和外网连接时使用较广泛。

8.1.4 网络安全管理

1. 信息安全管理

保障信息安全有3个层面：一个是技术、一个是管理、一个是法律和法规。但大部分管理人员在关注信息安全时集中在技术相关的领域，如入侵检测技术、防火墙技术、防病毒技术、加密技术、认证技术等。这主要是因为信息安全技术和产品的采纳，能够快速见到直接效益，此外，厂商对信息安全产品的宣传推广，也提高了人们对信息安全技术和产品的认知度。信息安全技术是保障信息安全的基础，但安全技术只是信息安全的第一个层面，仅依靠信息安全技术并不能保障企业信息安全。

信息安全管理(Security Management，ISM)是企业管理(Enterprise Management)的一个重要组成部分。安全管理涉及策略与规程，安全缺陷以及保护所需的资源，防火墙，密码加密问题，鉴别与授权，客户机/服务器认证系统，报文传输安全以及对病毒攻击的保护等。

2. ISO 27001/ISO 17799 信息安全管理体系

ISO 27001:2005(信息安全管理体系)是国际信息安全管理领域内的重要标准，起源于BSI(英国标准协会)制定的信息安全管理标准 BS 7799-2。2005 年 11 月，ISO 27001:2005 出版。与 ISO 27001：2005 标准对应的国内标准是 GB/T 22080—2008，在 2008 年 11 月 1 日正式实施。

ISO 27001 是建立信息安全管理体系(ISMS)的一套规范，基于科学的 PDCA 方法论，详细说明了建立、实施和维护信息安全管理体系的要求，指出实施机构应该遵循的风险评估标准，同时为建立、实施、运行、监控、评审、保持与改进信息 安全管理体系提供了模型，用来指导组织人员顺利开展信息安全管理体系建设，从而确保组织业务的持续运营与发展企业竞争优势。

ISO 27001 定义了 11 个控制域，如图 8-1 所示，39 个控制目标和 133 个控制措施，实施 ISO 27001 的企业可根据需要从这些控制措施中进行选择性采用。

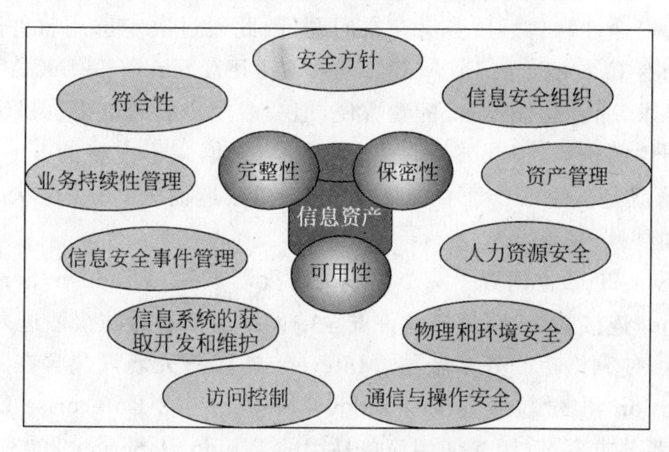

图 8-1　ISO 27001 的控制域

8.2　任务一：配置防火墙

8.2.1　任务描述

某企业内网有 80 余台 PC，通过本地电信运营商的 100MB 光纤线路接入互联网。电信运营商提供了两个固定 IP 地址 60.154.218.65/30、60.154.218.66/30，企业内网的 IP 地址为 192.168.0.0～192.168.4.0/24 5 个子网。作为企业的专职网络管理员，行政部主任要求你给出让企业安全接入互联网的方案，费用要低。

8.2.2 方法与步骤

1. 任务分析

将企业内网安全地接入互联网,最常用、最有效的方法就是使用网络防火墙。网络防火墙的类型很多,价格相差也很大,要详细了解技术、市场两方面的情况才能找到最适合企业的方案。网络防火墙产品技术含量较高,因此生产者不仅需要强大的资金,而且在技术实力上也需要强大的保障,也就是说选购时要注意品牌。选择了好的品牌往往也意味着选择了好的技术和服务,对以后的使用也更加有保障。

2. 方案的选择

目前市场上的防火墙一般分为硬件防火墙和软件防火墙两大类,硬件防火墙实际是硬件软件一体化的结构,通常使用专用操作系统;而软件防火墙是一个软件,使用通用操作系统,需要安装在PC(PC服务器)上。硬件防火墙根据体系结构不同一般分为通用处理器架构、NP专用处理器架构、ASIC专用芯片架构、通用处理器+ASIC专用芯片架构4种,4种架构的防火墙性能不同,通用处理器架构性能较低,但灵活性高,ASIC专用芯片的性能高,但灵活性稍差,通用处理器+ASIC芯片的性能和灵活性都很好。根据本任务中网络出口带宽为100MB,接入PC 100台左右的要求,使用通用处理器架构的防火墙即可满足要求。

通过市场调查发现,知名品牌的防火墙能满足任务要求的产品价格都超过1万元,而对一些新品牌产品的安全性和售后服务又存在问题,因此通过决定选用软件防火墙。目前商业版的软件防火墙有CheckPoint Firewall、Microsoft ISA Server、WINGATE等产品,其性能均能满足任务要求,而且功能丰富,配置方便,但一般用户版的价格也都超过1万元,这还没有计算服务器硬件的价格。Linux下的iptables防火墙基于内核的net-filter架构,不少国产的硬件防火墙就是从Linux下的net-filter架构改造而来,可实现状态过滤防火墙功能,具有良好的性能。

Windows Server 2003也内置了一个简单的防火墙软件,Windows Server 2003提供的防火墙称为Internet连接防火墙,通过允许安全的网络通信通过防火墙进入网络,同时拒绝不安全的通信进入,使网络免受外来威胁。Internet连接防火墙只包含在Windows Server 2003 Standard Edition和32位版本的Windows Server 2003 Enterprise Edition中。本应用中,企业对防火墙要求不高,因此使用简单易用的Windows Server 2003的Internet连接防火墙。

3. 硬件选择

防火墙是一个网关型的设备,一般要求7×24小时工作,对可靠性要求较高。因此选用专业的网络服务器,防火墙对磁盘存储系统要求不高,但对网卡、CPU、内存要求较高,基于这一要求,选用知名品牌的入门级服务器产品,硬件价格在5600元左右,具体配置如下:

① 奔腾E5400处理器。

② 1GB DDR 2800 ECC内存。

③ 160GB 7200rpm SATA硬盘。

④ 一个PCIe接口的BROADCOM 5722铜缆千兆以太网卡网卡(板载)。

⑤ 一块PCIe接口的英特尔(R) Pro/1000 PTx4 PCIe双端口铜缆千兆以太网卡。

⑥ 3年内设备故障,提供在下一工作日上门服务。

4. 系统安装

Windows Server 2003 Standard Edition 的安装较为简单,在此不再细述。

5. 防火墙配置

(1) 网卡 IP 地址配置

作为一台网关型软件防火墙,至少要有两个网络接口,一个接内网,一个接外网。在本任务中,防火墙内网地址为 192.168.0.2/255.255.255.0,网关地址为内网的三层交换机地址:192.168.0.1;防火墙外网地址为 61.175.243.106/255.255.255.248,网关地址为:61.175.243.105,外网地址由 ISP 提供。在服务器中,名称为"本地连接"的网卡为连接内网的网卡,名称为"本地连接 2"的网卡为连接外网的网卡。

(2) 开启路由与访问功能

Windows 2003 的路由与远程访问功能默认是关闭的,通过选择"开始菜单"→"程序"→"管理工具"→"路由和远程访问"选项即可打开配置对话框,如图 8-2 所示。

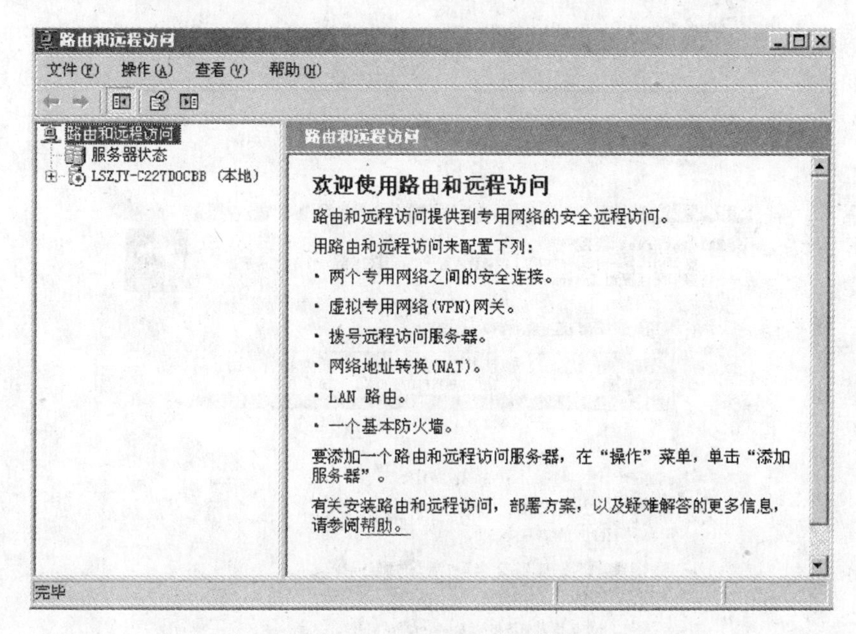

图 8-2 路由和远程访问管理器

在配置工具中右击计算机名,选择"配置启用路由与远程访问"选项,在出现的向导对话框中单击"下一步"按钮,将出现如图 8-3 所示的向导对话框,根据任务要求选择"网络地址转换"服务。

"本地连接 2"为连接到 Internet 的公共接口(IP 地址为 61.175.103.106),因此在图 8-4 所示的界面中选择"本地连接 2",同时选中"通过设置基本防火墙来对选择的接口进行保护"复选框。

单击"下一步"按钮,进入如图 8-5 所示的界面,单击"完成"按钮,完成软件防火墙的基本设置。完成后的界面如图 8-6 所示。

(3) 设置防火墙日志

在如图 8-6 所示的界面中,在左侧的"NAT/基本防火墙"项上右击并在弹出菜单中选

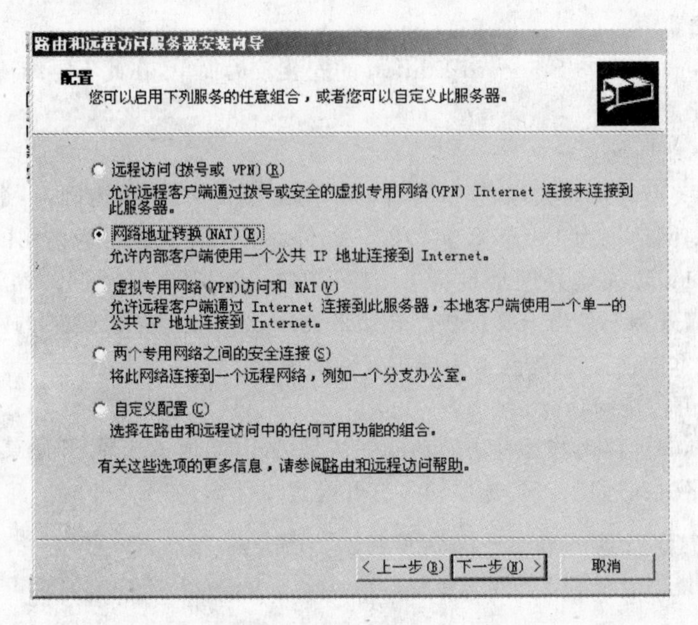

图 8-3　选择 NAT 服务

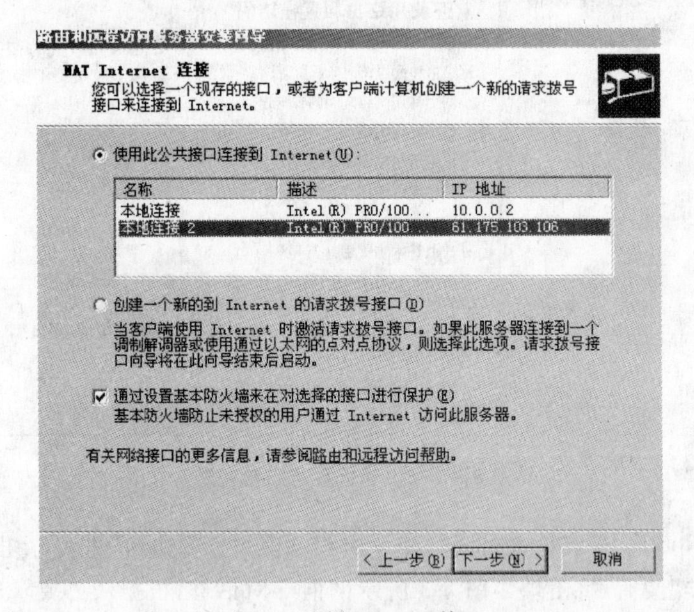

图 8-4　选择 Internet 接口

择“属性”选项，将出现如图 8-7 所示的“NAT/基本防火墙属性”对话框。由于防火墙是企业内外网连接的关键位置，应该尽可能多地保留防火墙的工作日志，在如图 8-7 所示的界面中选择在事件日志中记录最多的信息。通过这一设置，管理员可以在系统的日志查看器中了解到防火墙的工作状态。

(4) 让内网的 Web 服务器能被互联网用户访问

在如图 8-6 所示的对话框中右击“本地连接 2”选项，选择“属性”选项，将出现如图 8-8 所示的对话框。选择“服务和端口”选项卡，选中“Web 服务器(HTTP)”复选框，将弹出如

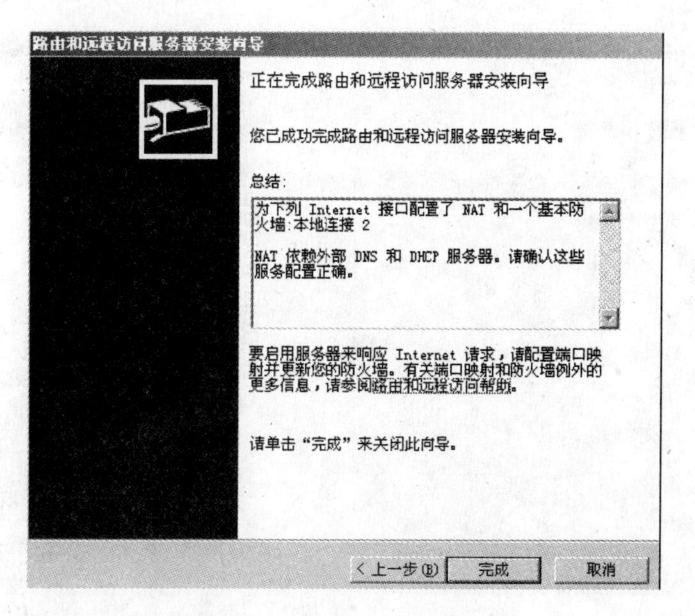

图 8-5　完成 NAT 设置

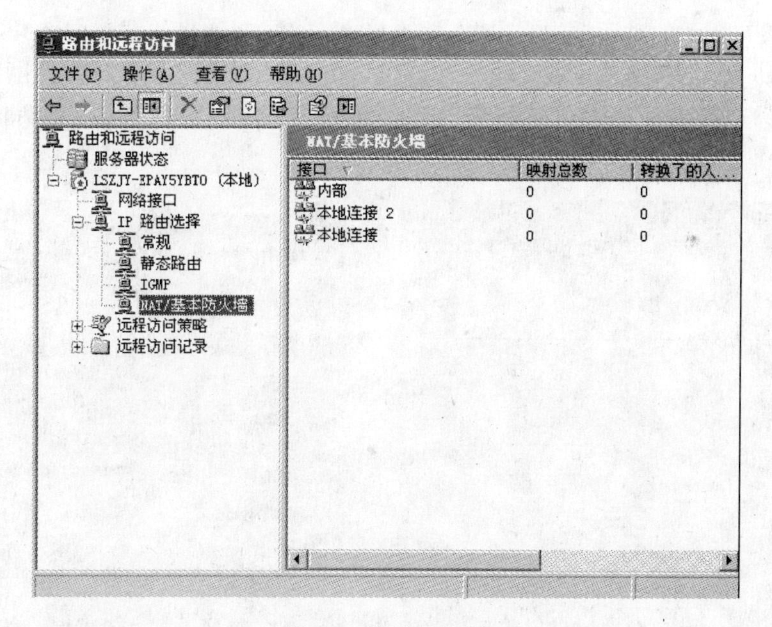

图 8-6　防火墙设置

图 8-9 所示的“编辑服务”对话框，在“专用地址”处输入内网的 Web 服务器 IP 地址“192.168.0.8”，单击“确定”按钮。通过这一设置，外网用户访问软件防火墙的外网接口时，所有的访问将被发到 IP 为 192.168.0.8 的 Web 服务器上。

(5) 禁止内网用户的 QQ 连接

QQ 连接默认在本机使用 UDP 的 4000 端口，在服务器端使用 UDP 的 8000 端口，因此只要禁止对内网电脑 UDP 4000 端口或外网 UDP 8000 端口访问就可以禁止 QQ 的正常连接，QQ 通过代理服务器的连接由于通过 TCP 80 端口，无法禁止，具体操作如下。

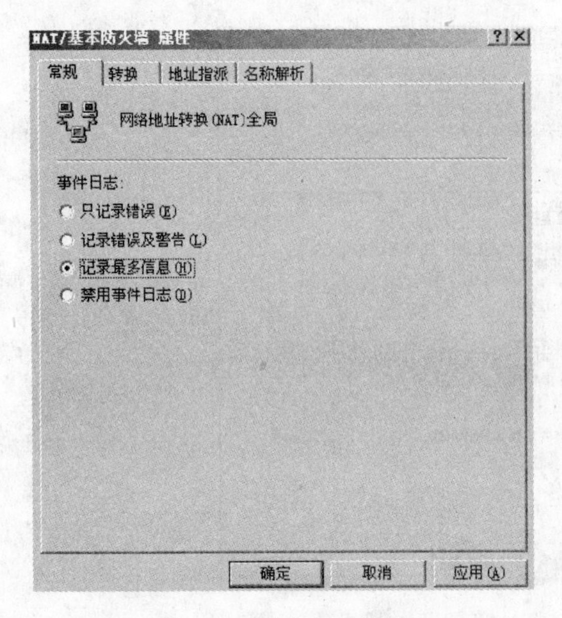

图 8-7 防火墙属性设置

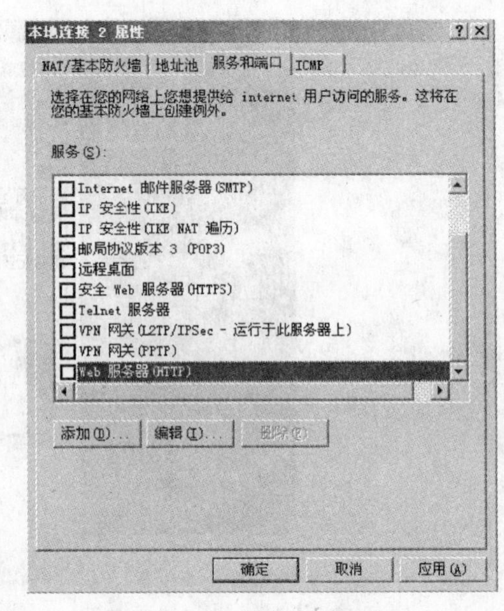

图 8-8 设置网络地址转换接口

在如图 8-6 所示的对话框中右击“本地连接 2”选项，在弹出的菜单中选择“属性”选项，弹出如图 8-10 所示的“本地连接 2 属性”对话框，单击“出站筛选器”按钮，弹出如图 8-11 所示的“出站筛选器”对话框，单击“新建”按钮，将弹出“编辑 IP 筛选器”对话框，如图 8-12 所示。

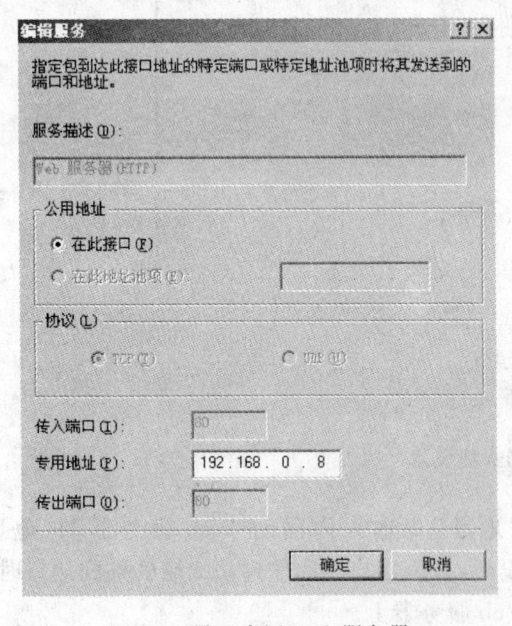

图 8-9 设置内网 Web 服务器

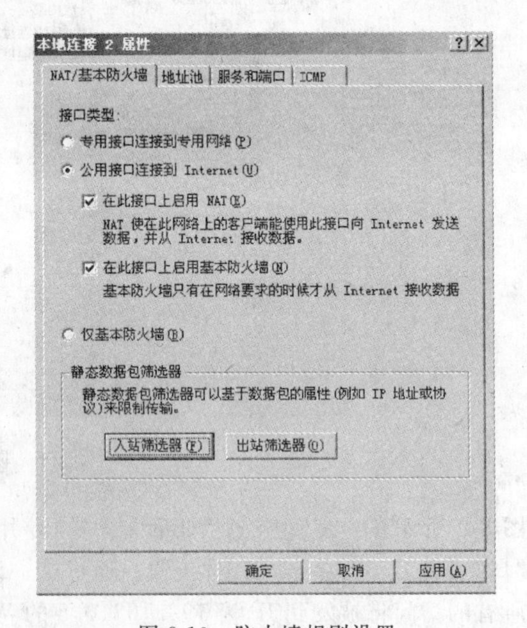

图 8-10 防火墙规则设置

在“协议”下拉列表框中选择 UDP，“目标端口”填 8000，单击“确定”按钮，回到“出站筛选器”对话框，如图 8-13 所示的样子。

选择“传输所有除符合下列条件以外的数据包”选项，单击“确定”按钮，完成设置。

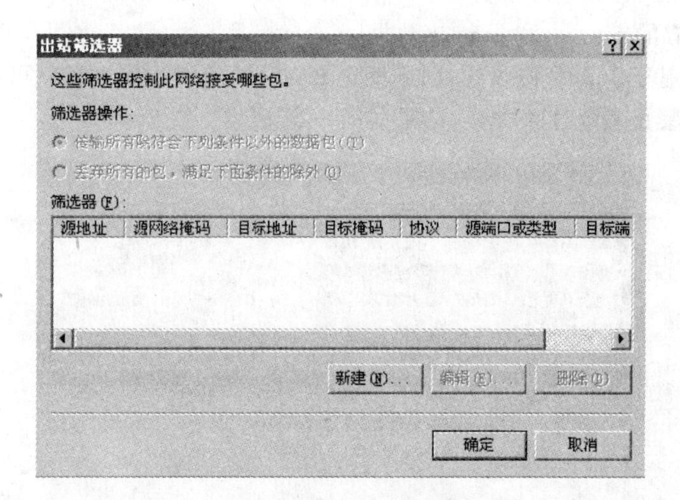

图 8-11　出站筛选器列表 1

图 8-12　阻止 UDP 8000 端口

图 8-13　出站筛选器列表 2

(6) 禁止所有的 ping 入和 ping 出数据

ping 操作是基于 ICMP 协议的，因此禁止 ICMP 协议进出防火墙就可以防火止 ping 操作。操作方式与禁止 QQ 连接类似，结果如图 8-14 所示。

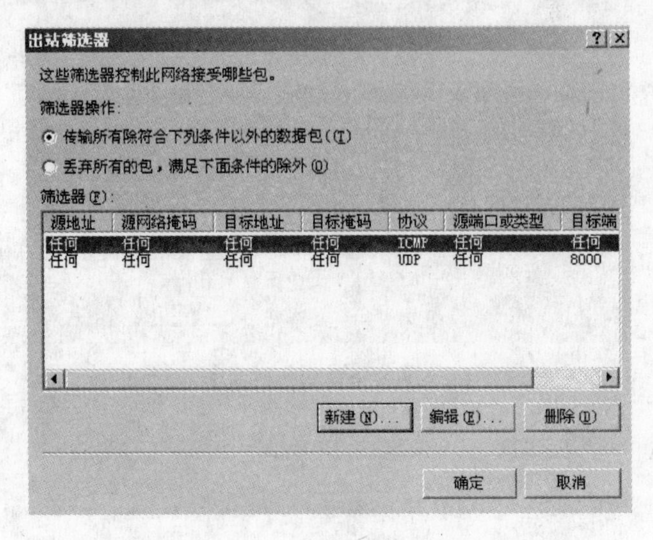

图 8-14　出站筛选器列表 3

8.2.3　相关知识与技能

1. 防火墙的定义

防火墙是一种访问控制设备，是在被保护网和外网之间执行访问控制策略的一种或一系列软硬件的组合，是不同网络安全域间通信流的通道，能根据企业有关安全政策控制进出网络的访问。在逻辑上，防火墙是一个分离器，一个限制器，也是一个分析器，有效地监控了内部网和 Internet 之间的任何活动，保证了内部网络的安全。防火墙的一般应用如图 8-15 所示。

2. 防火墙的功能

(1) 控制网络访问

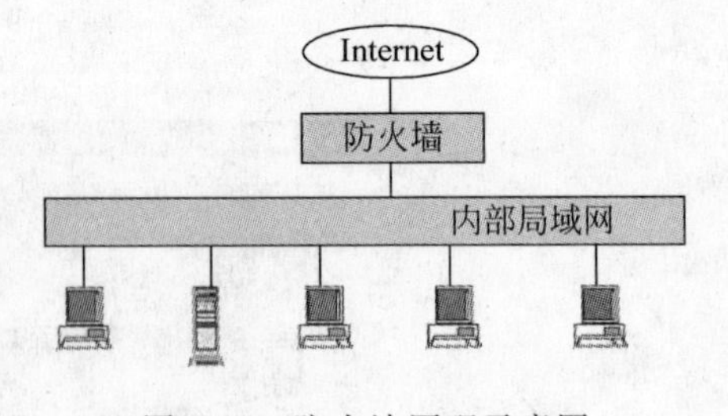

图 8-15　防火墙原理示意图

防火墙能极大地提高一个内部网络的安全性，并通过过滤不安全的服务而降低风险。由于只有经过精心选择的应用协议才能通过防火墙，所以网络环境变得更安全。如防火墙可以禁止从互联网向受保护网络发起的主动连接，这样外部的攻击者就难以攻击内部网络。防火墙同时可以保护网络免受基于路由的攻击，如 IP 选项中的源路由攻击和 ICMP 重定向中的重定向路径。防火墙可以拒绝所有以上类型攻击的报文并通知防火墙管理员。

(2) 强化网络安全策略

通过以防火墙为中心的安全方案配置，能将所有安全软件(如口令、加密、身份认证、审计等)配置在防火墙上。与将网络安全问题分散到各个主机上相比，防火墙的集中安全管理更经济。如在网络访问时，只有通过防火墙的 VPN 接入认证才能访问内网特定的系统，实施加强的网络认证接入。

(3) 对网络存取和访问进行监控审计

如果所有的访问都经过防火墙,防火墙就能记录下这些访问并进行日志记录,同时也能提供网络使用情况的统计数据。当发生可疑动作时,防火墙能进行适当的报警,并提供网络是否受到监测和攻击的详细信息。另外,对于收集一个网络的使用和误用情况也是非常重要的。首先可以清楚防火墙是否能够抵挡攻击者的探测和攻击,并且清楚防火墙的控制是否充足。而网络使用统计对网络需求分析和威胁分析等而言也是非常重要的。

(4) 防止内部信息的外泄

利用防火墙对内部网络的划分,可实现内网重点网段的隔离,从而限制了局部重点或敏感网络安全问题对全局网络造成的影响。再者,隐私是内部网络非常关心的问题,一个内部网络中不引人注意的细节可能包含了有关安全的线索而引起外部攻击者的兴趣,甚至因此而暴露了内部网络的某些安全漏洞,通过使用 NAT(网络地址转换)技术,可以有效地屏蔽内网的信息。

除了安全作用,大部分防火墙还支持具有 Internet 服务特性的企业内部网络技术体系 VPN。通过 VPN,将企事业单位分布在全世界各地的 LAN 或专用子网有机地连成一个整体。不仅省去了专用通信线路,而且为信息共享提供了技术保障。

3. 防火墙技术

(1) 包过滤技术

包过滤技术通过检测每一个经过防火墙的数据包,根据规则允许或禁止某些特定的源地址、目的地址、TCP 端口号的数据包进出内部网络。

包过滤的优点是不用改动客户机和主机上的应用程序,因为它工作在网络层和传输层,与应用层无关。但其弱点也是明显的:用于过滤判别的只有网络层和传输层的有限信息,因而各种安全要求不可能充分满足;在许多过滤器中,过滤规则的数目是有限制的,且随着规则数目的增加,性能会受到很大影响;由于缺少上下文关联信息,不能有效地过滤如 UDP、RPC 一类的协议;另外,大多数过滤器中缺少审计和报警机制,且管理方式和用户界面较差;对安全管理人员素质要求高,建立安全规则时,必须对协议本身及其在不同应用程序中的作用有较深入的理解。因此,过滤器通常是和应用网关配合使用,共同组成防火墙系统。

(2) 状态包检测技术

它的工作方式类似于分组过滤防火墙,只是采用了更复杂的访问控制算法。状态检测型防火墙和分组过滤防火墙实质上都是通过控制策略来提供安全保护的,只是状态检测型防火墙除了可以利用第三层网络参数执行控制策略之外,还可以利用网络连接及应用服务的各种状态来执行决策。另外,所执行的决策也不仅限于数据包的放行与阻隔,类似加密这样的处理也可以作为一种控制策略被执行。

状态检测型防火墙不仅可以根据第三层参数决定有关信息传输是放行还是拒绝,还能够理解连接的当前状态(如相关连接是处于建立阶段还是数据传输阶段)。防火墙处理的所有数据传输都会被传送到一个状态检测引擎,集中了相应的访问规则。通过维护一个连接状态表,标识出通过防火墙的每条活动连接以及与之关联的第三层参数。如果连接状态表中确实含有一条连接的记录,状态检测引擎才允许该连接的返回信息通过。而且在连接建立之后，防火墙可以通过检查TCP顺序号这样更高级的连接属性，来验证相关的信息传输确实与基本的第三层参数匹配，是合法且没有欺诈的。

就状态检测型防火墙与应用层网关相比较而言，由于状态检测引擎了解应用层的情况，因此状态检测型防火墙所具有的安全保护水平与应用层网关基本相同，且状态检测型防火墙更加灵活，比应用层网关具有更好的扩展能力。因为它可以在应用程序一级保证通信的完整性，而不需要代表客户机/服务器在连接的两端对所有连接进行代理处理。所以使用状态检测技术设计的防火墙既提供了分组过滤防火墙的处理速度和灵活性，又兼具应用层网关理解应用程序状态的能力与高度的安全性。

(3) 深度包检测技术

深度包检测技术深入检查通过防火墙的每个数据包及其应用载荷。传统的防火墙只检测包头部分，对防火墙处理能力要求较低，但是很多恶意行为可能隐藏在数据中，通过防御边界在安全体系内部产生严重的危害。因为数据中可能充斥着垃圾邮件、广告视频以及不受企业欢迎的P2P下载，而各种电子商务程序的HTML和XML格式数据中也可能夹带着后门和木马程序。所以，在应用类型及其格式以爆炸速度增长的今天，仅仅依照数据包的第三层信息决定其是否准入，实在无法满足安全的要求。

深度包检测引擎以基于指纹匹配、启发式技术、异常检测以及统计学分析等技术的规则集，决定如何处理数据包。举例来说，检测引擎将数据包载荷中的数据与预先定义的攻击指纹进行对比，以判定数据传输中是否含有恶意攻击行为，同时引擎利用已有的行为统计分析进行模式匹配，帮助进行判断。利用深度包检测技术可以更有效的辨识和防护缓冲区溢出攻击、拒绝服务攻击、各种欺骗性技术以及类似尼姆达这样的蠕虫病毒。

近来，可编程ASIC技术的发展以及更有效的规则算法的出现，大大增强了深度包检测引擎的执行能力，让这项技术在性能方面的压力得到了缓解。而将防火墙与入侵检测系统的功能封装在单个设备中也可以使得管理方面的负担得到减轻，所以应用了深度包检测技术的产品受到了相当一部分管理员的好评。一些主要的防火墙供应商，包括CheckPoint、Cisco、NetScreen、Symantec，都在不断增加其防火墙产品中的应用层数据分析功能。

(4) 代理服务技术(应用层网关)

在构造防火墙时常采用两种方式：包过滤和应用代理服务。包过滤是指建立包过滤规则，根据这些规则及IP包头的信息，在网络层判定允许或拒绝包的通过。如允许或禁止FTP的使用，但不能禁止FTP特定的功能(如Get和Put的使用)。应用代理服务是由位于内部网和外部网之间的代理服务器完成的，它工作在应用层，代理用户进、出网的各种服务请求，如FTP和Telenet等。

(5) NAT技术

NAT技术在内网计算机访问外网服务器时，能透明地对所有内部地址作转换，使外部网络无法了解内部网络的内部结构，同时使用NAT的网络，与外部网络的连接只能由内部网络发起，极大地提高了内部网络的安全性。NAT的另一个作用是，内网中的电脑可以使用如192.168.0.0/16或10.0.0.0/8这样的私有IP地址，上网时共用一个外网IP地址上网，可以部分解决当前IP地址匮乏的问题。

4. 防火墙的分类

防火墙种类很多，通常根据防火墙的软硬件实现方式、部署位置、技术类型、处理器等进行分类。

(1) 根据防火墙的实现方式分类

防火墙根据外部表现可以分为软件防火墙和硬件防火墙。软件防火墙是一个纯软件产品,用户使用软件防火墙需要提供通用计算机和指定的操作系统,软件防火墙作为计算机中的一个应用程序而存在。典型的大型服务器型软件防火墙有 Checkpoint、ISA Server、IPtables 等;单机版网络防火墙则都是软件防火墙。硬件防火墙则是一个软、硬件结合的产品,通常使用专用芯片+专用固件或使用通用计算机+专用操作系统+防火墙软件构成。硬件防火墙的生产厂家很多,比较著名的有思科公司的 ASA 系列防火墙、瞻博公司的 NETSCREEN 系列、天融信公司的 TopGuard 系列、联想公司的网御系列等。

软件防火墙具有部署灵活、功能强、可扩展性好的优点,但稳定性、安全性和过滤性能较硬件防火墙低。

(2) 根据防火墙部署位置分类

根据防火墙的部署位置可以分为网关型防火墙(边界防火墙)、主机型防火墙(个人防火墙)、分布式防火墙(混合防火墙)三类。网关型防火墙部署在两个不同安全要求的网络之间;主机型防火墙安装在服务器或 PC 上;分布式防火墙分布安装在网络的各个位置。

(3) 根据防火墙的技术类型分类

根据防火墙的技术类型可以分包过滤防火墙、应用代理防火墙、状态包过滤防火墙、深度检测包过滤防火墙等。目前单纯的包过滤防火墙和代理服务器型防火墙很少见,常见的防火墙都是状态包过滤防火墙和应用代理等多种技术结合的形式。

(4) 根据防火墙的处理器类型分析

防火墙的处理器类型较多,常见的有通用处理器、NP 网络处理器、ASIC 定制专用处理器三类。通用处理器防火墙通常使用 X86、MIPS 等与 PC 兼容的处理器,具有体系结构稳定、开发工具多、开发人才、开发周期短和开发成本低等优点,但通用处理器防火墙由于处理器没有根据防火墙的要求进行优化,因此处理网络数据能力较低。ASIC 定制专用处理器防火墙与通用处理器防火墙相反,由于使用专用设计的处理器,因此处理网络数据能力强,但开发周期长、功能简单。网络处理器(NP)是一种专门为网络应用优化的准通用处理器,这种处理器处理网络数据流的能力较通用处理器高,性能介于 ASIC 和通用处理器之间。

通用处理器防火墙由于技术成熟、开发成本低,因此目前市场上的中低端防火墙基本上都是这种类型。高端防火墙对性能要求极高,且基于当前网络安全的复杂性也要求有很强的处理功能,因此目前市场的高端防火墙通常都是 ASIC+通用处理器的混合型结构。

此外,防火墙还可以根据性能分类,如百兆防火墙、千兆防火墙、万兆防火墙等。

5. 防火墙的局限性

对网络安全来说,防火墙不是万能的,在网络中还存在着一些防火墙不能防范的安全威胁,如防火墙不能防范不经过防火墙的攻击。例如,如果允许从受保护的网络内部向外拨号,一些用户就可能形成与 Internet 的直接连接。另外,防火墙很难防范来自于网络内部的攻击以及病毒的威胁。防火墙是一个复杂的软件、硬件综合产品,可能存在一些漏洞,这些漏洞也会被黑客利用。

6. 防火墙的选择

防火墙的选择要考虑的因素很多,关键在两个方面:一个是用户的需求,一个是防火墙的性能。用户在选择防火墙时主要从以下几个方面来进行比较。

(1) 安全性

用户为了安全的目的选购防火墙,因此防火墙自身的安全性应成为选择时的重要参考指标。防火墙也是网络上的主机之一,也可能存在安全问题,防火墙如果不能确保自身安全,则防火墙的控制功能再强,也终究不能完全保护内部网络。防火墙自身的安全问题很难被发现,通常将防火墙是否有公安部的销售许可证和有无其他检测机构如国家信息安全测评中心的认证证书、总参的国防通信入网证和国家保密局的推荐证明等作为一个重要的依据。

(2) 网络接口与处理能力

典型的防火墙至少具有3个网络接口,即一个内网口、一个外网口、一个DMZ口,接口类型有以太网、快速以太网、千兆以太网、ATM等。防火墙的接口要符合企业的要求,包括网络边界出口链路的带宽要求、数量等情况,比如是否通过多条线路接入互联网;要不要停火区等。目前,市场上的大多防火墙都至少支持3个口,甚至更多。

防火墙的处理能力通常用吞吐量、时延、丢包率、并发连接数来表示,但由于防火墙要处理大家用户定义的过滤规则,因此这些参数只具有参考意义,通常在选购时这些参数应必须满足用户要求并留有较大余量。

(3) 防火墙管理方便性

普通防火墙系统具有强大的功能,但是其配置安装也较为复杂,需要网管员对原网络配置进行较大的改动,而支持透明通信的防火墙在安装时不需要对网络配置做任何改动。目前在市场上,有些防火墙只能在透明方式下或者网关方式下工作,而另外一些防火墙则可以在混合方式下工作。能工作于混合方式的防火墙显然更具方便性。一个好的防火墙产品必须符合用户的实际需要。对于国内用户来说,防火墙最好是具有中文界面,既能支持命令行方式管理,又能支持GUI和集中式管理。

(4) 可靠性

对于防火墙来说,其可靠性直接影响受控网络的可用性,它在重要行业及关键业务系统中的重要作用是显而易见的。提高防火墙的可靠性通常是在设计中采取措施,具体措施是提高部件的强健性、增大设计阈值和增加冗余部件。此外防火墙应对操作系统应提供安全强化功能,最好完全不需要人为操作,就能确实强化操作系统。这项功能通常会暂时停止不必要的服务,并修补操作系统的安全弱点,虽然不是百分之百有效,但起码能防止外界一些不必要的干扰。

(5) 可扩展性

对于一个好的防火墙系统而言,它的规模和功能应该能够适应网络规模和安全策略的变化。理想的防火墙系统应该是一个可随意伸缩的模块化解决方案,包括从最基本的包过滤器到带加密功能的VPN型包过滤器,直至一个独立的应用网关,使用户有充分的余地构建自己所需要的防火墙体系。目前的防火墙一般标配三个网络接口,分别连接外部网、内部网和SSN。用户在购买防火墙时必须弄清楚是否可以增加网络接口,因为有些防火墙无法扩展。

(6) 其他考虑要素

要考虑到企业的业务应用系统需求。防火墙对特定应用的支持功能和性能,比如对视频、语音、数据库应用穿透防火墙的支持能力；防火墙对应用层信息过滤，比如对垃圾邮件、病毒、非法信息等过滤；对应用系统是否具有负载均衡功能，像Check Point的FireWall-1支持超过150个预定义的应用、服务和现成的协议，包括Web应用、即时消息发送、对等网络应用、VoIP、Oracle SQL、RealAudio以及多媒体服务(如H.323)。

在选择防火墙时，用户应根据自己的需求对以上6个方面进行综合平衡。如对于电信公司、大型网站等用户来说，由于其数据流量大，对速度和稳定性要求较高，防火墙具有较高的吞吐量、较低的丢包率、较低的延时等性能指标，防止出现网络性能瓶颈，建议这些用户采用高效的包过滤型1000Mbps及以上带宽的硬件防火墙。中小企业接入Internet的目的一般是为了方便内部用户浏览Web、收发E-mail以及发布主页。这类用户在选购防火墙时，要注意考虑保护内部(敏感)数据的安全，要格外注重安全性和上网时间、对象的可控性，对服务协议的多样性以及速度等可以不作特殊要求。建议这类用户选用一般的代理型防火墙，具有HTTP、Mail等代理功能即可。

对于大中型企业、金融、保险、政府等机构，共同之处在于网络流量不是很大，与外部联系较多，且内部数据比较重要。因此在选购防火墙时首先要考虑的就是安全性问题。要求防火墙必须达到一定的冗余能力，包括对双机热备、负载均衡、多机集群等的支持能力。从整体规划上，防火墙至少要能够将内部网分成两部分，即内部存放重要数据的网络与存放可提供外部访问数据的网络的分离。对于重要数据的传送，防火墙必须要提供加密的VPN通信。

思考与练习

1. 内网中有一台FTP服务器要对互联网提供服务，请配置防火墙，使互联网中的计算机能访问内网中的FTP服务器。

2. 从互联网或图书馆查找微软的ISA Server相关资料，并在Windows 2003服务器中安装ISA Server防火墙，实现以下功能：限制内网用户连接互联网的带宽；防止外网用户对Web服务器的DoS攻击；限制内网用户访问开心网；记录从内网发起的对外网的TCP连接。

3. 请你为本任务选择一款硬件防火墙，并说明理由。

4. 请到图书馆和网络上查找入侵防护系统的相关资料，并分析入侵防护系统与防火墙系统各自的技术特点与适用范围。

8.3　任务二：网络安全扫描

8.3.1　任务描述

你负责管理某企业的内部网，为全面了解企业网络安全现状，保障网络安全，请你对内部网进行一次安全扫描，并对内部网安全情况进行分析。

8.3.2　方法与步骤

1. 任务分析

如果说网络安全管理是一场网络管理员和黑客的战争，那么“知己知彼，百战不殆”这句话也同样适用。如果说使用入侵检测系统(IDS)是知彼的手段,那么,选用合适的网络安全扫描软件,对内网的桌面PC、服务器、交换机进行扫描,全面了解内网的网络安全情况就是知己的一个重要手段。常用的网络安全扫描有 GFI LANguard Network Security Scanner、Nessus、Nmap、X-scan 等,本任务选择国产软件 X-scan v3.3 作为扫描工具。

2. 安全扫描

(1) 安装扫描软件

由于安全焦点开始公司化运作后没再发布 X-scan 产品,因此 X-scan 最新版是 2005 年发布的 X-scan v3.3。该版本为绿色免安装,只需要运行解压文件夹中的 x-scan_gui.exe 文件即可启动软件,X-scan 的运行界面如图 8-16 所示。

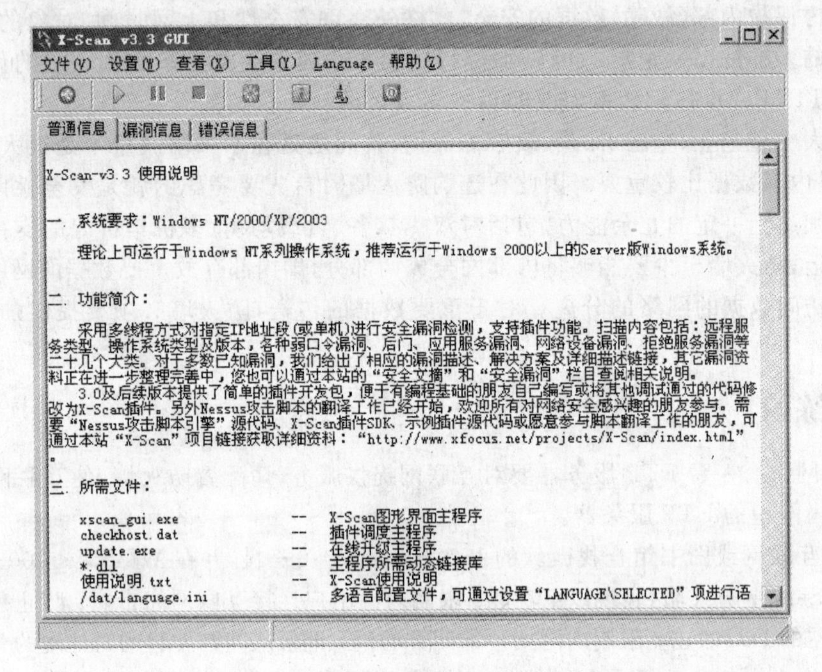

图 8-16 扫描器界面

(2) 扫描设置

① 扫描范围设置:企业内网的 IP 地址范围为 10.0.0.0/255.255.255.0,因此扫描软件的扫描范围为 10.0.0.1~10.0.0.254。具体设置如图 8-17 所示。

② 扫描模块设置:X-scan 支持大量的扫描模块和脚本,有针对 PC 的,有针对不同类型的服务器的,具体的模块选择如图 8-18 所示。

③ 用户弱口令破解密码设置:在 X-scan 中内置了一些典型的用户名和密码,用于暴力破解,用户也可以自行编辑密码字典,字典设置如图 8-19、图 8-20 所示。

(3) 启动扫描

设置完成后单击如图 8-16 所示界面中的 ▷ 按钮,即可启动扫描,扫描时间在 60min 左右。

(4) 扫描结果分析

X-scan 在扫描结束后会自动生成一份 HTML 文本格式的扫描报告,管理员通过扫描

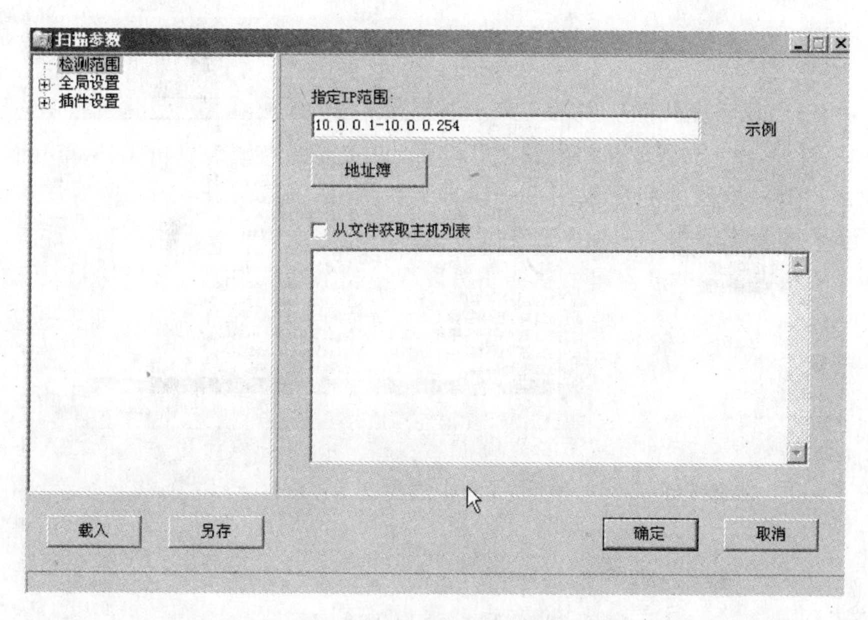

图 8-17　设置扫描 IP 范围

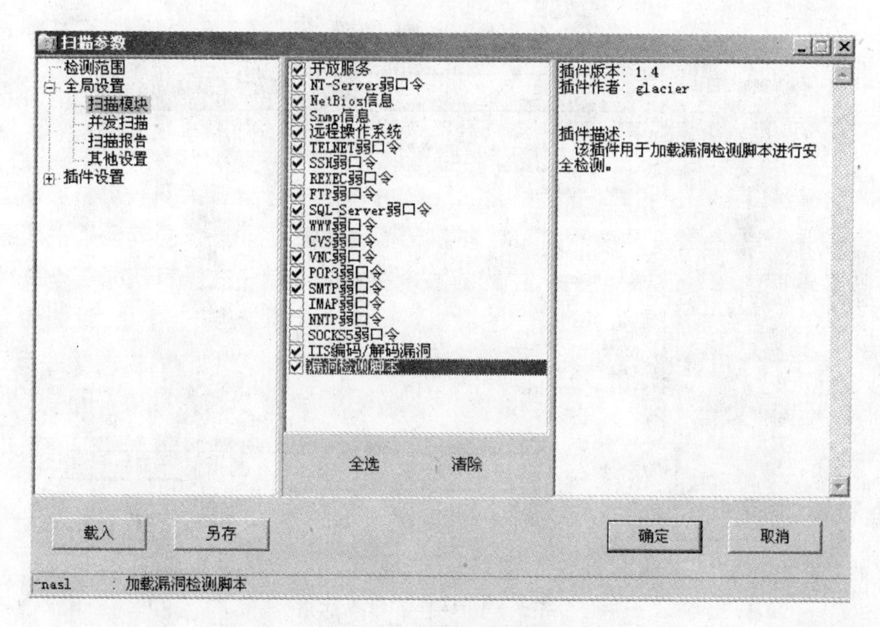

图 8-18　设置扫描模块

报告可以了解网络中服务器、PC、智能交换机的安全状况。

8.3.3　相关知识与技能

1. 网络安全扫描技术简介

网络安全扫描技术是一种基于 Internet 远程检测目标网络或本地主机安全性脆弱点的技术。通过网络安全扫描，系统管理员能够发现所维护网络中交换机、服务器、PC 的 TCP/IP 端口开放情况、软件版本、口令的复杂性等情况。网络安全扫描技术利用一系列的脚本

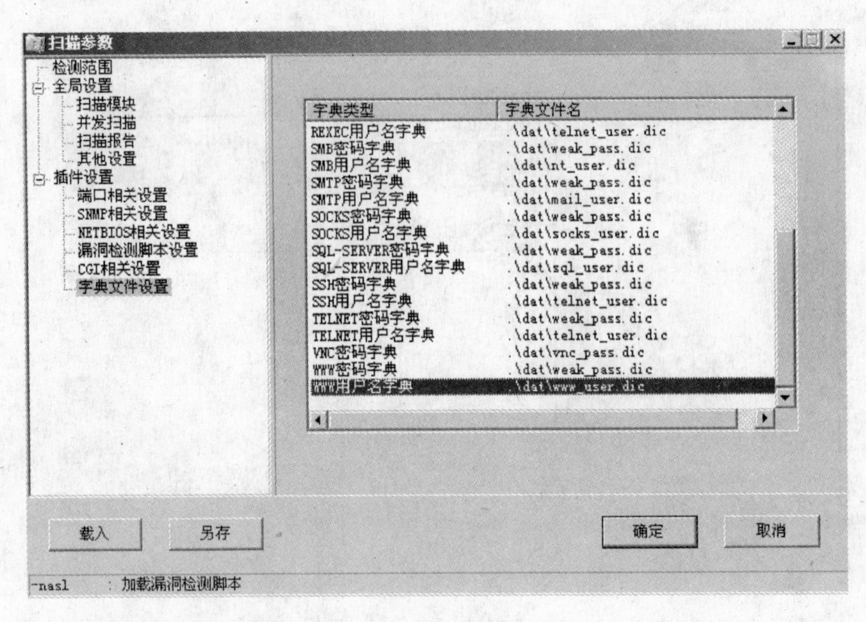

图 8-19 设置密码字典

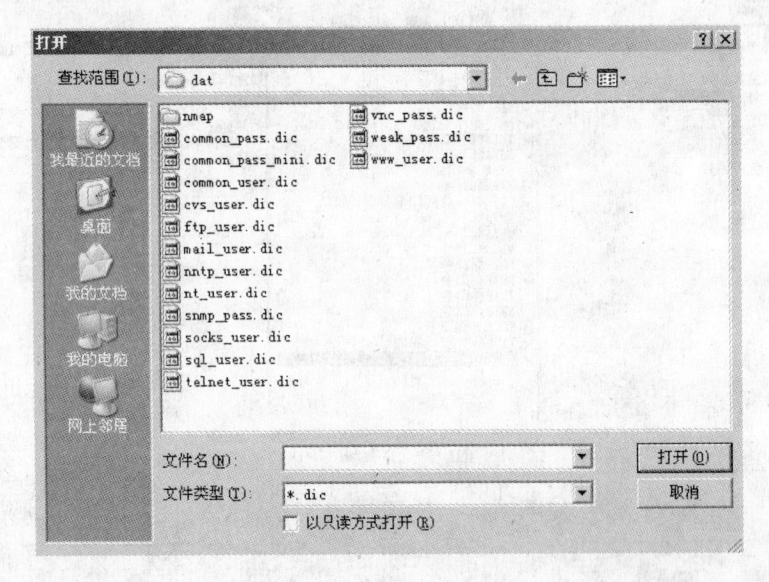

图 8-20 选择字典文件

模拟对系统进行攻击的行为,并对结果进行分析。这种技术通常被用来进行模拟攻击实验和安全审计。网络安全扫描技术与防火墙、安全监控系统互相配合就能够为网络提供很高的安全性。

通过对网络的扫描,网络管理员可以了解网络的安全配置和运行的应用服务,及时发现安全漏洞,客观评估网络风险等级。网络管理员可以根据扫描的结果更正网络安全漏洞和系统中的错误配置,在黑客攻击前进行防范。如果说防火墙和网络监控系统是被动的防御手段,那么安全扫描就是一种主动的防范措施,可以有效避免黑客攻击行为,做到防患于未然。

安全扫描技术主要分为两类：主机安全扫描技术和网络安全扫描技术。网络安全扫描技术主要针对系统中不合适的设置脆弱的口令，以及针对其他同安全规则抵触的对象进行检查等；而主机安全扫描技术则是通过执行一些脚本文件模拟对系统进行攻击的行为并记录系统。

一次完整的网络安全扫描分为如下3个阶段。

第一阶段：发现目标主机或网络。

第二阶段：发现目标后进一步搜集目标信息，包括操作系统类型、运行的服务以及服务软件的版本等。如果目标是一个网络，还可以进一步发现该网络的拓扑结构、路由设备以及各主机的信息。

第三阶段：根据搜集到的信息判断或者进一步测试系统是否存在安全漏洞。

网络安全扫描技术包括有Ping扫射(Ping Sweep)、操作系统探测(Operating System Identification)、如何探测访问控制规则(Firewalking)、端口扫描(Port Scan)以及漏洞扫描(Vulnerability Scan)等。这些技术在网络安全扫描的3个阶段中各有体现。

Ping扫射用于网络安全扫描的第一阶段，可以帮助用户识别系统是否处于活动状态。操作系统探测、如何探测访问控制规则和端口扫描用于网络安全扫描的第二阶段，其中操作系统探测顾名思义就是对目标主机运行的操作系统进行识别；如何探测访问控制规则用于获取被防火墙保护的远端网络的资料；而端口扫描是通过与目标系统的TCP/IP端口连接，并查看该系统处于监听或运行状态的服务。

网络安全扫描第三阶段采用的漏洞扫描通常是在端口扫描的基础上，对得到的信息进行相关处理，进而检测出目标系统存在的安全漏洞。端口扫描技术和漏洞扫描技术是网络安全扫描技术中的两种核心技术，并且广泛运用于当前较成熟的网络扫描器中，如著名的Nmap和Nessus。

2. 安全扫描技术的发展趋势

安全扫描软件从最初的专门为UNIX系统编写的一些只具有简单功能的小程序，发展到现在，已经出现了多个运行在各种操作系统平台上的、具有复杂功能的商业程序。今后的发展趋势，主要有以下几点。

(1) 使用插件(Plugin)或者叫功能模块技术。每个插件都封装一个或者多个漏洞的测试手段，主扫描程序通过调用插件的方法来执行扫描。仅仅是添加新的插件就可以使软件增加新功能，扫描更多漏洞。在插件编写规范公布的情况下，用户或者第三方公司甚至可以自己编写插件来扩充软件的功能。同时这种技术使软件的升级维护都变得相对简单，并具有非常强的扩展性。

(2) 使用专用脚本语言。这其实就是一种更高级的插件技术，用户可以使用专用脚本语言来扩充软件功能。这些脚本语言语法通常比较简单易学，往往用十几行代码就可以定制一个简单的测试，为软件添加新的测试项。脚本语言的使用，简化了编写新插件的编程工作，使扩充软件功能的工作变得更加容易，也更加有趣。

(3) 由安全扫描程序到安全评估专家系统。最早的安全扫描程序只是简单地把各个扫描测试项的执行结果罗列出来，直接提供给测试者而不对信息进行任何分析处理。而当前较成熟的扫描系统都能够将对单个主机的扫描结果整理，形成报表，能够并对具体漏洞提出一些解决方法，但对网络的状况缺乏一个整体的评估，对网络安全没有系统的解决方案。未来的安全扫描系统,应该不但能够扫描安全漏洞,还能够智能化的协助网络信息系统管理人员评估本网络的安全状况,给出安全建议,成为一个安全评估专家系统。

3. 选择安全扫描产品应注意的问题

购买网络安全扫描产品产品需要考虑以下几点。

(1) 升级问题。由于当今应用软件功能日趋复杂化、软件公司在编写软件时很少考虑安全性等多种原因,网络软件漏洞层出不穷,这使优秀的安全扫描系统必须有良好的可扩充性和迅速升级的能力。因此,在选择产品时,首先要注意产品是否能直接从互联网升级、升级方法是否能够被非专业人员掌握,同时要注意产品制造者有没有足够的技术力量来保证对新出现漏洞作出迅速的反应。

(2) 可扩充性。对具有比较深厚的网络知识,并且希望自己扩充产品功能的用户来说,应用了功能模块或插件技术的产品应该是首选。

(3) 全面的解决方案。前面已经指出,网络安全管理需要多种安全产品来实现,仅仅使用安全扫描系统是难以保证网络的安全的。选择安全扫描系统,要考虑产品制造商能否提供包括防火墙、网络监控系统等完整产品线的全面的解决方案。

(4) 人员培训。前面已经分析过,网络安全中人是薄弱的一环,许多安全因素是与网络用户密切相关的,提高本网络现有用户、特别是网络管理员的安全意识对提高网络安全性能具有非同寻常的意义。因此,在选择安全扫描产品时,要考虑制造商有无能力提供安全技术培训。

4. 典型网络安全扫描产品介绍

(1) GFI 的 LANguard Network Security Scanner(GFI LANguard NSS)

GFI LANguard Network Security Scanner 是由 GFI 公司开发的安全扫描软件,它支持 Windows、Mac OS、Linux 等各类平台。该软件可提供安全弱点扫描、软件补丁管理,以及网络与软件设置审核等功能,在漏洞扫描方面,该软件可提供应用服务及软件、操作系统、网络设备、Web 服务器、E-mail 服务器等多个层面的漏洞扫描服务。

GFI LANguard Network Security Scanner 可以对操作系统和应用服务的 15000 个漏洞进行扫描评估,分析网络安全的健康状况以及高效地安装和管理不同操作系统、不同语言的补丁。

(2) Nmap

Nmap 原来是用于 UNIX 系统的命令行应用程序。从 2000 年以后,这个应用程序就有了 Windows 版本。Nmap 于 1997 年 9 月推出,支持 Linux、Windows、Solaris、BSD、Mac OS X 系统,采用 GPL 许可证,最初用于扫描开放的网络连接端,确定哪些服务运行在哪些连接端,它是评估网络系统安全的重要软件,也是黑客常用的工具之一。Nmap 最新的版本是 5.0 版,这是自 1997 年以来最重要的版本,代表着 Nmap 从简单的网络连接端扫描软件变身为全方面的安全和网络工具组件。

新的 Nmap 5.0 版大幅改进了性能,增加了大量的脚本。如 Nmap 现在能登录进入 Windows,执行本地检查(PDF),能检测出臭名昭著的 Conficker 蠕虫。其他的主要特性包括:用于数据传输,重定向和调试的新 Ncat 工具,Ndiff 快速扫描比较工具,高级 GUI 和结果浏览器 Zenmap 等。

Nmap 允许系统管理员查看一个大的网络系统有哪些主机以及其上运行的何种服务程

序。它支持多种协议的扫描，如 udp、tcp connect()、tcp syn(半开)、ftp proxy(跳板攻击)、reverse-ident、icmp(ping)、fin、ack sweep、xmas tree、syn sweep 和 null 扫描。nmap 还提供一些实用功能，如通过 TCP/IP 来甄别操作系统类型、秘密扫描、动态延迟和重发、并行扫描、通过并行的 ping 侦测下属的主机、欺骗扫描、端口过滤探测、直接的 rpc 扫描、分布扫描、灵活的目标选择以及端口的描述。

根据选项的使用，Nmap 还可以报告远程主机下面的特性：使用的操作系统、tcp 连续性、在各端口上绑定的应用程序用户的用户名、dns 名、主机是否是 Smurf 地址以及一些其他功能。

(3) Nessus

Nessus 被认为是目前全世界最多人使用的系统漏洞扫描与分析软件。总共有超过 75000 个组织使用 Nessus 作为组织进行网络安全扫描的工具。1998 年，Nessus 的创办人 Renaud Deraison 展开了一项名为 Nessus 的计划，其计划目的是希望能为互联网社群提供一个免费、威力强大、更新频繁并简易使用的远端系统安全扫描程序。经过了数年的发展，包括 CERT 与 SANS 等著名的网络安全相关机构皆认同此工具软件的功能与可用性。

2002 年，Renaud 与 Ron Gula，Jack Huffard 创办了一个名为 Tenable Network Security 的机构。在第三版的 Nessus 发布之时，该机构收回了 Nessus 的版权与程序源代码（原本为开放源代码），并注册了 nessus.org 成为该机构的网站。目前此机构位于美国马里兰州的哥伦比亚。

Nessus 是一个很有特色的软件，主要特点有如下几点。

① 提供完整的电脑漏洞扫描服务，并随时更新其漏洞数据库。

② 不同于传统的漏洞扫描软件，Nessus 可同时在本机或远端上遥控，进行系统的漏洞分析扫描。

③ 其运作效能能随着系统的资源而自行调整。如果将主机加入更多的资源(如加快 CPU 速度或增加内存大小)，其效率可因为丰富资源而提高。

④ 可自行定义插件(Plug-in)。

⑤ NASL(Nessus Attack Scripting Language)是由 Tenable 所开发出的语言，用来写入 Nessus 的安全测试选项。

⑥ 完整支持 SSL(Secure Socket Layer)。

⑦ 自从 1998 年开发至今已逾 10 年，故为一架构成熟的软件。

(4) X-scan

X-scan 是国内著名的民间安全组织“安全焦点”的力作，它完全免费，是一款不需要安装的绿色软件。X-scan 集成了多种扫描功能于一身，它可以采用多线程方式对指定 IP 地址段(或独立 IP 地址)进行安全漏洞扫描，扫描内容包括：远程操作系统类型及版本、标准端口状态及端口 BANNER 信息、SNMP 信息、CGI 漏洞、IIS 漏洞、RPC 漏洞、操作系统及网络服务弱口令用户、NETBIOS 信息等。

X-scan 采用多线程方式对指定 IP 地址段(或单机)进行安全漏洞检测，支持插件功能(可使用 Nessus 的插件)，提供了图形界面和命令行两种操作方式，所有扫描结果保存在/log/目录中，index_*.htm 为扫描结果索引文件，对于一些已知的 CGI 和 RPC 漏洞，X-scan 给出了相应的漏洞描述、利用程序及解决方案，节省了查找漏洞介绍的时间。

(5) 其他安全扫描软件

除上面介绍的4款安全扫描软件外,还有很多专用的扫描软件,如针对Web服务器安全扫描工具N-Stealth、Skipfish等。这些软件只是针对某个服务进行扫描,但正是因为是专门针对某一服务器开发,因此它对该服务的漏洞扫描效果较通用型扫描软件更好。

思考与练习

1. 请思考并说明网络安全扫描软件与入侵检测系统之间的关系。

2. 请学习并使用N-Stealth对自己单位的Web服务器进行扫描,了解自己单位Web服务器的弱点。

3. 思考如何设置防火墙,以避免黑客通过网络扫描软件获取服务器的信息。

4. 从图书馆及互联网查找网络安全中的"蜜罐技术"资料,分析蜜罐技术与网络扫描技术的关系。

8.4 任务三:防护病毒与木马

8.4.1 任务描述

某企业有80余台电脑及3台服务器,由于企业原来没有网络管理员,网络管理不到位,电脑经常被病毒和木马入侵,你作为新任网络管理员,请提供相关解决方案。

8.4.2 方法与步骤

1. 任务分析

计算机病毒和木马是对中小企业网络安全最大的威胁之一,因此防范计算机病毒和木马在企业内网计算机中的传播是网络管理员最重要的一项工作。中小企业的计算机信息化投入预算普遍较紧,在选用计算机病毒防护产品时要充分考虑产品的性能价格比,木马和病毒防火墙可以考虑使用免费的单机版病毒与木马防火墙。任何技术的实施离不开管理保障,在应用计算机病毒和木马防护技术的同时应制定一个公司计算机病毒防范管理制度。

2. 选择防病毒和木马的技术手段

近年来计算机病毒、木马、恶意软件及钓鱼攻击盛行,广大计算机用户深受其害,也推动了相关防护技术的发展。通过调研发现,目前病毒与木马防护技术主要有:主机型病毒防火墙、主机型网页恶意代码防火墙、主机型漏洞管理软件、网关型病毒防火墙等。网关型产品管理方便,但不能防范从U盘等移动存储设备传播的病毒,一般不单独使用;以360安全卫士为代表的主机型安全综合防护软件整合了木马、网页恶意代码监控、漏洞管理等功能,是联网电脑必备的安全软件;杀毒软件具有较长的历史,品牌也比较多,其中360杀毒、微软杀毒、小红伞杀毒等软件都提供免费版本,且具有良好的性能,可以优先选用。

在本次实施过程中,安全综合管理软件选择360安全卫士,病毒防火墙选用金山毒霸杀毒软件,主要是考虑两个软件都是国产软件,比较了解国内的病毒和木马环境。两个软件的安装都使用默认安装选项,安装过程简单,在此不再做详细说明。

3. 制定计算机病毒防范管理制度

在制定管理制度时，应考虑软件安装与升级、移动存储设备使用、病毒或木马感染后的数据安全等方面内容。公司计算机病毒防范管理制度全文如下：

① 属于公司资产的计算机必须全部安装并运行行政部指定的杀毒软件与病毒防火墙，并根据软件提示及时安装系统补丁。行政部安排网络管理员定期检查各部门电脑的杀毒软件安装及升级情况，发现有擅自卸载杀毒软件或停用病毒防火墙的行为，将报相关部门主管严肃处理。

② 公司的计算机上除指定的软件外，不得随意安装其他软件，确实因工作需要安装其他软件的，需将软件交网络管理人员检查后安装。

③ 在公司电脑上使用 U 盘、移动硬盘等设备时，应先进行病毒扫描查杀后再打开。

④ 在公司电脑上发现不能查杀的病毒或计算机其他异常，应立即关机并报公司网络管理员处理。

⑤ 存储在计算机上的重要资料应做好备份，备份可以使用刻录盘、U 盘、移动硬盘等进行，不得在本机上进行备份。备份资料的设备要放在加密的空间内，以防资料遗失或泄露。

8.4.3 相关知识与技能

1. 计算机病毒和木马的基本概念

计算机病毒是一种人为制造的、具有复制传播能力的有害程序。计算机病毒具有破坏性，又有传染性和潜伏性。计算机感染病毒后，轻则影响机器运行速度，使机器不能正常运行；重则使机器硬件损坏，给用户带来不可估量的损失。

计算机木马也是一种程序，通常伪装成正常文件或附加在正常文件之上，通过伪装吸引用户下载并在电脑运行自己来传播，木马通常不会主动复制、传染，这也是木马和传统计算机病毒的主要区别。但由于病毒和木马对计算机的危害相似，所以通常杀毒软件把木马归为计算机病毒的一个类型。

木马的英文单词 Troy，直译为特洛伊，木马这个词来源于一个古老的故事：相传古希腊战争，在攻打特洛伊时，久攻不下。后来希腊人使用了一个计策，用木头造一些大的木马，空肚子里藏了很多装备精良的勇士，然后佯装又一次攻打失败，逃跑时就把那个大木马遗弃。守城的士兵就把它当战利品带到城里去了。到了半夜，木马肚子里的勇士们都悄悄地溜出来，和外面早就准备好的战士们来了个里应外合，一举拿下了特洛伊城。

最早的计算机病毒出现在 1983 年，是由弗雷德·科恩(Fred Cohen)博士研制出一种在运行过程中可以复制自身的破坏性程序，这种病毒通过伪装成一个合法性程序诱骗用户上当。该病毒的工作方式类似于木马，但一般意义上木马不会主动复制自身。真正意义上的计算机木马出现得比计算机病毒稍迟，世界上第一个计算机木马是出现在 1986 年的 PC-Write 木马，它伪装成共享软件 PC-Write 的 2.72 版本(事实上，编写 PC-Write 的 Quicksoft 公司从未发行过 2.72 版本)，一旦用户运行该木马程序，那么他的结果就是硬盘被格式化。

计算机病毒可以根据传播方式、发作形式、感染方式、工作原理等进行分类，在反病毒软件行业通常根据病毒的行为方式进行分类和命名，常见的病毒类型有如下几种。

(1) 系统病毒

系统病毒的一般共有的特性是可以感染 Windows 操作系统的 *.exe 和 *.dll 文件,并通过这些文件进行传播。如 CIH 病毒。在发现系统病毒时,杀毒软件报告的病毒名的前缀为:Win32、PE、Win95、W32、W95 等。

(2) 蠕虫病毒

蠕虫病毒的共有特性是通过网络或者系统漏洞进行传播,大部分的蠕虫病毒都有向外发送带毒邮件、阻塞网络的特性。如冲击波(阻塞网络)、小邮差(发带毒邮件)等。在发现蠕虫病毒时,杀毒软件报告的病毒名的前缀为 WORM。

(3) 木马病毒、黑客病毒

木马病毒的共有特性是通过网络或者系统漏洞进入用户的系统并隐藏,然后向外界泄露用户的信息,而黑客病毒则有一个可视的界面,能对用户的电脑进行远程控制。木马、黑客病毒往往是成对出现的,即木马病毒负责侵入用户的电脑,而黑客病毒则会通过该木马病毒来进行控制。现在这两种类型都越来越趋向于整合了。这里补充一点,病毒名中有 PSW 或者什么 PWD 之类的一般都表示这个病毒有盗取密码的功能(这些字母一般都为"密码"的英文"password"的缩写)。在发现木马病毒时,杀毒软件报告的病毒名的前缀为 WORM。黑客病毒前缀名一般为 HACK。

(4) 脚本病毒

脚本病毒的共有特性是使用脚本语言编写,通过网页进行的传播的病毒,如红色代码。脚本病毒还会有前缀 VBS、JS,表明是何种脚本编写的。

(5) 宏病毒

其实宏病毒是也是脚本病毒的一种,由于它的特殊性,因此在这里单独算成一类。宏病毒的前缀是 MACRO,该类病毒的共有特性是能感染 Office 系列文档,然后通过 Office 通用模板进行传播。

(6) 后门病毒

后门病毒的共有特性是通过网络传播,给系统开后门,给用户电脑带来安全隐患,后门病毒的前缀是 BACKDOOR。

(7) 病毒种植程序病毒

病毒种植程序病毒的共有特性是运行时会从体内释放出一个或几个新的病毒到系统目录下,由释放出来的新病毒产生破坏。

(8) 破坏性程序病毒

破坏性程序病毒的共有特性是本身具有好看的图标来诱惑用户点击,当用户点击这类病毒时,病毒便会直接对用户计算机产生破坏。破坏性程序病毒的前缀是 HARM。

(9) 捆绑机病毒

捆绑机病毒的共有特性是病毒作者会使用特定的捆绑程序将病毒与一些应用程序如 QQ、IE 捆绑起来,表面上看是一个正常的文件,当用户运行这些捆绑病毒时,会表面上运行这些应用程序,然后隐藏运行捆绑在一起的病毒,从而给用户造成危害。捆绑机病毒的前缀是 BINDER。

(10) 拒绝服务攻击病毒

拒绝服务攻击病毒会针对某台主机或者服务器进行 DoS 攻击,绝服务攻击病毒的前缀是 DoS。

(11) 缓冲区溢出病毒

缓冲区溢出病毒会自动通过溢出对方或者自己的系统漏洞来传播自身,或者它本身就是一个用于 Hacking 的溢出工具,缓冲区溢出病毒的前缀是 Exploit。

2. 计算机病毒现状

随着互联网的普及和互联网上经济活动的增加,受经济利益的驱使,近年来计算机病毒与木马数量呈爆发状态,并且形成了一个木马与病毒开发、利用的地下产业链。根据国内知名信息网络安全厂商金山公司发布的《2009 年中国电脑病毒疫情及互联网安全报告》(以下简称《报告》)显示,2009 年金山毒霸共截获新增计算机病毒和木马 20684223 个,与 5 年前新增病毒数量相比,增长近 400 倍,如图 8-21 所示。黑客、计算机病毒木马制作者的"生存方式"在发生变化。计算机病毒的"发展"已经呈现多元化,类似熊猫烧香、灰鸽子等大张旗鼓地进行攻击,售卖的病毒已经越来越少,而以猫癣下载器、宝马下载器、文件夹伪装者为代表的"隐蔽性"顽固计算机病毒频繁出现,同时小范围、针对性的木马、计算机病毒也已经成为新增计算机病毒的主流。

图 8-21 网络病毒数量变化趋势

《报告》显示,在新增计算机病毒中,木马仍然首当其冲,新增数量多达 15223588 个,占所有计算机病毒数量的 73.6%,如图 8-22 所示。黑客后门和风险程序紧随其后,这三类计算机病毒构成了黑色产业链的重要部分。同时,网站挂马现象显著增加。从 2009 年开始,金山网盾对互联网网页挂马进行全面监控,全年共检测到 8393781 个挂马网站。此外,欺诈类钓鱼网站的数量也在 2009 年下半年迅猛增长,仅 2009 年 12 月,金山网盾就拦截钓鱼网站 1 万多个。

3. 计算机病毒和木马防范

(1) 病毒的传播方式

① U 盘(移动硬盘)传播。U 盘是目前最常用的移动存储设备,其普及程度和以往的软盘相当,因此对病毒来说,U 盘是一种优秀的传播渠道。如"文件夹模仿者"(win32. troj. fakefoldert. yl. 1407388)就是一个可借助 U 盘传播的木马程序,该病毒还通过将自己的文件伪装成文件夹图标,欺骗用户点击。还有在 2009 年比较流行的 SOLA 病毒,它会将电脑和 U 盘的部分 TXT JPG 文件变成同样大小的 EXE 文件!病毒特征是 doc、jpg、txt 等文件被直接改为"文件名. exe"类型,当双击文件时,病毒首先被执行。通过 U 盘传播的还有著

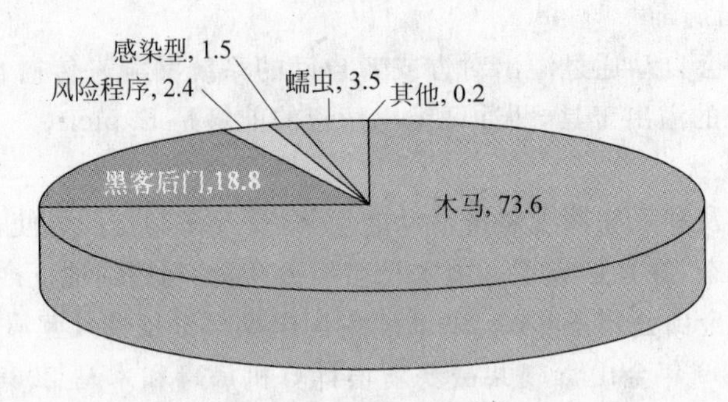

图 8-22　病毒类型分布

名的 autorun. inf 病毒。

② 邮件传播。电子邮件是互联网的三大应用之一，也是人们沟通的重要工具，由于电子邮件可以增加图片、文档、程序等各类附件，因此也成为计算机病毒的一个传播渠道。世界上第一个邮件病毒就是著名的“梅丽莎”(Melissa)病毒，梅丽莎病毒于 1999 年 3 月爆发。它会伪装成一封来自朋友或同事的“重要信息”电子邮件，正文只有一句话“这是你要的文档...不要给别人看哦:)”，附件 LIST. doc 里包含能够访问 80 个色情网站的密码。该病毒通过 Word 97/2000、Excel 97/2000/2003 传播，一旦被用户打开就会向受感染电脑内 Outlook 97/98 地址簿的头 50 个联系人发送带毒邮件，继续扩散。

③ 即时通信软件传播。即时通信的普及程度非常高，因此也成为黑客利用的一个病毒传播渠道。如在国内最流行的 QQ 软件就发现了多个利用 QQ 传播的病毒。这类病毒俗称“QQ 尾巴”和“QQ 木马”，该病毒会偷偷藏在用户的系统中，发作时会寻找 QQ 窗口，给在线上的 QQ 好友发送诸如“快去这看看，里面有蛮好的东西”之类的假消息，诱惑用户点击一个网站，如果有人信以为真点击该链接的话，就会被病毒感染，然后成为毒源继续传播。

④ 网页传播。网页病毒利用网页来进行破坏的病毒，它使用一些 Script 语言编写的一些恶意代码利用 IE 的漏洞来实现病毒植入。当用户登录某些含有网页病毒的网站时，网页病毒便被悄悄激活，这些病毒一旦激活，可以利用系统的一些资源进行破坏。轻则修改用户的注册表，使用户的首页、浏览器标题改变，重则可以关闭系统的很多功能，装上木马，染上病毒，使用户无法正常使用计算机系统，严重者则可以将用户的系统进行格式化。而这种网页病毒容易编写和修改，使用户防不胜防。

目前常见的网页病毒都是利用 JS. ActiveX、WSH 共同合作来实现对客户端计算机的本地写操作，如改写注册表，在计算机硬盘上添加、删除、更改文件夹或文件等操作。网页中的非法恶意程序被自动执行，而且完全不受用户的控制。计算机用户一旦浏览含有该病毒的网页，就会在不知不觉的情况下马上中招，给用户的系统带来不同程度的破坏。

⑤ 文件共享。网络上有大量的文件下载网站和 P2P 文件共享软件，黑客可以通过向这些下载网站上传或在 P2P 软件中发布带病毒软件来传播病毒。

⑥ 系统漏洞。计算机系统越来越复杂、庞大，在操作系统和应用软件中存在很多漏洞，一些黑客就利用系统和其他程序的安全漏洞来传播病毒。著名的“冲击波”病毒就是在一个新的系统漏洞出现 26 天后就在互联网上扩散开来的。病毒制造者们在试图将恶意代码在

网络上扩散的过程中，将越来越多的攻击目标锁定在了最新发现的安全漏洞上。

(2) 杀毒软件的防病毒技术

杀毒软件从 DOS 时代至今已经有 10 多年的历史，并在与病毒斗争中不断发展，目前杀毒软件主要使用以下防病毒技术。

① 实时监控。由于病毒种类、数量的增加及传播渠道的多样化，早期只针对磁盘读写进行扫描的静态病毒防御技术难以满足要求。现在的防病毒软件通常对计算机的文件读写、系统活动进程、网络邮件收发、即时通信、Web 浏览等活动进行实时监控，这种模式称为病毒防火墙。

② 特征码对比技术。特征码是反病毒公司在分析病毒时，确定的只有该病毒才可能会有的一系列二进制串，由这些特征可以与其他病毒或正常程序区别开来。特征码对比技术是根据从病毒体中提取的病毒特征码，逐个与程序文件比较，发现程序文件中有特征码，就判定该文件被病毒感染。

③ 自动升级技术。在网络时代，病毒的更新速度很快，因此杀毒软件的病毒库必须经常更新，在新病毒的高发期，甚至会一天更新多次，因此杀毒软件一般支持自动升级技术，定期自动到升级网站下载升级包升级，以查杀最新的病毒。

④ 主动防御技术。主动防御就是全程监视系统中各个进程的行为，一旦发现"违规"行为，就通知用户，或者直接终止进程。它一般会对一些敏感的注册表键值、系统文件、网络访问进行监控，如果有程序企图修改这些敏感区域，就会提示用户。

⑤ 云杀毒技术。现在病毒和木马的数量非常多，如果算上变种病毒，数量已经达到几百万种。杀毒软件如果在用户电脑上保存这几百万种病毒的特征，则在查杀病毒时，如果要将电脑中的每一个文件和病毒库中的特征进行几百万次比对，导致杀毒软件体积庞大，速度缓慢，严重影响用户的体验。现在互联网上每小时都有成千上万种新病毒产生，传统的杀毒软件在应对新病毒方面通过升级病毒库来实现，对付新病毒力不从心。云杀毒技术是指利用在互联网上构建的由上千台计算机组成的安全中心来进行病毒检测。云杀毒技术在在本地计算机上不用安装和更新病毒库，具有查杀快、准、方便的特点，但在查杀病毒时要求电脑与互联网连接。

(3) 病毒防范策略与防病毒产品的选择

计算机病毒的防范通常针对病毒的传播途径进行，因此只要阻断病毒的传播途径，病毒就无法传播。今天的计算机病毒大多是网络病毒，主要传播途径是互联网，因此病毒防范策略主要是根据网络结构，在关键结点上阻断病毒传播。

最好的病毒防范策略就是阻断病毒的传播渠道，因此在使用计算机时应注意以下几点。

① 检查操作系统和各个应用程序有无新的补丁或升级，及时升级，确保操作系统和应用程序的漏洞被及时地修补。

② 每天或每周定期做好计算机中重要资料的备份，以免造成重大损失。

③ 安装具备网页、邮件、文件系统实时监控功能的杀毒软件，每天升级杀毒软件病毒库，定期对计算机进行病毒查杀，上网时开启杀毒软件全部监控功能。

④ 不随便打开来源不明的 Excel 或 Word 文档，并且要及时升级病毒库，开启实时监控，以免受到病毒的侵害。

⑤ 上网时不浏览非法网站，不下载安装盗版软件。非法网站往往潜入了恶意代码，一

且用户打开其页面时，即会被植入木马与病毒，而盗版软件通常带有木马或病毒。

⑥ 不要随意点击 MSN 等一些即时通信工具中给出的链接，确认消息来源。不要轻易接收来历不明的文件，即便是好友发来的文件也要谨慎，尤其是扩展名为. zip，. rar 等格式的文件，当遇到有人发来以上格式的文件时请直接拒绝即可。

⑦ 设置网络共享账号及密码时，尽量不要使用空密码和常见字符串，如 guest、user、administrator 等。密码最好超过 8 位，尽量复杂化。

⑧ 禁用系统的自动播放功能，防止病毒从 U 盘、移动硬盘、MP3 等移动存储设备进入到计算机。禁用 Windows 系统的自动播放功能的方法：在运行中输入 gpedit. msc 后按 Enter 键，打开组策略编辑器，依次选择“计算机配置”→“管理模板”→“系统”→“关闭自动播放”→“已启用”→“所有驱动器”选项，并单击“确定”按钮。

⑨ 尽量不要双击打开 U 盘，而是右击后选择“打开”选项。

现代网络结构通常分 3 个等级或层次，防病毒产品部署在它们之上，如表 8-1 所示。

表 8-1　计算机病毒防范层次

网关	网关是内部网和互联网之间的连接设备，防火墙、代理服务器、出口路由器等都是网关。目前布置在网关的防病毒产品主要有 UTM 网关防病毒产品、专用防病毒网关等
服务器	服务器是网络的核心结点，文件服务器、Web 服务器、邮件服务器都是内网中访问量较大的服务器，也是病毒传播的重要结点。在服务器上布置的防病毒产品主要有邮件服务器杀毒软件、文件服务器杀毒软件、Web 服务器安全加强软件
桌面(PC)	企业网络中的 PC 数量多，应用环境复杂，是防病毒的主战场，常见的桌面防病毒产品是桌面型病毒防火墙

计算机防病毒产品的选择要根据企业对安全的需求、企业自身实力和企业网络规模来进行。如果企业对网络安全要求很高，且具备较强的经济实力，则可以三管齐下，在网关、服务器中、桌面三次层次分别部署防病毒产品。如果企业对网络安全要求不高或网络规模很小，则可以只选择桌面防病毒产品。

桌面防病毒产品通常分个人版、网络版(企业版)两种，个人版杀毒软件独立安装在桌面 PC 上，由 PC 用户进行操作和设置，网络管理员不能对杀毒软件进行集中的管理。网络版(企业版)杀毒软件由管理服务器、客户端、管理工作站软件三部分组成，PC 上的客户端接受管理服务器的管理。网络管理员通过管理工作站软件连接服务器，控制客户端的升级和病毒查杀，并分析网络中所有杀毒软件客户端的工作情况。

思考与练习

1. 计算机木马是目前最主要的网络安全威胁之一，试分析木马入侵 PC 的途径。
2. 列举市场上 5 个不同厂商的杀毒软件产品各自的特点。
3. 论述在中小企业中使用企业版杀毒软件的优势。

参考文献

[1] W. Richard Steven. TCP/IP 协议详解(卷一)[M]. 北京：机械工业出版社，2005.
[2] 鲁士文. 计算机网络协议和实现技术[M]. 北京：清华大学出版社，2000.
[3] Douglas Comer. 用 TCP/IP 进行网际互联(第一卷)[M]. 北京：电子工业出版社，2001.
[4] Ross J. Anderson. 信息安全工程[M]. 北京：机械工业出版社，2003.
[5] 张卫等. 计算机网络工程[M]. 北京：清华大学出版社，2004.
[6] 戴有炜. Windows Server 2003 网络专业指南[M]. 北京：清华大学出版社，2004.
[7] 思科公司. Catalyst 3750 Switch Software Configuration Guide. 思科公司 2004.
[8] 中华人民共和国工业和信息化部. GB 50174—2008 电子信息系统机房设计规范. 中华人民共和国工业和信息化部，2009.
[9] 中华人民共和国工业和信息化部. GB 50462—2008 电子信息系统机房施工及验收规范. 中华人民共和国工业和信息化部，2009.
[10] 中华人民共和国建设部. GB 50311—2007 综合布线系统工程设计规范. 北京：中国计划出版社，2008.
[11] 中华人民共和国建设部. GB 50312—2007 综合布线工程系统验收规范. 北京：中国计划出版社，2008.
[12] 谢希仁. 计算机网络[M]. 五版. 北京：电子工业出版社，2008.
[13] 特南鲍姆. 计算机网络[M]. 潘爱民译. 北京：清华大学出版社，2004.
[14] 曹雪峰. 计算机网络配置、管理与应用[M]. 北京：机械工业出版社，2010.
[15] 戴尔公司. R710 服务器维护手册(网络). 思科公司.
[16] 刘远生. 计算机网络安全[M]. 北京：清华大学出版社，2006.
[17] 王达. 网管员必读——服务器与数据存储[M]. 北京：电子工业出版社，2005.
[18] 姜波. 计算机网络管理员(高级)[M]. 北京：中国劳动社会保障出版社，2010.
[19] 严体化等. 网络管理教程[M]. 三版. 北京：清华大学出版社，2009.
[20] 劳动与社会保障部. 计算机网络管理员——基础知识[M]. 北京：清华大学出版社，2004.